固定污染源企业环境保护规范化管理手册

许丹宇　　闫志明　　薛宝永　主编

化学工业出版社

·北京·

内 容 简 介

本书共分为5章。第1章收集了环境保护执法的相关政策及现行主要法律法规；第2章对排污企业备查的主要文件及常见问题进行了总结；第3章按照《固定污染源排污许可分类管理名录（2019年版）》对27个污染行业的主流生产工艺、产排污节点进行了系统分析，以行业分类明确了产排污重点内容；第4章针对排污企业环保规范化管理基本框架总结了要点；第5章筛选了已公开的典型案例并进行归纳说明。

本书可供环境执法及相关工作人员开展监督工作时查阅，以及各工业企业环保部门在自检自查时参考，也适合高等院校相关专业师生参阅。

图书在版编目（CIP）数据

固定污染源企业环境保护规范化管理手册／许丹宇，闫志明，薛宝永主编 . — 北京：化学工业出版社，2023.6
　　ISBN 978-7-122-42752-6

　　Ⅰ．①固…　Ⅱ．①许…②闫…③薛…　Ⅲ．①固定污染源-企业环境保护-管理规范-中国-手册　Ⅳ.
①X322.2-62

中国国家版本馆 CIP 数据核字（2023）第 072384 号

责任编辑：左晨燕
责任校对：王　静　　　　　　　　　　装帧设计：张　辉

出版发行：化学工业出版社(北京市东城区青年湖南街 13 号　邮政编码 100011)
印　　装：北京虎彩文化传播有限公司
787mm×1092mm　1/16　印张 27　字数 609 千字　2023 年 8 月北京第 1 版第 1 次印刷

购书咨询：010-64518888　　　　　　　售后服务：010-64518899
网　　址：http://www.cip.com.cn
凡购买本书，如有缺损质量问题，本社销售中心负责调换。

《固定污染源企业环境保护规范化管理手册》
编写组

主　　编：许丹宇　闫志明　薛宝永

副 主 编：魏子章　段晓雨　郝文静

参编人员：回蕴民　徐　方　赵立伟　马建立　胡华清
　　　　　张　圆　王鸯鸯　李佳音　王　颖　朱志军
　　　　　田　瑶　王治民　张　吉　鲁春芳　马　涛
　　　　　王　琦　么　男　孙玉霜

前言

自"十三五"以来，生态环境部不断探索固定污染源的管理模式，形成了以排污许可为核心的固定污染源监管制度体系。"十四五"期间，我国生态环境形势依然严峻，保持生态环境保护战略定力，持续深入打好生态环境保护攻坚战，仍然是"十四五"生态环境保护工作的主方向。

排污许可制是深入打好污染防治攻坚战、持续改善生态环境质量的有力抓手，党中央、国务院对此高度重视。习近平总书记多次指出，要全面实行排污许可制，建立健全风险管控机制；继续打好污染防治攻坚战，加强大气、水、土壤污染综合治理，持续改善城乡环境。自"十三五"以来，生态环境部不断探索固定污染源的管理模式，形成了以排污许可为核心的固定污染源监管制度体系。全国生态环境系统积极推动排污许可制度改革，努力构建企业持证排污、政府依法监管、社会共同监督的生态环境执法监管新格局，严格执行《中华人民共和国环境保护法》及配套办法，持续加大对无证排污等违法行为的打击力度。"十四五"期间，我国生态环境形势依然严峻，坚持精准治污、科学治污、依法治污，保持生态环境保护战略定力，创新执法理念，加大执法力度，优化执法方式，提高执法效能，构建企业持证排污、政府依法监管、社会共同监督的生态环境执法监管新格局，提升排污许可执法监管系统化、科学化、法治化、精细化、信息化水平，为深入持续打好生态环境保护攻坚战提供坚强保障。

本书根据公开的法律法规、国家标准、行业标准、技术指南、技术政策等资料，结合重点行业特征及典型案例编写而成，供环境执法及相关工作人员开展监督工作参考，也方便企业自检。本书共分为5章。第1章收集了环境保护执法的相关政策及现行主要法律法规；第2章对排污企业备查的主要文件及常见问题进行了总结；第3章按照《固定污染源排污许可分类管理名录（2019年版）》对27个污染行业的主流生产工艺、产排污节点进行了系统分析，以行业分类明确了产排污重点内容；第4章针对排污企业环保规范化管理基本框架总结了要点；第5章筛选了已公开的典型案例并进行归纳说明。

本书在天津市"131"创新型人才团队建设项目支持下，由天津市生态环境科学研究院许丹宇牵头组织，闫志明、薛宝永、魏子章、段晓雨、郝文静协助指导并参与主要撰写工作，参与撰写工作的还有回蕴民、马建立、胡华清、张圆、王颖、朱志军、王治民、张吉，天津市地质环境监测总站徐方，中国环境保护产业协会王莺莺，天津创业环保股份有限公司赵立伟，天津迪兰奥特环保科技开发有限公司李佳音，天津津环环境工程咨询有限公司田瑶、天津市联合环保工程设计有限公司鲁春芳，天津市生态环境保护综合行政执法总队马涛，天津市水务工程运行调度中心么男，天津市农业发展服务中心孙玉霜等同志，在此一并表示感谢！特别感谢天津职业技术师范大学王琦老师负责了本书国外文献翻译和编写工作！此外，本书参考了大量的国家标准、行业标准、技术指南、技术政策等资料，在此向所有编制人员表示感谢！

本书涵盖面广，内容简明扼要，图文结合紧密，具有较强的实用性和指导性，可供相关固定污染源排污企业及管理工作人员进行参考。受编者水平和时间所限，疏漏和不妥之处在所难免，望广大同行和读者朋友批评指正。

编者

2023.1

目 录

第5章　排污企业环保规范化管理典型案例 ·············· 415

第 1 章

环保执法主要法律法规

1.1 政策文件

（1）《关于构建现代环境治理体系的指导意见》

为贯彻落实党的十九大部署，构建党委领导、政府主导、企业主体、社会组织和公众共同参与的现代环境治理体系，2020 年 3 月中共中央办公厅、国务院办公厅印发《关于构建现代环境治理体系的指导意见》。该意见指明了未来五年我国环境管理的发展方向，即：到 2025 年，建立健全环境治理的领导责任体系、企业责任体系、全民行动体系、监管体系、市场体系、信用体系、法律法规政策体系。

① 对于生态环境保护督察，主要关注：

"二、健全环境治理领导责任体系

（七）深化生态环境保护督察。实行中央和省（自治区、直辖市）两级生态环境保护督察体制。以解决突出生态环境问题、改善生态环境质量、推动经济高质量发展为重点，推进例行督察，加强专项督察，严格督察整改。进一步完善排查、交办、核查、约谈、专项督察'五步法'工作模式，强化监督帮扶，压实生态环境保护责任。"

② 从企业的视角看，重点关注：

"三、健全环境治理企业责任体系

（八）依法实行排污许可管理制度。加快排污许可管理条例立法进程，完善排污许可制度，加强对企业排污行为的监督检查。按照新老有别、平稳过渡原则，妥善处理排污许可与环评制度的关系。

（九）推进生产服务绿色化。从源头防治污染，优化原料投入，依法依规淘汰落后生产工艺技术。积极践行绿色生产方式，大力开展技术创新，加大清洁生产推行力度，加强全过程管理，减少污染物排放。提供资源节约、环境友好的产品和服务。落实生产者责任延伸制度。

（十）提高治污能力和水平。加强企业环境治理责任制度建设，督促企业严格执行法律法规，接受社会监督。重点排污企业要安装使用监测设备并确保正常运行，坚决杜绝治理效果和监测数据造假。

（十一）公开环境治理信息。排污企业应通过企业网站等途径依法公开主要污染物名称、排放方式、执行标准以及污染防治设施建设和运行情况，并对信息真实性负责。鼓励排污企业在确保安全生产前提下，通过设立企业开放日、建设教育体验场所等形式，向社会公众开放。"

（2）《关于生态环境保护综合行政执法有关事项的通知》《生态环境保护综合行政执法事项指导目录（2020 年版）》

为贯彻落实《中共中央办公厅　国务院办公厅印发〈关于深化生态环境保护综合行政执法改革的指导意见〉的通知》（中办发〔2018〕64 号）有关要求，经国务院同意，2020 年 3 月 9 日国务院办公厅印发《关于生态环境保护综合行政执法有关事项的通知》（国办函〔2020〕18 号，以下简称《通知》），生态环境部印发了《生态环境保护综合行政执法事项指导目录（2020 年版）》（环人事〔2020〕14 号，以下简称《指导目录》）。

《指导目录》是落实统一实行生态环境保护执法要求、明确生态环境保护综合行政执法职能的重要文件。

《通知》中要求："七、各地区、各部门要高度重视深化生态环境保护综合行政执法改革，全面落实清权、减权、制权、晒权等改革要求，统筹推进机构改革、职能转变和作风建设。要切实加强组织领导，落实工作责任，明确时间节点和要求，做细做实各项工作，确保改革举措落地生效。生态环境部要强化对地方生态环境部门的业务指导，推动完善执法程序、严格执法责任，加强执法监督，不断提高生态环境保护综合行政执法效能和依法行政水平。中央编办要会同司法部加强统筹协调和指导把关。"

《指导目录》中对重点对工业企业所涉及的以下问题进行了明确：

① 对拒不改正违法排放污染物行为的行政处罚；

② 对超标或超总量排放大气污染物的行政处罚；

③ 对违法排放污染物造成或者可能造成严重污染的行政强制；

④ 对重点排污单位等不公开或者不如实公开环境信息的行政处罚；

⑤ 对不实施强制性清洁生产审核或者在清洁生产审核中弄虚作假等行为的行政处罚；

⑥ 对排污单位未申请或未依法取得排污许可证但排放污染物等行为的行政处罚；

⑦ 对排污单位隐瞒有关情况或者提供虚假材料申请行政许可的行政处罚；

⑧ 对未按规定进行环境影响评价，擅自开工建设的行政处罚等。

共有 248 项内容，其中不少违规情形将面临严厉的行政处罚，特别严重的将面临强制停业、关闭。

（3）《关于加强生态环境保护综合行政执法队伍建设的实施意见》（环执法〔2021〕54 号）

生态环境保护执法工作是党和国家工作的重要组成部分，生态环境保护综合行政执法机构承担着打好污染防治攻坚战的神圣职责，必须深入贯彻落实习近平生态文明思想和习近平法治思想，大力加强队伍建设和管理，为建设美丽中国提供坚强队伍保障。

2021 年 6 月 30 日，生态环境部印发《关于加强生态环境保护综合行政执法队伍建设的实施意见》（以下简称《实施意见》），为推进全国生态环境保护综合行政执法队伍建设，充分发挥生态环境保护铁军中的主力军作用提供了遵循的依据。

《实施意见》中包含六个部分 18 项具体制度，分别侧重机构规范化（3 项制度）、装备现代化（3 项制度）、队伍专业化（4 项制度）、管理制度化（3 项制度）、保障体系建设（3 项制度）和加强组织领导（2 项制度）。

第一部分，全面履行执法职能，推进执法机构示范单位建设。落实生态环境保护综合行政执法改革要求，明确规范机构职能，对省、市、县三级执法机构职责进行补充和细化。鼓励各省开展规范化示范单位建设工作，全面提高执法机构规范化建设。提升执法支撑能力，鼓励各地加强执法研究能力建设，推动执法理论与实践操作融合提升。

第二部分，全面提升装备水平，推进执法队伍现代化建设。全面统一着装，制定生态环境保护综合行政执法人员着装管理规定和技术规范，并明确要求各地要全面完成着装配备工作。加强装备保障，地方各级生态环境部门要按照《生态环境保护综合行政执法装备配备标准化建设指导标准（2020 年版）》的要求，力争 2022 年底前基本配齐配全执法装备，提高执法保障水平。以移动执法系统为核心，全面加快执法信息化建设，要求各地应于 2022 年底前完成移动执法系统建设和应用的全覆盖。

第三部分，全面提高人员素质，推进执法队伍专业化建设。根据现有在编在岗执法人员学历和所学专业情况，提出优化人员结构，并要求设区的市级执法机构至少应争取 1 名取得国家统一法律职业资格的执法人员，并对新招录人员岗位锻炼和县（区）级执法机构主要负责人应具备基层执法经验提出了原则要求。完善培训体系，提出分级分类培训，实施"百千万执法人才培养工程"，要求"十四五"期间培养 100 名优秀执法培训教师，1000 名执法领军人才，10000 名执法骨干人员。注重实战练兵，建立一批实战基地，培养一批行业执法能手，要求各地定期组织开展军训队列活动，展现"守净土蓝天护绿水青山"主力军的良好风采。完善执法资格管理，规定了生态环境部及省级生态环境部门的职责，并明确了执法人员申领行政执法证件的条件。

第四部分，注重建章立制，推进执法队伍管理制度化建设。强化党建引领，突出加强党对执法工作的集中统一领导，实现党组织对执法工作领导与管理的全覆盖。加强执法稽查工作，将现场执法规范性、执法案卷质量、移动执法系统建设使用、执法公示制度和全过程记录制度推行情况、执法着装规范等作为稽查重点内容，建立健全稽查长效机制。强化纪律约束，制定领导干部干预执法活动、插手具体案件报告制度，建立廉洁守纪承诺制度，并提出执法人员应当遵守的纪律要求。

第五部分，严格依法执法，推进激励执法人员履职尽责的保障体系建设。提出建立健全立功表彰奖励和容错纠错机制，增强干部使命感、荣誉感、归属感、获得感。加强职业保障，要求各地要为执法人员购买工伤保险和人身意外伤害保险，并积极探索出台执法岗位津贴标准。此外对地方各级生态环境部门要依法为执法人员配备必要的个人防护用品也作出了规定。

第六部分，加强组织领导，推进政策措施的全面落地。积极争取同级党委政府支持，将执法人员培训、执法装备配备、信息化建设、新技术应用等经费保障纳入财政预算，确保执法监管能力与执法工作实际需求相匹配。积极宣传引导，展现执法队伍的良好形象，弘扬主旋律，进一步提升执法队伍的凝聚力、向心力、战斗力。

（4）《关于加强排污许可执法监管的指导意见》

2022 年，经中央全面深化改革委员会审议通过，生态环境部印发了《关于加强排污许可执法监管的指导意见》（以下简称《指导意见》）。《指导意见》的印发是落实党的十九届四中、五中全会有关全面实行排污许可制，构建以排污许可制为核心的固定污染源监管制度体系决策部署的重要举措，也是固定污染源排污许可基本实现"全覆盖"后，进一步巩固排污许可制度改革成果，加强排污许可执法监管，加快构建以排污许可制为核心的固定污染源执法监管体系的具体措施。

《指导意见》以习近平新时代中国特色社会主义思想为指导，落实生态文明体制改革部署，坚持精准、科学、依法治污，对排污许可的执法监管指明方向并提出要求，从总体要求、全面落实责任、严格执法监管、优化执法方式、强化支撑保障等五方面提出了 22 项具体要求，推动形成企业持证排污、政府依法监管、社会共同监督的生态环境执法监管新格局。《指导意见》内容如下。

① 对于排污企业主体责任，《指导意见》内容如下：

"二、全面落实责任

（三）夯实排污单位主体责任。排污单位必须依法持证排污、按证排污，建立排污许可责任制，明确责任人和责任事项，确保事有人管、责有人负。健全企业环境管理制度，及时申请取得、延续和变更排污许可证，完善污染防治措施，正常运行自动监测设施，提高自行监测质量。确保申报材料、环境管理台账记录、排污许可证执行报告、自行监测数据的真实、准确和完整，依法如实在全国排污许可证管理信息平台上公开信息，不得弄虚作假，自觉接受监督。（生态环境部负责指导）"

② 对于执法监管，《指导意见》内容如下：

"三、严格执法监管

（四）依法核发排污许可证。规范排污许可证申请与核发流程，加强排污许可证延续、变更、注销、撤销等环节管理。修订《排污许可管理办法（试行）》，发布新版排污许可证（副本），强化污染物排放直接相关的生产设施、污染防治设施管控。建立排污许可证核发包保工作机制，强化对地方发证工作的技术支持和帮扶指导。（生态环境部负责）

（五）加强跟踪监管。加强排污许可证动态跟踪监管，加大抽查指导力度。2023 年年底前，生态环境部门要对现有排污许可证核发质量开展检查，依托全国排污许可证管理信息平台，采取随机抽取和靶向核查相结合、非现场和现场核查相结合的方式，重点检查是否应发尽发、应登尽登，是否违规降低管理级别，实际排污状况与排污许可证载明事项是否一致。对发现的问题，要分级分类处置，依法依规变更，动态跟踪管理。（生态环境部负责指导）

（六）开展清单式执法检查。推行以排污许可证载明事项为重点的清单式执法检查，重点检查排放口规范化建设、污染物排放浓度和排放量、污染防治设施运行和维护、无组织排放控制等要求的落实情况，抽查核实环境管理台账记录、排污许可证执行报告、自行监测数据、信息公开内容的真实性。生态环境部组织开展排污许可清单式执法检查试点，省级生态环境部门制定排污许可清单式执法检查实施方案，设区的市级生态环境部门逐步推进清单式执法检查。（生态环境部负责）

（七）强化执法监测。健全执法和监测机构协同联动快速响应的工作机制，按照排污许可执法监管需求开展执法监测，确保执法取证及时到位、数据准确、报告合法。加大排污单位污染物排放浓度、排放量以及停限产等特殊时段排放情况的抽测力度。开展排污单位自行监测方案、自行监测数据、自行监测信息公开的监督检查。鼓励有资质、能力强、信用好的社会环境监测机构参与执法监测工作。（生态环境部负责）

（八）健全执法监管联动机制。强化排污许可日常管理、环境监测、执法监管联动，加强信息共享、线索移交和通报反馈，构建发现问题、督促整改、问题销号的排污许可执法监管联动机制。加强与环境影响评价工作衔接，将环境影响评价文件及批复中关于污染物排放种类、浓度、数量、方式及特殊监管要求纳入排污许可证，严格按证执法监管。做好与生态环境损害赔偿工作衔接，明确赔偿启动的标准、条件和部门职责，推进信息共享和结果双向应用。（生态环境部负责）

（九）严惩违法行为。将排污许可证作为生态环境执法监管的主要依据，加大对无证排污、未按证排污等违法违规行为的查处力度。对偷排偷放、自行监测数据弄虚作假和故意不正常运行污染防治设施等恶意违法行为，综合运用停产整治、按日连续处罚、吊销排污许可证等手段依法严惩重罚。情节严重的，报经有批准权的人民政府批准，责令停业、关闭。构成犯罪的，依法追究刑事责任。加大典型违法案件公开曝光力度，形成强大震慑。（生态环境部、公安部，地方有关人民政府按职责分工负责）

（十）加强行政执法与刑事司法衔接。建立生态环境部门、公安机关、检察机关联席会议制度，完善排污许可执法监管信息共享、案情通报、证据衔接、案件移送等生态环境行政执法与刑事司法衔接机制，规范线索通报、涉案物品保管和委托鉴定等工作程序。鼓励生态环境部门和公安机关、检察机关优势互补，提升环境污染物证鉴定与评估能力。（生态环境部、公安部、最高人民检察院、最高人民法院按职责分工负责）"

1.2 法规导则

（1）我国现行的环境保护方面的法律

《中华人民共和国环境保护法》

《中华人民共和国水污染防治法》

《中华人民共和国大气污染防治法》

《中华人民共和国固体废物污染环境防治法》

《中华人民共和国环境噪声污染防治法》

《中华人民共和国放射性污染防治法》

《中华人民共和国环境影响评价法》

《中华人民共和国清洁生产促进法》

《中华人民共和国环境保护税法》

《中华人民共和国行政处罚法》

《中华人民共和国行政复议法》

《中华人民共和国行政诉讼法》

《中华人民共和国民事诉讼法》

（2）我国现行主要的环境保护法规、规章

《中华人民共和国自然保护区条例》（国务院令第 167 号）

《危险化学品安全管理条例》（国务院令第 591 号）

《畜禽规模养殖污染防治条例》（国务院令第 643 号）

《淮河流域水污染防治暂行条例》（国务院令第 183 号）

《建设项目环境保护管理条例》（国务院令第 253 号）

《排污费征收使用管理条例》（国务院令第 369 号）

《医疗废物管理条例》（国务院令第 380 号）

《危险废物经营许可证管理办法》（国务院令第 408 号）

《废弃电器电子产品回收处理管理条例》（国务院令第 551 号）

《企业环境信息依法披露管理办法》（生态环境部）

《规划环境影响评价条例》（国务院令第 559 号）

《建设项目环境影响后评价管理办法（试行）》（生态环境部令第 37 号）

《危险废物转移管理办法》（生态环境部、公安部、交通运输部令第 23 号）

《中华人民共和国行政复议法实施条例》（国务院令第 499 号）

《中华人民共和国水污染防治法实施细则》（国务院令第 284 号）

《环境行政处罚办法》（国务院令第 8 号）

《生态环境损害赔偿管理规定》（环法规〔2022〕31 号）

《排污许可管理办法（试行）》（环境保护部部令第 48 号）

《排污许可管理条例》（中华人民共和国国务院令第 736 号）

《建设项目竣工环境保护验收暂行办法》（国环规环评〔2017〕4 号）

第2章

排污企业备查的主要文件及常见问题

2.1 环保重点检查方向

日常执法检查主要查看以下情况：企业的环保档案，排污许可执行情况，企业生产车间的生产状态，主要生产设备、生产工艺及车间管理情况；废水、废气、噪声等污染物的排放情况，污染防治设施运行情况，排放口、采样平台的设置情况，雨污分流、事故应急池的建设情况和应急预案落实情况，固体废物、危险废物贮存及处置情况，重点排污单位的信息公开情况等。

2.1.1 排污许可专项检查

（1）排污许可证后监管主要检查事项

排污许可证后专项执法检查主要从两方面进行：

一是检查是否持证排污。企业未按期取得新版排污许可证并继续生产的，视为无证排污，责令其依法停止排污并进行处罚。

二是检查是否按证排污。重点检查持证企业污染物排放浓度是否满足标准要求、污染防治设施［包括废水、废气、固废（危废）收集处置设施，及在线监测设施等］是否运行、运行台账是否记录齐全、是否制订自行监测方案、企业承诺整改事项是否按期完成等方面。

（2）现场检查查什么

依据排污单位的申请材料和承诺，对照排污许可证副本内容，开展现场检查。

① 是否悬挂排污许可证正本；

② 许可证副本内容是否与现场情况一致；

③ 是否安装或使用符合国家有关规定的监测设备，开展自行监测，保存原始监测记录；

④ 管理台账的记录内容是否符合技术规范要求；

⑤ 是否已按规定提交执行报告，执行报告的内容及提交频次是否符合技术规范要求；

⑥ 是否通过未经许可的排放口排放污染物；

⑦ 排放口设置是否规范；

⑧ 污染防治设施是否正常运行；

⑨ 环保设施运行台账是否齐全。

（3）证后检查中发现的常见问题

据相关统计，在排污许可证后监管专项执法检查中发现的常见问题有：

① 企业排放口未安装信息化标志牌，或者安装的信息化标志牌未上传至全国排污许可证管理信息平台；

② 企业自行监测的频次或因子未能达到排污许可证的要求，自行监测也未保存原始监测数据；

③ 企业执行报告未填报上传；

④ 企业未按排污许可证改正规定的要求完成相关事项整改；

⑤ 企业危险废物管理不规范；

⑥ 企业申报信息与实际不符，难以达到排放管理要求；

⑦ 企业法人已变更，但未重新申领排污许可证；

⑧ 企业进行了信息公开，但上传的资料不齐全；

⑨ 企业存在运行台账记录不规范、不完善的情况。

2.1.2　环保督察

为了规范生态环境保护督察工作，压实生态环境保护责任，推进生态文明建设，建设美丽中国，根据《中共中央、国务院关于全面加强生态环境保护　坚决打好污染防治攻坚战的意见》《中华人民共和国环境保护法》等要求制定了《中央生态环境保护督察工作规定》，自 2019 年 6 月 6 日起实施。

（1）环保督察人员的权利

实施现场检查时，从事现场执法工作的环境监察人员不得少于两人，并出示《中国环境监察执法证》等行政执法证件，表明身份，说明执法事项。

环境监察人员有以下权利：

① 进入有关场所进行勘察、采样、监测、拍照、录音、录像、制作笔录；

② 查阅、复制相关资料；

③ 约见、询问有关人员，要求说明相关事项，提供相关材料；

④ 责令停止或者纠正违法行为；

⑤ 适用行政处罚简易程序，当场作出行政处罚决定；

⑥ 法律、法规、规章规定的其他措施。

（2）环境监察时检查的内容

① 企业生产情况　企业所属行业及主要产品；上个月的产品及产能，各条线是否

存在运营。

②企业环保手续落实情况　项目是否依法履行环评手续，查看环评文件及环评批复等。查看项目的性质、生产规模、地点、采用的生产工艺或采用的污染治理措施等是否与环评及批复文件一致。环评批复五年后项目才开工建设的，是否重新报批环评。检查项目投运后，是否进行了环保竣工验收。环保竣工验收手续是否完备。检查排污许可证申领、排污申报执行、排污费缴纳执行等。

③各项污染及治理情况现场检查　按照企业行业排污特点，对各项污染及治理情况进行现场检查，企业无相关排污环节的（如环节对地下水影响等），可不检查。

此外，对于生产车间，检查原料涉酸、碱及其他易腐蚀性物质的车间地面是否做防腐处理，并定期进行保养。生产过程是否存在跑冒滴漏现象。

（3）检查常见问题

根据对相关资料整理，地方检查常见问题清单如下：

① 生产配件的同时释放出粉末的辅料、相关的燃煤锅炉等设备；

② 发现有噪声、气味浓的产品；

③ 顺带查存在消防安全隐患的；

④ 顺带查伪劣及假冒仿牌的；

⑤ 偷排废水及私设暗管排污；

⑥ 排放油漆味等刺鼻气体；

⑦ 低频噪声或噪声过大；

⑧ 未公示环评；

⑨ 无环保审批手续；

⑩ 违法建设；

⑪ 煤渣到处飘散；

⑫ 纸渣挖坑填埋存在问题；

⑬ 无废水回收系统；

⑭ 未办理取水许可；

⑮ 没有亮照经营；

⑯ 无防渗漏措施的水塘存贮其他废弃物；

⑰ 治污设施简陋老旧；

⑱ 烟尘排放浓度超标；

⑲ 厂区堆积垃圾未及时处理；

⑳ 未办理环境影响评价文件报批手续；

㉑ 污染治理设施未经环保部门验收；

㉒ 无排污许可证或排污许可证过期；

㉓ 非法生产；

㉔ 过滤池COD超标等。

2.2　调查取证

《环境行政处罚证据指南》（环办〔2011〕66号，以下简称《证据指南》）是《环境行政处罚办法》重要的配套文件。《中华人民共和国行政处罚法》第四十条规定："公民、法人或者其他组织违反行政管理秩序的行为，依法应当给予行政处罚的，行政机关必须查明事实；违法事实不清、证据不足的，不得给予行政处罚。"

《证据指南》中说明，证据是指在环境行政处罚案件办理中用以证明案件事实的材料，主要包括：

① 证明当事人身份的材料；

② 证明违法事实及其性质、程度的材料；

③ 证明从重、从轻、减轻、免除处罚情节的材料；

④ 证明执法程序的材料；

⑤ 证明行政处罚前置程序已经实施的材料；

⑥ 证明案件管辖权的材料；

⑦ 证明环境执法人员身份的材料；

⑧ 其他证明案件事实的材料。

（1）书证

以文字、符号、图形等在物体（主要是纸张）上记载的内容、含义或表达的思想来反映案件情况的材料，如环境影响评价文件、企业生产记录、环保设施运行记录，合同、发票等缴款凭据，环保部门的环评批复、验收批复、排污许可证、危险废物经营许可证，举报信等。

（2）物证

以其存在状况、形状、特征、质量、属性等反映案件情况的物品和痕迹，如厂房、生产设施、环保设施、排污口标志牌、暗管，污水、废气、固体废物，受污染的农作物、水产品等。

（3）笔录

① 现场检查（勘查）笔录　执法人员对有关物品、场所等进行检查、勘察时当场制作的反映案件情况的文字记录，如现场检查笔录、现场勘察笔录等。

② 调查询问笔录　执法人员向案件当事人、证人和其他有关人员询问案件情况时当场制作的文字记录，如对当事人的询问笔录、对证人的询问笔录、对污染受害人的询问笔录等。

2.3　环保文件

包括但不限于以下环保文件：

① 建设项目环境影响报告书，或者环评报告表，或者环评登记表；

② 建设项目环境影响报告书或者报告表的审批文件，或者环评登记回执；

③ 建设项目竣工环境保护验收监测报告或者调查报告（环评登记类无验收）；

④ 建设项目竣工环境保护验收批文或者自主验收意见；

⑤ 企业环境风险应急预案文本；

⑥ 企业环境风险应急预案备案材料；

⑦ 企业排污许可证的正本、副本或者排污信息登记回执；

⑧ 企业环境管理台账；

⑨ 企业排污许可证执行报告（排污信息登记类不需提供）；

⑩ 企业自行监测材料。

2.4　污染源现场检查

环境监察执法到企业现场主要检查八大方面。

（1）污水污染检查

① 水污染源环境监察　污水处理设施的运行状态、历史运行情况、处理能力及处理水量，废水的分质管理及处理效果，污泥处理、处置。是否建立废水设施运营台账（污水处理设施开关时间、每日的废水进出水量、水质，加药及维修记录）。

② 污水排放口监察　检查污水排放口的位置是否符合规定，检查排污者的污水排放口数量是否符合相关规定，检查是否按照相关污染物排放标准、规定设置了监测采样点，检查是否设置了规范的便于测量流量、流速的测流段。总排污口是否设置标志牌等。是否按要求设置在线监控、监测设备。

③ 排水量复核　有流量计和污染源监控设备的，检查运行记录；有给水量装置的或有上水消耗凭证的，根据耗水量计算排水量；无计量数及有效的用水量凭证的，参照国家有关标准、手册给出的同类企业用水排水系数进行估算。

④ 排放水质　检查排放废水水质是否能够达到国家或地方污染物排放标准的要求。检查监测仪器、仪表、设备的型号和规格以及检定、校验情况，检查采用的监测分析方法和水质监测记录。如有必要可进行现场监测或采样。检查雨污、污污分流情况，检查排污单位是否实行清污分流、雨污分流。

⑤ 事故废水应急处置设施　检查排污企业的事故废水应急处置设施是否完备，是否可以保障对发生环境污染事故时产生的废水实施截留、贮存及处理。

⑥ 检查处理后废水的回用情况。

（2）废气污染检查

① 检查废气处理设施的运行状态、历史运行情况、处理能力及处理量。

② 对化工、石化等重点企业，检查其连续产生可燃性有机废气采取回收利用或焚烧方式处理是否合理，间歇产生可燃性有机废气采用焚烧、吸附或组合工艺处理是否合

理。检查锅炉燃烧设备的审验手续及性能指标、燃烧设备的运行状况、二氧化硫的控制、氮氧化物的控制。

③ 检查废气、粉尘以及恶臭等污染物污染防治设施。

④ 关于废气排放口，检查排污者是否在禁止设置新建排气筒的区域内新建排气筒；检查排气筒高度是否符合国家或地方污染物排放标准的规定，废气排气筒道上是否设置采样孔和采样监测平台；检查排气口是否按要求规范设置（高度、采样口、标志牌等），有要求的废气是否按照环保部门要求安装实用在线监控设施。

⑤ 针对无组织排放有毒有害气体、粉尘、烟尘的排放点，有条件做到有组织排放的，检查排污单位是否进行了整治，实行有组织排放；检查煤场、料场、货物的扬尘和建筑生产过程中的扬尘，是否按要求采取了防治扬尘污染的措施或设置防扬尘设备；在企业边界进行监测，检查无组织排放是否符合相关环保标准的要求。

（3）**固体废物检查**

① 检查固体废物的种类、数量、理化性质、产生方式，并根据《国家危险废物名录（2021 年版）》或 GB 5085 核查生产中危险废物的种类及数量。

② 检查固体废物贮存设施或贮存场是否设置了符合环境保护要求的设施。

③ 检查排污者是否向江河、湖泊、运河、渠道、水库及其最高水位线以下的滩地和岸坡等法律、法规规定禁止倾倒废弃物的地点倾倒固体废物。

④ 检查固体废物转移情况，是否填写危险废物转移联单，是否经移出地设区的市级以上地方人民政府环境保护主管部门商经接受地设区的市级以上地方人民政府环境保护主管部门同意。

⑤ 检查贮存、堆放等场所是否设置了固体废物及危险废物标志牌。

⑥ 检查污泥处置合同、污泥运输磅秤记录等，判断污泥产生量是否合理。

（4）**噪声污染**

是否按照环评文件或环评批复要求设置污染治理设施，噪声是否达标。

（5）**地下水污染现场检查**

场地污水处理设施（单元）、涉重环节、固废（危废）堆放场所、化学品堆放场所等是否进行防渗漏、防腐措施。有地下水污染的，治理措施是否到位。

（6）**环境风险及应急预案现场检查**

检查应急预案编、评、备、落实情况，附应急演练中情况的文字、图片及相关资料。项目是否符合环保要求的初期雨水池（如化工、电镀、印染、涉重等行业）和应急事故池等。应急物资储备情况（名称、数量、有效期等）。

（7）**对生态环境现场检查**

（8）**环保部门督察查处环境违法行为**

第 3 章

固定污染源排污企业日常巡检要点

3.1 畜牧业

依据《固定污染源排污许可分类管理名录（2019）》所述分类，畜牧业是指牲畜饲养、家禽饲养和其他畜牧业。本节内容按照《排污许可证申请与核发技术规范 畜禽养殖行业》（HJ 1029—2019）对畜禽养殖行业进行描述。

3.1.1 主要生产工艺

畜禽养殖行业排污单位指为了获得各种畜禽产品而从事动物饲养活动的规模化畜禽养殖场、规模化畜禽养殖小区。具体养殖品种包括生猪、肉牛、奶牛、蛋鸡、肉鸡、鸭、鹅、羊以及省级人民政府有明确规定的规模标准的其他畜种。

（1）养猪场生产工艺

猪的饲养方式一般分为舍饲和放牧饲养。规模化猪场均采用舍饲，放牧饲养仅在我国部分地区的个体养猪户中采用。规模化养猪场因采用的栏圈形式不同又可分地面平养和网床饲养；按每圈饲养头数则可分群养和单养。地面平养分实体地面、全部缝隙地板或部分实体地面部分缝隙地板三种，缝隙地板可用钢筋混凝土、塑料、铸铁等制作。网床饲养多用于产房和培育仔猪舍。

生猪养殖工艺：我国规模生猪养殖以自繁自养为主。规模生猪生产全过程分配种、妊娠、分娩哺乳、仔猪保育、生长育肥五个生产环节，母猪在配种车间饲养 35d（配种 14d，妊娠鉴定 21d），进入妊娠车间饲养 88d（提前 5d 入分娩舍），分娩后哺乳 28～35d，断奶后仔猪保育 28～35d，再转入到生长育肥车间饲养 14～16 周，最后出栏。在五个生产车间均有粪便、尿液、恶臭和由清粪工艺决定产污量的栏舍冲洗水产生。

（2）养牛场生产工艺

根据饲养管理方式的不同，牛舍可以分为栓系牛舍和散放牛舍两种。

散放牛舍的特点是牛可以自由出入牛舍，不受任何约束。牛舍主要供牛休息、避雨和遮阴，地面铺有垫草，冬季逐日增添，待春季天暖时一次清理出去。舍外有运动场，且有青贮饲槽、干草架、饮水槽或饮水器。有的散放牛舍内设有牛床隔栏，以保证牛在躺卧时都有一定的地方，而且比较整齐，排粪的位置也比较固定，管理上比没有隔栏的要方便许多。这种牛舍的建筑造价相对较高。

拴系牛舍内设有固定的牛床和颈枷，牛在一定时间内被放入牛舍后，立即被拴系起来。这种牛舍的建筑造价显然较高，但是便于对牛进行精细管理，可以获得较高的产奶量、产肉量和繁殖率，采用比较普遍。

拴系牛舍的饲槽，常用的有高槽和低槽两种，高槽的槽底高出地面，低槽的槽底与地面相同。后者因操作方便，采用者较多。舍内的粪尿沟一般用明沟，以便随时清扫，防止堵塞。这种方式主要适用于牧区或半农半牧区。其优点是可以充分利用草地资源，降低生产成本；缺点是管理比较粗放，产奶量、产肉量较低。实行全放牧时，一般在牧地的适当位置设简易棚舍，供饮水、补饲、挤奶和避风、遮雨之用。也有实行半放牧、半舍饲的，即在放牧归来之后，补喂青贮饲料、草以及精料，这种方式比全放牧饲养的产奶量、产肉量要高。

① 奶牛养殖工艺　根据奶牛生长发育特点和生理阶段的差异，分为犊牛（0～6月龄）、育成牛（7～18月龄）、青年牛（19月龄～产犊前），产犊后青年牛转入成年母牛群，成年奶牛根据是否产乳分为泌乳牛和干奶牛。在四个养殖阶段，均会产生粪便、尿液和恶臭，但主要污染来源是泌乳期挤奶设备的消毒清洗水，以及乳制品制作过程中的设备冲洗水。

② 肉牛养殖工艺　肉牛主要分犊牛和育肥牛两个养殖阶段，各阶段都有粪便、尿液和恶臭污染物的产生，且每天排粪尿量大。养牛场主要采用干清粪工艺，牛粪含水率低，易于收集和生产有机肥，同时使污水减量最大化。

（3）养鸡场生产工艺

养鸡场分蛋鸡场和肉鸡场。

鸡的饲养方式一般为散养、平养（地面平养和网上平养）和笼养。蛋鸡以平养和笼养为主，而肉鸡以地面平养为主。

散养是一种原始、粗放的方式，即在白天将鸡放出，任其不受任何约束地自由活动。到了傍晚，鸡自动归巢，在鸡栖息之前，撒些饲料作为补饲。这种方式因为投资少，节省饲料，过去多为农户所广泛采用。此方式的缺点是易感染寄生虫病，生产效率低，不易管理，故规模化养鸡场不宜采用。

平养又可分为地面平养和网上平养。

将鸡直接饲养在舍内地面上，饲养管理工作在室内进行，所以鸡舍内有饲槽、饮水器、产蛋箱、栖架等。有的在舍外一侧设有运动场，鸡可自由出入活动，这种鸡舍比较适合饲养种鸡。有的没有运动场，鸡的活动完全限定在舍内。地面平养方式的优点是饲养管理比较方便，生产效率也比较高；缺点是占用地面比较多，机械化有困难，不易实行大规模饲养，而且容易传播球虫病等。这种饲养方式的清粪方法有两种，一是每日用人工清扫一次，优点是可保持舍内干净，缺点是比较费工，对鸡的干扰也比较大。另一种是厚垫料法，在舍内地面上铺撒垫料，逐日增添，不清除。待鸡群全部转出后，将垫料一次彻底清除干净，并对鸡舍进行清洗和消毒。此种方式因垫料内一直进行着生物发酵过程，产生许多热量，有利用于提高舍内温度，故多用于寒冷地区。鸡整日在垫料上活动，既可取暖，又可从垫料中获取维生素 B12；缺点是易使鸡感染寄生虫病，且易污染羽毛和鸡蛋。

在地面上约 0.6m 处架设网栅，鸡饲养在网栅上，不与粪污接触，避免了羽毛和鸡蛋被污染，并可控制球虫病等的传播。用此方式饲养种鸡时，可在网上分隔成小格，每格 1.0～1.2m²，可养 15 只左右成年母鸡和 2 只公鸡。舍外也可设置运动场，在一定时间将鸡放到运动场上去活动。

在鸡舍内设置鸡笼，将鸡常年饲养在笼中。饲养种鸡时，鸡笼较小，每笼 1 只，实行人工授精。饲养商品蛋鸡时，每笼 3～4 只。在鸡舍内，鸡笼可 1 层排列，也可 3～4 层立体排列。立体排列时，可以为阶梯式或重叠式。

采用平列式（即一层排列）时，舍内无走道，喂料、供水、集蛋、清粪全用机械，进鸡、出鸡或维修鸡笼时，工作人员坐在"天车"上操作，天车可由工作人员驾驶运行至鸡舍的任何部位。这种方式的主要缺点是进鸡、出鸡很不方便，机械的维修也比较困难，故采用者不多。

重叠式可以提高单位面积内的饲养数量，缺点是每层笼的下边需设承粪板，只能用人工进行清粪，比较费工，采用者也不多。采用阶梯式或半阶梯式排列时，清粪既可使用机械，也可采用人工。

对肉鸡一般都采用平养，而且大都采用厚垫料方式。对于父母代种鸡，一般也都采用平养，公母鸡自由交配，因肉鸡体型大，行动笨拙，笼养弊端较多。

① 蛋鸡养殖工艺　蛋鸡生产工艺流程一般为三段饲养，包括育雏阶段（0～49 日龄）、育成阶段（50～140 日龄）及产蛋阶段（141～532 日龄），各个生产阶段均有粪便、尿液及恶臭产生。蛋鸡粪便含水率高，以干清粪为主，污水产量较低。

② 肉鸡养殖工艺　肉鸡养殖以育雏和育肥为主，生产周期为 45d 左右，两个阶段均有粪便及恶臭产生。肉鸡粪便含水率高，多采用干清粪工艺，污水产量低。

3.1.2　主要污染物及产污环节分析

（1）废气

畜禽养殖行业排污单位产生的废气主要来源于锅炉系统和养殖场臭气。

恶臭产污环节包括养殖栏舍，辅助设施的固体粪污处理工程、废水处理工程。其废气来源及主要污染物见表 3-1。

畜禽舍散发的臭气主要来自含蛋白质废弃物的厌氧分解，这些废弃物包括畜禽粪尿、皮肤、毛、饲料和垫料。而大部分臭气是由粪尿厌氧分解产生。畜禽排泄物的有机物主

表 3-1　废气来源及主要污染物

排放形式	产污环节	主要污染物
有组织	养殖车间	臭气浓度、硫化氢、氨
	固体粪污储存处置设施	
	废水储存处置设施	
	锅炉	二氧化硫、氮氧化物、颗粒物、烟气黑度等
无组织	养殖车间	臭气浓度、硫化氢、氨
	固体粪污储存处置设施	
	废水储存处置设施	
	饲料生产加工和贮存	

要由碳水化合物和含氮化合物组成，在一定条件下，这些粪便发酵以及含硫蛋白分解产生大量氨气和 H_2S 等臭味气体。碳水化合物转化成挥发性脂肪酸、醇类及二氧化碳等，这些物质略带臭味和酸味；含氮化合物转化生成氨、乙烯醇、二甲基硫醚、硫化氢、三甲胺等，这些气体有的具有腐败洋葱臭，有的具有腐败的蛋臭、鱼臭等；一些有机物酶解，如硫酸盐类被水解成 H_2S，马尿酸生成苯甲酸等。这些具有不同臭味的气体混合在一起，就是人们常说的恶臭。

恶臭的成分复杂，现已鉴定出的恶臭成分在牛粪尿中有 94 种，猪粪尿中有 230 种，鸡粪中有 150 种。这些恶臭成分可分为挥发性脂肪酸、醇类、酚类、酸类、醛类、酮类、胺类、硫醇类，以及含氮杂环化合物 9 类有机化合物和氨、硫化氢两种无机物。按臭气阈值大小排列，畜粪中最臭的 9 种化合物依次是：甲硫醇、2-丙硫醇、2-丙烯-1-硫醇、2,3-丁二酮、苯乙酸、乙硫醇、4-甲基酚、硫化氢和 1-辛烯-3-酮。文献表明，挥发性脂肪酸、对甲酚、吲哚、丁二酮和氨浓度较高，而它们的阈值又较低，因此可能是畜牧场内较为主要的臭味化合物。

养殖场有味气体来源于多个方面，如动物呼吸、动物皮肤、饲料、死禽死畜、动物粪尿和污水等，其中动物粪尿和污水在堆（存）放过程中有机物的腐败分解是养殖场气味的主要发生源。一般来自养殖舍地面、粪水贮存池、粪便堆放场等。

动物从饲料中吸收养分，同时将未消化的养分以粪便的形式排出。动物粪便是含有碳水化合物、脂肪、蛋白质、矿物质、维生素及其代谢产物等多种成分的复杂化合物，这些化合物是微生物繁殖生长的营养来源，它们在有氧条件下会彻底氧化，不会产生恶臭。但在厌氧条件下，这些物质被微生物消化降解产生各种带有气味的有害气体。和动物粪便一样，污水在缺（厌）氧条件下也会产生有味气体。

这些气体，由于有窒息性、刺激性、中毒性的危害，当达到某种浓度时就会产生有害作用。畜禽场散发的恶臭及有害气体成分很多，但以氨、硫化氢、粪臭素、硫醇类为主。

（2）废水

畜禽养殖行业排污单位废水主要包括畜禽尿液、栏舍冲洗水、部分生活污水及雨水

（见表 3-2），其中不仅含有高浓度的 COD、SS、氨氮，还包含大量的病原微生物、寄生虫卵。此外，含有锅炉的养殖场，有锅炉废水产生。

表 3-2　畜禽养殖业主要畜种的废水来源

序号	畜种	来源	废水类型
1	生猪	配种车间	畜禽尿液、栏舍冲洗水
		妊娠车间	
		分娩哺乳车间	
		仔猪保育车间	
		生长育肥车间	
2	奶牛	犊牛车间	畜禽尿液、栏舍冲洗水
		育成牛车间	
		青年牛车间	
		成奶牛车间	
		挤奶设备清洗消毒车间	栏舍（奶缸）冲洗水
		机械挤奶车间	
		鲜奶冷藏车间	
3	肉牛	犊牛车间	畜禽尿液、栏舍冲洗水
		育肥牛车间	
4	蛋鸡	育雏车间	少量栏舍冲洗水
		育成车间	
		产蛋车间	
5	肉鸡	鸡雏车间	少量栏舍冲洗水
		肉用仔鸡车间	
		肉鸡车间	
6	所有畜种		雨水
			生活污水

　　养殖场产生的污水量及其水质因畜种、养殖场性质、饲养管理工艺、气候、季节等情况不同会有很大差别。如肉牛场污水量比奶牛场少；鸡场的污水量比猪场少；采用乳头式饮水器的鸡场比水槽自流饮水者污水量少；各种情况相同的养殖场，南方污水比北方污水量大；同一牧场夏季比冬季污水量大等。采用水冲或水泡粪工艺比干清粪工艺的污水量大且有机物浓度高；鸡场污水含磷量较高；猪场污水含铜、铁量较高等。对于畜禽粪便排泄的粪尿量以及畜禽养殖业排放的废水量，由于受到饲养方式、管理水平、畜舍结构、漏粪地板的形式和清粪方式等的不同而差异较大。

（3）固体废物

畜禽养殖企业一般工业固体废物主要为固体粪污，固体粪污产生单元为固体粪污处理工程，主要包括固体粪污临时堆放场、堆肥场、有机肥生产设施等。危险废物主要为病死畜禽；此外，有锅炉的排污单位会产生锅炉炉渣。

固体粪污一般包括畜禽粪便、厌氧处理沼渣、污水处理产生的污泥、垫料、其他。所有排污单位均有畜禽粪便产生，利用粪污生产沼气或存储发酵的养殖场（小区）有沼渣产生，采用达标排放治理模式的养殖场（小区）有污泥产生，采用垫草垫料工艺的养殖场（小区）有垫料产生。

畜禽粪尿排泄量，因畜种、养殖场性质、饲养管理工艺、气候、季节等情况的不同，会有很大差别。例如，牛粪尿排泄量明显高于其他畜禽粪尿排泄量；禽类粪尿混合排出，故其总氮较其他家畜为高；夏季饮水量增加，禽粪的含水率显著提高等。

畜禽粪便营养丰富，原粪中除含有大量有机质和氮磷钾及其他微量元素等植物必需的营养元素外，还含有各种生物酶（来自畜禽消化道、植物性饲料和肠道微生物）和微生物，对提高土壤有机质及其肥力、改良土壤结构，起着化肥不可替代的作用。畜禽粪虽是很好的有机肥，但其中的营养成分必须经微生物降解（腐熟）才能被植物利用。同时，还有病原微生物和寄生虫，如果不加处理地施用鲜粪尿（施生粪），方法虽然简单，但有机质在被土壤微生物降解过程中产生的热量、氨和硫化氢等对植物根系不利，还有可能对环境造成恶臭和病原菌污染，故必须经过腐熟和无害化处理后方可施用。

（4）噪声

畜禽养殖噪声主要来源于畜禽自身活动产生的声音，除此之外，还有养殖企业各种机械设备运转产生的声音。

① 畜禽自身活动产生的噪声：畜禽叫声、走动、争斗等。

② 各类机械产生的噪声：粉碎设备、供暖设备、清洁设备、锅炉、风机、水泵等。

③ 环保设施设备产生的噪声：污水处理设备、污泥脱水设备、曝气设备、饲料和畜禽粪便加工设备等。

3.1.3　相关标准及技术规范

《排污许可证申请与核发技术规范　畜禽养殖行业》（HJ 1029—2019）

《排污单位自行监测技术指南　畜禽养殖行业》（HJ 1252—2022）

《畜禽养殖业污染物排放标准》（GB 18596—2001）

《畜禽粪便还田技术规范》（GB/T 25246—2010）

《规模畜禽养殖场污染防治最佳可行技术指南（试行）》（HJ-BAT-10）

《畜禽养殖业污染防治技术政策》（环发〔2010〕151 号）

《畜禽养殖业污染防治技术规范》（HJ/T 81—2001）

《畜禽养殖污水贮存设施设计要求》（GB/T 26624—2011）

《畜禽养殖业污染治理工程技术规范》（HJ 497—2009）

3.2　农副食品加工业

3.2.1　主要生产工艺

3.2.1.1　水产品加工工业

水产品加工工业排污单位指以水生动植物为原料，通过物理、化学或生物等方法加工生产水产品冷冻品、鱼糜及鱼糜制品、干腌制品、海藻加工品、鱼油制品等水产品加工产品的排污单位。

（1）冷冻制品

水产原料在挑选好鲜度之后，首先进行冷冻前的预处理。一般情况下，前处理包括原料鱼的清洗、分类、冷却保存、速杀、放血、去鳃、去鳞、去内脏、漂洗、切割、挑选分级、过秤、装盘等操作。原料经前处理后，进入冻结工序。通常根据原料种类、特性等选择合适的冻结方式和冻结装置，当达到要求的冻结效果后，将冷冻品从冻结装置中取出，然后进入冻后处理工序，该工序包括脱盘、包冰衣和包装等操作。完成以上工序后，水产冷冻品应及时放入冷藏库进行冷藏，完成冷冻加工过程，其工艺流程见图3-1。

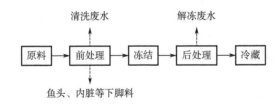

图 3-1　水产冷冻品加工工艺流程

（2）鱼糜及干腌制品

① 鱼肉糜加工　将原料鱼去除鳞片、内脏等不可食用的部分，并清洗干净后，利用采肉机将鱼体的皮骨除掉而把鱼肉分离出来，然后对鱼肉进行漂洗、脱水，再放入擂溃机内擂溃。擂溃结束后，对成型的鱼糜进行加热、冷却，即可制得不同形状的鱼糜制品，其工艺流程见图3-2。

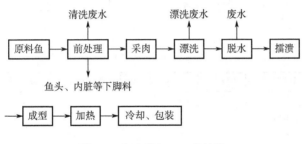

图 3-2　鱼肉糜加工工艺流程

② 水产干制品加工　水产干制品的种类较多，大致可分为生干制品（如墨鱼、鱿鱼、海蜇、紫菜等）、煮干制品（如鱼干、虾皮等）、盐干制品（如盐干小杂鱼等）和调味干制品（如鱼松、鱼片等）。

a. 一般干制品加工工艺　将鲜度良好的原料鱼或解冻后的冷冻鱼去除头、内脏等部分后，把鱼体清洗干净并剖好鱼肉待用，再将其漂洗沥水后进行出晒或烘干，在出晒的同时将鱼片进行整形，待晒至九成干时，于仓库内密封 3～4d，然后进行焙蒸，焙蒸后的制品再经充分干燥后，包装入库。其工艺流程见图 3-3。

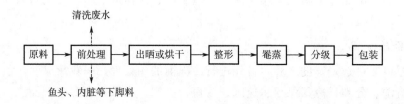

图 3-3　一般干制品加工工艺流程

该工艺产生的污染物主要为原料前处理过程中产生的清洗废水以及鱼头、内脏等下脚料。

b. 干紫菜加工工艺（见图 3-4）

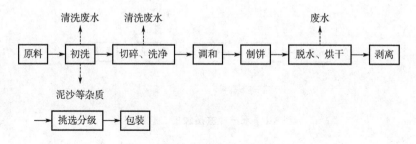

图 3-4　干紫菜加工工艺流程

③ 水产烟熏制品　烟熏制品的分类方法较多，按烟熏方法不同分为温熏法、冷熏法和热熏法。冷熏法是将原料鱼长时间盐腌，使盐分含量稍重，然后吊挂在离热源较远处，经低温长时间熏干的方法；温熏法是将原料置于添加适量食盐的调味液中短时间浸泡，然后在接近热源处用较高温度烟熏的方法；热熏法在德国最为盛行，采取高温短时间烟熏处理，使蛋白质凝固，食品整体受到蒸煮。其工艺流程见图 3-5。

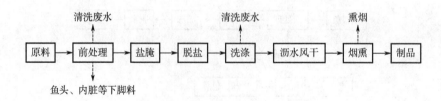

图 3-5　水产烟熏制品加工工艺流程

④ 水产腌制品　水产腌制包括盐渍和成熟两个阶段，腌制过程实际上是溶质（腌制剂）和溶剂（水）在生物细胞（食品及微生物的）内外扩散与渗透相结合的过程，其工艺流程见图3-6。

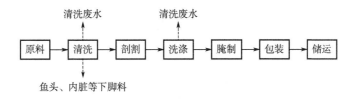

图 3-6　水产腌制品加工工艺流程

（3）**动物蛋白饲料**

一般来说，鱼粉是利用低值小杂鱼（如鳀鱼、七星鱼等）或水产加工厂的废弃料（如鱼头、尾、内脏等）为原料制成的粉状或颗粒状产品，它是饲料的主要原料。鱼粉生产的方法主要分为干法和湿法两种，其工艺流程分别如图3-7和图3-8所示。

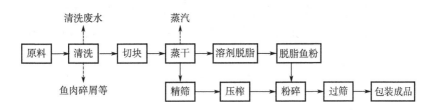

图 3-7　干法生产鱼粉工艺流程

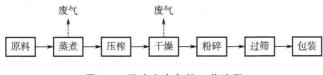

图 3-8　湿法生产鱼粉工艺流程

（4）**罐制品**

水产罐头制品是将水产品经过预处理后，装入密封容器中，再经加热杀菌、冷却而制成的产品。水产罐头制品的品种很多，但其基本生产工艺大致相同，其工艺流程见图3-9。

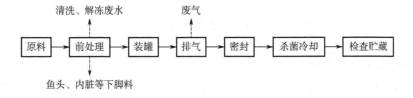

图 3-9　水产罐头加工工艺流程

冷冻原料经过解冻，新鲜原料经过清洗、剔除不可食部分、分级、分档等工序后，进行盐渍处理，以对食品进行调味，然后将水产品装罐，经排气、密封、杀菌、冷却后，进行贮藏。

（5）鱼油制品

鱼油是指从鱼体和鱼内脏中制取的油，它是食品、化工和医药工业的重要原料。提取工艺流程见图 3-10。

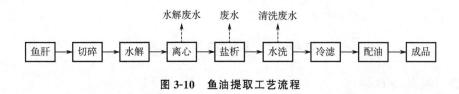

图 3-10　鱼油提取工艺流程

3.2.1.2　饲料加工、植物油加工工业

（1）饲料加工工业

指以农副产品及其加工产品为原料进行生产加工，制得农场和农户饲养牲畜、家禽、水产品所需饲料产品或饲养猫、狗、观赏鱼、鸟等小动物所需饲料产品的排污单位。含发酵工艺的饲料加工工艺流程见图 3-11。

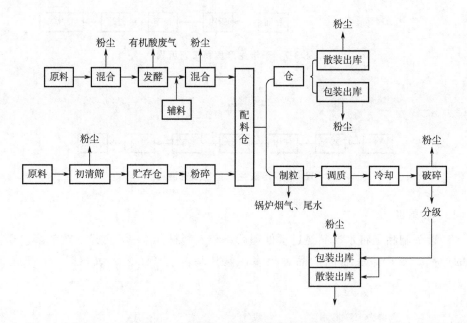

图 3-11　含发酵工艺的饲料加工工艺流程

（2）植物油加工工业

指用各种食用或非食用植物油料生产油脂，以及从事精制食用油加工的排污单位。按植物油生产工艺和过程分类，世界范围内制油的主要方法分为机械压榨法、浸出萃取

法和水溶剂法。目前我国采用的主要是浸出萃取法、机械压榨法。

① 浸出法工艺　浸出法是利用化工原理，用食用级溶剂从油料中抽提出油脂的一种方法，是目前国际上公认的最先进的生产工艺。浸出法工艺流程如下：原料→清理→软化、轧胚→浸出→蒸发、汽提→毛油→精炼→成品油，具体如图3-12所示。

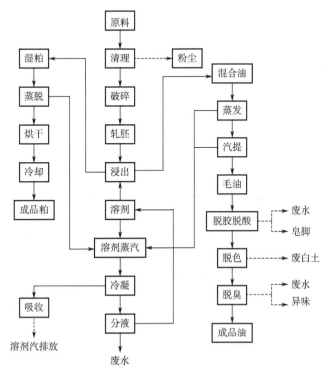

图 3-12　植物油浸出法生产工艺及产排污节点

② 压榨法工艺　压榨法是用物理压榨方式，从油料中榨油的方法，工艺流程如下：原料→清理→破碎、轧胚→压榨→毛油→精炼→成品油，具体如图3-13所示。

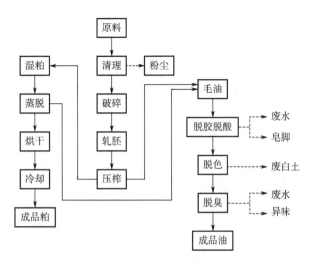

图 3-13　植物油压榨法生产工艺及产排污节点

3.2.1.3　淀粉工业

淀粉工业排污单位指具有以谷类、薯类和豆类等含淀粉的农产品为原料生产淀粉（乳），或以淀粉（乳）为原料生产淀粉糖、变性淀粉、淀粉制品（粉丝、粉条、粉皮、凉粉、凉皮等）等生产行为的排污单位。

其中，淀粉糖为利用淀粉为原料生产的糖类统称，是淀粉在催化剂（酶或酸）和水作用下，淀粉分子不同程度解聚的产物。变性淀粉为原淀粉经过某种方法处理后，不同程度地改变其原来的物理或化学性质的产物。淀粉制品为利用淀粉生产的粉丝、粉条、粉皮、凉粉和凉皮等。

淀粉的原料不同，其生产加工工艺略有不同，生产工艺流程及产排污节点见图3-14～图3-20。

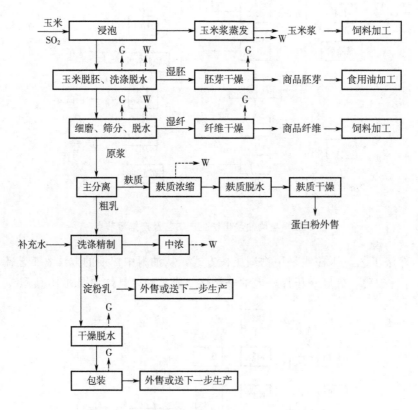

图 3-14　玉米淀粉生产工艺流程及产排污节点

W—废水；G—恶臭

3.2.1.4　屠宰及肉类加工工业

屠宰及肉类加工工业排污单位指具有畜禽宰杀、畜禽肉制品加工和副产品加工（天然肠衣加工、畜禽油脂加工等）生产行为的排污单位以及专门处理屠宰及肉类加工废水的集中式污水处理厂。

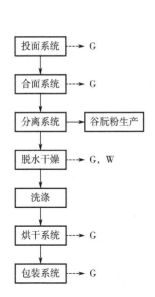

图 3-15　小麦淀粉及副产品（谷朊粉）
　　　　生产工艺流程及产排污节点

W—废水；G—恶臭

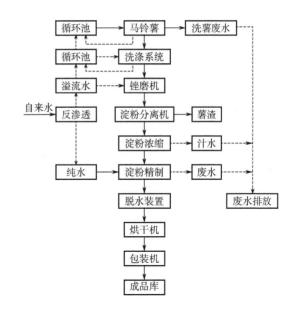

图 3-16　薯类淀粉生产工艺流程
　　　　及产排污节点

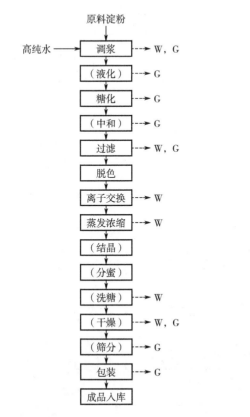

图 3-17　淀粉生产淀粉糖生产工艺流程及产排污节点

W—废水；G—恶臭

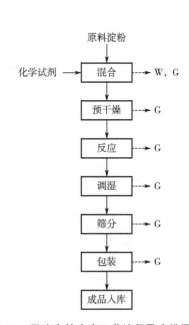

图 3-18　干法变性生产工艺流程及产排污节点

W—废水；G—恶臭

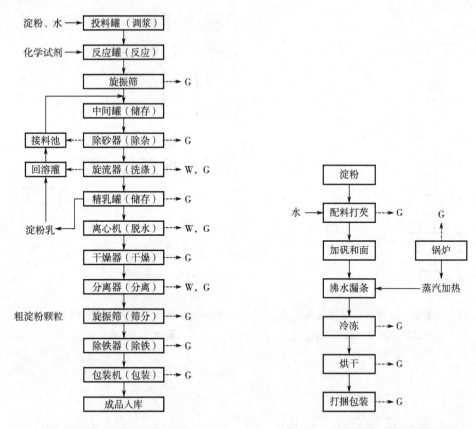

图 3-19　湿法变性生产工艺流程
及产排污节点

W—废水；G—恶臭

图 3-20　粉条、粉丝等淀粉制品生产
工艺流程及产排污节点

W—废水；G—恶臭

（1）典型屠宰生产工艺

我国典型生猪、活牛羊、活鸡、活鸭鹅的屠宰工艺流程及产排污环节见图 3-21～图 3-24。

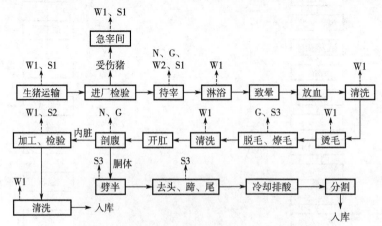

图 3-21　生猪屠宰生产工艺流程及产排污节点

W1—冲洗废水；W2—粪尿冲洗废水；G—恶臭；S1—粪便；
S2—病死猪、不合格内脏及胴体；S3—胃肠内容物、废猪毛、猪蹄壳；N—猪叫声、机械噪声

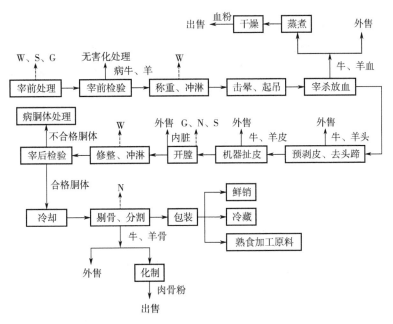

图 3-22　牛、羊屠宰生产工艺流程及产排污节点

W—废水；G—恶臭；S—固废；N—噪声

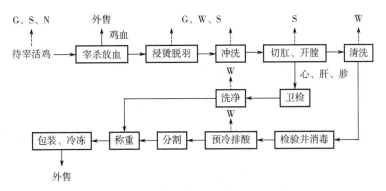

图 3-23　鸡屠宰生产工艺流程及产排污节点

W—废水；G—恶臭；S—固废；N—噪声

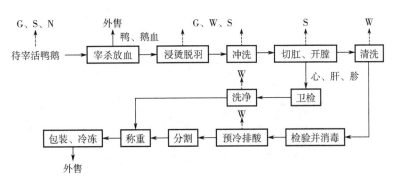

图 3-24　鸭、鹅屠宰生产工艺流程及产排污节点

W—废水；G—恶臭；S—固废；N—噪声

（2）肉类加工工艺

根据《肉制品生产许可证审查细则（2006 版）》，肉制品分为酱卤肉制品、腌腊肉制品、发酵肉制品、熏烧烤肉制品和熏煮香肠火腿制品 5 类。图 3-25 为简要工艺流程图。

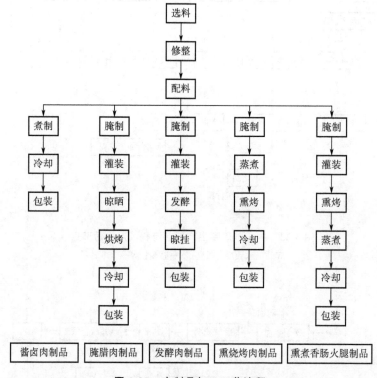

图 3-25　肉制品加工工艺流程

其中，香肠火腿和酱卤肉制品加工工艺流程及产排污节点见图 3-26 和图 3-27。

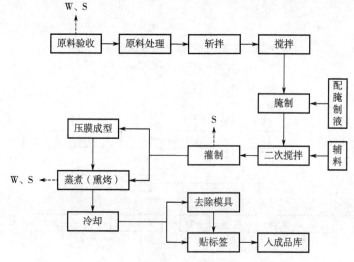

图 3-26　香肠火腿制品加工工艺流程及产排污节点

W—废水；S—固废

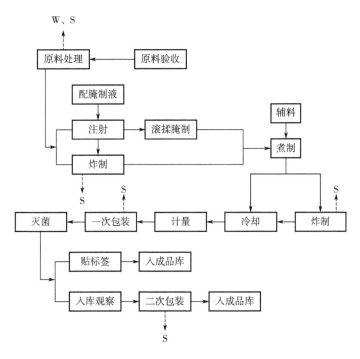

图 3-27　酱卤肉制品加工工艺流程及产排污节点

W—废水；S—固废

3.2.1.5　制糖工业

制糖工业排污单位指所有以甘蔗、甜菜或原糖为原料制作原糖或成品糖（绵白糖、白砂糖、赤砂糖、黄砂糖、红糖），以及以原糖或成品糖为原料精炼加工各种精幼砂糖的排污单位。

（1）甘蔗制糖

亚硫酸法工艺（见图 3-28），即混合汁经预灰、一次加热、硫熏中和、二次加热后入连续沉降器，分离出清汁。其中，磷酸亚硫酸法是目前各糖厂普遍采用的方法。该法的优点是澄清效率较高，清汁清澈透明。对各种不同性质的蔗汁，只要适当改变工艺条件即可满足要求，适应性较强。

碳酸法工艺（见图 3-29），即混合汁经一次加热、预灰，然后在加入过量的石灰乳的同时通入二氧化碳进行一次碳酸饱充，使之产生大量钙盐沉淀，随即加热、过滤得一碳清汁，再经第二次碳酸饱充，然后加热、过滤，得二碳清汁。碳酸法是用石灰和二氧化碳作为澄清剂来澄清蔗汁的方法。该法所制得的成品糖纯度高，色值较低，且能久贮不易变色。我国目前仅有少数糖厂采用碳酸法澄清工艺。碳酸法也有缺点，如工艺流程比较复杂，需用机械设备较多，还需要耗用大量石灰和二氧化碳，因而生产成本也比较高。特别是该法会产生大量的滤泥，至今仍未有妥善的处置方法，对环境保护造成很大的压力，这使得碳酸法生产工艺的应用受到越来越严重的制约。

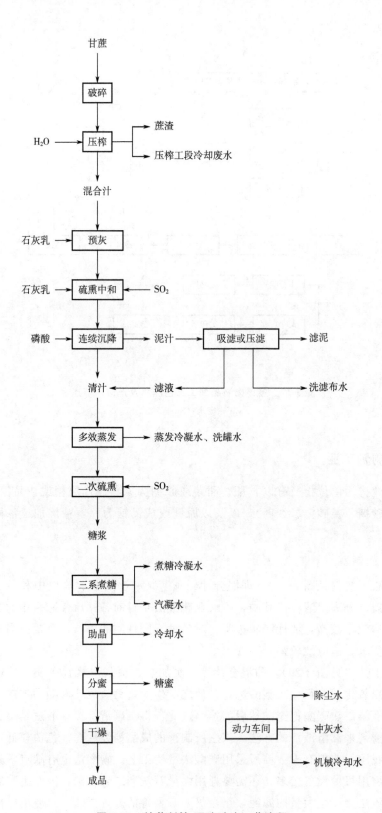

图 3-28 甘蔗制糖-亚硫酸法工艺流程

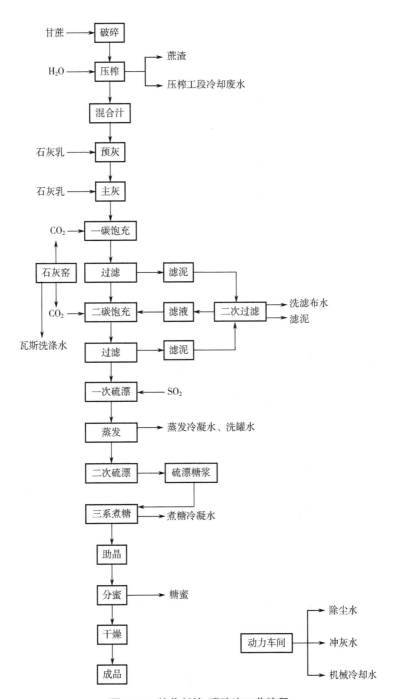

图 3-29　甘蔗制糖-碳酸法工艺流程

（2）甜菜制糖

双碳酸法工艺（见图 3-30），即渗出汁经预灰、饱充、硫漂和过滤几道工序后，分离出清汁。传统的双碳酸法清净还存在着一些缺点，如流程较长，清净效率不太高，石灰耗用较大，对原料质量变化的适应性较差等。尽管清净效率还不够高，但许多有害非糖分的去除已可满足结晶前的要求，可生产出质量较高的白糖。

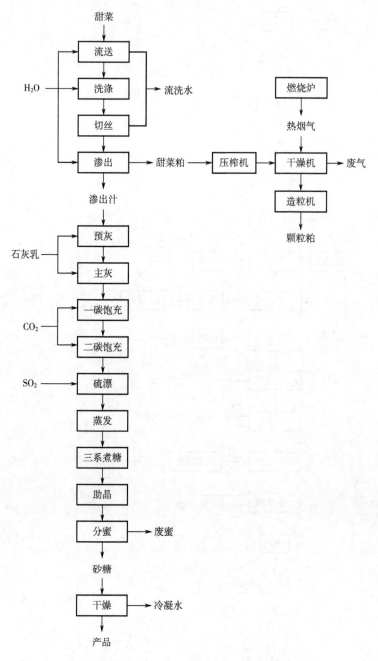

图 3-30　甜菜制糖-双碳酸法工艺流程

3.2.2　主要污染物及产污环节分析

3.2.2.1　水产品加工工业

（1）废气

水产品加工工业废气产污环节及污染物种类详见表 3-3。

表 3-3　水产品加工工业废气产污环节及污染物种类

生产单元		废气产污环节	污染物种类	排放形式
原料系统	卸货、存储	输运废气、存储废气	臭气浓度	无组织
前处理系统	挑选分类	分选废气	颗粒物	有组织
	去鳃、去鳞、去内脏、去壳	去杂废气	臭气浓度、氨、硫化氢	无组织
	清洗	清洗废气	臭气浓度	无组织
	切割、剖割、切碎	切割废气	臭气浓度	无组织
			颗粒物	有组织
深加工系统	熏制	熏烤废气	颗粒物	有组织
	烤制、油炸	油炸废气	油烟	有组织
	脱脂	脱脂废气	非甲烷总烃	有组织
公用单元	制冷	制冷废气	氨	无组织
	污水处理	污水处理、污泥处理和堆放废气	臭气浓度、氨、硫化氢	无组织
	固体废物储存	废物堆放废气	臭气浓度、氨、硫化氢	无组织

① 蒸汽　蒸煮、加热清洗等工序会产生水蒸气。

② 烟气　锅炉烟气经处理后的排放。

③ 臭气　恶臭排放源主要是原料系统、前处理系统、除味系统、废渣堆放仓、污水处理站有机废水发酵产生的臭气。压缩制冷氨机、紧急泄氨器可能释放氨气，属于无组织废气排放。

④ 油烟　水产品制品熟化过程中，可能涉及煎炒、油炸、烧烤、熏制等工艺，会有油烟排放。

⑤ 颗粒物　烟熏工艺以及原辅料储运、净化、破（粉）碎、脱皮（壳）、烘干、筛分、包装等工序车间涉及颗粒物排放。

（2）废水

按照来源，废水可以分为以下几种：

① 加工废水　主要是原料前处理过程中产生的解冻废水和清洗废水。其中主要含有鱼肉碎片、鱼血等物质。色度、COD_{Cr}、BOD、SS、氨氮、动植物油等是水产品加工废水的主要污染指标。

② 设备冲洗水　每个工序在完成一次批处理后，需要对本工序的设备进行一次清洗工作，清洗废水浓度一般较高，为间歇排放。其主要污染指标有 COD、BOD、SS、动植物油等。

③ 地面冲洗水　地面定期清洗排放的废水，主要污染指标为 COD、BOD、SS 等。

④ 生活污水　厂区人员活动所产生的生活污水。

⑤ 锅炉水　锅炉冷却水等。

水产品加工企业所产生的废水，有机物含量高，其中有机氮含量较高，如蛋白质、胨、氨基酸等。且含有一定浓度的盐类，外观浑浊。其主要特征如下：

① 水质水量变化大　不同企业生产工序不同，产生的废水水质水量变化大。另外，企业不同季度加工的水产品种类不同，产生的废水水质水量也差别较大。原水的 COD 值一般在 600～1600mg/L 之间波动。

② 有机物浓度高，色度高　水产品加工清洗工序产生的废水中含有大量的鱼油、鱼血、鱼肉碎片等物质，废水中的大分子有机物质含量多，可生化性较好，但是生化降解速度较慢。

③ 水温较低　生产过程中原料解冻工序产生的废水水量大，且水温低，使得生产废水的总体水温较低。一般情况下，冬季低于 14℃，夏季低于 20℃。

（3）固体废物

包括包装材料、废弃零部件、水产品内脏或废弃物、污泥、废活性炭等。

3.2.2.2　饲料加工、植物油加工工业

（1）废气

饲料加工、植物油加工工业以废气产生为主要污染，产排污环节主要包括：原料的清理、筛分、磨碎等环节产生的粉尘，进出车间分水器产生的不凝气体——挥发性有机物，产品的包装环节包装机产生的包装废气，以及公用单元中厂内综合污水处理站污水处理、污泥堆放和处理废气。

饲料加工工业排放废水量和水污染物量较小，主要为废气排放，主要为原料处理过程中产生的粉尘等颗粒物；由于有发酵工序，因此恶臭排放也是主要环境问题。饲料加工企业的主要环境问题是废气排放和恶臭污染。尤其是原料输送、粉碎、混合、包装等过程产生的粉尘，水产饲料生产过程中使用鱼粉和鱼浆，其中氧化三甲胺还原成的三甲胺是鱼臭的主要成分，生产过程中蛋氨酸、胱氨酸、半胱氨酸等含硫氨基酸经细菌分解产生硫化氢、甲硫醇、乙硫醇、甲硫醚等臭味成分。当污染治理措施不当或不能有效运转时，这些废气和臭味的排放会造成一定的环境危害。其废气产污环节及污染物种类详见表 3-4。

表 3-4　饲料加工、植物油加工工业废气产污环节及污染物种类

生产单元		废气产污环节	污染物种类	排放形式
饲料加工	原料处理	投料废气	颗粒物	无组织
		清理废气	颗粒物	有组织
	粉碎	粉碎废气	颗粒物	有组织
	混料	混合废气	颗粒物	有组织
	发酵	发酵废气	臭气浓度	无组织
	制粒	制粒废气	颗粒物	有组织
	脱臭（水产饲料）	脱臭废气	氨、硫化氢、三甲胺、二甲二硫醚、甲硫醚、甲硫醇	有组织
	包装	包装废气	颗粒物	有组织

续表

生产单元		废气产污环节	污染物种类	排放形式
植物油加工	原料处理	筛选废气	颗粒物	有组织
		破碎废气	颗粒物	有组织
		压榨废气、轧胚废气	臭气浓度	无组织
	压榨	燃烧废气	颗粒物、二氧化硫、烟气黑度（林格曼级）	无组织
		蒸炒废气	臭气浓度	有组织
		焙炒废气	臭气浓度	有组织
	浸出	浸出废气	非甲烷总烃	有组织
		脱溶废气	非甲烷总烃	有组织
		粕降温废气	颗粒物	有组织
	精炼	脱色废气	非甲烷总烃、臭气浓度	有组织
		脱臭废气	非甲烷总烃、臭气浓度	有组织
	包装	注塑废气	非甲烷总烃	有组织
公用	输运	输运废气	颗粒物	无组织
	贮存	储存废气	非甲烷总烃	无组织
	污水处理	污水处理、污泥处理和堆存废气	氨、硫化氢、臭气浓度	无组织

（2）废水

饲料加工行业的废水主要包括：生产工艺中清洗发酵罐会产生少量废水，厂区内的生活污水、低污染生产废水（包括锅炉循环冷却水等）。

植物油行业带来的主要环境问题是废水排放，突出的特征污染物为动植物油。植物油加工行业的废水主要包括：浸出和精炼工艺会有离心分离、清洗的生产废水产生，此外还有厂区内的生活污水和低污染生产废水（包括锅炉循环冷却水等）。食用植物油废水含有高浓度油脂，还含有磷脂、皂脚等有机物，主要来自油脂生产车间的浸出，物理、化学精炼过程中的连续碱炼、水化、酸化、中和、脱胶、脱臭、脱色、水洗、过滤等工序。含油废水中的油主要以漂浮油、分散油、溶解油及油-固体物等形式存在。含油废水的危害性主要表现在：油类物质漂浮在水面，形成一层薄膜，能阻止空气中的氧溶解到水中，使水中溶解氧减少，致使水体中浮游生物因缺氧而死亡，也妨碍水生植物光合作用，从而影响水体的自净，甚至使水体变臭，破坏水资源利用价值。废水种类主要包括浸出废水和精炼废水，浸出废水 COD_{Cr} 平均浓度在 $100\sim1000mg/L$ 之间；精炼废水 COD_{Cr} 浓度一般为 $8000\sim50000mg/L$，属于高浓度有机废水，当污染治理措施不当或不能有效运转时，高浓度废水的排放会造成一定的环境危害。

（3）固体废物

主要包括皂脚、废白土、包材、废弃零部件、污水处理产生的污泥等。其中，废白土主要是植物油加工排污单位产生的固体废物；且植物油加工生产车间会产生的粕、壳、油脚、皂脚等固体废物，应尽可能进行综合利用。

3.2.2.3　淀粉工业

（1）废气

有组织排放废气主要包括原料净化废气、燃硫设备废气、原料破碎废气、洗涤废气、干燥废气、冷却废气、筛分废气、净化过滤废气、葡萄酸盐生产的反应废气、变性淀粉预处理和反应的加药废气、废热利用废气以及锅炉废气等。

无组织排放废气主要包括原料系统的装卸料废气、转运废气，小麦淀粉生产中的投面废气、和面废气、分离废气、包装废气，公用单元中原料及产品仓库废气、煤场煤尘、液氨储罐废气、盐酸储罐废气、硫酸储罐废气，厂内综合污水处理站污水处理、污泥堆放和处理臭气等。

从排放量来看，锅炉排放量最大，其他排放均较少。大气污染物的主要排放口为锅炉烟囱。其废气产污环节及污染物种类详见表3-5。

表3-5　淀粉工业废气产污环节及污染物种类

生产单元		废气产污环节	污染物种类	排放形式
原料系统		装卸料废气	颗粒物	无组织
		输运废气	颗粒物	无组织
淀粉生产	净化	净化废气	颗粒物	有组织
	浸泡	燃硫废气	二氧化硫	有组织
		浸泡废气	二氧化硫	有组织
	破碎	破碎废气	二氧化硫	有组织
	洗涤	洗涤废气	二氧化硫	有组织
	分离	分离废气	二氧化硫	无组织
	投面	投面废气	颗粒物	无组织
	和面	和面废气	颗粒物	无组织
	粉碎	粉碎废气	颗粒物	有组织
	干燥	玉米淀粉干燥废气且废热不利用	颗粒物、二氧化硫	有组织
		其他淀粉干燥废气	颗粒物	有组织
	筛分	筛分废气	颗粒物	有组织
	包装	包装废气	颗粒物	无组织

续表

生产单元		废气产污环节	污染物种类	排放形式
淀粉糖生产	投料	投料废气	颗粒物	有组织
	反应	反应废气	颗粒物	无组织
	净化	净化废气	颗粒物	无组织
	干燥	干燥废气	颗粒物	有组织
		冷却废气	颗粒物	有组织
	包装	包装废气	颗粒物	无组织
变性淀粉生产	预处理	加药废气	氯化氢、非甲烷总烃、颗粒物	有组织
		干燥废气	颗粒物	有组织
	反应	反应废气	氯化氢、非甲烷总烃、颗粒物	有组织
	洗涤	储浆废气	非甲烷总烃	无组织
		过滤废气	颗粒物	无组织
	干燥	干燥废气	颗粒物	有组织
	筛分	筛分废气	颗粒物	有组织
	包装	包装废气	颗粒物	无组织
淀粉制品生产	和面	和面废气	颗粒物	无组织
	干燥	干燥废气	颗粒物	有组织
	包装	包装废气	颗粒物	无组织
公用	锅炉	燃烧废气	颗粒物、二氧化硫、氮氧化物、汞及其化合物、烟气黑度（林格曼黑度，级）	有组织
	玉米淀粉生产中废热利用装置	废热利用废气	二氧化硫	有组织
	产品仓库	储存废气	颗粒物	无组织
	煤场	煤场煤尘	颗粒物	无组织
	液氨储罐	逸散废气	氨	无组织
	污水处理	污水处理、污泥处理和堆存废气	氨、硫化氢、臭气浓度	无组织

（2）废水

根据淀粉工业排污单位的实际情况，其废水主要分为四类，即：低污染生产废水（包括冷凝水或汽凝水、锅炉循环冷却水等）、生活污水、雨水（不含初期雨水）和厂内综合污水处理站的综合污水（包括生产废水、生活污水、初期雨水等）。

① 玉米淀粉生产废水　传统中小型玉米淀粉企业排水主要工序集中在玉米清洗输送、浸泡车间、纤维榨水、麸质浓缩、蛋白压滤等工艺。其中麸质浓缩工序排水量最

大，占总水量的 60％～70％，COD_{Cr} 在 12000～15000mg/L（含浸泡水）。目前大型淀粉企业在排水方面主要集中在麸质浓缩工艺及冷凝水，其他工序用水基本可实现闭路循环，车间使用清水的工序也只在淀粉洗涤工序，其他工序则都用工艺水。亚硫酸浸泡液一般浓缩做玉米浆或做菲汀，其 COD_{Cr} 浓度为 15000～18000mg/L，甚至高达 20000mg/L 以上。

随着淀粉行业技术的发展，玉米淀粉生产工艺在节水方面也有了长足的进步。20 世纪 90 年代末，吨淀粉用水量还在 6～15t，而近两年来，由于水环境保护政策的实施，淀粉工业清洁生产方面加大了力度，吨淀粉用水可降至 3t 以下。但由于水循环次数增加，废水中的 COD_{Cr}、N、P 以及无机盐都有比较严重的积累，对原有工艺的稳定运行产生了许多不利因素，淀粉废水中污染物浓度相应增加，造成污染治理的困难，因此目前玉米淀粉生产的吨淀粉用水量为 6t 左右。

由于玉米淀粉中含有大量蛋白类物质，而蛋白质只是淀粉企业生产过程中的一种副产品，部分企业对蛋白质的回收不重视，或回收率不高，造成废水中有机氮和有机磷的含量非常高，蛋白质在水处理过程中很快转化成氨氮。因此，淀粉废水的大量氨氮是在水处理过程中产生的，使其治理难度较大。

② 薯类淀粉生产废水 生产 1t 薯类淀粉需要耗水 15～40m³，单位产品的耗水量约是玉米淀粉的 6～8 倍。薯类表面含有大量的泥沙，需要用大量的清水进行冲洗。清洗工序废水的悬浮物含量高，COD_{Cr} 和五日生化需氧量（BOD_5）值都不高。分离工序废水中含有大量的水溶性物质，例如糖、蛋白质、树脂等，此外还含有少量的微细纤维和淀粉，COD_{Cr}、BOD_5 值很高，COD_{Cr} 可达 30000mg/L，并且水量较大。因此，分离工序废水是马铃薯淀粉企业主要污水。鲜木薯的薯皮中含有氢氰酸。在薯类淀粉生产过程中会产生大量的蛋白类物质，俗称薯黄，这部分蛋白比重较小，不易沉淀回收。薯类淀粉生产过程中，作为副产品产生的大量渣滓如果处理不好，将形成悬浮物进入废水中，会严重影响废水处理设施的运行。

薯类淀粉的生产周期短，一般为 3 个月左右，当换成以干薯片为原料时，生产周期可延长，水质水量有一定变化。

③ 小麦淀粉生产废水 小麦淀粉废水由两部分组成：沉降池里的上清液和离心后产生的黄浆水。前者的有机物含量较低，后者含量较高，生产中，通常将两部分的废水混合后称为淀粉废水，集中处理后排放。据对某厂的调查，小麦粉制成淀粉的得率约 70％，面筋的得率约 40％（含水量约 50％～60％）。因此，约有 10％的有机物经废水排出。一般情况下，每生产 1t 淀粉，约产生 5～6t 废水，其中上清液约 4～5t，黄浆水 1～2t。淀粉废水 COD_{Cr} 为 10000mg/L 左右。

④ 淀粉糖生产废水 麦芽糖浆、果葡糖浆、结晶葡萄糖、麦芽糊精生产工艺中均采用过滤除渣，过滤时使用滤布，过滤结束后滤布用水洗涤，产生滤布洗涤废水。废水中主要污染物浓度较高，其中，化学需氧量（COD_{Cr}）约为 8000mg/L，五日生化需氧量（BOD_5）约为 5000mg/L，悬浮物（SS）约为 600mg/L，氨氮约为 150mg/L，总氮约为 240mg/L，总磷约为 25mg/L，pH 约为 4～6。

⑤ 变性淀粉生产废水 主要在脱水工段产生废水，主要污染物为 COD_{Cr}、SS、

氨氮。同时，由于变性淀粉通过添加酸或碱使淀粉变性，其生产废水中含盐量较大，不同的变性淀粉产品废水中含盐量不同，一般在 2000～20000mg/L 之间。

（3）固体废物

① 生产车间产生的玉米皮渣、薯皮、薯渣、滤泥、淀粉渣、糖化废渣、落地粉、母液；

② 生产车间产生的活性炭、废树脂、废石棉、厂内实验室固体废物以及其他固体废物等；

③ 污水处理产生的污泥。

3.2.2.4 屠宰及肉类加工工业

（1）废气

屠宰及肉类加工工业排污单位废气排放口很少，以无组织排放为主，有组织排放以锅炉排放口为主，病死动物尸体焚烧炉的排放口、化制车间的排放口、肉类热加工的烟熏炉和油炸设施排放口为有组织排放口，但排放量很小。其废气产污环节及污染物种类详见表 3-6。

表 3-6　屠宰及肉类加工工业废气产污环节及污染物种类

生产单元			废气产污环节	污染物种类	排放形式
屠宰		宰前准备	恶臭气体	氨、硫化氢、臭气浓度	无组织
		刺杀放血	恶臭气体	氨、硫化氢、臭气浓度	无组织
		褪毛或剥皮	恶臭气体	氨、硫化氢、臭气浓度	无组织
			燃烧废气	颗粒物、二氧化硫、氮氧化物	无组织
		开膛解体	恶臭气体	氨、硫化氢、臭气浓度	无组织
		羽绒清洗	粉尘	颗粒物	有组织
肉制品加工		热加工	烟熏废气	颗粒物	有组织
			油炸废气	油烟	有组织
副产品加工		天然肠衣加工	恶臭气体	氨、硫化氢、臭气浓度	无组织
		畜禽油脂加工	恶臭气体	氨、硫化氢、臭气浓度	无组织
			炼油废气	油烟	有组织
			燃烧废气	颗粒物、二氧化硫	有组织
公用单元		供热	燃烧废气	颗粒物、二氧化硫、氮氧化物、汞及其化合物、烟气黑度（林格曼黑度，级）	有组织
		制冷	制冷废气	氨	无组织
	无害化处理	焚烧炉	燃烧废气	颗粒物、二氧化硫、氮氧化物	有组织
		化制设备或车间	化制废气	非甲烷总烃	有组织
	其他	煤场	煤场煤尘	颗粒物	无组织
		场内综合污水处理站	污水处理废气	氨、硫化氢、臭气浓度	无组织

（2）废水

屠宰加工生产的废水主要来自圈栏的冲洗、畜禽淋洗、屠宰以及厂房地面冲洗和生活污水。废水中含有血液、少量皮毛、油脂、肠胃内容物及粪便等。废水中主要污染物为 COD、BOD、SS、氨氮、动植物油等，有机物浓度较高，排放量大。肉类加工过程的废水主要来自原料处理、解冻、洗肉、盐浸及蒸煮等工序，其中解冻、洗肉等工序排出的废水量较多。

屠宰与肉类加工行业所产生的生产废水是屠宰及肉类加工最主要最突出的环境问题。由于其行业特点的原因，屠宰及肉类加工行业一直都是用水量和排水量较大的工业部门之一。

废水水量：各屠宰场、肉类加工厂由于动物种类、品种、生长期、饲料及天气条件等诸多因素的影响，以及各屠宰场或肉类加工厂其生产方式和管理水平不同，其废水排放量存在着较大差异。废水的产生量除了与加工对象、数量、生产工艺、生产管理水平等有关外，还与生产季节（淡、旺季）及每天的不同时段等因素有着明显的关系。由于屠宰业自身的特点，屠宰场的废水排放具有明显的集中排放的特征（每天各时段生产负荷不同），一般废水排放主要集中在凌晨 3:00 至上午 8:00 这一时段内，这导致屠宰场及肉类加工业的废水流量波动都较大。

废水水质：屠宰场和肉类加工厂废水的成分复杂，含有大量血污、油脂、碎肉、畜毛、未消化的食物及粪便、尿液、消化液等污染物，还包括少量生活污水等。其废水水质具有以下特点：

① COD 浓度高，通常平均浓度都在 1500mg/L 左右，且其浓度与屠宰场及肉类加工厂所采用的屠宰方法及肉类加工方法有很大关系；

② 有机物含量高，动物蛋白质丰富，突出表现为氨氮含量很高；

③ 油脂丰富，屠宰及肉类加工废水中的动植物油浓度可达每升数十到数百毫克，肉类加工废水中的动植物油脂浓度往往更高，从而对动植物油的处理效果提出了更高的要求；

④ 废水中的固体杂质较多，屠宰及肉类加工行业所产生的废水含有大量的动物残体、毛发等固体杂质，增加了预处理时的技术难度。

总的来说，屠宰及肉类加工行业所产生的废水有机物浓度高、营养丰富，不经处理直接排放，极容易影响地表水的水体质量，增加其有机污染及氨氮负荷，同时其中含有的动物残体等还会滋生大量蚊蝇及细菌病菌，危害生态健康及安全。因此必须对其进行适当处理达标排放，以降低其对环境的不良影响。

（3）固体废物

羽、毛、皮、内脏、油渣、炉渣和待羊圈产生的动物粪便；病死动物尸体、废弃卫生检疫用品、厂内实验室固体废物以及生活垃圾；综合污水处理站产生的沉渣和污泥。

3.2.2.5　制糖工业

（1）废气

甘蔗制糖生产过程产生的废气主要是锅炉排放的烟气、SO_2 和氮氧化物，以及制糖

车间燃硫炉排放的 SO_2。

甜菜制糖生产过程产生的废气主要包括燃煤锅炉产生的烟气、煤场产生的扬尘、工艺过程产生的尾气（饱充时产生的蒸汽、硫漂时产生的蒸汽、煮炼循环水冷却产生的蒸汽）。其废气产污环节及污染物种类详见表 3-7。

表 3-7　制糖工业废气产污环节及污染物种类

生产单元		废气产污环节	污染物种类	排放形式
原料系统		装卸料废气	颗粒物	无组织
		转运废气	颗粒物	无组织
清净系统		石灰消和机加料废气	颗粒物	无组织
		滤泥发酵废气	氨、硫化氢、臭气浓度	无组织
		硫熏燃硫炉尾气	颗粒物、二氧化硫	无组织
		石灰窑加料废气	颗粒物	无组织
结晶分蜜系统		糖粉	颗粒物	有组织
包装系统		振动筛选机糖粉	颗粒物	有组织
		包装机废气	颗粒物	有组织
贮存系统		蔗渣堆放发酵臭气、废气	氨、硫化氢、臭气浓度、颗粒物	有组织
颗粒粕系统		干燥器废气	颗粒物、二氧化硫、氮氧化物	有组织
		造粒废气	颗粒物	有组织
公用单元	锅炉	燃烧废气	颗粒物、二氧化硫、氮氧化物、汞及其化合物、烟气黑度（林格曼黑度，级）	有组织
	综合污水处理站	污水处理废气	氨、硫化氢、臭气浓度	无组织

（2）废水

按照生产单元的顺序，制糖工业废水产生情况如下。

① 原料系统　基本无废水产生。

② 提汁系统　甘蔗制糖过程会产生压榨设备轴承冷却水。甜菜制糖过程产生甜菜制糖压粕水。产生的废水有设备冷却水、甜菜制糖流送洗涤水、甜菜制糖流送水泥浆、甜菜制糖压粕水、地面或储罐清洗废水。

③ 溶糖系统　在停产后需要清洗罐体，产生洗罐废水。

④ 清净系统　如采用有滤布的过滤机，会产生洗滤布水；真空吸滤机水喷射泵废水。还有部分糖厂采用离子树脂交换法进行蔗汁清净，离子树脂反冲洗也产生清洗废水。

⑤ 蒸发系统　该工序会产生蒸发罐冷凝水、汽凝水、洗罐废水、地面清洗废水。

⑥ 结晶系统　助晶罐和结晶罐运行过程中会产生冷凝水、洗罐污水。

⑦ 包装系统　基本无废水产生。

⑧ 贮存系统　基本无废水产生。

⑨ 颗粒粕系统　会产生一定量的设备冷却水。

⑩ 公用单元　产生的废水有设备冷却水、锅炉湿法排灰废水、烟囱湿式除尘废水、瓦斯洗涤水、冷却循环水、生活污水、综合污水。

污染物主要有 pH、SS、COD_{Cr}、BOD_5、氨氮、总氮、总磷。

① 甘蔗制糖行业生产废水按其性质和污染程度分为三类：

a. 低浓度废水：主要指制糖车间蒸发、煮糖冷凝器排出的冷凝水和设备冷却水、真空吸滤机水喷射泵用水、压榨动力汽轮机和动力车间汽轮发电机等设备排出的冷却水。该部分水量较大，约占生产废水总量的 65%～75%，水质成分主要为 COD（含极微量糖分）、SS，其中 COD 浓度低于 50mg/L，SS 浓度约为 30mg/L 左右，水温一般为 40～60℃。若将此水冷却降温，可循环使用或作其他工程用水，减少废水排放量。

b. 中浓度有机废水：主要指澄清压榨工序的洗滤布机（亚法糖厂）、滤泥沉淀池溢出水（碳法糖厂）、洗罐污水以及锅炉湿法排灰、烟囱水膜除尘废水等。这类废水含有糖、悬浮物和少量机油，每升废水中 COD 和 SS 浓度为几百至几千毫克，废水排放量较少，约占总排水量的 20%～30%。

c. 高浓度废水：在过去，高浓度废水主要指碳酸法糖厂湿法排滤泥废水，但现在碳酸法糖厂已普遍采用滤泥干排工艺，减少了这部分废水的排放。此外，高浓度废水还包括综合利用车间所排出的各类废水，如最终糖蜜制酒精车间产生的废液、蔗渣造纸的造纸黑液等。这些废水不属于制糖废水，宜另设排水口，另行监测及控制。

② 甜菜制糖行业生产废水按其性质和污染程度分为三类：

a. 低浓度废水：主要指甜菜糖厂生产中的蒸发罐、结晶罐等的冷凝水和锅炉、汽轮发电机、水环真空泵等设备的冷却水，只受到轻微的污染，除温度较高外，水质基本无变化（冷凝水则含有少量氨气和糖分）。这部分水量约占总废水量的 30%～50%，COD 浓度一般在 60mg/L 以下、SS 浓度在 100mg/L 以下。

b. 中浓度有机废水：主要指甜菜流送、洗涤废水，生活废水，车间卫生清洁废水。含有较多的悬浮物和相当数量的溶解性有机质。这部分水量约占总废水量的 40%～50%，BOD_5 浓度约为 1500～2000mg/L、SS 浓度则在 500mg/L 以上。

c. 高浓度废水：主要指制糖生产中湿法流送水、压粕水、洗滤布水、滤泥湿法输送泥浆水等。这类废水（特别是压粕水）含有较多的糖分和有机物质，COD 浓度在 5000mg/L 以上。这部分水量约占总废水量的 10%。

（3）固体废物

甘蔗制糖生产过程中产生的固体废物主要包括：滤泥、蔗渣以及锅炉灰渣等。

甜菜制糖生产过程中产生的固体废弃物主要有：废粕、最终糖蜜、滤泥和锅炉灰渣。

此外，还有厂内生活垃圾以及污水处理过程中产生的污泥。

（4）噪声

制糖企业的噪声主要来源于汽轮发电机、鼓风机、空气压缩机、泵等设备运转。

3.2.3 相关标准及技术规范

《排污许可证申请与核发技术规范　农副食品加工工业—水产品加工工业》（HJ 1109—2020）

《排污许可证申请与核发技术规范　农副食品加工工业—饲料加工、植物油加工工业》（HJ 1110—2020）

《排污许可证申请与核发技术规范　农副食品加工工业—淀粉工业》（HJ 860.2—2018）

《排污许可证申请与核发技术规范　农副食品加工工业—屠宰及肉类加工工业》（HJ 860.3—2018）

《排污许可证申请与核发技术规范　农副食品加工工业—制糖工业》（HJ 860.1—2017）

《排污单位自行监测技术指南　农副食品加工业》（HJ 986—2018）

《淀粉工业水污染物排放标准》（GB 25461—2010）

《制糖工业水污染物排放标准》（GB 21909—2008）

《水产品加工业水污染物排放标准》（征求意见稿）

《肉类加工工业水污染物排放标准》（GB 13457—92）

《屠宰与肉类加工工业水污染物排放标准》（二次征求意见稿）

《屠宰与肉类加工废水治理工程技术规范》（HJ 2004—2010）

《淀粉废水治理工程技术规范》（HJ 2043—2014）

《制糖废水治理工程技术规范》（HJ 2018—2012）

《制糖工业污染防治可行技术指南》（HJ 2303—2018）

3.3 食品制造业

3.3.1 主要生产工艺

3.3.1.1 方便食品、食品及饲料添加剂制造工业

（1）方便食品制造

方便食品制造指以米、小麦粉、杂粮等为主要原料加工制成，只需简单烹制即可作为主食，具有食用简便、携带方便，易于储藏等特点的食品制造，包括米、面制品制造、速冻食品制造、方便面制造及其他方便食品制造。

米、面制品制造指以大米、小麦粉、杂粮等为主要原料，经加工制成各种未经蒸煮类米、面制品的生产活动。其生产工艺流程及产排污节点如图 3-31 所示。

速冻食品制造指以米、小麦粉、杂粮等为主要原料，以肉类、蔬菜等为辅料，经加

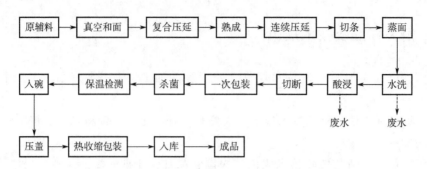

图 3-31　米、面制品制造生产工艺流程及产排污节点

工制成各类烹制或未烹制的主食食品后，立即采用速冻工艺制成的，可以在冻结条件下运输储存及销售的各类主食食品的生产活动。其生产工艺流程及产排污节点如图 3-32 所示。

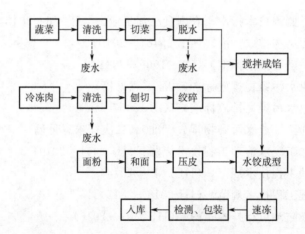

图 3-32　速冻食品生产工艺流程及产排污节点

其他方便食品制造指用米、杂粮等为主要原料加工制成的，可以直接食用或只需简单蒸煮即可作为主食的各种方便主食食品的生产活动，以及其他未列明的方便食品制造。其生产工艺流程及产排污节点如图 3-33 所示。

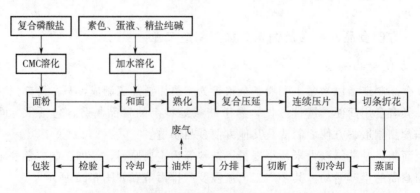

图 3-33　方便面制造生产工艺流程及产排污节点

（2）食品及饲料添加剂制造

食品及饲料添加剂工业排污单位指生产制造增加或改善食品特色的化学品，以及补充动物饲料的营养成分和促进生长、防治疫病的制剂等产品的排污单位。

根据生产原料和生产工艺，主要分为天然提取类添加剂、发酵类添加剂和化学合成类添加剂。其中，天然提取类添加剂指以存在于自然界中的物质为原料，经提取、分离、纯化等工序制得的食品及饲料添加剂。发酵类添加剂指以淀粉或蜜糖等为原料，经微生物发酵、提取、精制等工序制得的食品及饲料添加剂。化学合成类添加剂指以化学品为原料，经化学合成、纯化或精制等工序制得的食品及饲料添加剂。

3.3.1.2 乳制品制造工业

乳制品制造指以生鲜牛（羊）乳及其制品为主要原料，经加工制成的液体乳及固体乳（乳粉、炼乳、乳脂肪、干酪等）制品的生产活动。包括液体乳制造，乳粉制造及其他乳制品制造。

乳制品制造工业产品种类较多，主要分为液体乳和固体乳，液体乳包括巴氏杀菌乳、调制巴氏杀菌乳、灭菌乳、调制灭菌乳和发酵乳，固体乳包括乳粉、炼乳、奶油、干酪等。其生产工艺流程及产排污节点详见图 3-34～图 3-46。

（1）巴氏杀菌乳

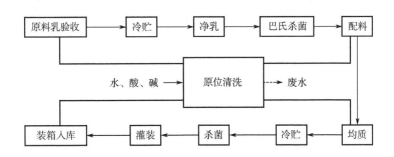

图 3-34 巴氏杀菌乳生产工艺流程及产排污节点

（2）发酵乳

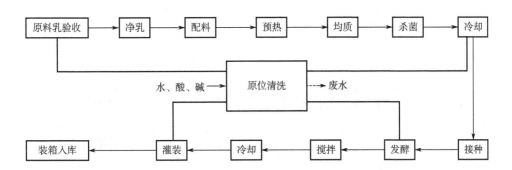

图 3-35 搅拌型酸奶生产工艺流程及产排污节点

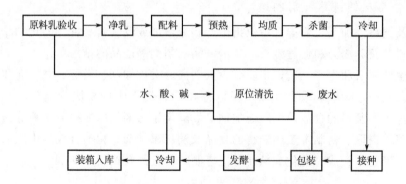

图 3-36　凝固型酸奶生产工艺流程及产排污节点

（3）乳粉

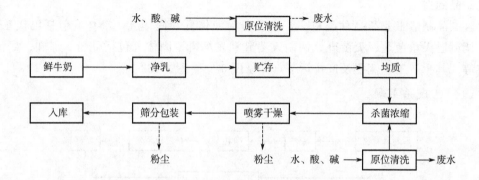

图 3-37　乳粉生产工艺流程及产排污节点（湿法）

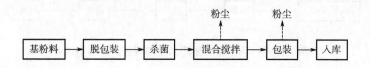

图 3-38　乳粉生产工艺流程及产排污节点（干法）

（4）乳清粉

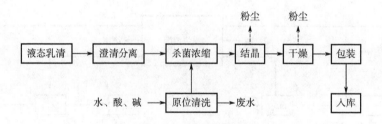

图 3-39　奶酪生产工艺流程及产排污节点

（5）干酪

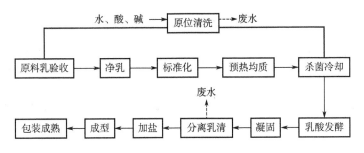

图 3-40 干酪生产工艺流程及产排污节点

（6）干酪素

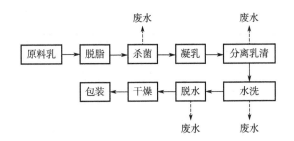

图 3-41 干酪素生产工艺流程及产排污节点

（7）炼乳

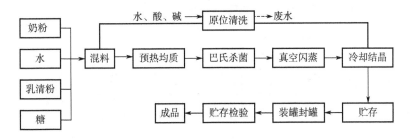

图 3-42 炼乳生产工艺流程及产排污节点（乳粉为原料）

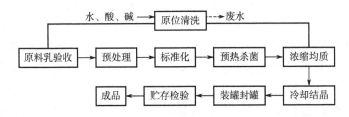

图 3-43 炼乳生产工艺流程及产排污节点（鲜乳为原料）

（8）乳脂肪

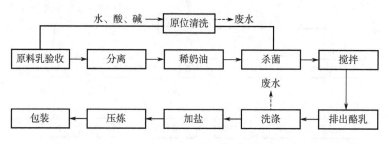

图 3-44　乳脂肪生产工艺流程及产排污节点

（9）乳糖

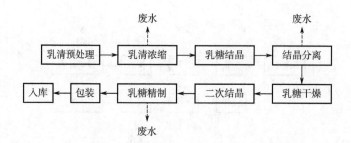

图 3-45　乳糖生产工艺流程及产排污节点

（10）冰淇淋

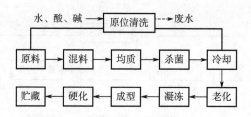

图 3-46　冰淇淋生产工艺流程及产排污节点

3.3.1.3　调味品、发酵制品制造工业

调味品、发酵制品制造包括味精制造，酱油、食醋及类似制品制造及其他调味品、发酵制品制造。

味精制造指以淀粉或糖蜜为原料，经微生物发酵、提取、精制等工序制成的，谷氨酸钠含量在 80% 及以上的鲜味剂的生产活动。

酱油、食醋及类似制品制造指以大豆和（或）脱脂大豆、小麦和（或）麸皮为原料，经微生物发酵制成的各种酱油和酱类制品，以及以单独或混合使用各种含有淀粉、糖的物料或酒精，经微生物发酵酿制的酸性调味品的生产活动。其生产工艺流程及产排污节点详见图 3-47～图 3-53。

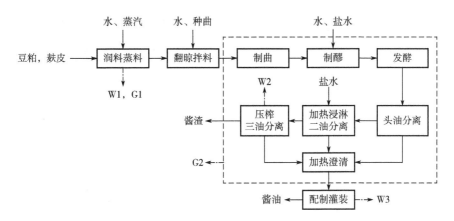

图 3-47　酱油生产工艺流程及产排污节点

G—废气；W—废水

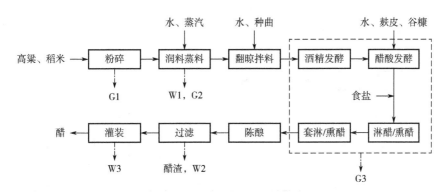

图 3-48　醋生产工艺流程及产排污节点

G—废气；W—废水

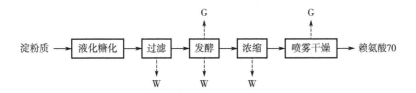

图 3-49　赖氨酸 70 生产工艺流程及产排污节点

G—废气；W—废水

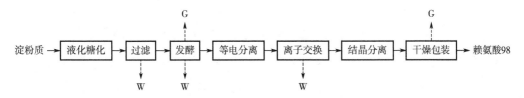

图 3-50　赖氨酸 98 生产工艺流程及产排污节点

G—废气；W—废水

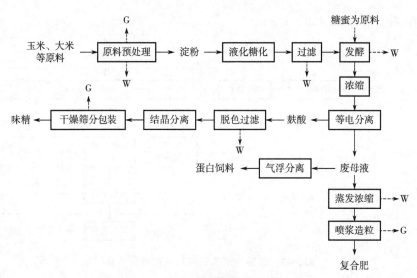

图 3-51　味精生产工艺流程及产排污节点

G—废气；W—废水

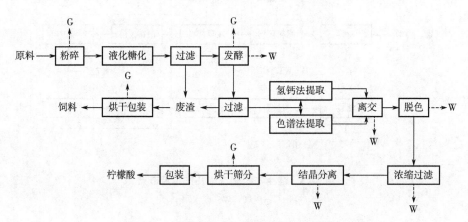

图 3-52　柠檬酸生产工艺流程及产排污节点

G—废气；W—废水

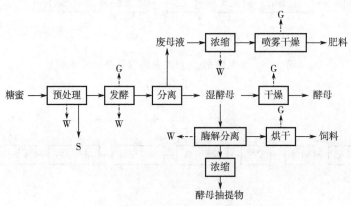

图 3-53　酵母、酵母提取物生产工艺流程及产排污节点

G—废气；W—废水；S—废渣

3.3.2 主要污染物及产污环节分析

3.3.2.1 方便食品、食品及饲料添加剂制造工业

（1）方便食品制造

① 废气 方便食品制造废气主要污染物来源于原辅料储运、装卸、筛分工序产生的颗粒物，烘烤、油炸工序排放的油烟。综合污水处理站排放的臭气浓度、氨、硫化氢，制冷设施排放的氨等。

② 废水 方便食品废水种类较多，其废水的特点是有机物质和悬浮物含量高。方便食品加工废水主要来源于原料清洗废水、设备清洗废水、蒸煮废水及冷却废水，主要污染物有 pH、悬浮物、化学需氧量、五日生化需氧量、氨氮、总氮、总磷。其中速冻食品制造和方便面的生产加工所排的废水为含动植物油废水、来自速冻食品原料的清洗及油炸方便面的机械冲洗废水。

（2）食品及饲料添加剂制造

① 废气 食品及饲料添加剂制造工业废气的来源和主要污染物详见表3-8。

表3-8 食品及饲料添加剂制造工业废气的来源和主要污染物

生产单元	废气产污环节	主要污染物	排放形式
原料系统	装卸料废气、备料废气	颗粒物	无组织
初加工系统	提取废气	非甲烷总烃	有组织
	发酵废气	颗粒物、非甲烷总烃、臭气浓度	有组织
	反应废气	颗粒物、非甲烷总烃、甲苯[①]、甲醇[①]、二氧化硫[①]、氯气[①]、氨（反应使用氨时）	有组织
	燃硫废气	颗粒物、二氧化硫、烟气黑度（林格曼级）	无组织
精制系统	净化废气	非甲烷总烃	有组织
干燥系统	干燥废气	颗粒物	有组织
成品系统	成品加工废气	颗粒物	有组织
公用单元	制冷废气	氨	无组织
	存储废气	非甲烷总烃、甲苯[①]、甲醇[①]	无组织
	输运废气	颗粒物	无组织
污水处理	污水处理、污泥处理和堆放废气	臭气浓度（其他）	无组织

① 适用于糖精制造。

② 废水 食品及饲料添加剂制造工业综合污水处理站的综合污水中的污染物项目

包括：pH 值、化学需氧量、氨氮、悬浮物、五日生化需氧量、磷酸盐（总磷）、挥发酚、苯胺类、硝基苯，糖精制造产生的废水中还含有石油类、总铜、甲苯污染物。

3.3.2.2 乳制品制造工业

（1）废气

乳制品制造工业废气产生量较少，产排污环节主要包括：

① 乳粉、乳清粉、干酪、乳糖生产的干燥环节干燥设备产生的干燥废气；

② 乳粉生产的筛分晾粉环节旋转筛产生的筛晾废气；

③ 乳粉、乳清粉、乳糖生产的包装环节包装机产生的包装废气。

主要污染物为颗粒物，排放形式为有组织排放。

公用单元中产生的无组织废气排放包括：以氨为制冷剂的制冷系统、液氨储罐产生的制冷废气，污染物为氨；厂内综合污水处理站污水处理、污泥堆放和处理废气，污染物为臭气浓度。

（2）废水

乳制品制造工业废水主要包括：

① 包含容器管道输送装置在内的生产设备清洗水和器具清洗水，属于高浓度废水；

② 生产车间、场地的清洗和工人卫生用水，属于低浓度废水；

③ 杀菌和浓缩工段的冷却水和冷凝水，通常循环使用；

④ 厂内生活用水和工人工作服清洗水，一般是低浓度废水。此外，回收瓶装酸奶和巴氏杀菌乳生产过程中，产生浓度较高的回收瓶清洗水。

乳制品产生废水的主要特点是：

① 可生化性能好；

② 生产过程中污染物产生浓度波动较大；

③ 废水污染物浓度与产品结构和产品品种的数量密切相关；

④ 废水中总磷、总氮的含量相对较高。

其废水来源和主要污染物详见表 3-9。

表 3-9 乳制品制造工业废水的来源和主要污染物

序号	工艺或流程	来源	主要污染物
1	原位清洗	生产线所有设备管道、容器内部的自动清洗水；部件拆洗水；酸罐和碱罐的排渣清洗水	化学需氧量、生化需氧量、悬浮物、氨氮、总氮、总磷
2	原料乳验收	清洗奶罐车的清洗水	化学需氧量、生化需氧量、悬浮物、氨氮、总氮、总磷
3	净乳	乳渣排放；设备拆洗水	化学需氧量、生化需氧量、悬浮物、氨氮、总氮、总磷
4	杀菌	不定期拆洗清洗水	化学需氧量、生化需氧量、悬浮物、氨氮、总氮、总磷

续表

序号	工艺或流程	来源	主要污染物
5	浓缩	冷凝水	—
6	喷雾干燥	喷雾干燥塔的定期清洗；加热器冷凝水；喷枪、喷头拆卸清洗	化学需氧量、生化需氧量、悬浮物、氨氮、总氮、总磷
7	冷却塔	循环冷却水的非定期排放	—
8	设备、器具和车间	地面清洗设备表面清洗水、器具清洗水、地面清洗水	化学需氧量、生化需氧量、悬浮物
9	回收容器清洗	回收瓶中残留乳、碱液等清洗助剂	化学需氧量、生化需氧量、悬浮物、氨氮、总氮、总磷
10	工艺水制备	工艺软化水制备过程排放的浓液	化学需氧量
11	锅炉	锅炉废水	化学需氧量

3.3.2.3 调味品、发酵制品制造工业

（1）废气

调味品、发酵制品制造工业排污单位产生的废气主要来源于味精、赖氨酸、柠檬酸、酵母生产的原料装卸、粉碎、发酵、精制、包装、副产品制备；酱油、醋生产的原料装卸转运、蒸煮废气，制曲、发酵系统废气压滤废气，罐装废气，糟渣堆场及厂内综合污水处理站污泥堆放、处理废气。

由于味精企业普遍采用尾液喷浆造粒制取复合肥技术，产生的尾液喷浆造粒废气主要成分为颗粒物、非甲烷总烃，是味精企业产生恶臭的主要来源。其废气来源和主要污染物详见表3-10。

表3-10 调味品、发酵制品制造工业废气的来源和主要污染物

生产单元		废气产污环节	主要污染物	排放形式
原料系统		装卸料废气、输运废气	颗粒物	无组织
		粉碎废气	颗粒物	有组织
味精、赖氨酸、柠檬酸、酵母制造	精制包装	发酵废气	硫化氢、臭气浓度（味精制造）	无组织
			臭气浓度（其他）	
		造粒废气、筛分废气	颗粒物	有组织
		包装废气	颗粒物	无组织
		流化床或干燥剂干燥废气	颗粒物、非甲烷总烃	有组织
	副产品制造	喷浆造粒废气（味精制造）	颗粒物、二氧化硫、烟气黑度（林格曼级）	有组织
		干燥废气	颗粒物、非甲烷总烃	有组织
		包装机	颗粒物	无组织

续表

生产单元	废气产污环节	主要污染物	排放形式
酱油、醋制造	制曲、发酵废气	臭气浓度	无组织
公用单元	煤场扬尘、堆场扬尘	颗粒物	无组织
	糟渣废气	臭气浓度	无组织
	储罐废气、制冷废气	臭气浓度（味精制造）	无组织
		氨、臭气浓度（其他）	
污水处理	污水处理、污泥处理和堆放废气	硫化氢、臭气浓度（味精制造）	无组织
		臭气浓度（其他）	

（2）废水

味精生产过程的废水主要来自谷氨酸发酵与分离过程，产生的分离尾液属于高浓度废水。味精生产废水主要来自：

① 发酵液经提取谷氨酸后的尾母液或离子交换尾液；

② 生产过程中各种设备（调浆罐、液化罐、糖化罐、发酵罐、提取罐、中和脱色罐等）的洗涤水；

③ 离子交换树脂与再生废水；

④ 液化至糖化、糖化至发酵等各阶段的冷却水；

⑤ 各种冷凝水（液化、糖化、浓缩等工艺）等。

酱油、醋的种曲生产过程中，产生的废水主要包括蒸煮锅的清洗水、蒸煮后物料运送设备的清洗水、培养后曲室清洗水、曲盘清洗水。其成分主要为粮食残留物，如碎豆屑、麸皮、面粉、糖分、酱油、发酵残渣、各种微生物及微生物分泌的酶和代谢产物、酱油色素、微量洗涤剂、消毒剂和少量盐分等，色度较高。酵母生产的主要原料包括糖蜜、氨水、磷酸一铵等原料，其中含有大量的糖分和氮、磷元素，由于酵母不能完全利用，剩余的部分以及酵母在生长代谢过程中产生的新有机物均进入废水中。以废糖蜜为主要原料的酵母废水，由于含有较高的黑色素、酚类及焦糖等物质，颜色较深，呈棕黑色；废水中含约 0.5% 的干物质，主要成分为酵母蛋白质、纤维素、胶体物质，以及未被充分利用的废糖蜜中的营养成分（如残糖）等。

酵母生产废水分为高浓度废水和低浓度废水。从酵母液体发酵罐中分离的高浓度废水，COD 30000～70000mg/L，最高可达 110000mg/L，总氮 500～1500mg/L，硫酸盐2000mg/L。其他设备清洗水、污冷凝水属于低浓度有机废水，COD 一般为 8000～22000mg/L，约占全部废水量的 50%。此外，发酵罐、提取罐、分离机、滤布会产生洗涤水，浓缩产生污冷凝水，活性炭柱清洗产生清洗水等。

其他发酵制品如柠檬酸、赖氨酸等，其核心工艺均为微生物发酵及目标产品的分离提取。发酵分离后的废母液通常浓度较高，属于高浓度废水。如柠檬酸行业的高浓度废水主要为分离柠檬酸后的废糖水，其水量不大，但水污染物浓度较高。

（3）固体废物

不同企业根据所含工序不同，包含以下一项或多项一般固体废物来源。

① 生产过程产生的固体废物　原料选择和预处理、粉碎、冲洗、压缩、过滤工序产生的杂物、废包装材料，油炸工序的废油，发酵后的废渣，变质的食物原材料及不合格的食品等。

② 污水处理产生的固体废物　污泥等。

③ 锅炉运行产生的固体废物　煤渣、炉灰等。

④ 危险废物　生产车间、实验室、废气处理设施等产生的废活性炭、废矿物油与含矿物油废物及化学试剂的包装物、容器等。

（4）噪声

食品制造企业噪声源主要有 4 类。

① 各类生产机械产生的噪声　原料清洗机、破碎机、脱水机、干燥机，筛选工序筛选设备，搅拌工序的搅拌机，压面工序压面机，喷油工序的食品喷油机，精磨工序的食品精磨机，真空熬制设备的真空泵，切条工序的切段机，水洗工序的水洗设备，切菜工序的切菜机，刨切工序的切割机，搅碎工序的食品搅碎机，喷浆造粒工序的造粒机，喷雾干燥的喷雾干燥机，干燥筛分的流化床设备，排气设备的大型排风扇，冷却工序的冷风机、制冷机，包装工序的包装机等。

② 污水处理产生的噪声　生化处理曝气设备、污泥脱水设备等。

③ 锅炉燃烧产生的噪声　燃料搅拌、鼓风设备等。

④ 袋式除尘器噪声。

3.3.3　相关标准及技术规范

《排污许可证申请与核发技术规范　食品制造工业—方便食品、食品及饲料添加剂制造工业》（HJ 1030.3—2019）

《排污许可证申请与核发技术规范　食品制造工业—乳制品制造工业》（HJ 1030.1—2019）

《排污许可证申请与核发技术规范　食品制造工业—调味品、发酵制品制造工业》（HJ 1030.2—2019）

《排污单位自行监测技术指南　食品制造》（HJ 1084—2020）

《柠檬酸工业水污染物排放标准》（GB 19430—2013）

《酵母工业水污染物排放标准》（GB 25462—2010）

《味精工业污染物排放标准》（GB 19431—2004）

《味精工业废水治理工程技术规范》（HJ 2030—2013）

《味精工业污染防治可行技术指南》（征求意见稿）

3.4　酒、饮料和精制茶制造业

3.4.1　主要生产工艺

3.4.1.1　酒制造工业

酒制造工业排污单位指生产发酵酒精、白酒、啤酒、黄酒、葡萄酒及其他酒的排污单位。

（1）发酵酒精行业

发酵酒精制造是指以淀粉质、糖质或其他生物质等为原料，在微生物作用下经发酵、蒸馏而制成食用酒精、工业酒精、变性燃料乙醇等酒精产品的生产活动。根据原料不同可分为淀粉质原料发酵法、糖蜜原料发酵法和纤维质原料发酵法。

① 淀粉质原料发酵法是我国生产酒精的主要方法，是以玉米、薯干、木薯等含有淀粉的农副产品为主要原料，经过粉碎，破坏植物细胞组织，再经蒸煮处理，使淀粉糊化、液化，形成均一的发酵液，经发酵、蒸馏制成酒精，其生产工艺流程见图 3-54。

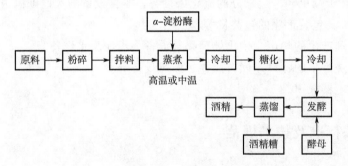

图 3-54　淀粉质原料发酵酒精生产工艺流程

② 糖蜜原料发酵法是以制糖（以甜菜、甘蔗为原料）生产工艺排出的废糖蜜为原料，经稀释并添加营养盐，再进一步发酵生产酒精。生产工艺主要包括稀糖蜜制备、酒母培养、发酵、蒸馏等，工艺流程见图 3-55。

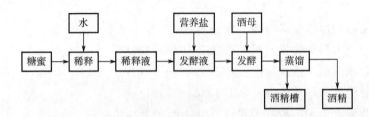

图 3-55　糖蜜原料发酵酒精生产工艺流程

③ 纤维质原料发酵法是利用农业纤维废弃物代替粮食生产酒精，工艺流程如图 3-56所示。

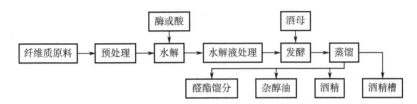

图 3-56 纤维质原料发酵酒精生产工艺流程

（2）白酒行业

白酒制造是指以高粱等粮谷为主要原料，以大曲、小曲或麸曲及酒母等为糖化发酵剂，经蒸煮、糖化、发酵、蒸馏、陈酿、勾兑而制成的蒸馏酒产品的生产活动。产品主要包括固态法白酒、液态法白酒和固液结合法白酒三类。

① 固态法白酒以粮谷为原料，采用固态（或半固态）糖化、发酵、蒸馏，经陈酿、勾兑而成，不添加食用酒精及非白酒发酵产生的呈香呈味物质，其生产工艺流程见图 3-57。固态法白酒包括浓香型白酒和酱香型白酒。浓香型白酒生产大曲采用生料制曲、自然接种，在培养室内固态发酵。浓香型白酒生产的特点是采用续渣法工艺，原料要经过多次发酵。酱香型白酒生产过程主要分为大曲生产和基酒生产、勾调等过程，其工艺流程见图 3-58。其中，基酒生产工艺由破碎、润粮、蒸粮、发酵、蒸馏等组成。

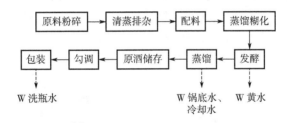

图 3-57 固态法白酒生产工艺流程

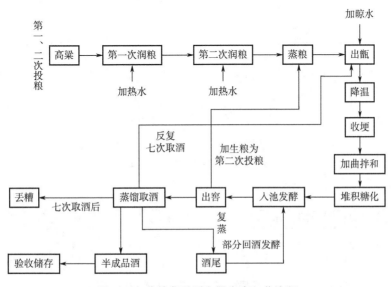

图 3-58 传统酱香型白酒生产工艺流程

② 液态法白酒以含淀粉、糖类物质为原料，采用液化糖化、发酵、蒸馏所得基酒（或食用酒精），再用香醅串香或用食品添加剂调味调香，勾调而成白酒。液态法是我国生产液态白酒的主要方法，其工艺流程见图 3-59。

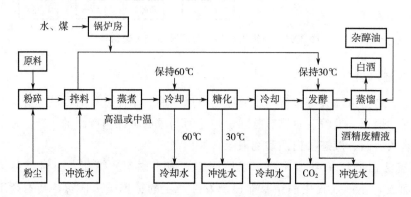

图 3-59　液态法生产原酒工艺流程

③ 固液结合法白酒是以固态法白酒（不低于 30％）、液态法白酒勾调而成的白酒。

（3）啤酒行业

啤酒制造是指以麦芽、水为主要原料，加啤酒花（包括啤酒花制品），经酵母发酵酿制而成的、含有 CO_2 并可形成泡沫的发酵酒的生产过程，不包括啤酒麦芽和啤酒花制品的生产过程。啤酒的生产过程大体可以分为四大工序：麦芽制造、麦汁制备、啤酒发酵、啤酒包装与成品啤酒。其生产工艺流程及产排污节点见图 3-60 和图 3-61。

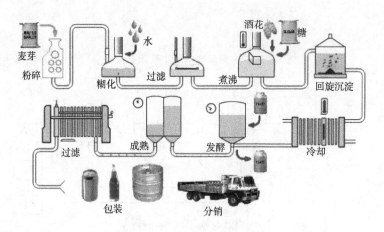

图 3-60　啤酒生产工艺流程

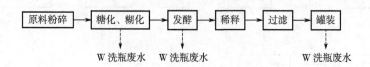

图 3-61　啤酒生产工艺流程及产排污节点

① 麦芽制造　大麦是酿制啤酒的主要原料，大麦在人工控制的外界条件下进行发芽干燥，将其制成麦芽，再用于酿酒。

② 麦汁制备　麦汁制备通常又称为糖化，麦芽及辅料经过粉碎、醪的糖化、过滤，以及麦汁煮沸、冷却5道工序制成各种成分含量适宜的麦汁，再由酵母发酵酿成啤酒。

③ 啤酒发酵　啤酒发酵是在啤酒酵母所含酶系的作用下产生酒精和二氧化碳，另外还有一系列的发酵副产物，如醇类、醛类、酸类、酯类、酮类和硫化物等，这些发酵产物决定了啤酒的风味、泡沫、色泽和稳定性等各项理化性能，使啤酒具有其独特的典型性。

④ 啤酒包装与成品啤酒　啤酒经过后发酵或后处理，口味已经达到成熟，酒液也已逐渐澄清，此时再经过机械处理，使酒内悬浮的轻微粒子最后分离，达到酒液澄清透明的程度，即可包装出售。

（4）黄酒行业

黄酒制造是指以稻米、黍米等为主要原料，加曲、酵母等糖化发酵剂，经蒸煮、糖化、发酵、压榨、过滤、煎酒、贮存等工艺生产发酵酒的生产活动。

黄酒生产工艺分为两大类：一是传统工艺生产黄酒，一是机械化工艺生产黄酒。传统工艺主要有摊饭法、喂饭法和淋饭法三种工艺。机械法工艺与传统工艺基本相同，但摆脱了传统工艺劳动强度大、生产周期长、季节性强等不足。黄酒生产包括原酒生产和加工灌装两部分，其工艺流程及产排污节点见图3-62。

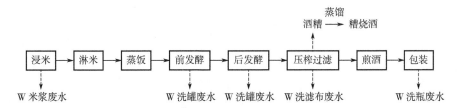

图3-62　黄酒生产工艺流程及产排污节点

（5）葡萄酒行业

葡萄酒制造指以新鲜葡萄或葡萄汁为原料，经全部或部分发酵酿制成含有一定酒精度的发酵产品的生产活动。葡萄酒生产的主要产品是红葡萄酒、白葡萄酒。红葡萄酒是以红葡萄为原料进行机械处理（破碎和除梗）后，再进行发酵产酒，其红色来源于原料中的固形物。白葡萄酒是将葡萄进行分选、压榨去皮渣取葡萄汁进行发酵，生产出呈淡黄色或金黄色的葡萄酒。葡萄酒生产主要的工艺流程包括：分选，除梗破碎，酒精发酵（时间约10～15d），分离压榨，二次发酵（苹乳发酵，约30d），陈酿，调配，下胶澄清，冷冻，除菌过滤，无菌罐装。其生产工艺流程及产排污节点见图3-63。

图3-63　葡萄酒生产工艺流程及产排污节点

（6）其他酒行业

其他酒包括果酒、奶酒、白兰地、威士忌、伏特加、朗姆酒、配制酒、露酒等。其他酒制造是以发酵酒或蒸馏酒为酒基，添加药食两用原料及香辛料等原辅料，经提取、处理、调配、陈酿等工艺制备而成。不同品种所选用的原料及工艺存在较大差异。其中露酒根据其所用原辅料不同，分为植物型露酒、动物型露酒、动植物型露酒。原料有需要前处理加工、直接用于提取蒸馏、直接添加调配而成等区别。因所用基酒差异不同也采用不同的加工工艺过程。

3.4.1.2 饮料制造工业

饮料制造工业排污单位指生产果菜汁及果菜汁饮料、含乳饮料和植物蛋白饮料、碳酸饮料、瓶（罐）装饮用水、固体饮料、茶饮料及其他饮料的排污单位。

（1）果菜汁及果菜汁饮料

是指以水果或（和）蔬菜（包括可食的根、茎、叶、花、果实）等为原料，经加工或发酵制成的液体饮料。其生产工艺流程及产排污节点见图3-64。

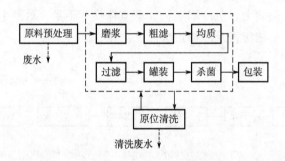

图 3-64　果蔬汁及果蔬汁饮料生产工艺流程及产排污节点

（2）含乳饮料和植物蛋白饮料

是指以乳或乳制品，或其他动物来源的可食用蛋白，或含有一定蛋白质的植物果实、种子或种仁等为原料，添加或不添加其他食品原辅料和（或）食品添加剂，经加工或发酵制成的液体饮料。其生产工艺流程及产排污节点分别见图3-65和图3-66。

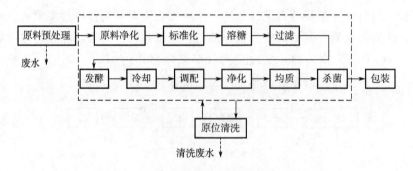

图 3-65　含乳饮料生产工艺流程及产排污节点

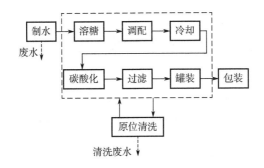

图 3-66 植物蛋白饮料生产工艺流程及产排污节点

（3）碳酸饮料

是指以食品原辅料和（或）食品添加剂为基础，经加工制成的，在一定条件下充入一定量二氧化碳气体的液体饮料，不包括由发酵自身产生二氧化碳气的饮料。其生产工艺流程及产排污节点见图 3-67。

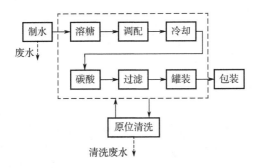

图 3-67 碳酸饮料生产工艺流程及产排污节点

（4）瓶（罐）装饮用水

是指以直接源于地表、地下或公共供水系统的水为水源，经过加工制成的密封于容器中可直接饮用的水。其生产工艺流程及产排污节点见图 3-68。

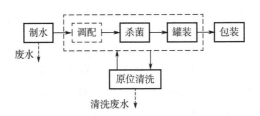

图 3-68 瓶（罐）装饮用水生产工艺流程及产排污节点

（5）固体饮料

是指用食品原辅料、食品添加剂等加工制成的粉末状、颗粒状或块状等，供冲调或冲泡饮用的固态制品。固体饮料包括湿混加工固体饮料和干混加工固体饮料。湿混加工固体饮料是指先将一种或多种原料在液态下进行加工或混合，经过干燥后制成的固体饮料。干混加工固体饮料是指各种原料在固体状态下进行加工、混合制成的固体饮料。其生产工艺流程及产排污节点见图3-69。

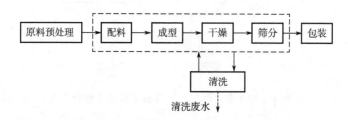

图3-69　固体饮料生产工艺流程及产排污节点

（6）茶饮料和其他饮料

茶饮料是指以茶叶或茶叶的水提取液或其浓缩液、茶粉（包括速溶茶粉、研磨茶粉）或直接以茶的鲜叶为原料，添加或不添加食品原辅料和（或）食品添加剂，经加工制成的液体饮料。其生产工艺流程及产排污节点见图3-70。

其他饮料包括特殊用途饮料、风味饮料、咖啡（类）饮料、植物饮料等。

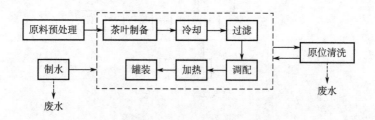

图3-70　茶饮料生产工艺流程及产排污节点

3.4.2　主要污染物及产污环节分析

（1）废气

酒、饮料制造业产生的工艺废气较少，生产环节中产生的废气污染物主要为颗粒物。废气产污环节主要为公用单元，燃气锅炉、燃煤锅炉、燃油锅炉的废气为燃烧废气，污染物种类为颗粒物、二氧化硫、氮氧化物、汞及其化合物、烟气黑度；综合污水处理站和酒糟堆场产生的废气，污染物种类为氨、硫化氢、臭气浓度。

① 有组织废气

a. 以谷物类、薯类为原料的发酵酒精制造、白酒制造和啤酒制造的原料粉碎系统产生破碎废气及分离废气，主要污染物为颗粒物。

b. 固体饮料制造的干燥系统、筛分和包装系统分别产生烘干废气、筛分废气和包装废气，主要污染物为颗粒物。

对于各生产单元产生的颗粒物污染物，需安装除尘装置进行污染防治，可行技术包括旋风除尘技术、袋式除尘技术、湿式除尘技术等。

② 无组织废气　厂内综合污水处理站污水处理以及酒糟堆场、果蔬渣堆场、沼渣堆场等散发的臭气。污水处理站产生恶臭的主要单元为水解酸化池、厌氧池、氧化塘和污泥间。

厂内综合污水处理站产生恶臭的区域应加罩或加盖，或者投放除臭剂，或者集中收集恶臭气体到除臭装置处理后经排气筒排放。对于堆放的酒糟、果蔬渣、沼渣等应进行覆盖，及时清理堆场、道路上抛洒的酒糟、果蔬渣、沼渣等。

（2）废水

酒、饮料制造业各排污单位产生的废水分为生产废水［包括谷物类发酵酒精生产干酒糟及其可溶物（DDGS）后的废水、薯类及糖蜜发酵酒精酒糟液、锅底水、黄水、废槽液、米浆水、原料清洗废水、设备清洗废水、洗罐废水、洗瓶废水、地面冲洗废水等］、辅助生产工序排水（包括循环冷却水系统排水、制水过程排水、锅炉排水等）、生活污水等，主要污染物包括 pH 值、悬浮物、化学需氧量、五日生化需氧量、氨氮、总氮、总磷、色度。其废水来源详见表 3-11。

表 3-11　酒、饮料制造业生产废水来源

行业类别	工艺类别	生产废水来源
酒制造工业	发酵酒精	原料蒸馏发酵后排出的酒精糟；生产设备的洗涤水、冲洗水，洗罐水，蒸煮、糖化、发酵、蒸馏工艺的冷却水等
	白酒	蒸馏锅底水、发酵废液（又称黄水）冷却水、清洗场地用水以及洗瓶用水等；动力部门排出的冷却水
	啤酒	糖化过程的糖化、过滤洗涤水；发酵过程的发酵罐、管道洗涤、过滤洗涤水，灌装过程洗瓶、灭菌、破瓶啤酒及冷却水；动力部门排出的冷却水
	葡萄酒	冷冻机冷却水、发酵冷却水、洗瓶机洗涤水以及破碎去梗机、输送装置、贮槽、压榨机、发酵罐、橡木桶、输送管道、发酵车间地面的清洗等的洗涤水
	黄酒	浸米水、淋饭水、洗罐、洗坛和洗瓶废水
	其他酒	原辅料润洗、设备清洗、包装洗瓶和喷淋废水
饮料制造工业	果菜汁及果菜汁饮料	原料的预处理、打浆、榨汁和浸提、浓缩、杀菌；各类生产容器、设备、管道内部清洗及地面的冲洗水；原水制备纯水过程中产生的反渗透浓水；一些中间产品的排泄以及灌装车间泄露的部分产品
	含乳饮料和植物蛋白饮料	原料预处理废水，容器、管道、设备加工面清洗废水；生产车间、场地清洗产生的废水；反渗透产生的反渗透浓水；生产中流失的乳制品及植物蛋白
	碳酸饮料	灌装区的洗瓶水、冲瓶水、碎瓶饮料和糖浆缸冲洗水以及设备、管道内部清洗和地面冲洗水；通过反渗透制取纯水所产生的反渗透浓水

续表

行业类别	工艺类别		生产废水来源
饮料制造工业	瓶（罐）装饮用水		车间、设备、工器具操作台清洗和消毒产生废水；原水过滤设备内部清洗和反冲洗产生的废水；桶装和瓶装饮用水生产过程中空桶、空瓶清洗排水；纯净水生产过程中产生的反渗透浓水或超滤膜前水
	固体饮料		设备内部清洗、浓缩过程排水和循环冷却水排水
	茶饮料		设备、管道内部清洗和原水过滤产生的反渗透浓水
	其他饮料	咖啡饮料、风味饮料、特殊用途饮料	设备、管道内部清洗和原水过滤产生的浓水
		植物饮料	设备、管道内部清洗和原水过滤产生的浓水和原料预处理废水

（3）固体废物

① 薯类酒精废水处理后的沼渣和污泥；糖蜜酒精废水经蒸发浓缩后的浓缩液；

② 白酒酒糟、白酒企业产生的废窖泥；

③ 啤酒麦糟、啤酒企业产生的废酵母；

④ 黄酒糟、采用坛式储酒方式的黄酒企业产生的封坛泥；

⑤ 葡萄酒与果酒皮渣、葡萄酒产生的酒石；

⑥ 原榨果菜汁生产过程中产生的果渣、蔬菜渣，植物蛋白饮料生产过程中产生的滤渣，茶饮料生产提取过程产生的茶渣等；

⑦ 生产车间产生的废活性炭、废硅藻土、废树脂、废包装物，厂内实验室化学试剂的包装物、容器等以及其他固体废物；

⑧ 废气处理设施收集的废尘/渣、废滤袋；

⑨ 综合污水处理站处理污水产生的污泥。

（4）噪声

酒、饮料制造工业主要噪声源包括生产车间及配套设施（破碎设备、筛分设备、大型风机、制冷机、水泵等），以及污水处理环节的曝气设备、风机、泵等设备。

3.4.3　相关标准及技术规范

《排污许可证申请与核发技术规范　酒、饮料制造工业》（HJ 1028—2019）

《啤酒工业污染物排放标准》（GB 19821—2005）

《发酵酒精和白酒工业水污染物排放标准》（GB 27631—2011）

《酒类制造业水污染物排放标准》（征求意见稿）

《酿造工业废水治理工程技术规范》（HJ 575—2010）

《饮料制造废水治理工程技术规范》（HJ 2048—2015）

《饮料酒制造业污染防治技术政策》（环发〔2018〕7号）

《排污单位自行监测技术指南　酒、饮料制造》（HJ 1085—2020）

3.5 纺织业

依据《固定污染源排污许可分类管理名录（2019）》所述分类，纺织业是指棉纺织及印染精加工、毛纺织及染整精加工、麻纺织及染整精加工、丝绢纺织及印染精加工、化纤织造及印染精加工、针织或钩针编织物及其制品制造、家用纺织制成品制造、产业用纺织制成品制造。本节内容按照《排污许可证申请与核发技术规范　纺织印染工业》（HJ 861—2017）对纺织印染工业进行描述。

3.5.1　主要生产工艺

纺织印染工业排污单位指从事麻、丝、毛等纺前纤维加工，纺织材料前处理、染色、印花、整理为主的印染加工，以及从事织造、服装与服饰加工，并有水污染物或大气污染物产生的生产单位。

前处理主要包括退浆、煮炼、漂洗等工序。染色主要是将染料溶解在水中，在一定的工艺条件下将染料转移到织物上，生成有色织物。印花是通过预制好花纹的网板，将不同颜色的染料分批、依次涂在织物上形成的彩色图案。整理是指织物经过水洗、轧光、拉幅、预缩等改善和提高织物品质所进行的加工工艺，如改善手感、硬挺整理、柔软整理、防缩防皱、改善白度、阻燃、防静电等，整理分机械整理和化学整理。此外，根据不同情况，染色印花前还要进行烧毛、丝光、碱减量等工序。

根据不同织物性质，主要织物印染的生产工艺见表3-12。

表3-12　主要织物印染的生产工艺

序号	生产工艺	工艺流程
1	纯棉或棉混纺织物染色、印花	棉坯布→烧毛→退浆→煮练→（漂白）→（丝光）→染色、印花→整理→成品
2	棉针织产品染色、印花	针织坯布→煮练→漂白→染色、印花→整理→成品
3	毛粗纺织物染色、印花	毛坯布→洗呢→缩呢→漂白→染色→整理→成品
4	毛粗纺散毛染色	散毛→染色→梳毛→纺纱→络筒→整经→织造→洗呢→缩呢→整理→成品
5	毛精纺毛条染色	毛条→染色→复精梳→纺纱→络筒→整经→织造→烧毛→洗呢→煮呢→蒸呢→成品
6	绒线染色	坯线→洗线→染色→烘干→成品
7	麻纺产品染色	坯布→烧毛→退浆→煮练→（漂白）→（丝光）→染色、印花→整理→成品
8	丝绸产品染色、印花	坯绸→精炼→染色、印花→整理→成品

序号	生产工艺	工艺流程
9	涤棉织物染色	化纤织物→烧毛→退浆→煮练→（漂白）→丝光→染色、印花→整理→成品
10	涤纶仿真织物染色、印花	坯布→精炼→收缩→预定型→碱减量→染色、印花→水洗→整理→成品

印染生产过程的废气主要产生于后整理工艺中的涂层和层压整理原辅材料。涂层整理过程中会使用到大量的有机溶剂，特别是溶剂型涂层，对大气污染较为严重。表 3-13 列举了不同涂层方式及其工艺流程。

表 3-13   不同涂层方式及其工艺流程

涂层方式及定义	工艺流程
直接涂层：将涂层剂通过物理和机械方法直接均匀地涂布于织物表面而后使其成膜的方法，分干法和湿法涂层	干法：基布→浸轧防水剂→烘干→漂白→轧光→涂层→烘干→烘焙→成品
	湿法：基布预处理→涂布溶剂型聚氨酯浆→水浴凝固（20～30℃）→水洗→轧光→成品
热熔涂层：将热塑性树脂加热熔融后涂布于基布，经冷却而黏着于基布表面的涂层工艺	基布→涂布→熔融树脂→冷却→轧光→成品
黏合涂层：是将树脂薄膜与涂有黏合剂的基布叠合，经压轧而使其黏合成一体，或将树脂薄膜与高温熔融辊接触，使树脂薄膜表面熔融而后与基布叠合，再通过压轧而黏合成一体，形成的涂层薄膜较厚	基布→涂布黏合剂→烘干→薄膜黏合→烘焙→轧光→成品
转移涂层：先以涂层浆涂布于经有机硅处理过的转移纸，而后与基布叠合，在低张力下经烘干、轧平和冷却，然后使转移纸和涂层织物分离	转移纸→涂布涂层浆→基布黏合→烘干→轧光→冷切→织物与转移纸分离→成品

3.5.2   主要污染物及产污环节分析

（1）废气

各产污节点产生的废气包括麻脱胶臭气、印染单元烧毛、磨毛、拉毛产生的纤维尘，后整理过程产生的印花、定型、涂层废气以及公用单元的锅炉烟气等。

① 前处理   烧毛废气的主要污染物为颗粒物，若以柴油等为燃料，污染物还有二氧化硫和氮氧化物。含有氨纶的织物常常需要在染色前进行预定型处理，预定型的温度为 180～240℃。由于织物上有一定量主要成分为矿物油的织造油，在预定型中会有较大量的油雾产生，是纺织印染工业主要的大气污染物之一。预定型废气是有组织排放，废气量较大。

② 染色/印花   烘干是使织物上的水分挥发的过程。由于织物在染整过程中会吸附

部分助剂或化学品。因此，在烘干过程中，吸附的助剂和化学品会挥发出来，产生一定量的废气。蒸化过程在密闭条件下进行，有大量水蒸气产生，基本上不排放废气。

③ 后整理　抓毛和磨毛过程产生的大气污染物主要是毛绒和颗粒物。功能性整理是湿加工过程，基本上不产生废气。但是，功能性整理中将加入大量的表面活性剂，导致在定型或烘干过程中产生含有有害成分的废气。

染色后的热定型所产生的废气是最重要的废气，废气中所含的污染物也是最主要的污染物。热定型温度为 140～210℃，在此温度区间，织物上吸附的可挥发性物质将会挥发出来，导致废气中含有各种挥发性有机物。同时，热定型废气量也较大。其废气产污环节及污染物种类详见表 3-14。

表 3-14　纺织印染工业废气产污环节及污染物种类

生产单元	废气产污环节	污染物种类	排放形式
缫丝单元	打棉	臭气浓度	无组织
麻脱胶单元	扎把、梳麻、沤麻、浸渍、开松	颗粒物、臭气浓度	无组织
洗毛单元	选毛、梳毛	颗粒物	无组织
织造单元	清棉、梳理、开松、废棉处理、喷气织造	颗粒物	无组织
印染单元	烧毛、磨毛、拉毛	颗粒物	无组织
	印花	甲苯、二甲苯、非甲烷总烃	有组织
	定型	颗粒物、非甲烷总烃	有组织
	涂层整理	甲苯、二甲苯、非甲烷总烃	有组织
成衣水洗	磨砂、马骝、镭射	颗粒物	无组织
公用单元	锅炉	颗粒物、二氧化硫、氮氧化物、汞及其化合物、烟气黑度（林格曼黑度，级）	有组织
	储运系统、配料系统	颗粒物、非甲烷总烃	无组织

（2）废水

印染废水是纺织工业废水的主要来源，其中含有纤维原料本身的夹带物以及加工过程中所用的浆料、油剂、染料和化学助剂等，其废水产污环节及污染物种类详见表 3-15。总体而言印染废水具有以下特点：

① COD 和 BOD 波动大，COD 高时可达 2000～3000mg/L，BOD 也高达 600～900mg/L；

② pH 值高，如硫化染料和还原染料废水 pH 值可达 10 以上，丝光、碱减量废水 pH 值可达 14；

③ 色度大，有机物含量高，含有大量的染料、助剂及浆料，废水黏性大；

④ 水温水量变化大，由于加工品种、产量的变化，水温一般在 40℃以上，影响废水的生物处理效果。

表 3-15　纺织印染工业废水产污环节及污染物种类

废水类别	产污环节	污染物项目
缫丝废水	煮茧、缫丝、打棉	化学需氧量、悬浮物、五日生化需氧量、氨氮、总氮、总磷、pH 值、动植物油
洗毛废水	洗毛、剥鳞、炭化、水洗、漂白	
麻脱胶废水	浸渍、碱处理、酸洗、漂白、煮练、脱水	化学需氧量、悬浮物、五日生化需氧量、氨氮、总氮、总磷、pH 值、可吸附有机卤素、色度
印染废水	退浆、煮练、精炼、漂白、丝光、碱减量、染色、印花、漂洗、定型、整理	化学需氧量、悬浮物、五日生化需氧量、氨氮、总氮、总磷、pH 值、六价铬、色度、可吸附有机卤素、苯胺类、硫化物、二氧化氯、总锑
成衣水洗废水	水洗	化学需氧量、悬浮物、五日生化需氧量、氨氮、总氮、总磷、pH 值、色度
织造废水	喷水织造	化学需氧量、悬浮物、五日生化需氧量、氨氮、总氮、总磷、pH 值
初期雨水、生活污水、循环冷却水排污水	—	

　　传统的印染加工过程中还会产生有毒废水，废水中一些有毒染料或加工助剂在加工过程中会附着在织物上对人体健康产生影响。如偶氮染料、甲醛、荧光增白剂和柔软剂具致敏性，聚乙烯醇和聚丙烯类浆料不易生物降解，含氯漂白剂污染严重，一些芳香胺染料具有致癌性，部分染料中含有重金属，含甲醛的各类整理剂和印染助剂对人体具有毒害作用等。此类废水如果不经处理或经处理后未达标就排放，不仅直接危害人们的身体健康，而且严重破坏水、土环境及其生态系统。

　　纺前纤维加工企业（毛、丝、麻纤维）产生工艺废水的工段有缫丝、打棉、洗毛、剥鳞、炭化、麻脱胶等。印染企业产生工艺废水的主要工段有碱减量、退浆、煮练、精炼、漂白、丝光、染色、印花、定型、功能整理等。

　　主要的产污环节如下。

　　① 缫丝单元　煮茧、缫丝、打棉工段，污染物以颗粒物、蚕丝及蚕蛹溶出物为主，可生化性较好。

　　② 洗毛单元　洗毛、剥鳞、炭化、水洗、漂白工段，污染物以羊毛短纤、羊毛脂、表面活性剂等为主，可生化性相对较好。

　　③ 麻脱胶单元　沤麻、浸渍工段，污染物以酸碱、蜡纸、果胶、纤维等为主，色度高，可生化性相对较差。

　　④ 印染单元　退浆、煮练、精炼、漂白、丝光、碱减量、染色、印花、漂洗、定型、整理等工段，污染物以浆料、染料、助剂、纤维、整理剂等为主，色度高，可生化性相对较差；部分染料可能含有重金属。

　　⑤ 成衣水洗单元　水洗工段，污染物以染料、助剂、纤维、表面活性剂等为主，色度高、可生化性相对较差。

　　⑥ 织造单元　喷水织造工段，污染物以浆料、纤维、表面活性剂等为主。

　　此外，感光印花制网工序、使用含铬媒介染料的染色/印花工序中会产生含六价铬废水。

（3）固体废物

① 一般工业固体废物　纺织边角料、废包装材料等，可收集后资源化利用。废茎秆、泥沙、废油脂、废水处理污泥、纤维粉尘等需交由有资质单位处置，如填埋、制造建材等。

② 危险废物　染料和涂料废物、废酸、废碱、废矿物油和含矿物油废物、废有机溶剂与含有机溶剂废物、沾染染料和有机溶剂等危险废物的废弃包装物或容器、废气处理废活性炭等。

（4）噪声

产生的噪声主要来源于各种生产设备，噪声污染不是纺织印染企业主要污染问题。

3.5.3　相关标准及技术规范

《排污许可证申请与核发技术规范　纺织印染工业》（HJ 861—2017）

《纺织染整工业水污染物排放标准》（GB 4287—2012）

《缫丝工业水污染物排放标准》（GB 28936—2012）

《毛纺工业水污染物排放标准》（GB 28937—2012）

《麻纺工业水污染物排放标准》（GB 28938—2012）

《染料产品中重金属元素的限量及测定》（GB 20814—2014）

《纺织染整工业废水治理工程技术规范》（HJ 471—2020）

《排污单位自行监测技术指南　纺织印染工业》（HJ 879—2017）

3.6　皮革、毛坯、羽毛及其制品和制鞋业

3.6.1　主要生产工艺

3.6.1.1　制革及毛皮加工工业

（1）制革工业

制革的原材料主要是各种家畜动物皮，如牛皮、羊皮、猪皮等。将原料皮转变为皮革的制革工艺由数十个物理和化学工序组成。制革工艺依据原料皮的种类、状态和最终产品要求的不同而有所变化，但一般而言，制革工艺可被划分为三大工段，即准备工段、鞣制工段和整饰工段（又分为湿整饰和干整饰），每个工段都包括多个工序，其生产工艺全流程见图3-71。

通常根据生产工艺划分为四类，即从生皮加工至成品革（坯革）、生皮加工至蓝湿革、蓝湿革加工至成品革（坯革）和从坯革加工至成品革。其中，从生皮加工至成品革的生产工艺包括准备工段、鞣制工段和整饰工段，历经全部流程；从生皮加工至蓝湿革的生产工艺历经准备工段和鞣制工段；从蓝湿革加工至成品革的生产工艺只进行湿整饰

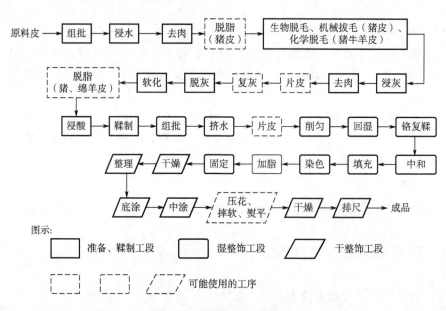

图示:

□ 准备、鞣制工段　　□ 湿整饰工段　　▱ 干整饰工段

┆ ┆　　┆ ┆　　▱ 可能使用的工序

图 3-71　制革生产工艺全流程

和干整饰加工;从坯革加工至成品革的生产工艺仅包括干整饰加工。其加工工艺流程及主要产污节点见图 3-72。

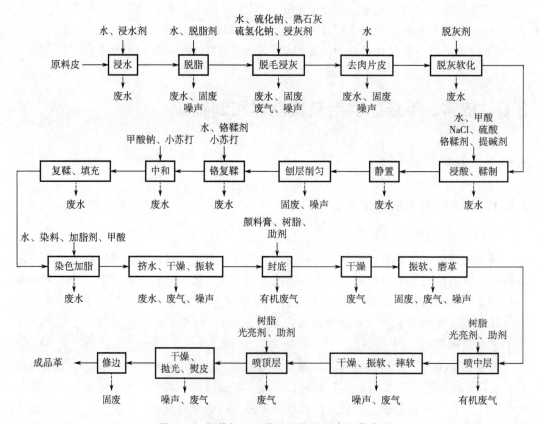

图 3-72　轻革加工工艺流程及主要产污节点

（2）毛皮加工工业

毛皮加工过程大体与制革相似，毛皮加工不涉及浸灰、脱毛、脱灰等工序。其工艺流程及主要产污节点见图3-73。

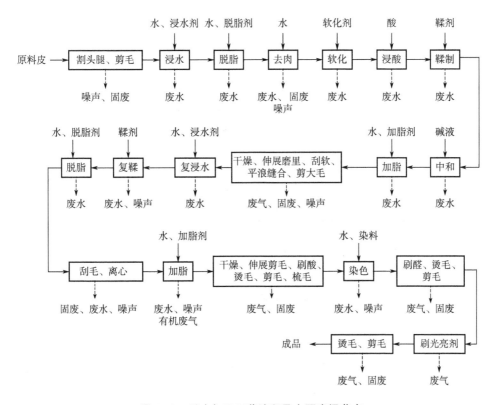

图3-73　毛皮加工工艺流程及主要产污节点

3.6.1.2　羽毛（绒）加工工业

羽毛（绒）加工工业包括以下三种企业类型：含水洗工序的羽毛（绒）加工企业、羽毛（绒）制品加工企业、水洗羽毛（绒）与羽绒制品联合生产企业。水洗羽毛（绒）工艺流程见图3-74。

3.6.1.3　制鞋工业

制鞋工业主要产品类型分为皮鞋、纺织面料鞋、橡胶鞋、塑料鞋及其他鞋。主要工艺分为冷粘工艺、硫化工艺、注塑工艺、模压工艺、线缝工艺，涉及的主要生产单元包括鞋料划裁、帮底制作、帮底装配、成鞋整饰及包装等。通常一种类别的鞋可以通过多种工艺进行生产。

（1）冷粘工艺

以皮面皮鞋为例，基本流程图及产污环节如下：

① 鞋料划裁单元　冷粘工艺鞋料划裁单元基本流程见图3-75。

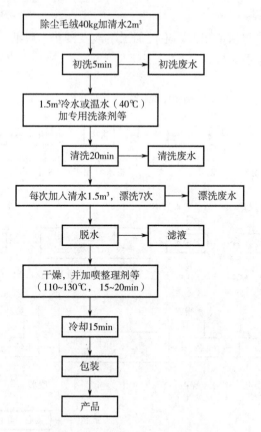

图 3-74　水洗羽毛（绒）工艺流程

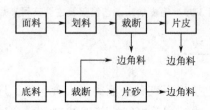

图 3-75　冷粘工艺鞋料划裁单元基本流程

注：部分纺织面料鞋使用的面料，在划裁前需使用胶黏剂进行合布操作，产生有机废气。

② 帮底制作单元　采用冷粘工艺的制鞋生产企业，鞋底通常外部采购。冷粘工艺帮底制作单元基本流程见图 3-76。

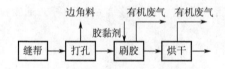

图 3-76　冷粘工艺帮底制作单元基本流程

注：部分运动鞋帮面使用油墨等进行丝网印刷，产生有机废气。

③ 帮底装配单元　冷粘工艺帮底装配单元基本流程见图 3-77。

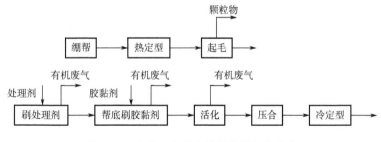

图 3-77　冷粘工艺帮底装配单元基本流程

④ 成鞋整饰及包装单元　冷粘工艺成鞋装饰及包装单元基本流程见图 3-78。

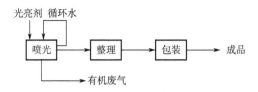

图 3-78　冷粘工艺成鞋装饰及包装单元基本流程

注：部分运动鞋等产品在整理环节需要使用清洁剂，产生挥发性有机物。

（2）硫化工艺

① 鞋料划裁单元　与冷粘工艺类似。

② 帮底制作单元　其中帮面制作同冷粘工艺，鞋底制作单元基本流程见图 3-79。

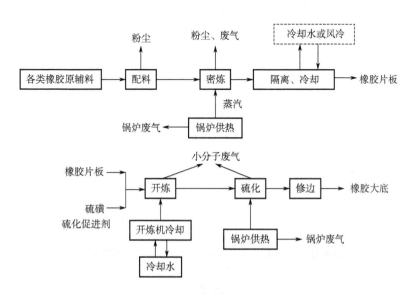

图 3-79　硫化工艺鞋底制作单元基本流程

③ 帮底装配单元　冷粘工艺帮底装配单元基本流程见图 3-80。

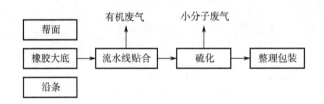

图 3-80　冷粘工艺帮底装配单元基本流程

④ 成鞋整饰及包装单元　与冷粘工艺类似。

（3）注塑工艺

注塑工艺基本流程图及产污环节如下。

① 鞋料划裁单元　与冷粘工艺类似。

② 帮底制作单元　与冷粘工艺类似。

③ 帮底装配单元　其基本流程及产污环节见图 3-81。

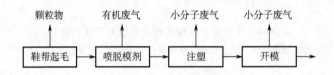

图 3-81　注塑工艺帮底装配单元基本流程及产污环节

注：使用橡胶原料的注塑工艺，可能需要使用胶黏剂，产生有机废气。

④ 成鞋整饰及包装单元　与冷粘工艺类似。

（4）模压工艺

模压工艺基本流程图及产污环节如下。

① 鞋料划裁单元　与冷粘工艺类似。

② 帮底制作单元　与冷粘工艺类似。

③ 帮底装配单元　其基本流程及产污环节见图 3-82。

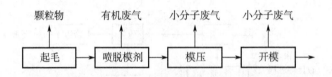

图 3-82　模压工艺帮底装配单元基本流程及产污环节

④ 成鞋整饰及包装单元　与冷粘工艺类似。

（5）线缝工艺

除帮底装配单元为手工缝制外，其他操作与冷粘工艺类似。

3.6.2 主要污染物及产污环节分析

3.6.2.1 制革及毛皮加工工业

（1）废气

① 制革工业 制革工业的废气产污环节包括锅炉、生皮库、脱毛车间、磨革车间、涂饰车间、污水处理设施等。

有组织废气主要为锅炉废气和涂饰有机废气。制革生产过程中在后整饰阶段可能会使用部分溶剂型涂饰材料，但是用量很少，涂饰有机废气污染因子为苯、甲苯、二甲苯、非甲烷总烃。锅炉废气污染因子为颗粒物、二氧化硫、氮氧化物、汞及其化合物、烟气黑度（林格曼黑度，级）。此外污水处理设施（集水池、调节池、污泥处理系统）建有废气收集处理系统时，有组织废气污染因子为臭气浓度、氨和硫化氢。

无组织废气污染物为来自生皮库、硫化物脱毛车间、磨革车间、污水处理设施以及堆煤场等污染源产生的臭气浓度、氨、硫化氢及颗粒物。生皮需要经过盐腌等防腐处置，但在存放过程中，由于细菌的存在，会造成部分蛋白质腐败，其中氨基酸被氧化成甲基吲哚，水解生成硫醇，散发出臭味，生皮库污染因子主要为臭气浓度、氨。磨革车间和使用硫化物的脱毛车间污染因子主要分别为颗粒物和臭气浓度、硫化氢。污水处理设施（集水池、调节池、污泥处理系统无废气收集设施）的废气污染因子为臭气浓度、氨和硫化氢。

② 毛皮加工工业 毛皮加工工业产污环节包括生皮库、干整饰车间、污水处理设施等。各种废气污染物种类如下。

a. 生皮库：臭气浓度、氨。

b. 喷浆、喷染设施：苯、甲苯、二甲苯、非甲烷总烃。

c. 涂饰车间有机废气：苯、甲苯、二甲苯、非甲烷总烃。

d. 烫毛车间：非甲烷总烃。

e. 污水处理设施（集水池、调节池、污泥处理系统）：臭气浓度、氨和硫化氢。

f. 磨革车间：颗粒物。

（2）废水

① 制革工业

a. 主要污染物组成 制革大多数工序是在有水的条件下进行的，用水量较大。加工过程中采用的化工原材料较多，如酸、碱、盐、硫化钠、石灰、鞣剂、复鞣剂、加脂剂、染料等，其中一部分化学物质跟皮胶原纤维结合，另一部分化学物质进入废水；同时，在制革加工过程中，大量的蛋白质、脂肪转移到水中，因此制革废水有机物含量较高。制革废水主要来自准备、鞣制和湿整饰工段。制革废水水量较大，污染物种类多、浓度高、色度高、处理难度较大。

制革工段污水来源及污染物排放情况见表 3-16。

表 3-16　制革工段污水来源及污染物排放情况

工段	准备工段	鞣制工段	湿整饰工段
污水来源	水洗、浸水、脱脂、脱毛、浸灰、脱灰、软化等工序	浸酸和鞣制	中和、复鞣、染色、加脂、喷涂、除尘等工序
主要污染物	有机物：污血、蛋白质、油脂、脱脂剂、助剂等 无机物：盐、硫化物、石灰、Na_2CO_3、无机铵盐等 此外还含有大量的毛发、泥沙等固体悬浮物	无机盐、Cr^{3+}、悬浮物等污染物特征指标	色度、有机化合物（如染料、各类复鞣剂、树脂）、悬浮物
污染特征指标	COD、BOD_5、SS、S^{2-}、pH 值、油脂、氨氮	COD、BOD_5、SS、Cr^{3+}、pH 值、油脂、氨氮	COD、BOD_5、SS、Cr^{3+}、pH 值、油脂、氨氮
污染负荷比例	污水排放量约占制革总水量的 60%～70%；污染负荷占总排放量的 70%左右，是制革污水的主要来源	污水排放量约占制革总水量的 8%左右	污水排放量约占制革总水量的 20%～30%左右

b. 主要污染物浓度分析　制革过程要经过浸水、脱脂、脱毛浸灰、脱灰、软化、浸酸、鞣制、中和、复鞣、染色加脂等。工序繁多，使用的化工材料也非常繁杂，因此制革废水有机物浓度、悬浮物浓度、色度均较高。此外，制革废水中还含有一些难以降解的物质，如丹宁、木质素，同时还含有一些对污水处理不利的无机化合物，如硫化物、铬及酸碱等。

为了去掉动物皮上的毛发，传统浸灰脱毛工序使用石灰和硫化钠或硫氢化钠，大量碱性化合物、硫化物、角蛋白及胶原蛋白进入水中，致使污染物中 COD 浓度较高，浸灰废液中 COD 可达 15000mg/L 以上，占废水总负荷的 40%左右，硫化物浓度高达 3000mg/L 以上，占废水总硫化物的 90%以上。随着环保意识的提升以及制革清洁生产技术的提高，越来越多的制革工业排污单位采用保毛脱毛技术，其脱毛废液 COD 可降低 50%，从而使污染负荷有较大幅度的降低。

传统脱灰技术需要使用氯化铵或硫酸铵，使大量的氨进入水中，在脱灰废液中氨氮的浓度高达 3000～7000mg/L，同时在制革预处理过程中进入水中的部分蛋白质也会变为氨氮。

皮革鞣制普遍使用三价铬鞣剂，在传统铬鞣方法中，皮革对铬鞣剂的吸收率一般为 60%～70%，铬鞣废液中的三价铬浓度较高，约为 2000～3000mg/L。随着高吸收铬鞣剂的出现，目前皮革对铬鞣剂的吸收率大大提高，铬吸收率可以达到 90%以上，铬鞣废液中的铬含量可以降低到 500mg/L 以下。

此外，在脱脂、软化、复鞣、染色、加脂等工序又将加脂剂、复鞣剂、助剂、染料等合成有机物带入废水，同时生皮中蛋白质和油脂也作为污染物进入水中，这些难生物降解的有机物增加了废水处理的难度。

② 毛皮加工工业　毛皮加工产生的污染物类型和浓度与制革污水类似，但是毛皮加工过程没有脱毛工序，不用硫化碱，因此减少了很大一部分 COD_{Cr} 和悬浮物，毛皮因

带毛加工，为了防止毛打结，因此一般在划槽中加工，液比也比较大，因此毛皮加工用水量较大。

毛皮加工虽然没有脱毛工序，可以减少因毁毛而产生的大量 COD_{Cr} 和氨氮，但由于加工工艺更加繁琐，所使用的化工材料也很多，同时由于用水量也较少，因此最终综合污水的污染物浓度并不低，跟制革污水相差无几。

毛皮加工各工段污水来源及污染物排放情况见表 3-17。

表 3-17　毛皮加工各工段污水来源及污染物排放情况

工段	准备工段	鞣制工段	整饰工段
污水来源	水洗、浸水、脱脂、软化等工序	浸酸和鞣制	脱脂、中和、复鞣、染色、加脂等工序
主要污染物	有机物：血污、蛋白质、油脂、脱脂剂、助剂等 无机物：盐等 此外还含有大量的毛发、泥沙等固体悬浮物	无机盐、三价铬、合成鞣剂、悬浮物等	色度、有机化合物（如表面活性剂、染料、各类复鞣剂）、悬浮物
污染特征指标	COD_{Cr}、BOD_5、SS、pH、油脂、氨氮	COD_{Cr}、BOD_5、SS、Cr、pH、油脂、氨氮	COD_{Cr}、BOD_5、SS、pH、油脂、氨氮

（3）固体废物

固体废物主要产生于刮肉、片皮和削匀、铬沉淀及废水处理等过程。制革、毛皮加工过程中产生的固体废物包括废毛、无铬皮固废、含铬皮固废、含铬污泥及综合污泥。

（4）噪声

制革、毛皮加工过程产生的噪声为机械的撞击、摩擦、转动等运动引起的机械噪声以及气流的起伏运动或气动力引起的空气动力性噪声，主要噪声源有：转鼓、去肉机、磨革机、抛光机、污水系统中鼓风机、喷浆机、挤水机、剖层机、削均机、真空干燥机、挂晾干燥机、滚涂机、压花机、循环过滤器等。

3.6.2.2　羽毛（绒）加工工业

（1）废气

羽毛（绒）加工企业主要工艺废气污染物为硫化氢、氨、臭气浓度、颗粒物等。产排污环节及污染物种类为：

① 备料单元除灰、分毛及拼堆单元以及包装单元：颗粒物。

② 水洗单元烘干及冷却环节，公用单元原料毛仓库、产品仓库贮存环节：颗粒物、臭气浓度、氨、硫化氢。

③ 水洗单元洗毛、脱毛环节，公用单元废水处理、污泥处理环节：臭气浓度、氨、硫化氢。

（2）废水

羽绒生产的主要污染源是水洗羽毛（绒）的综合废水。主要污染物为蛋白质、动物油脂和少量无机物与细碎羽绒，原料羽毛黏附的泥土、砂粒、粪便，少量洗涤剂和微量除臭剂等。综合废水的污染物指标包括 COD_{Cr}、BOD、SS、NH_4^+-H、LAS、动物油脂、总磷、pH。

（3）固体废物

羽毛（绒）加工企业产生的固体废物主要是废水处理过程产生的污泥和生产过程产生的毛灰、毛梗、废包装袋和包装桶等。

3.6.2.3　制鞋工业

（1）废气

制鞋工业的大气污染物主要来源于锅炉、制鞋生产过程以及污水处理设施。制鞋工业使用的能源以电力为主，部分企业尤其是采用硫化工艺的企业，仍然使用锅炉，产生二氧化硫、氮氧化物和颗粒物。

从颗粒物产生角度看，主要来自部分产品帮脚起毛和鞋底起毛，注塑工艺、硫化工艺、模压工艺各类化工原材料的粉碎搅拌或混炼以及鞋底产生。可能产生单元如下。

① 帮底制作单元　个别制鞋排污单位由于自建有鞋底生产车间，以各类橡胶、合成树脂（高分子化合物）为主要原料，在生产加工过程中会产生颗粒物。排放形式存在有组织和无组织两种形式。

② 帮底装配单元　帮底起毛环节废气由于使用砂轮机，会产生颗粒物，排放形式存在有组织和无组织两种形式。

从苯、甲苯、二甲苯、挥发性有机物产生角度看，主要是由于胶黏剂的使用，或胶黏剂和处理剂同时使用，制鞋生产过程产生有机废气，主要来源于鞋料划裁单元合布环节、帮底制作单元的刷胶黏剂、丝网印刷环节和个别建有鞋底生产车间的鞋底生产，帮底装配单元的刷处理剂、刷胶黏剂环节；帮底装配单元的注塑环节（仅适用于注塑工艺喷脱模剂环节）、硫化环节（仅适用于硫化工艺硫化环节）、模压环节（仅适用于模压工艺喷脱模剂环节），部分企业部分产品成鞋整饰及包装单元的喷光、帮面清洁环节。可能产生单元如下。

① 鞋料划裁单元　部分纺织面料鞋生产企业需要在划裁之前进行合布操作，由于使用胶黏剂，会涉及苯、甲苯、二甲苯、挥发性有机物产生。目前，企业合布基本使用水基型胶黏剂。

② 帮底制作单元　帮面制作需要使用胶黏剂进行黏合，部分运动鞋鞋面需要丝网印刷使用油墨，因此产生苯、甲苯、二甲苯、挥发性有机物。

③ 帮底装配单元　冷粘工艺帮底装配单元通常需要同时使用胶黏剂和处理剂，而且用量较大。帮底装配单元的挥发性有机物基本实现有组织排放。

④ 成鞋整饰及包装单元　目前有小部分企业的部分产品有喷光操作，使用的喷光剂以水基型材料为主，会产生挥发性有机物。

从臭气浓度产生角度看，来自污水处理设施产生的臭气浓度。

（2）废水

废水包括生活污水和少量生产废水。生产废水主要为部分工厂成鞋整饰及包装单元喷光环节废气治理（水幕喷淋）废水的排放，锅炉废水等。

设备冷却水循环使用，不外排；喷光环节操作台内循环水，排放量少，通常只有部分企业生产深色皮鞋需要，使用的喷光材料基本为水性材料，定期更换后外排；其余为生活废水，大多直接进入城市管网，个别制鞋企业自建污水处理设施。

主要污染物项目包括 pH 值、悬浮物、五日生化需氧量、化学需氧量、氨氮、总氮、总磷、石油类、总锌（含硫化工艺单元废水时）。

（3）固体废物

固体废物主要来自各类帮面材料、衬里、海绵、主跟包头、中底板等材料裁断产生的边角料，注塑工艺产生的注塑废料，刷胶黏剂和处理剂环节产生的胶桶，绷楦操作产生的废弃铁钉，各类包装产生的废弃包装物，机器保养维修产生的机油沾染物等固体废物。

3.6.3　相关标准及技术规范

《排污许可证申请与核发技术规范　制革及毛皮加工工业—制革工业》（HJ 859.1—2017）

《排污许可证申请与核发技术规范　制革及毛皮加工工业—毛皮加工工业（HJ 1065—2019）

《排污许可证申请与核发技术规范　羽毛（绒）加工工业》（HJ 1108—2020）

《排污许可证申请与核发技术规范　制鞋工业》（HJ 1123—2020）

《制革及毛皮加工工业水污染物排放标准》（GB 30486—2013）

《羽绒工业水污染物排放标准》（GB 21901—2008）

《皮革制品和制鞋工业大气污染物排放标准》（征求意见稿）

《排污单位自行监测技术指南　制革及毛皮加工工业》（HJ 946—2018）

《制革、毛皮工业污染防治技术政策》（环发〔2006〕38 号）

《皮革及毛皮加工工业污染防治可行技术指南》（征求意见稿）

3.7　木材加工和木、竹、藤、棕、草制品业

依据《固定污染源排污许可分类管理名录（2019）》所述分类，木材加工和木、竹、藤、棕、草制品业是指人造板制造、木材加工、木质制品制造、竹、藤、棕、草等制品制造。本节内容按照《排污许可证申请与核发技术规范　人造板工业》（HJ 1032—2019）对人造板工业进行描述。

3.7.1　主要生产工艺

人造板工业排污单位指生产以木材或非木材植物纤维材料为主要原料，加工成各种材料单元，施加（或不施加）胶黏剂和其他添加剂，制成板材或成型制品的排污单位或生产设施。主要包括生产胶合板、纤维板、刨花板及其他人造板的排污单位或生产设施。

（1）胶合板

胶合板是指由单板构成的多层材料，通常按邻层的纹理方向大致垂直组坯胶合而成的板材。

胶合板产品生产单元大致包括备料、旋（刨）切、干燥、单板整理、调施胶、热压、砂光、裁板八个环节。其一般生产工艺流程见图 3-83。

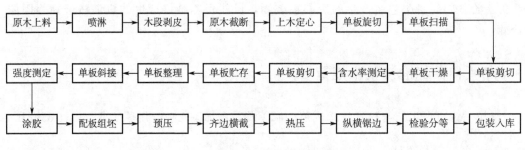

图 3-83　胶合板一般生产工艺流程

（2）纤维板

纤维板是指将木（竹）或其他植物纤维原料分离成纤维，利用纤维之间的交织及自身固有的黏结物质，或者施加胶黏剂，在加热和（或）加压条件下制成的板材。

纤维板工程分为削片间、木片仓、筛选水洗热磨间、纤维板车间四部分，依据生产工艺划分为削片工段、筛选与水洗工段、纤维制备与施胶干燥工段、铺装与热压工段、毛板处理工段以及砂光与裁板工段等。其一般生产工艺流程见图 3-84。

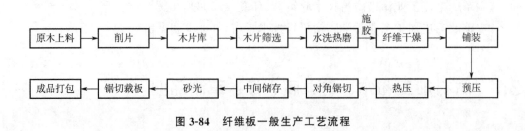

图 3-84　纤维板一般生产工艺流程

（3）刨花板

刨花板是指将木（竹）或其他植物纤维原料加工成刨花（或碎料），施加胶黏剂（和其他添加剂），组坯成型并经热压而成的一类人造板材。

刨花板生产线分为削片间、木片棚、刨片间、筛选打磨间、刨花板车间等部分，依据生产工艺划分为削片工段、刨花生产工段、干燥与分选工段、施胶工段、铺装与热压工段、毛板处理工段及砂光、裁板工段。其一般生产工艺流程见图3-85。

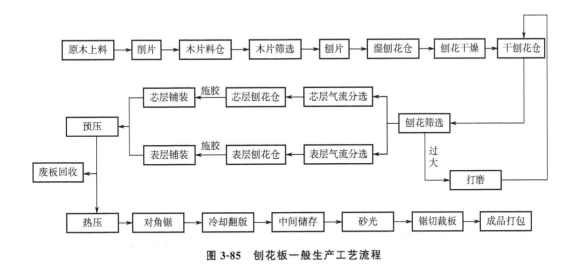

图3-85 刨花板一般生产工艺流程

（4）其他人造板

指除胶合板、纤维板、刨花板之外的人造板，主要包括细工木板、指接集成材等其他各类人造板。其一般生产工艺流程见图3-86。

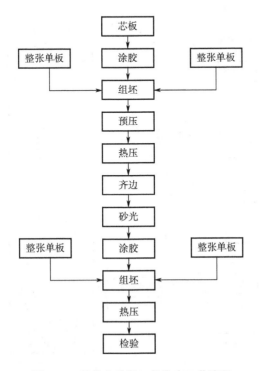

图3-86 其他人造板一般生产工艺流程

3.7.2 主要污染物及产污环节分析

人造板的生产工艺决定了产品的质量与性能，由于加工方式不同，在大多数产品的生产过程中会产生不同程度、不同性质的污染物，如空气污染、水污染、废渣污染及噪声污染等。人造板生产排放的污染物种类、数量及组成取决于使用的原料、生产规模、生产工艺和生产管理状况等因素。人造板生产流程长、工艺复杂、产排污节点多，废水、废气、废渣均有产生，特征污染因子种类较多、治理技术多样。胶合板、纤维板、刨花板以及其他人造板生产过程中产污环节及主要污染物分别见图 3-87～图 3-90。

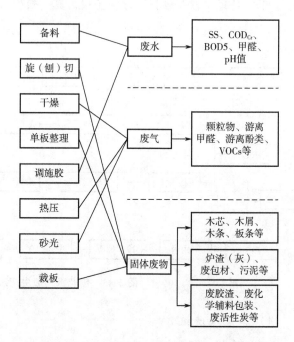

图 3-87　胶合板生产过程中产污环节及主要污染物

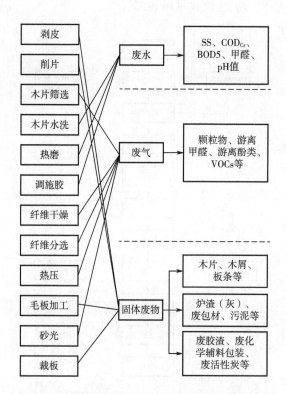

图 3-88　纤维板生产过程中产污环节及主要污染物

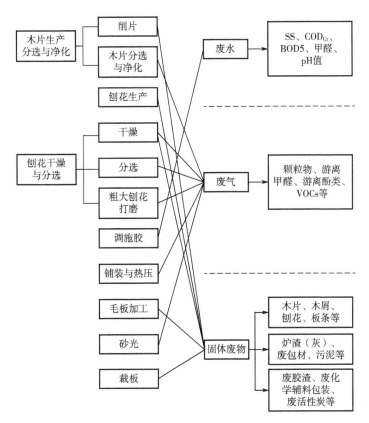

图 3-89 刨花板生产过程中产污环节及主要污染物

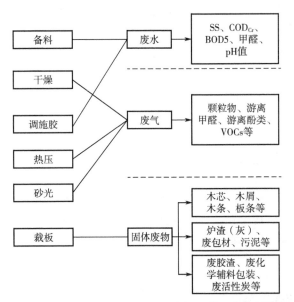

图 3-90 其他人造板生产过程中产污环节及主要污染物

（1）废气

人造板废气产污环节及污染物种类详见表 3-18。

表 3-18　人造板废气产污环节及污染物种类

废气产污环节	污染物种类	排放形式
纤维干燥工段	甲醛、VOCs、颗粒物、氮氧化物	有组织
刨花干燥工段	VOCs、颗粒物、氮氧化物	有组织
热压工段	甲醛、VOCs、颗粒物	有组织
铺装工段	颗粒物	有组织/无组织
砂光、锯切、分选工段	颗粒物	有组织/无组织
单板/锯材干燥工段	VOCs	有组织/无组织
调（施）胶工段	甲醛、VOCs	无组织
物料输运	颗粒物	无组织

（2）废水

人造板工业排污单位废水类别包括生产废水（水洗废水、热磨废水）、生活污水、堆场初期雨水、综合废水。

纤维板、胶合板的生产过程中，均不同程度地产生废水，包括生产废水、设备清洗废水以及公共单元（生活污水、堆场初期雨水）等。纤维板生产过程中产生的废水量较大，且水质情况复杂，废水主要来源于水洗、热磨工段；胶合板生产过程中的原木蒸煮废水主要含有有机物，属于难生化有机废水，废水量少，浓度高。此外，胶合板、纤维板和刨花板在生产过程中均会有少量设备清洗废水产生。

（3）固体废物

人造板工业排污单位的固体废物主要包括一般工业固体废物和危险废物。

① 一般工业固体废物　包括生产环节产生的板边、锯屑、木块、砂光粉等，热能中心/锅炉产生的炉渣（灰）、煤渣，包装环节产生的废包材、废布袋；污水处理环节产生的污泥等。

② 危险废物　包括废胶渣、废液压油、废化学辅料包装（桶）、废清洗液、废防锈油、废润滑油、废活性炭及其他废吸附性材料等。

3.7.3　相关标准及技术规范

《排污许可证申请与核发技术规范　人造板工业》（HJ 1032—2019）
《排污单位自行监测技术指南　人造板工业》（HJ 1206—2021）
《人造板工业污染物排放标准》（征求意见稿）

3.8　家具制造业

依据《固定污染源排污许可分类管理名录（2019）》所述分类，家具制造业指木质家具制造、竹、藤家具制造、金属家具制造、塑料家具制造、其他家具制造。本节内容按照《排污许可证申请与核发技术规范　家具制造工业》（HJ 1027—2019）对家具制造工业进行描述。

3.8.1　主要生产工艺

家具制造工业排污单位指用木材、金属、塑料、竹、藤等材料制作的，具有坐卧、凭倚、储藏、间隔等功能，可用于住宅、旅馆、办公室、学校、餐馆、医院、剧场、公园、船舰、飞机、机动车等任何场所的各种家具制造的生产企业或生产设施。

家具制造的生产过程具有一定的层次性，有手工、半手工、机械化、自动化、单机、流水线、自动流水线、离散型等多种形式。

（1）木质家具、其他家具及竹家具

木质家具（含实木家具和板材家具、板木结合家具）是指以人造板或实木为基本材料，配以各种饰面材料（包括木皮），经封边、喷漆修饰而制成的家具。生产工艺流程主要由备料、机加工、贴面/封边、油漆涂饰、组装以及产品包装或装配等诸多环节组成。首先选取一种或几种木质材料为基料，既可以是按照设计要求进行加工、组装，然后在基料表面涂装一层或几层涂料，经干燥后形成产品；也可以是加工后，先对各个组件进行涂装，然后组装成产品。木质家具制造一般工艺流程见图3-91。一般生产木质家具的企业多数也同时生产软体家具，软体家具的框架结构的生产工艺流程与木质家具类

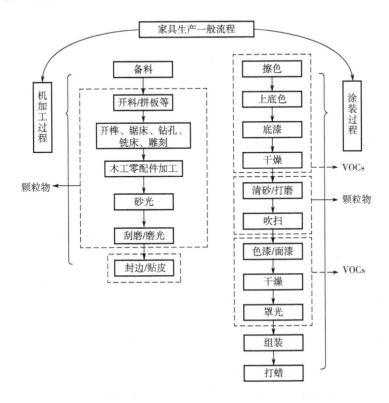

图 3-91　木质家具制造一般工艺流程

似，但增加了软垫部分的喷胶环节、布艺或皮革剪彩及包装环节。软体家具的生产工艺流程见图3-92。

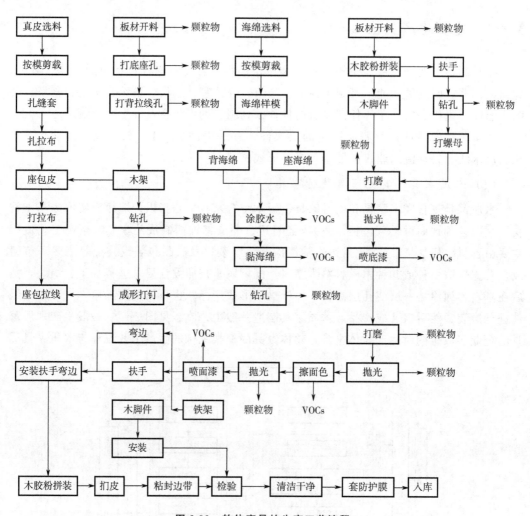

图3-92　软体家具的生产工艺流程

竹家具的生产工艺流程、生产设备与人造板家具基本一致。

其他家具制造指主要由弹性材料（如弹簧、蛇簧、拉簧等）和软质材料（如棕丝、棉花、乳胶海绵、泡沫塑料等），辅以绷结材料（如绷绳、绷带、麻布等）和装饰面料及饰物（如棉、毛、化纤织物及牛皮、羊皮、人造革等）制成的各种软家具；以玻璃为主要材料，辅以木材或金属材料制成的各种玻璃家具，以及其他未列明的原材料制作各种家具的生产活动。

（2）藤质家具

藤质家具由于其美观性受到越来越多的推崇。藤质家具的原材料主要包括经过处理后的天然藤质材料以及人造藤质材料。藤质家具制造企业多采用委托编制，集中收购后产品经过表面砂光等加工后进行表面涂饰的生产方式。底漆多采用浸涂、喷涂的工艺，面漆采用喷涂的方式。

（3）金属家具制造

凡以金属管材、板材或棍材等作为主架构，配以木材、各类人造板、玻璃、石材等制造的家具和完全由金属材料制作的铁艺家具，统称金属家具。

按结构的不同特点，可将金属家具分为固定式、拆装式、折叠式和插接式，根据结构不同，金属家具的连接形式也不同，有焊接、铆钉连接和销连接，不管采用哪种结构，一般采用的工艺流程大致可分为以下几个步骤：管材的截断，弯管，打眼与冲孔，焊接，表面涂饰及部件装配。

金属表面涂装主要包括表面前处理、喷漆、涂塑、喷绒、电泳、电镀等工艺，但是目前金属家具生产过程的电镀工艺已经基本取消，表面前处理主要包括预脱脂、脱脂、磷化/无磷硅烷化、冲洗等，表面涂饰也改为以粉末喷涂、高温固化的生产工艺。典型金属家具主要生产工艺流程见图 3-93。

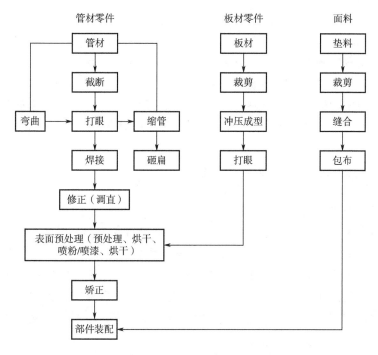

图 3-93　典型金属家具主要生产工艺流程

（4）塑料家具制造的工艺流程、生产设施及产排污情况

塑料家具制造指用塑料管、板、异型材加工或用塑料、玻璃钢（即增强塑料）直接在模具中成型的家具的生产活动。

塑料家具种类很多，但基本上可分成两种类型，即热固性塑料和热塑性塑料。塑料家具成型工艺简便，通常一次成型，生产效率高，适合大批量生产。主要成型方法如下：

①注塑成型　这种成型方法是使热塑性或热固性塑料先在加热料筒中均匀塑化，

而后由柱塞或移动螺杆推挤到闭合模具的模腔中成型的一种方法。

② 挤出成型　挤出成型是在挤出机中通过加热、加压而使物料以流动状态通过挤出模的塑孔或口模，待熔融塑料定型硬化后而得到各种断面的成型方法。

③ 模压成型　模压成型是将物料（树脂和粉末状、碎屑或短纤维填充料）放入金属塑模内加热软化，闭合塑模后加压，使物料在一定温度和压力下，发生化学反应并固化成型。

④ 吹塑成型　吹塑成型是将挤出机挤出的熔融热塑性树脂胚料加入模具，然后向胚料内吹入空气，熔融胚料在空气压力的作用下膨胀，同时向模具型腔壁面黏合，冷却固化成为所需形状产品的方法。

⑤ 热成型　热成型是一种将热塑性树脂的片材加热软化，使其成为所需形状产品的方法。热成型方法包括真空成型法、空压成型法、塞头成型法及冲压成型法等不同的成型方法。

⑥ 压延成型　压延成型是利用热的辊筒，将热塑性塑料经连续辊压、塑化和延展成薄膜或薄片的一种成型方法。

⑦ 滚塑成型　滚塑成型是把粉末状或糊状塑料置于塑模中，通过加热并滚动旋转塑模，使模内物料熔融塑化，进而均匀散布到模具表面，经冷却定型得到制品。

⑧ 搪塑成型　搪塑成型是将塑料糊倒入预先加热至一定温度的模具（凹槽或阴模）中，接近模胶内壁的塑料糊即会因受热而胶凝，然后将没有胶凝的塑料糊倒出，并对附在模腔内壁上的塑料糊进行热处理（烘熔），再经冷却即可从模具中取得空心制品。

3.8.2　主要污染物及产污环节分析

（1）废气

木质、竹质家具制造过程中的大气污染物主要包括含 VOCs 原辅材料（涂料、胶黏剂等）使用造成的 VOCs 排放和木材加工过程及喷漆后漆面打磨处理过程的颗粒物排放，主要特征污染物为 VOCs。颗粒物排放主要产生在木工车间的各种机加工过程以及喷漆车间底漆后的漆面打磨处理过程。涂装工艺过程是 VOCs 排放的主要环节。其他排放有机气体的环节有调漆和干燥过程，在此过程中由于有机溶剂的挥发，产生有机废气排放。

藤质家具制造主要污染物为 VOCs，排放特征与木质家具制造企业类同。

相比木质家具的生产，金属家具的主要产污环节是表面前处理过程的水污染物的产生和排放。金属家具的涂装以粉末喷涂为主，多采用静电喷粉为主，手工补喷为辅，喷粉过程的颗粒物采用负压收集、离心旋风布袋过滤，收集的粉末涂料可以重复利用，在高温固化过程有极少量的 VOCs 成分排放，因此 VOCs 不再是金属家具的主要排放污染物。

根据塑料家具的生产特点，其污染物的主要产排污节点在于挤塑或热塑后的冷却过程产生的少量烟尘及大分子有机化合物。

家具制造业废气产污环节及污染物种类详见表 3-19。

表 3-19　家具制造业废气产污环节及污染物种类

排污单位类型	生产单元	废气产污环节	污染物种类	排放形式
木质家具、竹藤家具、其他家具、木门窗、定制家具、木玩具及有喷漆工艺的木质、竹质工艺品制造排污单位	木工车间	木工车间废气	颗粒物、挥发性有机物	有组织 无组织
	喷胶车间	施胶废气	挥发性有机物、苯、甲苯、二甲苯、甲醛、颗粒物、特征污染物	有组织 无组织
	喷漆车间	调漆、供漆废气	挥发性有机物、苯、甲苯、二甲苯、甲醛	有组织 无组织
		擦色废气	挥发性有机物、苯、甲苯、二甲苯	有组织 无组织
		打磨废气	颗粒物	有组织 无组织
		喷漆废气、浸涂废气、干燥废气	挥发性有机物、苯、甲苯、二甲苯、甲醛、颗粒物、特征污染物	有组织 无组织
金属家具制造单位	金属加工车间	金属加工废气	颗粒物、烟尘	有组织 无组织
	金属表面前处理生产线	金属表面前处理废气、烘干废气	氯化氢、颗粒物	有组织 无组织
	金属喷漆线	金属喷漆废气、烘干废气	颗粒物、挥发性有机物、苯、甲苯、二甲苯、特征污染物	有组织 无组织
塑料家具制造单位	塑料家具制造	注塑/挤塑/吹塑/热塑/铸模废气、锯切废气、打磨废气、焊接废气	挥发性有机物、颗粒物	有组织 无组织
公用单元	供热系统	锅炉废气	颗粒物、氮氧化物、二氧化硫、汞及其化合物、烟气黑度（格林曼黑度，级）	有组织
	辅助系统	有机废气	挥发性有机物	有组织 无组织

（2）废水

废水类别分别对应生产过程废水（金属表面前处理废水、水帘废水）、车间清洗废水、综合废水、生活废水、初期雨水等。其废水产污环节及污染物种类详见表3-20。

对于金属表面前处理废水，传统的表面预处理工艺涉及预脱脂、脱脂、酸洗、磷化、多级冲洗、软水冲洗等过程，其水污染物的主要种类有含油废水、酸性废水、磷化废液、冲洗废水，而磷化废液的主要特征污染物为重金属镍，但是生产过程磷化液采用的是循环使用工艺，少量冲洗水带走的含镍废水也先经过车间预处理后再排放到厂区综合污水处理站。近年来，随着工艺的改进，越来越多的磷化工艺被无磷硅烷化工艺取代，因此也就不再有镍的产生和排放。冲洗水采用的是逐级回用，因此废水产生量相对较少，且具有不连续排放的特点。

表 3-20　家具制造业废水产污环节及污染物种类

废水类别	废水来源	污染物种类
车间或生产设施排放口废水	金属表面磷化废水	镍
综合废水	厂区生活废水	pH 值、悬浮物、化学需氧量、五日生化需氧量、氨氮、总氮、总磷、石油类
	脱脂、预脱脂废水	
	设备冲洗废水	
	经过前处理后的工艺废水	

（3）固体废物

通常包括：木屑、木材边角料、金属边角料、塑料边角料、皮革边角料、布料边角料、一般（原材料/产品）包装材料及除尘设备收集的颗粒物等；以及污水处理设施产生的污泥。

（4）噪声

家具制造工业企业产生的噪声主要来自开料机、开卷机、锯床、刨床、冲压机、氩弧焊机、封边机、注塑机、挤塑机、吹塑机、热塑机、真空模塑机、铸模机、锯切机、喷胶枪等生产设备以及风机、空压机、水泵、气泵等辅助生产设备。

3.8.3　相关标准及技术规范

《排污许可证申请与核发技术规范　家具制造工业》（HJ 1027—2019）
《家具制造业污染防治可行技术指南》（HJ 1180—2021）
《家具制造业大气污染物排放标准》（征求意见稿）
《挥发性有机物无组织排放控制标准》（GB 37822—2019）

3.9　造纸和纸制品业

依据《固定污染源排污许可分类管理名录（2019）》所述分类，造纸和纸制品业是指纸浆制造、造纸、纸制品制造。本节内容按照《造纸行业排污许可证申请与核发技术规范》对造纸行业进行描述。

3.9.1　主要生产工艺

制浆指将木材或其他非木材纤维原料转化为纤维物质的工艺过程。这项任务可通过机械的、加热的、化学的或上述综合的方法加以完成。造纸指将制浆所得纸浆通过一系列工序加工成成品纸或纸板的工艺过程。

3.9.1.1　制浆工艺

（1）木材制浆工艺

根据制浆方式的不同，木材制浆通常分为化学法制浆和化学机械法制浆，其中化学法制浆主要为硫酸盐法制浆，化学机械法制浆主要包括漂白化学热磨机械制浆（BCT-MP）、碱性过氧化氢机械制浆（APMP）和盘磨化学预处理碱性过氧化氢机械制浆（P-RCAPMP）。

① 化学法制浆　主要为硫酸盐法制浆，是以氢氧化钠和硫化钠为蒸煮化学药剂处理木片的制浆方法。根据漂白程度的不同，硫酸盐浆分为未漂浆、半漂浆和漂白浆三种。木材硫酸盐法制浆工艺流程及产污环节见图 3-94。

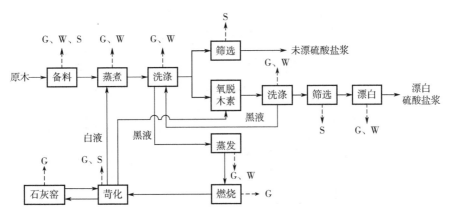

图 3-94　木材硫酸盐法制浆工艺流程及产污环节

W—废水；S—固体废物；G—废气

② 化学机械法制浆　是利用化学作用对木片进行预处理后，再利用机械作用将木材纤维分离成纤维束、单根纤维和纤维碎片的过程。

化学机械法制浆工艺流程及产污环节见图 3-95。

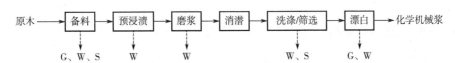

图 3-95　化学机械法制浆工艺流程及产污环节

W—废水；S—固体废物；G—废气

注：碱性过氧化氢机械法制浆（APMP）不含漂白。

（2）非木材制浆工艺

指以麦草、芦苇、蔗渣等非木材为主要原料进行制浆生产。此工艺主要采用化学法，包括烧碱法制浆、硫酸盐法制浆及亚硫酸盐法制浆。非木材化学法制浆工艺流程基本相同，通常为：非木材原料经过备料后，进入蒸煮设备进行蒸煮，非木材原料在高温蒸煮药液的作用下分离溶出木素，所得纸浆通过洗涤筛选工段净化后，获得质量较好的本色浆，如需得到白度较高的纸浆，还需进行漂白处理。

非木材制浆工艺生产流程及产污环节见图 3-96。

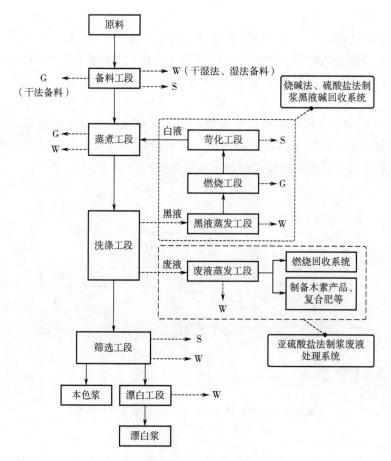

图 3-96　非木材制浆工艺流程及产污环节
W—废水；S—固体废物；G—废气

（3）废纸制浆工艺

废纸制浆是指以废纸为原料，经过碎浆处理，必要时进行脱墨、漂白等工序制成纸浆的生产过程。

废纸制浆生产主要由碎浆、筛选及净化、洗涤和浓缩、漂白四部分组成。根据原料、生产工艺和产品特性的不同，废纸制浆生产工艺主要分为非脱墨废纸制浆和脱墨废纸制浆，其工艺流程及产污环节见图 3-97 和图 3-98。

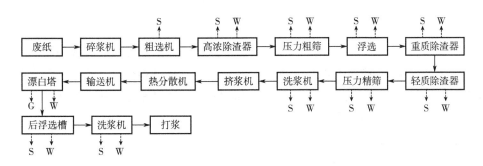

图 3-97 脱墨制浆工艺流程及产污环节
S—固体废物；W—废水；G—废气

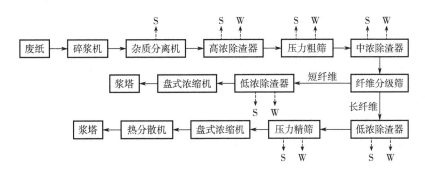

图 3-98 非脱墨制浆工艺流程及产污环节
S—固体废物；W—废水

3.9.1.2 造纸工艺

（1）浆料准备

浆料准备是制浆厂与纸机之间的分界，对于浆纸联合工厂，浆料准备始于浓浆稀释，终于混浆。对于单独抄纸工厂，浆料准备从碎浆开始，直至浆料流送系统。浆料准备的目的是制备能够达到抄造条件的纸浆和助剂。因此需要预先处理各配料组分，然后将所有组分连续均一地混合。浆料准备通常分为碎浆、磨浆、浆料净化、混浆。

（2）纸机湿部

① 上浆系统 专指冲浆泵循环回路。在此系统内进行计量、稀释，混入填料和助剂，并在网前对浆料进行筛选、净化、脱气，进入流浆箱，其范围指从纸机贮浆槽至流浆箱。

② 流浆箱 流浆箱的作用是接受冲浆泵送来的浆料，将管道浆流转换成与纸机匀称的宽度，并在纸机纵向形成均一流速的矩形浆流。

③ 网部 网部是纸页成形部位。其原理是通过逐步增大的真空脱水作用，使流浆在网部成形。根据纸张不同，成形网可分为单网、双网、三网，其中单网是常用的成形部，夹网是较先进的成形部。根据其形状不同又可分为长网和圆网。

④ 压榨部 纸机压榨部的主要目的是从纸页脱水并使纸幅固结，其他目的包括提供表面平滑度、降低松厚度和使湿纸页有更高强度，可看作是从网部开始脱水过程的延伸。其流程包括纸幅从成形部传递，并在毛毯上受压脱水，使纸幅固结。

（3）纸机干部

纸机干部包括干燥、压光、卷取等工序。其中干燥是通过热蒸发脱去残余水分，湿纸幅经过一系列旋转的蒸汽烘缸，水分被蒸发掉并通过排风被带走；压光是指用辊子进行碾压，目的是为了获得光滑的印刷表面；卷取是指将成品集卷成规定的纸卷。通常在压光过程中还可以同时进行涂布。

（4）白水回收处理系统

白水回收处理系统主要是指对稀白水的回收和处理。网部产生的浓白水通常直接经短循环至冲浆泵，而网部洗网白水、压榨部脱水和洗毯白水以及少量浓白水仓溢流水等一般进入白水回收处理装置，经过处理后将清滤液、超清滤液用于不同工序。

（5）损纸系统

损纸系统通常包括湿损纸系统和干损纸系统，湿损纸主要来源于纸机伏辊和压榨部，干损纸主要来源于压光、卷取、分切，这两部分损纸经过损纸处理系统后，可再次进入混浆池。

（6）化学品制备

在大型纸厂，通常还有化学品制备系统，制备的化学品包括淀粉、碳酸钙、施胶剂以及涂料等。

造纸企业的纸产品和工艺布局不尽相同，其中造纸生产工艺及产排污节点如图 3-99 所示，机制纸及纸板制造工艺流程及产排污节点如图 3-100 所示。

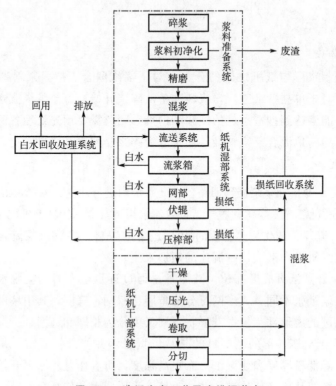

图 3-99　造纸生产工艺及产排污节点

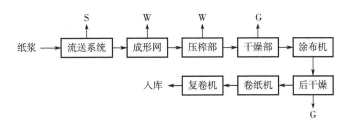

图 3-100　机械纸及纸板工艺流程及产排污节点
W—废水；S—固体废物；G—废气

3.9.2　主要污染物及产污环节分析

3.9.2.1　木材制浆工艺污染物排放

木材制浆工艺产生的污染主要包括大气污染、水污染、固体废物污染和噪声污染，其中水污染是主要环境问题。其工艺产生的主要污染物及来源详见表 3-21。

（1）废气

木材硫酸盐法制浆大气污染主要来源包括：备料、蒸煮、纸浆洗涤、漂白、漂剂制备、黑液蒸发浓缩、辅助锅炉、碱回收锅炉、白液制备、石灰窑、贮槽等。排放物主要包括粉尘、二氧化硫、臭气等。臭气的组分和可降解产物比较复杂，其中含硫组分包括硫化氢、甲硫醇、甲硫醚和二甲二硫醚等；无硫组分包括甲醇、乙醇及低分子有机酸等。

木材化学机械法制浆大气污染主要来源于备料及辅助锅炉；另外，废水厌氧处理过程中会产生甲烷及含硫化物的臭气。在备料过程中也会排放出少量的粉尘，属于无组织排放，量小且难以计量。

（2）废水

硫酸盐法制浆产生的废水主要包括备料废水、蒸煮及黑液蒸发产生的污冷凝水、粗浆洗涤筛选废水、漂白废水、各工段临时排放的废水。废水中主要污染物为碳水化合物的降解产物、低分子量的木素降解产物、有机氯化物及水溶性抽出物等。

化学机械法制浆产生的废水主要来自木片洗涤和制浆过程中溶出的有机化合物和细小纤维。废水中的污染物主要为以细小纤维为主的 SS 及以低分子量的木素降解产物、碳水化合物降解产物和水溶性抽出物等为主的溶解物。

（3）固体废物

木材硫酸盐法制浆过程中产生的固体废物主要为备料过程产生的树皮和木屑等木材残留物；制浆过程中筛选工段产生的节子及浆渣；锅炉燃烧产生的炉灰，碱回收车间苛化工段产生的绿泥、白泥和石灰渣；废水处理产生的污泥（格栅截留的细小纤维、初沉池的砂石、二沉池产生的剩余污泥及化学污泥）；锅炉中产生的灰渣。木材化学机械法制浆过程中产生的固体废物包括：原木剥皮、木片洗涤和筛选（约 1.5% 筛渣）产生的树皮、锯末及木屑等木材残留物；木片压榨螺旋及纸浆筛选排出的纤维束；辅助锅炉产

表 3-21　木材制浆工艺产生的主要污染物及来源

制浆法	工序		大气污染物					水污染物（有机物）					固体废物							噪声
			粉尘	TRS臭气	SO₂	NOₓ	漂白废气	木片洗涤废水	黑液/废液	污冷凝水	洗选废水	漂白废水	木材废料、树皮、木屑	浆渣	绿泥	白泥	碱灰	石灰渣	水处理污泥	
化学法制浆（主要为硫酸盐法）	备料		●					●					●							●
	蒸煮			●					●	●										●
	筛选净化			●							●			●						●
	漂白						●					●								●
	蒸发			●					●	●										●
	燃烧				●	●											●			●
	苛化			●											●	●		●		●
化学机械法制浆	化学热磨机械浆/碱性过氧化氢氧机械浆	备料	●										●							●
		预浸渍							●											●
		磨浆							●					●						●
		筛选净化									●			●						●
		漂白										●								●
	废水处理			●															●	●

生的灰烬；废水处理产生的污泥（格栅截留的细小纤维、初沉池沉淀的砂石、二沉池沉淀的剩余污泥及化学污泥）。

（4）噪声

木材制浆产生的噪声分为机械噪声和空气动力性噪声，主要噪声源包括蒸煮锅、磨浆机、传动类、泵类、引风机等。

3.9.2.2　非木材制浆工艺污染物排放

非木材制浆工艺主要污染物及来源详见表 3-22。

（1）废气

非木材制浆工艺大气污染主要来源于蒸煮工段产生的蒸煮废气及碱回收炉（或废液燃烧炉）产生的废气等。

其中，烧碱法和亚硫酸盐法蒸煮工段（间歇式蒸煮）产生的废气，主要污染物是高温废气，铵盐基亚硫酸盐法非木材制浆蒸煮工段有恶臭气体排放。硫酸盐法蒸煮工段排放的主要大气污染物是臭气，主要成分为硫化氢（H_2S）、甲硫醇（CH_3SH）、甲硫醚（CH_3SCH_3）、二甲二硫醚（CH_3SSCH_3）等。

烧碱法制浆工艺碱回收炉中产生少量的二氧化硫和粉尘，通常不做处理；硫酸盐法制浆工艺碱回收炉中产生的废气以二氧化硫为主。亚硫酸盐法制浆工艺废液燃烧炉产生的废气也是以二氧化硫为主。

（2）废水

非木材制浆工艺水污染排放主要来源于：备料工段产生的备料废水（干湿法、湿法）、洗涤工段提取的蒸煮废液、洗选漂后的废水以及污冷凝水等。备料废水的主要污染物为有机污染物、固体悬浮物等。

蒸煮废液是非木材制浆工艺的主要污染源，产生的污染物量约为制浆全过程污染物总量的 90% 以上。蒸煮废液中污染物的大部分经过洗涤工段被提取出来，其中碱法制浆洗涤提取的制浆废液称为黑液，主要污染物为高浓度有机污染物、固体悬浮物等。

洗选漂后的废水通常也称为中段废水，主要污染物为有机污染物、固体悬浮物等，含氯漂白工艺还会产生一定量的含二噁英在内的可吸附有机卤化物（AOX）。

污冷凝水主要来自制浆废液的蒸发系统、蒸煮废气热回收系统以及碱回收系统等。其中，碱回收系统的二次蒸汽污冷凝水中含有甲醇、硫化物，有时还含有少量黑液。蒸煮系统及热回收系统产生的污冷凝水的成分与蒸煮工艺有关。烧碱法蒸煮过程中产生的污冷凝水，主要含有萜烯化合物、甲醇、乙醇、丙酮、丁酮及糠醛等污染物；硫酸盐法制浆过程中产生的污冷凝水除含上述成分外，还含有硫化氢及有机硫化物。亚硫酸盐法制浆废液蒸发产生的污冷凝水，主要成分是乙酸、甲醇和糠醛等。

（3）固体废物

非木材制浆工艺固体废物主要来源于备料工段产生的废渣、尘土，筛选工段产生的废浆渣以及碱回收工段产生的绿泥和白泥等。

表3-22　非木材制浆工艺主要污染物及来源

工序	水污染物				固体废物			大气污染物				
	蒸煮黑液/废液	备料废水	中段废水	污冷凝水	废渣及尘土	污泥	白泥	TRS臭气	二氧化硫废气	高温废气	粉尘	噪声
备料工段		●（干湿法、湿法）			●						●（干法）	●
蒸煮工段	●			●				●（硫酸盐法）		●（同蒸煮）		●
洗浆工段			●					●（硫酸盐法）				●
筛选工段			●		●							●
漂白工段			●									●
黑液碱回收工段（烧碱法、硫酸盐法）　蒸发工段				●				●（硫酸盐法）				●
黑液碱回收工段（烧碱法、硫酸盐法）　燃烧工段								●（硫酸盐法）	●			●
黑液碱回收工段（烧碱法、硫酸盐法）　苛化工段							●				●	●
制浆废液处理工段（亚硫酸盐法）　蒸发工段				●								●
制浆废液处理工段（亚硫酸盐法）　燃烧工段									●		●	●
废水处理工段						●						●

（4）噪声

非木材制浆产生的噪声分为机械噪声和空气动力性噪声，主要噪声源包括切草机、疏解磨、压力筛、空压机以及各类浆泵、水泵、污泥泵等。

3.9.2.3 废纸制浆工艺污染物排放

废纸制浆工艺产生的污染包括水污染、固体废物污染、大气污染和噪声污染，其中水污染是主要环境问题。其工艺产生的主要污染物及来源详见表 3-23。

表 3-23 废纸制浆工艺产生的主要污染物及来源

主要生产环节	水污染物	固体废物	大气污染物	噪声
碎浆	●	●		●
筛选净化	●	●		●
洗涤浓缩	●	●		●
脱墨	●	●		
漂白	●		●	

（1）废气

主要为漂白工序产生的少量污染物质，污染物的排放量因漂白方法、漂白剂的种类、未漂浆的种类及质量不同而异。废纸制浆生产过程中产生的大气污染较轻。

（2）废水

废纸制浆产生的废水主要来自废纸的碎浆、疏解，废纸浆的洗涤、筛选、净化、脱墨及漂白过程。通常无脱墨工艺的废纸浆比有脱墨工艺的废纸浆的废水排放量及有机物浓度均低很多。

废水中含有的污染物主要包括：

① 总固体悬浮物：包括纤维、细小纤维、粉状纤维、矿物填料、无机填料、涂料、油墨微粒及微量的胶体和塑料等。

② 可生物降解的有机污染物（BOD_5）：主要由纤维素或半纤维素的降解物，或淀粉等碳水化合物构成。

③ 其他有机污染物（COD_{Cr}）：由木素的衍生物及一些有机物组分（包括蛋白质、胶黏剂、涂布胶黏剂等）形成。

④ 色度：由油墨、染料、木素的衍生物，及一些有机物组分（包括蛋白质、胶黏剂、涂布胶黏剂等）组成。

⑤ 可吸附有机卤化物（AOX）：采用氯漂白的造纸漂白废水中会含有可吸附的有机卤化物。

污染物主要控制指标为：SS、BOD_5、COD_{Cr}、色度、pH 等。

（3）固体废物

废纸制浆产生的固体废物主要包括废纸碎浆时分离出的砂石、金属、塑料等废物，净化、筛选、脱墨过程分离出的矿物涂料、油墨微粒、胶黏剂、塑料碎片、流失纤维等，浮选产生的脱墨污泥和废水处理产生的污泥。固体废物的产生量与所用回收废纸的种类及生产的再生纸或纸板的品种有关。

（4）噪声

废纸制浆产生的噪声分为机械噪声和空气动力性噪声，主要噪声源包括水力碎浆机、磨浆机、泵类、引风机等。

3.9.2.4　机制纸及纸板制造工艺污染物排放

机制纸及纸板制造工艺产生的污染主要包括废水、废气、固体废物和噪声。

（1）废气

机制纸及纸板制造过程中排放的大气污染物主要为纸张抄造和涂布过程中的废气，以及配套锅炉产生的烟气、污水处理厂产生的臭气。

（2）废水

机制纸及纸板制造过程产生的废水主要为纸机白水，其成分以固体悬浮物和有机污染物为主。固体悬浮物包括纤维、填料、涂料等；有机污染物主要由细小纤维、填料和胶料，以及添加的施胶剂、增强剂、防腐剂等构成，以不溶性污染物为主，可生化性较低。造纸白水分为稀白水和浓白水，稀白水通常处理后回用，浓白水由于含有大量的可回用纤维，全部回用于冲浆。

（3）固体废物

机制纸及纸板制造过程产生的固体废物主要为造纸生产工艺产生的纤维性浆渣，以及配套锅炉产生的灰渣、脱硫石膏、污水处理厂产生的污泥等。

（4）噪声

机制纸及纸板制造过程中产生的噪声分为机械噪声和空气动力性噪声，主要噪声源包括纸机、泵类、锅炉鼓风和引风机等。

3.9.3　相关标准及技术规范

《造纸行业排污许可证申请与核发技术规范》

《造纸行业木材制浆工艺污染防治可行技术指南（试行）》

《造纸行业非木材制浆工艺污染防治可行技术指南（试行）》

《造纸行业废纸制浆及造纸工艺污染防治可行技术指南（试行）》

《制浆造纸行业现场环境监察指南（试行）》（环办〔2010〕146 号）

《造纸工业污染防治技术政策》（公告 2017 年　第 35 号）

《制浆造纸工业水污染物排放标准》（GB 3544—2008）

《制浆造纸废水治理工程技术规范》（HJ 2011—2012）

《制浆造纸工业污染防治可行技术指南》（HJ 2302—2018）

《排污单位自行监测技术指南　造纸工业》（HJ 821—2017）

3.10 印刷和记录媒介复制业

依据《固定污染源排污许可分类管理名录（2019）》所述分类，印刷和记录媒介复制业是指印刷、装订及印刷相关服务、记录媒介复制。本节内容按照《排污许可证申请与核发技术规范 印刷工业》（HJ 1066—2019）对印刷工业进行描述。

3.10.1 主要生产工艺

印刷工业指从事印刷以及印前的排版、制版、涂布，印后的上光、覆膜、烫箔、装裱等的生产活动。

印刷生产的基本要素是：常规印刷必须具备原稿、印版、承印物（承印材料）、印刷油墨、印刷机械五大要素。主要包括出版物印刷和包装物印刷（纸及纸板印刷、书刊印刷、金属印刷、塑料印刷）。根据印刷版式，可将印刷方式分为凸版印刷（包括柔版）、凹版印刷、孔版印刷（丝网印刷）、平版印刷四大类。

除了印刷工艺单元之外，一般印刷工业排污单位的主要工艺还包括调墨、供墨、制版、干燥（如烘干、UV 等方式）、复合、涂布、上光等，而印铁制罐企业除了印铁工序外，也包括内外涂布、上光、烘干、洗罐等工序。其生产工艺及产排污节点如图 3-101 所示。

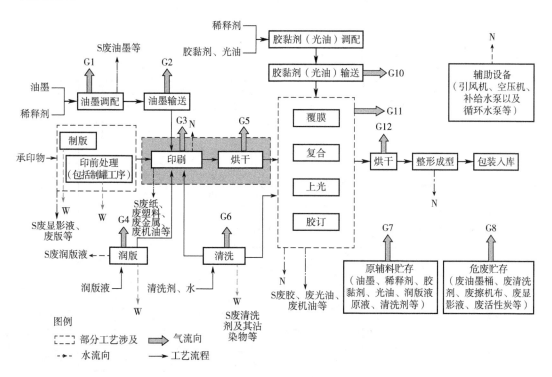

图 3-101 印刷工艺过程及产排污节点
W—废水；G—废气；N—噪声；S—固废

3.10.2　主要污染物及产污环节分析

（1）废气

印刷废气污染物包括 VOCs 及颗粒物等，颗粒物主要产生于平版印刷的喷粉和装订裁切工序。其印刷工艺流程和 VOCs 产污环节如图 3-102 所示，废气产污环节及污染物种类详见表 3-24。

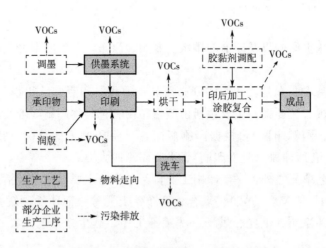

图 3-102　印刷工艺流程和 VOCs 产污环节

表 3-24　印刷工业废气产污环节及污染物种类

生产单元	生产环节	废气产污环节	污染物种类	排放形式
印前加工	调墨间、供墨系统	油墨废气、稀释剂废气	苯、甲苯、二甲苯、挥发性有机物	无组织 有组织
	制版	润版液废气	苯、甲苯、二甲苯、挥发性有机物	无组织 有组织
印刷	印刷设备	油墨废气、稀释剂废气	苯、甲苯、二甲苯、挥发性有机物	有组织 无组织
	烘干间（箱）	油墨废气、稀释剂废气	苯、甲苯、二甲苯、挥发性有机物	有组织
	洗车	洗车水废气、清洁剂废气	苯、甲苯、二甲苯、挥发性有机物	有组织 无组织
其他加工	复合、涂布（上光）	涂布液、胶黏剂废气	苯、甲苯、二甲苯、挥发性有机物	有组织 无组织
	胶黏剂调配间	胶黏剂废气	苯、甲苯、二甲苯、挥发性有机物	有组织 无组织
	其他胶黏剂使用环节	胶黏剂废气	苯、甲苯、二甲苯、挥发性有机物	有组织 无组织

续表

生产单元	生产环节	废气产污环节	污染物种类	排放形式
公用设施	锅炉	锅炉废气	颗粒物、氮氧化物二氧化硫、汞及其化合物、烟气黑度（格林曼黑度，级）	有组织
	废水处理站	废水处理废气	挥发性有机物、氨、臭气浓度、硫化氢	有组织无组织

印刷油墨中含有大量的 VOCs，使得印刷工业排放 VOCs 较为明显。根据承印物版面印刷部分和空白部分的相对关系，印刷行业包括多种工艺类型，不同工艺类型使用的油墨等有机溶剂类型、VOCs 排放特征均不相同。据相关资料估算，印刷工业的 VOCs 排放主要集中在印刷、烘干、复合等生产工艺过程中，主要来源于油墨、胶黏剂、涂布液、润版液、洗车水、各类溶剂等含 VOCs 的物料的自然挥发和烘干挥发。

主要排放环节包括：

① 含 VOCs 原辅材料的贮存、调配和输送；

② 印前处理的涂布和烘干等工序；

③ 印刷过程的印刷、烘干、润版、清洗、上光等工序；

④ 印后处理的覆膜、上光、复合、烘干等工序；

⑤ 含 VOCs 物料的危险废物贮存。

主要排放特点：

① 排放特征物种光化学活性大，空气质量影响大。印刷行业 VOCs 排放主要来自过程中种类繁多的有机溶剂造成的 VOCs 挥发，排放的污染物以芳香烃类、醇醚类和酯类为主，部分物种尤其是芳香烃类物质对臭氧和二次细粒子生成具有显著贡献。

② 排放特征物种毒性大，健康危害大。排放的苯系物等芳香烃类物质具有一定毒性，尤其是苯具有较强的致癌性，吸入毒性和经皮毒性较高，长期接触影响人体健康。

③ 无组织排放显著，印刷行业排放环节包括调墨、供墨、设备清洗、印刷、烘干、复合等，由于 VOCs 逸散的点位多，环境管理水平薄弱，部分企业无组织排放量占全厂排放总量的 50% 以上，控制水平尚有很大的提升空间。

（2）**废水**

印刷工业排污单位废水包括了印刷生产废水、锅炉废水、生活污水和综合污水等，其中印刷生产废水来源主要集中在印版冲洗废水、墨槽冲洗和生产车间清洗废水、制罐清洗废水等，总体产生量不大，其中污染物种类包括 pH 值、悬浮物、化学需氧量、五日生化需氧量、总有机碳、氨氮、总氮、总磷、总铅、总汞、总镉、六价铬等。

（3）**固体废物**

印刷过程中产生的一般固体废物主要包括废纸、废塑料、废金属及废版等。产生的危险废物主要包括废显影液、废定影液、废油墨、废清洗剂、废润湿液、废擦机布、废胶、废光油、废活性炭、废催化剂、废机油等。

（4）噪声

印刷过程中的噪声主要产生于生产设备（如印刷机、折页机、成型加工设备、装订联动线、复合机等）和辅助生产设备（如引风机、空压机、水泵、气泵等）的运行。

3.10.3 相关标准及技术规范

《排污许可证申请与核发技术规范　印刷工业》（HJ 1066—2019）

《排污单位自行监测技术指南　印刷工业》（HJ 1246—2022）

《印刷工业污染防治可行技术指南》（HJ 1089—2020）

《印刷工业大气污染物排放标准》（GB 41616—2022）

《挥发性有机物无组织排放控制标准》（GB 37822—2019）

《挥发性有机物（VOCs）污染防治技术政策》（环境保护部公告 2013 年第 31 号）

3.11　石油、煤炭及其他燃料加工业

3.11.1　主要生产工艺

3.11.1.1　石化工业

石化工业分为石油炼制工业和石油化学工业，根据《石油炼制工业污染物排放标准》（GB 31570）和《石油化学工业污染物排放标准》（GB 31571）的定义，石油炼制工业指以原油、重油等为原料，生产汽油馏分、柴油馏分、燃料油、润滑油、石油蜡、石油沥青和石油化工原料等的工业；石油化学工业指以石油馏分、天然气等为原料，生产有机化学品、合成树脂、合成纤维、合成橡胶等的工业。

石化生产工艺可分为蒸馏（精馏）、裂化（减黏裂化、催化裂化、乙烯裂解、焦化）、加氢处理（加氢裂化、加氢精制）、氧化（氧氯化、氨氧化、共氧化）、分子重排（重整、烷基化、异构化、歧化、叠合）、煤（焦、轻油、干气、天然气）制氢、煤（页岩）干馏、羰基合成、水解、酯化、聚合、萃取、吸附、吸收、结晶、固液分离、干燥、纺丝、汽（气）提等；公用单元工艺包括瓦斯回收及火炬、有机物料储运、工业水制水、化学水制水、循环冷却水、制氮制氧、压缩风、废水处理、废气处理等。其生产工艺流程如图 3-103 所示。

3.11.1.2　炼焦化学工业

炼焦化学工业主要生产工艺分为常规焦炉、热回收焦炉、半焦（兰炭）炭化炉共三类。常规焦炉根据装煤方式分为顶装和捣固侧装两种类型；热回收焦炉包括卧式和立式，主要是焦炉结构不同；半焦（兰炭）炭化炉包括内热式和外热式，目前国内主要是内热式。

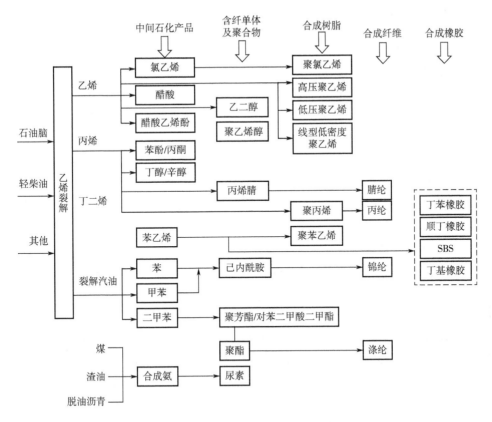

图 3-103　石油化工生产工艺流程

注：图中 SBS 表示热塑性弹性体。

常规焦炉指炭化室、燃烧室分设，炼焦煤隔绝空气间接加热干馏成焦炭，并设有煤气净化、化学产品回收利用的生产装置，包括备煤、炼焦、熄焦、焦处理、煤气净化等生产单元。炼焦煤从火（汽）车受煤设施送至煤场（或筒仓），经破（粉）碎、配煤后，通过顶装或侧装方式装入焦炉炭化室，经高温干馏得到焦炭和焦炉煤气；焦炭经熄焦、破（粉）碎、筛分后送至焦场（或焦槽）；焦炉煤气经净化后回收焦油、硫铵、粗苯等化学产品。

热回收焦炉指集焦炉炭化室微负压操作、机械化捣固、装煤、出焦、回收利用炼焦燃烧废气余热于一体的焦炭生产装置，其炉室分为卧式炉和立式炉，以生产铸造焦为主。与常规焦炉相比，热回收焦炉具有如下特点：

①不具备煤气净化单元，产生的煤气全部燃烧，燃烧废气余热用于发电；

②在焦炉后设置引风机，通过控制风门，使炭化室处于微负压状态。

半焦（兰炭）炭化炉以不粘煤、弱粘煤、长焰煤等为原料，在炭化温度 750℃ 以下进行中低温干馏，以生产半焦（兰炭）为主的生产装置，加热方式分内热式和外热式，以内热式为主。与常规焦炉相比，半焦（兰炭）炭化炉工艺较为特殊，且以块煤为原料（无需破碎）进行中低温干馏；内热式炭化炉煤气与煤料直接接触，并与燃烧后烟气混合供后续用户使用，煤气产量较高、热值较低；炭化炉煤气净化单元仅回收焦油，不回收硫铵、粗苯等化学产品。

3.11.1.3　煤炭加工—合成气和液体燃料生产

（1）煤制合成气

煤制合成气生产排污单位指以煤或焦炭为原料，以氧气（空气、富氧或纯氧）、水蒸气等为气化剂，在高温条件下通过化学反应把煤或焦炭中的可燃部分转化为气体的排污单位。气体有效成分包括一氧化碳、氢气和甲烷等，该合成气用于工业生产或作为化工生产的原料。

煤制合成气工艺分为常压煤气化工艺和加压煤气化工艺两大类。其中煤制天然气排污单位的主要工艺包括煤气化、空分、部分变换、净化（低温甲醇洗）、甲烷化五个单元。

（2）煤制液体燃料

煤制液体燃料生产排污单位指通过化学加工过程把固体煤炭转化成为液体燃料、化工原料和产品（如煤制甲醇、煤制二甲醚、煤制乙二醇、煤制油、煤制烯烃等）的排污单位。

① 煤制烯烃（MTO）排污单位　原料煤先通过煤气化生产出以 CO 和 H_2 为主要产品的合成气，然后通过一氧化碳变换、低温甲醇洗、甲醇合成等技术，将煤转化为甲醇，再通过甲醇制烯烃技术获得低碳烯烃，然后通过前脱丙烷后加氢的烯烃分离工艺，为下游聚丙烯（PP）、聚乙烯（PE）、MTBE/1-丁烯、C_4/C_{5+} 综合利用装置提供原料，最后获得聚乙烯、聚丙烯等目标产品。

② 煤制合成油（费-托合成）排污单位　费-托合成制柴油的工艺路线有四个主要单元：煤气化、净化、合成、粗油加工与分离。原料煤经水煤浆技术等气化后进入变换工艺，以达到后续费-托合成反应所需的 CO 与 H_2 的比例要求；变换后的合成气采用低温甲醇洗等工艺净化，进入浆态床反应器，在催化剂参与下进行费-托合成反应。费-托合成产出的粗油需进行精制，主要是将合成出来的轻质油、重质油、重质蜡进行加氢精制和加氢裂化、脱蜡等得到柴油、石油脑、液化气等稳定的油品。此外，费-托合成的尾气经脱碳后，一部分可循环作为反应气再次进入浆态床反应器参与费-托合成反应；油品精制的尾气经部分氧化、变换、再脱碳等处理后才能转化为纯氢，用以加氢和返回费-托合成系统中。

③ 煤制油（直接液化）排污单位　煤液化制油工艺是煤气化、空分、变换、脱硫脱碳、煤加氢、液化油分离、馏分加氢等工序的组合。

a. 煤的制备单元　将原料煤破碎至 0.2mm 以下，经过干燥，与溶剂、催化剂一起制备成煤浆。

b. 制氢单元　完成将原料煤制成 H_2，包括变换和净化等。在国内示范厂的建设中，采用 Shell 煤粉气化＋废热锅炉＋变换＋脱硫脱碳＋变压吸附工艺。

c. 加氢反应单元　在高温和高压条件下，在催化剂的促进下进行加氢反应，得到粗液化油。

d. 粗油分离单元　将反应生产的粗液化油、气态物和残渣进行固液气分离，重油作为溶剂循环使用。

e.油渣成型　油渣成型机的冷却面为一条环形钢带，油渣通过机头均匀落入钢带表面；钢带背面喷洒循环水，间接冷却油渣。在钢带的运行过程中，油渣逐渐固化为片状固体，经破碎设施将其破碎为不规则片状。成型机使用后的循环水自流进入循环水池，送返循环水回水管网。皮带传送机将片状固体油渣送至油渣堆放场堆放。

f.产品精制单元　在高温和高压条件下，将液化油分馏制成各种油品。

④ 煤制乙二醇排污单位　化学工业中合成乙二醇的主要方法是先经石油合成乙烯，氧化乙烯生产环氧乙烷，最后由环氧乙烷非催化水合反应得到乙二醇，这一路线简称"乙烯路线"。现代煤化工路线是一条非石油路线，即从煤制得的合成气出发制取乙二醇，这是我国独有的情况。

3.11.2　主要污染物及产污环节分析

3.11.2.1　石化工业

（1）废气

① 石油炼制工业　对炼油企业污染源进行归类，将其大致分为 11 种，基本涵盖炼油生产、储运过程中各种气相污染物排放过程，并根据不同工艺过程的产排污特点实施精细化管理。这 11 类污染源具体如下：

a.热（冷）供给设施燃烧烟气　主要是指化工企业为物料提供热源、冷源所燃烧燃料的排放，主要设备有锅炉、加热炉等，一般属于有组织排放过程。

b.生产过程工艺尾气　主要指生产过程中有组织排放的工艺尾气，其挥发性有机物的排放受生产工艺过程的操作形式（间歇、连续）、工艺条件、物料性质限制，是容易监测和控制的排放源，对于管理水平较高的炼油企业，生产过程不会产生有组织 VOCs 排放。

c.生产过程工艺废气　主要指生产过程中无组织排放的工艺废气，其挥发性有机物的排放受生产工艺过程的操作形式、工艺条件、物料性质限制，不易控制。

d.生产设备机泵、阀门、法兰等动、静密封泄漏　每一个石化、化工生产工艺装置都是由压缩机、泵、阀门、法兰等设备组成，用于有机液体介质的机泵、阀门、法兰等动、静密封泄漏排放与设计、施工标准、维护保养水平有关，很难用一种数学模型量化，其排放量通常在掌握动、静密封件数量的基础上根据泄漏系数计算，对于这样的设施挥发性有机物排放监管和控制，可采用监测和加强维护程序的方法实现。

e.原料、半成品、产品储存、调和过程（有机液体储罐）泄漏　有机液体储罐是石化、化工企业数量最多的设备，从原料储存、中间品储存、产品调和到产品储存，主要包括固定顶罐、浮顶罐（内浮顶罐、外浮顶罐）、可变空间储罐（气柜）、压力储罐四种。储存的物料有纯有机化学品和混合物两类，其排放量可以根据储存液体的物理性质（蒸汽压）、储存温度、物料周转量、储罐的结构、环境温度变化、光线辐射强度等参数进行较准确的数值模拟估算。

f. 原料、产品装卸过程逸散　石化企业原料卸车（船）过程本身不产生挥发性有机物排放，但液体有机产品装车、装船、灌装（小包装）有挥发性有机物逸散，其逸散量是装灌方式和液体有机产品性质的函数。

g. 废水集输、储存、处理处置过程逸散　废水的集输、储存和处理设施主要是敞开式的沟/渠、池/罐。废水沟/渠、储存池/罐的逸散主要是表面蒸发，逸散量是储存废水性质、储存温度、气候条件的函数；废水浮选处理、好氧生物处理过程挥发性有机物的逸散是强制汽提、吹脱和表面蒸发造成的，挥发性有机物的逸散量是污水中挥发性有机物的性质、汽提强度的函数。

h. 采样过程泄漏　排放过程主要发生在采样管线内物料置换和置换出物料的收集储存过程，可以通过增加设施、加强管理控制挥发性有机物的排放。

i. 设备、管线维修过程泄漏　设备、管线维修过程是化工企业正常生产的一部分，其排放过程包括卸料、设备、管线吹扫气体放空。通过加强管理和增加必要的设施可以有效控制挥发性有机物的排放。

j. 冷却塔/循环水冷却系统泄漏　由于设备密封损坏，导致生产物料和冷却水直接接触，冷却水将物料带出，造成无组织排放。通过加强管理可以有效控制挥发性有机物的排放。

k. 生产装置非正常生产工况排放　化工行业一般指火炬系统。这个过程可通过增加回收设施、加强管理达到减小排放的目的，这种情形虽然排放总量小，但排放时间集中，短时间内排放强度大。

l. 各类排放源的 VOCs 排放量情况与企业类型、规模、投产时间以及管理水平都有很大关系　根据对一些国内炼油厂 VOCs 排放情况的估算，炼油厂 VOCs 排放以无组织排放为主，其中设备泄漏、储罐泄漏、装卸过程泄漏、废水处理过程逸散的 VOCs 分别占全厂 VOCs 排放量的 30％、30％、15％、15％，非正常工况下排放的 VOCs 占全厂 VOCs 排放量的 10％，工艺尾气和燃烧烟气排放的 VOCs 为微量。

② 石油化学工业　石油化学工业产品种类、生产工艺众多。典型石油化学工业生产企业设施见图 3-104。

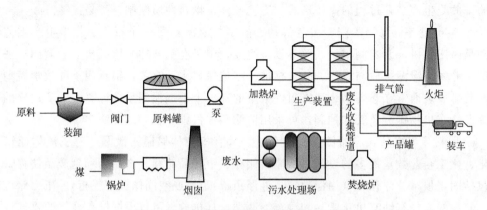

图 3-104　典型石油化学工业生产企业设施

石油化学工业大气污染物排放源包括燃烧源、工艺源和面源。燃烧源主要有工艺加热炉、裂解炉等烟气，主要污染物为二氧化硫、氮氧化物；工艺源包括氧化反应、氧氯化反应、氨氧化反应工艺尾气，固体颗粒物料输送尾气等，主要污染物为有机物；面源包括储罐呼吸排气，设备阀门泄漏，采样过程，序批式反应器的进料、出料及惰性气体保护过程，设备阀门检维修过程，非正常工况等，主要污染物为挥发性有机物。

石化工业企业大气污染物排放源包括有组织排放源和无组织排放源。

有组织排放源包括燃烧烟气和工艺尾气。燃烧烟气主要包括工艺加热炉、裂解炉、焚烧炉、锅炉等烟气，主要污染物为二氧化硫、氮氧化物、颗粒物等；工艺尾气包括催化裂化催化剂再生尾气、催化重整催化剂再生尾气、烷基化催化剂再生尾气、酸性气回收装置尾气、催化汽油吸附脱硫催化剂再生尾气、真空泵排气、固体物料气体输送料仓气、氧化（氨氧化、氧氯化）尾气、煤（页岩）干馏及序批式生产设备气体置换及保护气、有机液体装载分装废气、干燥设备尾气、废水集输及处理设施排气等。其主要污染物有二氧化硫、氮氧化物、颗粒物、挥发性有机物等。无组织排放源包括动静密封点泄漏（如机泵、阀门、法兰等）泄漏、挥发性有机液体常压储罐（固定顶罐、内浮顶罐、外浮顶罐等）及酸性水罐呼吸、冷却塔/循环水冷却过程逸散、固体物料堆场逸散、固体物料破碎、过筛车间排气等，主要污染物有挥发性有机物、恶臭和颗粒物等。

挥发性有机物是石化工业的主要特征污染物。根据《石化行业 VOCs 污染源排查工作指南》，石化工业企业挥发性有机物排放源分为12类，包括设备动静密封点泄漏、有机液体储存与调和挥发损失、有机液体装载挥发损失、废水集输-储存-处理处置过程逸散、工艺有组织排放、冷却塔-循环水冷却系统释放、装置启停过程排放、工艺无组织排放、火炬排放、燃烧烟气排放、采样过程排放和事故排放。

其中，根据 GB 31570 和 GB 31571，废水集输、储存、处理设施以及挥发性有机液体传输、接驳与分装设施都应密闭并接入有机废气回收或处理装置，序批式反应器原料填装过程、气相空间保护气置换过程、有机固体物料气体输送废气也应接入有机废气回收或处理装置，纳入有组织排放源。

（2）废水

① 石油炼制工业　炼油企业生产过程中产生的污水分为含油污水、含硫污水、含盐污水、其他生产污水和生活污水、污染雨水。经清污分流及污-污分流分别处理。

a. 含油污水　约占全厂废水量的80%以上。主要包括装置油水分离器排水、油品水洗水、容器及地面冲洗水、机泵冷却排水、油罐切水、化验室含油污水、未回用的汽提净化水、循环水排污、污染雨水等。其污染物包括石油类、硫化物、酚、化学需氧量等。与油品相接触的含油污水，如油水分离器排水、机泵轴封冷却水、油罐切水等，一般为全厂含油污水量的20%左右，其主要污染物的浓度较高，如石油类为500～1000mg/L、化学需氧量为1000mg/L左右；另一部分含油污水，如地面冲洗水、污染雨水、循环水排污等，其主要污染物的浓度较低，如石油类约为100～200mg/L、化学需氧量为500mg/L以下，一般约占全厂含油污水量的70%～80%。

b. 含硫污水　约占全厂污水的10%～20%。主要来自加工装置蒸馏塔塔顶回流罐、加氢装置冷低分、富气水洗罐、液态烃水洗罐等。其特征污染物主要是硫化物、氨氮、氰化物、酚等，浓度较高，约占全厂污水中硫化物、氨氮总量的90%以上。

c. 含盐污水　约占全厂污水总量的 5% 以下。主要包括含污染物浓度较高的电脱盐污水、含碱污水、码头船舶压载水、污泥滤液及循环水场旁滤罐反冲洗排水等。其污染物浓度并不低，而且变动很大，常常引起污水处理厂的冲击，其特征污染物为 pH 值、无机盐类、游离碱、石油类、硫化物和酚等。

d. 其他生产污水及生活污水　主要为污染物含量很低的清净污水，包括循环水系统合格排污水、除盐系统排污水、锅炉排污水等；生活污水主要来自炼油厂内生活辅助设施的排水，如办公楼卫生间、食堂等，这部分水量很少，其污染物包括五日生化需氧量、化学需氧量及悬浮物等。

② 石油化学工业　石油化学工业生产过程多种多样，按工艺过程分类有原料、中间品、产品的储存；反应过程包括裂解、聚合、氧化、氨氧化、氧氯化、水解、醇解、羰基反应、酯化反应等；产品精制过程包括精馏、萃取、重力或离心分离等。产生废水的种类有：反应生成水（氧化反应），工艺物料洗涤水，工艺设备、管道清洗水，直接加热或作为反应介质的蒸汽冷凝水，地面冲洗水和生产区域污染雨水等。因此，石化废水中水污染物种类和浓度与原料、工艺过程和产品等直接相关，往往相差很大。石油化工废水来源及污染物详见表 3-25，其特点如下：

a. 污水量大　包括生产过程污水、冷却水及其他用水。

b. 组分复杂　石油化工产品繁多，反应过程单元操作复杂，污水组分复杂。

c. 有机物含量高　特别是烃类及其衍生物含量高，表现为化学需氧量和五日生化需氧量高。

d. 含有多种重金属　主要来自生产过程中使用的多种金属催化剂。

表 3-25　石油化工废水来源及污染物

生产过程		污染来源	污染物质
烯烃生产加工	原油处理	原油洗涤	无机盐、油、水溶性烃类
		初馏	氨、酸、硫化氢、烃类、焦油
	热裂解	裂解气及碱处理	硫化氢、硫醇、溶解性烃基化合物、聚合物、废碱、重油和焦油
	催化裂解	催化剂再生	废催化剂、烃基化合物、一氧化碳、氮氧化物
	脱硫	分离器	硫化氢、硫醇
	卤素加成	氯化氢吸收	废碱液
	卤素取代	洗涤塔	氯、氯化氢、废碱液、烃类、有机氯化物、油类
		脱氯化氢	稀盐水
	聚乙烯生产	催化剂	铬、镍、钴、钼
	环氧乙烷乙二醇生产	生产废液	氯化钙、废石灰乳、烃类聚合物、环氧乙烷、乙二醇、有机氯化物
	丙烯腈生产	生产废液、废水	氰化氢、未反应原料

续表

生产过程		污染来源	污染物质
聚苯乙烯生产	乙烯烃化	—	焦油、盐酸、苛性钠
	乙苯脱氢	催化剂	废催化剂（铁、镁、钾、钠、铬、锌）
		喷淋塔凝液	芳烃（苯乙烯、乙苯、甲苯）焦油
	苯乙烯精馏	釜液	重焦油
	聚合	催化剂	废酸催化剂（磷酸）、三氯化铝
烃类生产及加工	硝化	生产废液	醛类、酮类、酸类、烯烃、二氧化氮、烃类、脂肪酸、芳香烃及其衍生物、焦油
	异构化	废釜液	可溶性烃、醛类
	羰化	冷却、骤冷	炭黑
	炭黑生产	生产废液	丙酮、甲醇、乙醛、甲醛、高级醇、有机酸
	从烃基化合物制醛、醇、酸、酮	蒸馏	烃类聚合物、烃类氯化物、甘油、氯化钠
芳烃生产及加工	催化重整	冷凝液	催化剂（铂、钼）、芳烃、硫化氢、氨芳烃
	芳烃回收	水萃取液	溶剂、二氧化硫、二甘醇
		溶剂提纯	溶剂、二氧化硫、二甘醇
	硝化、磺化	废碱液	硫酸、硝酸、芳烃
	氧化制酸和酸酐	釜底残液	废碱
	氧化制苯酚丙酮	倾析器	酸酐、芳烃、沥青、甲酸、烃类
丙烯腈、己二酸生产	尼龙66生产	生产废液	有机和无机氰化物
		生产废料	己二酸、丁二酸、戊二酸、环己烷、己二胺、己二腈、丙酮、甲乙酮、环己烷氧化物
碳四馏分加工	丁烷丁烯脱氢	骤冷水	焦油、烃类
	丁烯萃取和净化	溶剂及碱洗	丙酮、油、碳四烃、苛性钠、硫酸
	异丁烯萃取和净化		废酸、碱、碳四烃
	丁二烯吸收		溶剂、油、碳四烃
	丁二烯萃取蒸馏		溶剂、碳四烃
	丁苯橡胶	生产废料	油、轻质烃、低分子聚合物
	共聚橡胶	生产废料	丁二烯、苯乙烯胶浆、淤泥
	公用工程	冷却系统排液	磷酸盐、铬酸盐
		锅炉排液	总溶解固体、磷酸盐、鞣酸
		水处理	氯化钙、氯化镁、硫酸盐、碳酸盐

（3）固体废物

① 一般固体废物　灰渣、脱硫石膏、袋式（电袋）除尘器产生的破旧布袋。

② 危险废物　废碱液、废酸液、废催化剂、含油污泥等。

（4）噪声

噪声主要由各套机械设备在生产过程中产生。

3.11.2.2　炼焦化学工业

（1）废气

常规机焦炉主要废气污染物来自装煤、推焦、熄焦、焦炉烟囱等环节。其中，备煤、焦处理单元主要产生颗粒物；焦炉加热环节主要产生颗粒物、二氧化硫（SO_2）、氮氧化物（NO_x），NO_x产生浓度一般为 $300\sim1500mg/m^3$；装煤、推焦、干法熄焦等环节主要产生颗粒物等；冷鼓、焦油各贮槽主要产生苯并［a］芘、氰化氢、酚类、非甲烷总烃、氨、硫化氢等，苯贮槽主要产生苯、非甲烷总烃等；脱硫再生设施主要产生氨、硫化氢；硫铵干燥设施主要产生颗粒物、氨。

热回收焦炉废气与常规机焦炉相似。其中，备煤、焦处理单元主要产生颗粒物；焦炉加热环节主要产生颗粒物、SO_2、NO_x；装煤、推焦、干法熄焦等环节主要产生颗粒物等。

半焦（兰炭）炭化炉中的内热式半焦（兰炭）炭化炉燃烧废气与荒煤气混合后送往后续工段综合利用，炭化炉无单独排放口。外热式半焦（兰炭）炭化炉产污环节与常规机焦炉相似。备煤、炭化、焦处理单元主要产生颗粒物等；煤气净化单元冷鼓、焦油各贮槽主要产生苯并［a］芘、氰化氢、酚类、非甲烷总烃、氨、硫化氢等。

焦化企业主要废气排放源及其污染物详见表 3-26。

表 3-26　焦化企业主要废气排放源

工艺单元	生产工艺	排放源	主要污染物	排放方式
备煤单元	常规焦炉、热回收焦炉、半焦（兰炭）炭化炉	煤场、车辆运输	颗粒物	无组织
		破碎、筛分、转运	颗粒物	有组织/无组织
炼焦单元	常规焦炉、热回收焦炉	焦炉烟囱	颗粒物、二氧化硫、氮氧化物、非甲烷总烃、氨（氨法脱硫脱硝设施）	有组织
		焦炉炉体	颗粒物、挥发性有机物等	无组织
		装煤/机侧炉门废气（炉头烟）	颗粒物、二氧化硫、苯并［a］芘	有组织/无组织
		推焦	颗粒物、二氧化硫	有组织/无组织
	半焦（兰炭）炭化炉	装煤	颗粒物、二氧化硫、苯并［a］芘等	无组织
		出焦	颗粒物、二氧化硫	无组织

续表

工艺单元	生产工艺	排放源	主要污染物	排放方式
熄焦单元	常规焦炉、热回收焦炉	干熄炉装入装置、预存室放散口、循环风机放散口、排出装置	颗粒物、二氧化硫	有组织/无组织
		湿法熄焦塔	颗粒物等	无组织
焦处理单元	常规焦炉、热回收焦炉、半焦（兰炭）炭化炉	焦场、车辆运输	颗粒物	无组织
		筛分、转运	颗粒物	有组织/无组织
煤气净化单元	常规焦炉、半焦（兰炭）炭化炉	冷鼓、库区焦油各类贮槽	苯并[a]芘、氰化氢、酚类、非甲烷总烃、氨、硫化氢	有组织/无组织
	常规焦炉、半焦（炭化）炉	脱硫再生装置	氨、硫化氢	有组织
	常规焦炉	硫铵结晶干燥	颗粒物、氨	有组织
		粗苯蒸馏装置管式炉	颗粒物、二氧化硫、氮氧化物	有组织
		粗苯蒸馏装置苯贮槽	苯、非甲烷总烃	有组织/无组织
	常规焦炉、半焦（兰炭）炭化炉	装卸车设施	挥发性有机物	无组织
		动静密封点	挥发性有机物	无组织
废水处理	常规焦炉、半焦（兰炭）炭化炉	调节池、气浮池、隔油池等	氨、硫化氢、非甲烷总烃	有组织/无组织

（2）废水

常规机焦炉废水主要产生于煤气净化单元，包括剩余氨水、粗苯分离水、煤气水封水、终冷排污水等，主要污染因子为悬浮物（SS）、化学需氧量（COD_{Cr}）、氨氮、五日生化需氧量（BOD_5）、总氨、总磷、石油类、挥发酚、硫化物、氧化物等。

热回收焦炉无煤气净化环节，不产生焦化废水。

半焦（兰炭）炭化炉废水污染物主要来自煤气净化过程中冷凝、脱硫、脱氨等环节。包括剩余氨水、煤气冷凝水等，主要污染因子为SS、COD_{Cr}、氨氮、BOD_5、总氨、总磷、石油类、挥发酚、硫化物、氰化物等。

（3）固体废物

固体废物主要产生于各生产单元。

① 常规机焦炉　备煤、炼焦、熄焦、焦处理单元主要产生除尘灰、废矿物油与含矿物油废物、废活性炭等；煤气净化单元冷鼓环节主要产生焦油渣，脱硫环节（湿式氧化法）主要产生脱硫废液，硫铵设施主要产生酸焦油，蒸氨设施主要产生蒸氨残渣，脱苯环节主要产生洗油再生渣，废水处理主要产生污泥等。

② 热回收焦炉　备煤、炼焦、熄焦、焦处理单元主要产生除尘灰、废矿物油与含矿物油废物等。

③ 半焦（兰炭）炭化炉　备煤、炭化、焦处理单元主要产生除尘灰、废矿物油与含矿物油废物等；煤气净化单元冷鼓环节主要产生焦油渣等。

（4）噪声

噪声主要产生于各生产单元。

① 常规机焦炉　粉碎机、振动筛、除尘风机、鼓风机、干熄焦循环风机、汽轮机、发电机、干熄焦余热锅炉和泵类等设施。

② 热回收焦炉　粉碎机、振动筛、除尘风机、烟气引风机、余热锅炉、汽轮机和发电机等设施。

③ 半焦（兰炭）炭化炉　振动筛、各类风机、泵类等设施。

3.11.2.3　煤炭加工—合成气和液体燃料生产

（1）废气

煤制合成气工段包括备煤工段、气化工段，气化工段主要包括固定床常压气化、固定床碎煤加压气化、水煤浆加压气化、粉煤加压气化。目前，原料煤卸煤、储煤、备料和输煤系统排放废气主要为颗粒物。

① 固定床常压气化废气产排污环节主要有：a. 吹风气余热回收系统或"三废"混燃系统排气，产生的主要污染物为颗粒物、二氧化硫、氮氧化物、汞及其化合物等；b. 造气炉放空管排气，产生的主要污染物为二氧化硫；c. 造气循环水冷却塔及造气废水沉淀池废气收集处理设施排气，产生的主要污染物为氨、硫化氢、酚类化合物、氰化氢、非甲烷总烃及苯并［a］芘等。

② 固定床碎煤加压气化废气产排污环节主要有：a. 气化炉顶煤仓排气，产生的主要污染物为颗粒物；b. 煤锁放空气煤尘旋风分离器排气，产生的主要污染物为颗粒物、苯并［a］芘、硫化氢、苯、甲苯、二甲苯、非甲烷总烃及酚类化合物等；c. 开车火炬，产生的主要污染物为颗粒物、二氧化硫、氮氧化物。

③ 水煤浆加压气化废气产排污环节主要有：a. 磨前煤仓及灰仓排气，产生的主要污染物为颗粒物等；b. 渣水处理设施排气，产生的主要污染物为硫化氢及氨等。

④ 粉煤加压气化废气产排污环节主要有：a. 预干燥机前煤仓、预干燥机、磨前煤仓及灰仓等排气，产生的主要污染物为颗粒物；b. 磨煤干燥循环风机排气，产生的主要污染物为颗粒物、二氧化硫及氮氧化物等；c. 煤粉仓过滤器排气，产生的主要污染物为颗粒物、硫化氢及甲醇等。

合成气转化、产品精制工段主要包括煤直接液化、煤间接液化、煤制甲醇/二甲醚、煤制烯烃、煤制乙二醇、煤制合成气/天然气等。

① 煤直接液化废气产排污环节主要有催化剂制备单元氧化反应器排气，催化剂储仓排气，催化剂干燥窑排气，液化煤仓排气，液化煤粉分离器排气，煤液化、加氢稳定、加氢改质、催化重整及稳定塔热载体加热炉烟气，含硫污水储罐排气，尾气油洗塔排气。催化剂制备单元氧化反应器排气产生的主要污染物为氨；催化剂储仓排气产生的

主要污染物为颗粒物；催化剂干燥窑及催化剂干燥磨机排气产生的主要污染物为颗粒物、氮氧化物及氨等；液化煤仓排气产生的主要污染物为颗粒物；煤液化、加氢稳定、加氢改质、催化重整及稳定塔热载体加热炉烟气产生的主要污染物为颗粒物、二氧化硫及氮氧化物等；含硫污水储罐排气产生的主要污染物为非甲烷总烃、硫化氢及氨等；尾气油洗塔排气产生的主要污染物为颗粒物、非甲烷总烃及沥青烟等。

② 煤间接液化废气产排污环节主要有催化剂还原单元催化剂储仓含尘废气、尾气脱碳单元 CO_2 再生气、加热炉烟气。尾气脱碳再生分离器排气产生的主要污染物为非甲烷总烃。尾气氧化炉排气产生的主要污染物为颗粒物、氮氧化物及非甲烷总烃等。

③ 煤制甲醇废气产排污环节主要有：甲醇合成装置蒸汽过热炉烟气等，产生的主要污染物为颗粒物及氮氧化物等。

④ 煤制烯烃废气产排污环节主要有：再生器排气，产生的主要污染物为颗粒物、氮氧化物及沥青烟等；烯烃分离装置废碱液焚烧炉排气，产生的主要污染物为颗粒物及氮氧化物等。

⑤ 煤制乙二醇废气产排污环节主要有：回收塔放气，产生的主要污染物为甲醇、非甲烷总烃及氮氧化物等；乙二醇精馏工段真空泵尾气洗涤塔排气，产生的主要污染物为甲醇及乙二醇等；尾气氧化炉排气，产生的主要污染物为颗粒物、氮氧化物及非甲烷总烃等；草酸干燥及包装排气，产生的主要污染物为颗粒物。

此外，储运系统废气产排污环节主要是液体化学品罐区及液体化学品装卸站台油气回收排气，产生的主要污染物为非甲烷总烃、甲醇及乙二醇等。

污水处理系统废气产排污环节主要有：

① 污水处理恶臭处理排气，产生的主要污染物为硫化氢、氨、非甲烷总烃及酚类化合物；

② 污泥干化排气，产生的主要污染物为颗粒物、硫化氢、氨、非甲烷总烃及臭气浓度等；

③ 污水处理吹脱塔尾气排气，产生的主要污染物为氨。

（2）废水

固定床常压气化废水产排污环节主要为造气、脱硫废水循环水系统排水，主要污染物为 NH_4^+-N、硫化物、酚类、HCN、NMHC、苯并 [a] 芘等。

固定床碎煤加压气化废水产排污环节主要有氨回收汽提塔以及氨馏分塔排水等，污染物与煤质有关，产生的主要污染物为总汞、总砷、总铅、烷基汞、苯并 [a] 芘、氨、单酚、多酚、氰化物、石油类及硫化物等。

粉煤加压气化、煤浆加压气化废水产排污环节主要为气化装置灰水，一般含有 NH_4^+-N、氰化物、总汞、烷基汞、总砷、总铅及氯化物等污染物。

变换、低温甲醇洗、硫回收工段废水产排污环节主要为低温甲醇洗和装置甲醇/水分离塔废水，主要污染物为甲醇。

煤直接液化废水产排污环节主要为催化剂制备废水，主要污染物为 NH_4^+-N、硫酸盐；酚回收水塔底部稀酚水，主要污染物为 NH_4^+-N、硫化物、氯化物、石油类、氰化物、挥发酚等。

煤间接液化废水产排污环节主要有：①尾气脱碳单元酸洗、碱洗、水洗废水；②精制、裂化等油品加工过程含硫、含油污水；③低温油洗废水，主要污染物为酸、油、乙二醇等；④合成水处理废水。

煤制甲醇/二甲醚废水产排污环节主要为甲醇精馏废水、二甲醚精馏废水。

煤制烯烃废水产排污环节主要有甲醇精馏废水、MTO 装置污水汽提塔底净化水、MTO 含油污水等。

煤制合成气、天然气废水产排污环节主要有：①冷凝液汽提塔塔底凝液，主要污染物为氨氮；②过滤分离器、吸收塔排水，主要污染物为三甘醇，一般返回甲烷化汽提单元。

煤制乙二醇废水产排污环节主要为：①碱处理罐废水，为含盐废水；②甲醇脱水塔废水，主要污染物为甲醇、硝酸。

（3）固体废物

煤炭加工行业中生产合成气和液体燃料企业固体废物主要有两类：一类是一般固废，如气化炉炉渣、飞灰、滤饼、脱硫石膏等；另一类是危废，如废催化剂、废干燥剂、脱硫剂、废水处理产生的生化污泥等。

（4）噪声

煤炭加工行业中生产合成气和液体燃料企业噪声源主要有磨煤机、破碎设备、振动筛、风机、汽机、空气冷却器、泵类、加热炉、大口径气体管道和气（汽）体放空口、冷却塔、反洗水泵、蒸汽压缩机、生化处理曝气设备、污泥脱水设备等。

3.11.3　相关标准及技术规范

《排污许可证申请与核发技术规范　石化工业》（HJ 853—2017）

《排污许可证申请与核发技术规范　炼焦化学工业》（HJ 854—2017）

《排污许可证申请与核发技术规范　煤炭加工—合成气和液体燃料生产》（HJ 1101—2020）

《炼焦化学工业污染防治可行技术指南》（HJ 2306—2018）

《炼焦化学工业污染物排放标准》（GB 16171—2012）

《炼焦化学工业大气污染物排放标准》（征求意见稿）

《石油炼制工业污染物排放标准》（GB 31570—2015）

《石油化学工业污染物排放标准》（GB 31571—2015）

《合成树脂工业污染物排放标准》（GB 31572—2015）

《排污单位自行监测技术指南　钢铁工业及炼焦化学工业》（HJ 878—2017）

《排污单位自行监测技术指南　石油化学工业》（HJ 947—2018）

《排污单位自行监测技术指南　煤炭加工—合成气和液体燃料生产》（HJ 1247—2022）

3.12 化学原料和化学制品制造业

3.12.1 主要生产工艺

3.12.1.1 农药制造工业

农药工业化学合成反应工艺路线极其复杂，使用数种无机或有机原辅料、溶剂和催化剂，在不同生产工段又产生不同的中间体等其他物质，生产的产品（原药或活性成分）又都是有机物，因此贯穿整个农药生产始终的基本是各种易挥发、毒性大的物质。而且，农药生产涉及多达 29 种化工工艺，其中氧化、烷基化、氯化、光气、胺化、磺化、重氮化、加氢、氟化、硝化 10 种工艺属于《首批重点监管危险化工工艺目录》中确定的危险化工工艺。按照化学组成划分的 10 类农药（有机磷类、拟除虫菊酯类、有机硫类、苯氧羧酸类、磺酰脲类、酰胺类、有机氯类、杂环类、氨基甲酸酯类、生物类），基本涵盖了目前市场上的主流农药产品。

生产流程大致包括化学合成/生物发酵、后处理（含精制、溶剂回收等）、制剂加工等主要步骤。其中，化学合成和后处理过程是污染物产生的主要环节，集中了大部分排污节点。

化学合成主要是有机合成，包括农药前体化合物、农药活性成分合成过程。具体的化学反应类型主要有酰化反应、酯化反应、卤代反应、光气化、氧化反应、还原反应、硝化反应、缩合反应等。生物发酵主要是发酵培养。后处理过程主要包括结晶（沉淀）、过滤、萃取、脱溶、精馏等中间产物和产品分离与精制技术以及生成气体的冷凝、吸收、吸附等捕集技术。制剂加工主要包括复配、混合和定型、产品包装，其中定型主要包括浓缩、干燥、过滤和成型（颗粒剂、水溶性粒剂造粒）等技术。

（1）化学合成农药制造工业

化学合成农药制造工业生产工艺流程大致包括以下几个工序，分别是备料投料、化学合成、提纯分离、制剂加工等，主要包括原料破碎、配料、化学合成、提取精制、过滤分离、干燥、溶剂回收、制剂加工等生产步骤。化学合成主要是结构改造、活性成分合成等，涉及的反应类型复杂，包括酰化反应、酯化反应、卤代反应、裂解反应、硝基化反应、缩合反应等，是污染物产生的主要环节。提纯分离主要是提取精制、过滤分离、干燥等工序，主要包括沉淀、吸附、萃取、离心、超滤、离子交换、结晶、色谱分离、膜分离等。制剂加工主要是混合复配、定型等工序，其中定型包括浓缩、过滤和成型（粉剂装袋或水剂灌装）等。

提纯分离阶段化学合成农药制造工业生产工艺流程及产污环节见图 3-105。

（2）生物化学农药及微生物农药制造工业

生物化学农药及微生物农药制造工业生产工艺流程主要包括两个阶段，第一个阶段是通过生物发酵等方式生产农药原药，具体生产工艺主要为发酵、提取分离等工序；第二个阶段是将第一阶段产生的原药或活性成分作为原料再进行后续的化学合成及制剂加工等其他工序，该阶段基本和化学合成农药制造工业的生产工艺相同。

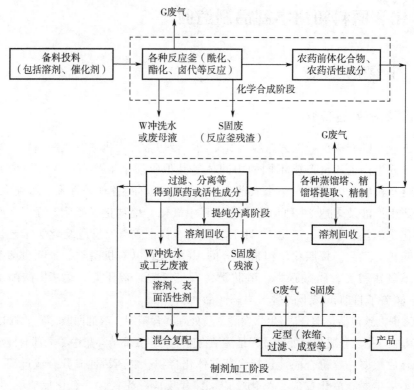

图 3-105　化学合成农药制造工业生产工艺流程及产污环节

生物化学农药及微生物农药制造工业生产工艺流程及产污环节见图 3-106。

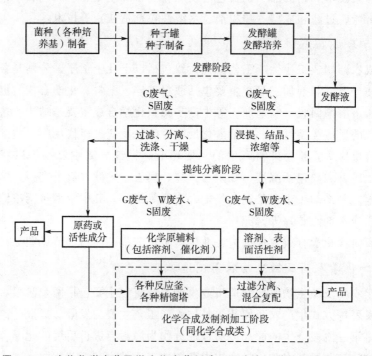

图 3-106　生物化学农药及微生物农药制造工业生产工艺流程及产污环节

3.12.1.2　化肥工业-氮肥

氮肥工业排污单位指生产合成氨和以合成氨为原料生产尿素、硝酸铵、碳酸氢铵以及醇氨联产的生产企业或生产设施。

氮肥产品主要有合成氨、尿素、碳酸氢铵、硝酸铵、氯化铵、硫酸铵等。其中合成氨是氮肥工业的中间产品，约83%的氨最终转化为氮肥产品，其中尿素是最主要的产品。

合成氨是氮肥工业的基础。液氨可以作为肥料直接施用，但受储存、运输、施用条件的限制，通常加工为尿素、硝酸铵、碳酸氢铵以及各种含氮复合肥。

（1）合成氨生产工艺

生产合成氨，必须制备含有氢和氮的原料气，氢气来源于水蒸气和含有烃基化合物的各种燃料。目前，工业上普遍采用焦炭、煤、天然气、焦炉气、轻油、重油等燃料，在高温下与水蒸气反应的方法制氢。氮气来源于空气，可以在低温下将空气液化分离而得，也可在制氢的过程中加入空气，将空气中的氧与可燃物质反应而除去，剩下的氮和氢混合，获得氮氢混合气。除电解水（此法因电能消耗大而受到限制）以外，不论用什么原料制取的氢、氮原料气，都含有硫化物、一氧化碳、二氧化碳等杂质。这些杂质不但能腐蚀设备，而且能使氨合成催化剂中毒。因此，把氢、氮原料气送入合成塔之前，必须进行净化处理。除去各种杂质，获得纯净的氢、氮混合合成气。

合成氨原料来源包括煤、焦炭、天然气、焦炉气和渣油等，根据生产原料不同，我国合成氨生产采用的工艺技术可以分为以煤为原料的生产工艺、以气（天然气或焦炉气）为原料的生产工艺和以油为原料的生产工艺这三大类。

合成氨生产工艺技术有很多种，但无论是哪一种生产工艺技术，合成氨生产工艺可按功能将整个流程分为三个基本部分：原料气的制取、原料气的净化（包括CO的变换，硫化物及CO_2的脱除，微量CO、CO_2的净化）和原料气的压缩与氨的合成，其生产工艺流程见图3-107。

原料 → 造气工序 → 脱硫工序 → CO变换工序 → 精制工序 → 压缩工序 → 合成工序 → 产品氨

图3-107　合成氨生产工艺流程

首先，将煤、天然气、焦炉气或油等原料制成含氢气、氮气、一氧化碳和二氧化碳等的粗原料气；其次，对粗原料气进行净化处理，包括变换、脱硫、脱碳以及气体精制等过程，除去氢气和氮气以外的杂质；最后，将净化后的合成气压缩至合成所需压力条件，并在催化剂的作用下生成合成氨。

原料气制备单元的生产工艺包括：①以煤为原料的固定床常压煤气化工艺、水煤浆气流床气化工艺、干煤粉气流床气化工艺和碎煤固定床加压气化工艺等；②以天然气或焦炉气为原料的天然气蒸气转化法和焦炉气部分转化法等；③以油为原料的重油部分氧化法等。其合成氨生产工艺流程分别见图3-108～图3-111。

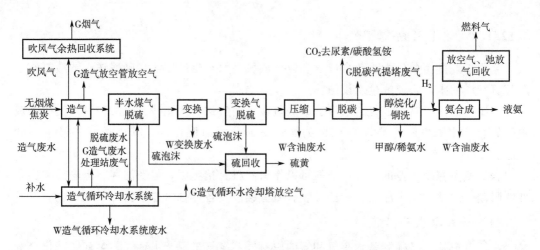

图 3-108　固定床常压煤气化工工艺合成氨生产工艺流程

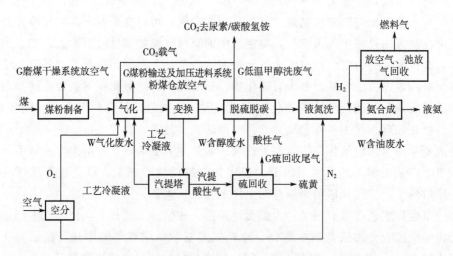

图 3-109　干煤粉气流床气化工艺合成氨生产工艺流程

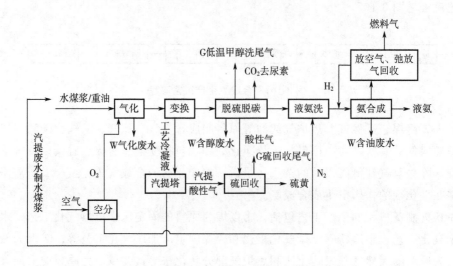

图 3-110　水煤浆气流床气化工艺/重油部分氧化工艺合成氨生产流程

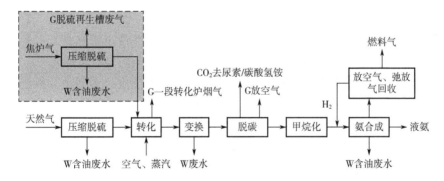

图 3-111 天然气/焦炉气转化工艺合成氨生产流程

原料气净化单元的生产工艺与原料气制备单元的生产工艺相对应,主要包括变换、碳化(联产碳酸氢铵时)、脱硫脱碳(脱硫+脱碳、脱碳、脱硫脱碳)、硫回收、原料气精制等。

(2)尿素及其他产品生产工艺

① 尿素　尿素生产工艺包括水溶液全循环法、二氧化碳汽提法、氨汽提法等,尿素生产工艺流程见图 3-112。从生产工艺来看,尿素生产工艺流程分为压缩、合成、分解回收、浓缩、造粒、工艺废液回收、成品包装 7 个阶段。

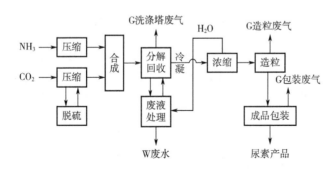

图 3-112 尿素生产工艺流程

② 硝酸铵　硝酸铵是生产炸药的原料,也是用于生产医药、轻工等的化工原料,也可以作为农用肥料。硝酸铵单元包括常压中和法、加压中和法、管式反应器法等。硝酸铵的生产方法是利用氨与稀硝酸作原料,生产过程包括硝酸与氨中和反应、溶液蒸发浓缩、结晶或造粒等工艺步骤。硝酸铵生产工艺流程见图 3-113。

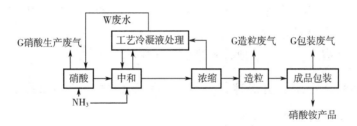

图 3-113 硝酸铵生产工艺流程

③ 碳酸氢铵　生产碳铵的原料是氨、二氧化碳和水。碳酸氢铵无色，呈粒状、板状或柱状结晶体，碳铵是无（硫）酸根氮肥，其 3 个组分都是作物的养分，不含有害的中间产物和最终分解产物，长期施用不影响土质，是最安全的氮肥品种之一。

碳酸氢铵是由二氧化碳和氨碳化反应得到的。利用合成氨生产过程中变换气体的二氧化碳与合成出来的氨反应制得碳酸氢铵。合成碳氨后变换气中剩余氢气返回系统合成氨。

碳酸氢铵生产工艺流程见图 3-114。碳酸氢铵生产实际上是合成氨生产的一个气体净化过程，即脱碳工段，该工艺充分利用了合成氨生产时产生的需要脱除的二氧化碳气体进行生产得到碳酸氢铵产品。

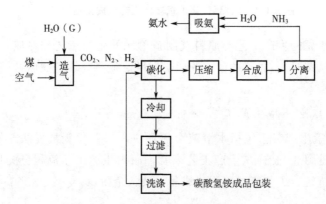

图 3-114　碳酸氢铵生产工艺流程

④ 联醇　甲醇是一种基本的有机原料，主要用于制甲醛、香精、染料、医药、火药、防冻剂、溶剂等。工业上合成甲醇几乎全部采用一氧化碳加压催化加氢的方法，其生产工艺主要为串联生产，其生产流程及产污环节如图 3-115 所示。

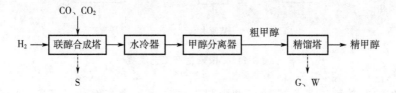

图 3-115　联醇生产流程及主要产污环节
G—废气；W—废水；S—固体废物

从生产工艺来看，联醇生产实际上是合成氨生产的一个气体净化过程，即精制工序，通过联醇生产，不但进一步净化了原料气中的一氧化碳和二氧化碳，而且副产得到了甲醇，同时替代了传统的精制工艺"铜洗"。由于取消了铜洗工艺，减少了电解铜的消耗，也减少了环境污染，经济效益和社会效益显著。

3.12.1.3　磷肥、钾肥、复混钾肥、有机肥料及微生物肥料工业

（1）磷肥工业主要生产工艺

① 湿法磷酸　磷肥工业中磷酸的生产工艺主要为用强酸分解磷矿萃取得到湿法磷

酸。湿法磷酸主要生产工艺包括硫酸法、硝酸法、盐酸法等，我国绝大部分企业采用硫酸法，仅有极少数企业采用硝酸法生产硝酸磷肥。硫酸法以酸解反应生成硫酸钙的结晶水含量不同来区别，又分为二水法、半水法、半水-二水法和二水-半水法等，不同生产工艺的区别在于反应操作温度和磷酸浓度的不同，因此产生磷石膏含有的结晶水也不同。由于二水法生产工艺对磷矿的适应性强、生产控制易掌握，所以我国现有生产装置95%以上采用二水法生产工艺。

磷酸生产的基本流程是，经研磨后的磷矿浆（或磷矿粉）与硫酸在反应槽内反应生成料浆，然后采用过滤的方法液固分离，磷石膏去渣场，液体磷酸进入下一个工序。

磷酸生产的主要反应方程式如下：

$$Ca_5F(PO_4)_3 + 5H_2SO_4 + 5nH_2O \rightleftharpoons 3H_3PO_4 + 5CaSO_4 \cdot nH_2O \downarrow + HF$$

湿法磷酸生产工艺流程及产排污节点见图3-116。

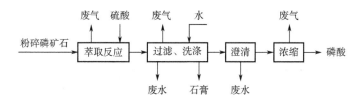

图3-116　湿法磷酸生产工艺流程及产排污节点

② 磷酸一铵/磷酸二铵　磷酸一铵、磷酸二铵是高浓度磷肥产品的主要品种，大部分作为复混肥料（复合肥料）的生产原料，也可以作为肥料直接施用。产品执行《磷酸一铵、磷酸二铵》（GB 10205—2009）标准。

磷酸一铵、磷酸二铵的主要原料是磷酸、液氨。生产工艺主要有料浆法和传统法两种，料浆法工艺是以稀磷酸与氨经中和浓缩制得料浆，料浆再经浓缩制得产品；传统法工艺是先将磷酸浓缩后直接与氨进行氨化中和反应制得产品。

磷酸一铵生产的主要反应方程式如下：

$$H_3PO_4(液) + NH_3(气) \rightleftharpoons NH_4H_2PO_4(固)$$

磷酸二铵生产的主要反应方程式如下：

$$H_3PO_4(液) + 2NH_3(气) \rightleftharpoons (NH_4)_2HPO_4(固)$$

磷酸一铵料浆法生产工艺流程及产排污节点见图3-117。

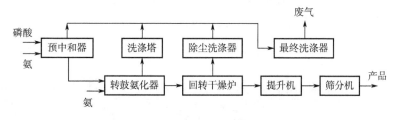

图3-117　磷酸一铵料浆法生产工艺流程及产排污节点

③ 重过磷酸钙　重过磷酸钙是一种高浓度磷肥产品，由磷矿、磷酸两种原料制得，生产工艺有化成法和料浆法，目前普遍使用化成法生产工艺。企业主要分布在云南、贵

州两省。

a. 化成法工艺生产重过磷酸钙　以浓磷酸（48%～54% P_2O_5）和经研磨后的磷矿粉（或磷矿浆）在混合机内混合和初步反应生成料浆，在化成器内继续反应固化，成为多孔状物料，经机械切碎或破碎，在熟化库中进行进一步熟化。熟化后的产品可作为粉状肥料直接出售，也可以经造粒、干燥、筛分、冷却等加工成粒状产品。

b. 料浆法工艺生产重过磷酸钙　以浓度较低的磷酸（38%～42% P_2O_5）和磷矿粉（或磷矿浆）为原料，在反应槽内经混合反应生成料浆，制得的料浆与成品细粉混合，再经加热促进磷矿进一步分解而得到重过磷酸钙，进入造粒机经包裹成粒，再经干燥、筛分、冷却得到产品。

重过磷酸钙生产的主要反应方程式如下：

$$7H_3PO_4 + Ca_5F(PO_4)_3 + 5H_2O \Longrightarrow 5Ca(H_2PO_4)_2 \cdot H_2O + HF$$

重过磷酸钙化成法生产工艺流程及产排污节点见图 3-118。

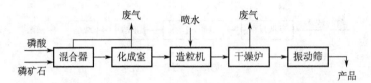

图 3-118　重过磷酸钙化成法生产工艺流程及产排污节点

④ 硝酸磷肥/硝酸磷钾肥　硝酸磷肥是指用硝酸分解磷矿所产生的含有氮与 P_2O_5 的肥料，生产工艺有冷冻法、硝基过磷酸钙法、硫酸盐沉淀法、碳化法等。

冷冻法生产工艺是以 60% 硝酸分解磷矿粉得到酸解料浆，分离除去酸不溶物，清液经冷却析出四水硝酸钙结晶，过滤后得到母液和硝酸钙结晶，母液用氨中和制得硝酸磷肥稀料浆。以硝酸铵为载体通氨和二氧化碳制得含有硝酸铵和碳酸钙的结晶，过滤后得到硝酸铵溶液和滤渣碳酸钙。硝酸铵溶液浓缩后并入硝酸磷肥料浆中。硝酸磷肥料浆再经浓缩、造粒、干燥、筛分破碎、冷却、包裹等工序，得到粒状硝酸磷肥产品。当生产硝酸磷钾肥时，硫酸钾或氯化钾通过计量加入造粒机，直接与硝氨料浆混合一起造粒，同样经过干燥、筛分破碎、冷却、包裹等工序，得到粒状硝酸磷钾肥产品。

硝酸分解磷矿的主要反应式如下：

$$Ca_5F(PO_4)_3 + 10HNO_3 \Longrightarrow 5Ca(NO_3)_2 + 3H_3PO_4 + HF$$

硝酸磷肥冷冻法生产工艺流程及产排污节点见图 3-119。

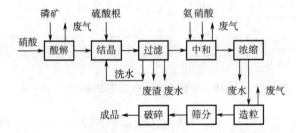

图 3-119　硝酸磷肥冷冻法生产工艺流程及产排污节点

⑤ 过磷酸钙 过磷酸钙是一种低浓度磷肥产品，以硫酸、磷矿为原料，主要生产工艺包括稀酸矿粉法和浓酸矿浆法。稀酸矿粉法采用 $60\%\sim78\%$ 的稀硫酸与磷矿粉混合、化成、再经熟化，制成粉状过磷酸钙。浓酸矿浆法是以 $93\%\sim98\%$ 的浓硫酸与磷矿浆混合、化成、再经熟化制成粉状过磷酸钙。

过磷酸钙生产的主要化学反应式如下：

$$2Ca_5F(PO_4)_3 + 7H_2SO_4 + 3H_2O \Longrightarrow 3Ca(H_2PO_4)_2 \cdot H_2O + 7CaSO_4 + 2HF$$

过磷酸钙生产工艺流程及产排污节点见图 3-120。

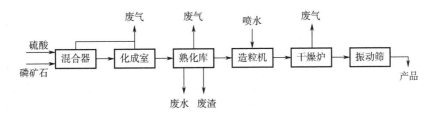

图 3-120 过磷酸钙生产工艺流程及产排污节点

⑥ 钙镁磷肥 钙镁磷肥是一种低浓度磷肥产品，主要原料为磷矿和助熔剂（如蛇纹石、白云石、橄榄石等含镁、硅的矿物），以及燃料（如焦炭、煤、重油、黄磷尾气等）。钙镁磷肥的生产工艺包括高炉法、平炉法、电炉法等，国内全部采用高炉法生产工艺。高炉法工艺的生产流程是：磷矿石、蛇纹石（或白云石）和焦炭经破碎并按一定比例配好进入高炉，从热风炉来的热风经风嘴喷入高炉，焦炭迅速燃烧而产生 1500℃高温使炉料充分熔融，熔融物料从炉底部放出，经水淬，成为颗粒状玻璃体，再经沥水、干燥、球磨至合格细度，即得到钙镁磷肥成品。生产过程的副产品为磷镍铁。

钙镁磷肥生产的主要化学反应式如下：

$$2Ca_5F(PO_4)_3 + SiO_2 + H_2O \longrightarrow 3Ca_3(PO_4)_2 + CaSiO_3 + 2HF$$

钙镁磷肥高炉法生产工艺流程及产排污节点见图 3-121。

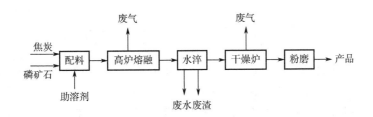

图 3-121 钙镁磷肥高炉法生产工艺流程及产排污节点

⑦ 氟硅酸钠/氟硅酸钾 磷肥（或者湿法磷酸）生产过程中的含氟废气用水吸收后与氯化钠或氯化钾反应而得，是工业生产氟硅酸钠/氟硅酸钾的主要途径。

（2）钾肥工业主要生产工艺

① 氯化钾 根据含钾资源的不同，氯化钾的生产方法可分为两大类，一类是从固体钾石盐中加工提取；另一类是从含钾卤水中加工提取。我国从含钾卤水中提取生产的

氯化钾占国内总产量的 98％。

主要的化学反应方程式为：

$$KCl \cdot MgCl_2 \cdot 6H_2O + nH_2O \Longrightarrow KCl + MgCl_2 + (6+n)H_2O$$

以盐湖含钾固体矿为原料生产氯化钾的工艺有 3 大类：浮选工艺、兑卤盐析工艺、热溶冷结晶工艺。

a. 浮选工艺　包括正浮选工艺、反浮选工艺。

正浮选工艺是国内钾肥生产的传统工艺，正浮选工艺是将光卤石原料经冷分解工序得到的固相混合盐，通过浮选法在机械搅拌式的浮选机中加药调浆后进行分离。通过浮选机中粗选、扫选和精选后，精选槽中泡沫产品进入再浆洗涤工序，经离心脱水机进行固液分离，分离出液相精钾母液返回至冷分解、浮选和再浆洗涤工序，固相氯化钾通过滚筒烘干机进行干燥，干燥后装袋即得到成品。浮选工段产生的尾盐和浮选尾液以混合矿浆的形式通过管道排至尾盐堆场。浮选尾液自然汇集，通过输送渠输送至卤池。干燥工段产生的干燥废气中主要为燃烧机废气和氯化钾粉尘。废气经袋式除尘器除尘后排放，除尘器内截留的粉尘为氯化钾，直接返回包装工段回收。其生产工艺流程如图 3-122 所示。

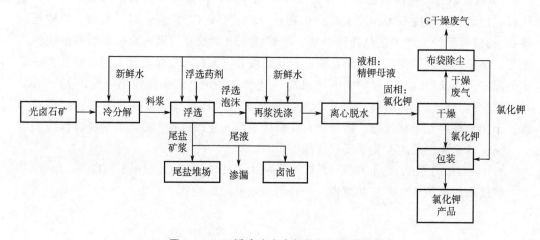

图 3-122　正浮选法生产氯化钾工艺流程

反浮选工艺以氯化钠为浮选目的矿，得到低钠光卤石矿，冷分解结晶得到氯化钾。反浮选工艺因其投资低、能耗低、回收率高、产品质量好而受到青睐。该工艺为氯化钾生产工艺的最先进技术。但该工艺对光卤石矿品质要求高，氯化钠含量要求低于 7％。因此，该技术的推广受到局限。

反浮选工艺是对含钠的光卤石进行筛分、浓缩，加入浮选药剂进行浮选，使氯化钠与光卤石尽可能分离，再经过浓缩、冷结晶、再浆洗涤、离心脱水，干燥包装得到氯化钾产品。其生产工艺流程见图 3-123。

b. 兑卤盐析工艺　即以蒸发至对光卤石刚饱和氯化物型盐湖卤水及氯化镁饱和溶液为原料，在一定温度范围内两种液相相兑盐析结晶析出低钠光卤石，低钠光卤石冷分解结晶析出氯化钾的工艺。兑卤盐析法生产氯化钾工艺流程如图 3-124 所示。

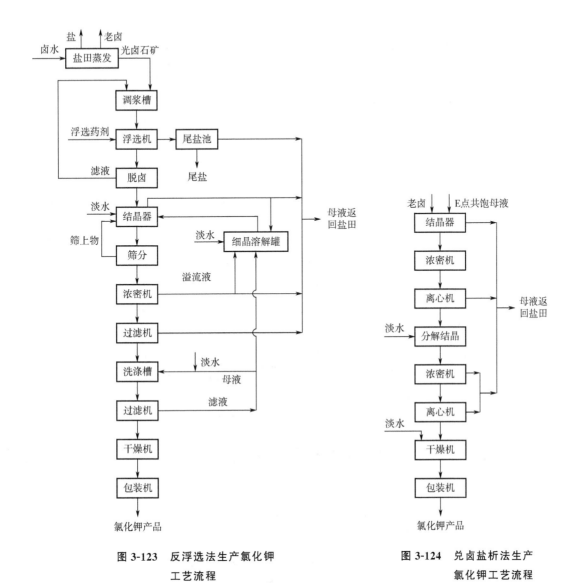

图 3-123　反浮选法生产氯化钾
工艺流程

图 3-124　兑卤盐析法生产
氯化钾工艺流程

c. 热熔冷结晶工艺　即以钾石盐为原料，依据氯化钠与氯化钾在高低温状态下溶解度的不同，在高温状态下分离氯化钠，低温冷析结晶氯化钾的工艺。

该热熔冷结晶法生产氯化钾的工艺流程如图 3-125 所示。工艺是基于目前盐湖钾石盐矿和高钙、高钠等常规生产方法（正、反浮选法）无法正常使用的低质量矿不断增加而研究开发的，该法生产的氯化钾产品综合指标较好，且生产过程中对于原料要求较低。热溶冷结晶工艺是将钾石盐矿石破碎后送入热溶釜，用母液与淡水按一定比例配置的溶液在蒸汽加热的状况下浸溶，浸溶后的滤液经分离制得的精钾溶液进入结晶器中，采用真空结晶法使氯化钾在降温过程中发生结晶并增长到一定的粒度，精浆过滤后，过滤母液一部分返回盐田用于配制溶解液，其余去盐田晒制钾石盐，滤饼经洗涤、干燥后得氯化钾产品。

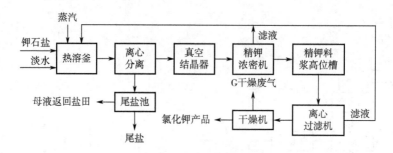

图 3-125　热溶冷结晶法生产氯化钾工艺流程

② 硫酸钾　硫酸钾的生产方法也分为两大类，一类是用天然含钾卤水制取的资源型硫酸钾，由于资源的限制，目前主要有新疆罗布泊钾肥、青海冷湖滨地钾肥和中信国安钾肥等公司生产资源型硫酸钾。另一类是以氯化钾为原料的加工型硫酸钾，其生产工艺可分为热法和湿法。热法典型工艺是曼海姆法，湿法多采用复分解法，其他还有硫酸铵法、离子交换法、制盐苦卤法。目前国内曼海姆法硫酸钾是加工型硫酸钾的主要工艺。

资源型硫酸钾生产工艺和曼海姆法硫酸钾生产工艺流程分别如图 3-126 和图 3-127 所示。

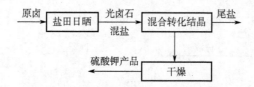

图 3-126　资源型硫酸钾生产工艺流程

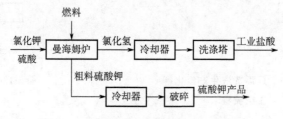

图 3-127　曼海姆法硫酸钾生产工艺流程

③ 硝酸钾　硝酸钾是以氯化钾、硝酸铵或硝酸镁为原料，经复分解法或离子交换法生产。复分解法是国内主要采用的工艺。

图 3-128 是典型的以氯化钾和硝酸铵为原料的复分解法工艺流程。

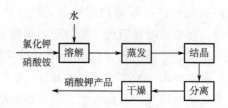

图 3-128　复分解法生产硝酸钾工艺流程

④ 硫酸钾镁肥　硫酸钾镁肥是一种含钾、镁、硫的资源型钾肥，它以盐田晒制的钾混盐矿物、含钾矿物和硫酸钾尾盐为原料，经物理方法提取或直接除去杂质制成的含镁、硫等中量元素的产品，硫酸钾镁肥生产工艺流程如图 3-129 所示。

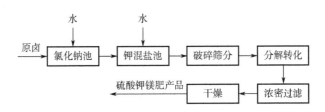

图 3-129　硫酸钾镁肥生产工艺流程

（3）复混肥工业主要生产工艺

复混肥料虽然生产工艺较多，原料来源较复杂。但生产工艺总体上可以区分为料浆型、团粒型、熔体型、掺混型四种生产工艺。

① 料浆型　料浆型复混肥料的主要生产工艺为氯化钾低温转化法，即以浓硫酸与氯化钾在低温（90～140℃）下反应生成硫酸氢钾和氯化氢气体，后者经冷却吸收得到副产品盐酸，溶液则与稀磷酸混合，再以氨中和得到料浆，然后经喷浆造粒干燥，再经筛分、破碎、冷却等工序得到粒状产品。在冷却过程中可以补充尿素以提高含氮量。由造粒、干燥、筛分、破碎、冷却过程中的废气经除尘和洗涤后排放，洗涤液回用。其生产工艺流程如图 3-130 所示。

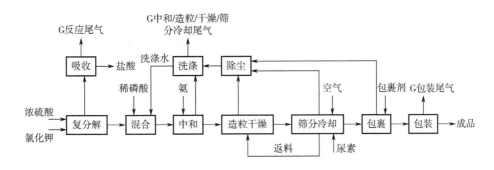

图 3-130　料浆型复混肥料生产工艺流程

② 团粒型　团粒型复混肥料指由各种固体含氮原料、含磷原料、含钾原料及有机肥料先经破碎制备成粉料，按一定比例混合，送入造粒机，喷水（可按需加入微量元素、激素、农药等）或洗涤液，湿润滚动团聚成粒，然后筛分、破碎、冷却、包裹、包装得到成品。团粒型复混肥料主要有圆盘造粒工艺、挤压造粒工艺、滚筒造粒工艺。其生产工艺流程如图 3-131 所示。

③ 熔体型　熔体型复混肥料指将各种固体物料（含氮原料、含磷原料、含钾原料及有机肥料）处于高温状态、含水量低、可流动的熔融体直接喷入造粒机中造粒，然后筛分、破碎、冷却、包裹、包装得到成品，熔体型主要为高塔造粒工艺。

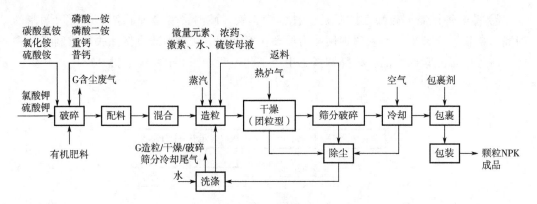

图 3-131   团粒型/熔体型复混肥生产工艺流程

④ 掺混型   掺混型为简单物理掺混分装。掺混肥料又称 BB 肥、干混肥料，是含氮、磷、钾三种营养元素中任何两种或三种的化肥，是以单元肥料或复合肥料为原料，通过简单的机械混合制成，在混合过程中无显著化学反应，主要包括掺混、筛分和包装三个流程。

（4）有机肥料和微生物肥料工业主要生产工艺

① 有机肥料   有机肥料主要通过堆肥把各种固体有机废弃物进行高温好氧腐熟发酵实现有机物料无害化和肥料化，获得半成品（堆肥是半成品），再经过理化形状调整、养分调理、后熟熟化、二次发酵等生成。其生产工艺流程如图 3-132 所示。

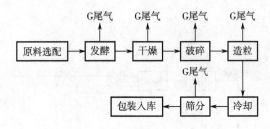

图 3-132   有机肥生产工艺流程

堆肥工艺一般有 4 种形式，包括传统堆式发酵、条垛式发酵、槽式发酵和箱式发酵（又叫塔式），目前以条垛式发酵和槽式好氧发酵两种工艺为主。因有机肥原料较多，有1500 多种，有机肥加工生产工艺流程大致为：原料选配（鸡粪、秸秆等）→发酵处理→配料混合→造粒→冷却筛选→计量封口→成品入库。

② 微生物肥料   微生物肥料主要包括微生物菌剂和复合微生物肥料两种。其生产工艺流程如图 3-133 所示。

微生物菌剂是指目标微生物（有效菌）经过工业化生产扩繁后，利用多孔的物质作为吸附剂（如草炭、蛭石），吸附菌体的发酵液加工制成的活菌制剂。微生物菌剂生产工艺主要包括菌种扩大培养、发酵、后处理、包装、产品质量检验及出厂等流程。

复合微生物肥料的主要生产工艺有原辅料预混、粉碎、造粒、干燥、冷却、筛分、吸附混合、质量检测及成品包装。

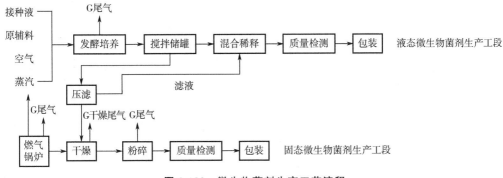

图 3-133 微生物菌剂生产工艺流程

3.12.1.4 无机化学工业

无机化学工业排污单位指以天然资源、工业品及工业副产物为原料生产无机酸、无机碱、无机盐、其他基础化学原料等无机化工产品的工业排污单位。

（1）无机酸和无机碱工业

是指生产无机酸和无机碱产品的工业企业或者生产设施，无机酸包括硫酸、硝酸、盐酸及其他无机酸，无机碱包括烧碱、纯碱等。

① 硫酸工业　硫酸工业是指以硫黄、硫铁矿和石膏为原料制取二氧化硫炉气，经二氧化硫转化和三氧化硫吸收制得硫酸产品的工业生产。硫黄、硫铁矿和石膏制酸的工艺流程图见图 3-134～图 3-136。

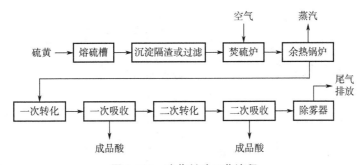

图 3-134 硫黄制酸工艺流程

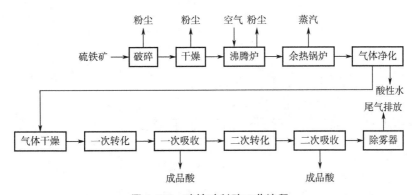

图 3-135 硫铁矿制酸工艺流程

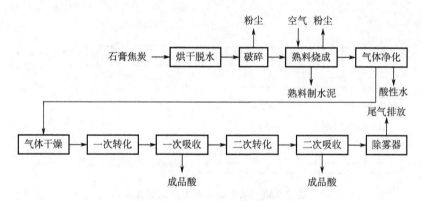

图 3-136　石膏制酸工艺流程

② 硝酸工业　硝酸工业是指由氨和空气（或纯氧）在催化作用下制备成氧化氮气体，经水吸收制成硝酸或经碱液吸收生成硝酸盐产品的工业生产。

稀硝酸生产工艺流程见图 3-137，直硝法和间硝法浓硝酸工艺流程见图 3-138 和图 3-139。

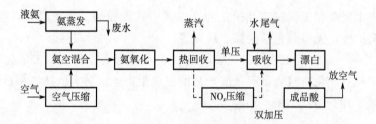

图 3-137　稀硝酸生产工艺流程

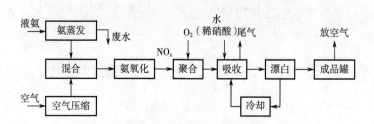

图 3-138　直硝法浓硝酸生产工艺流程

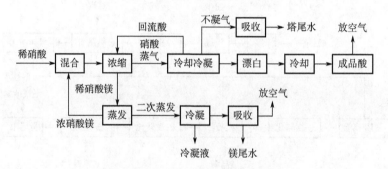

图 3-139　间硝法浓硝酸生产工艺流程

③ 盐酸工业 盐酸工业是指以氯气和氢气为原料直接合成盐酸的工业生产,主要来源于烧碱联产(原料为氯化钠)。离子交换膜法烧碱生产工艺流程见图 3-140。

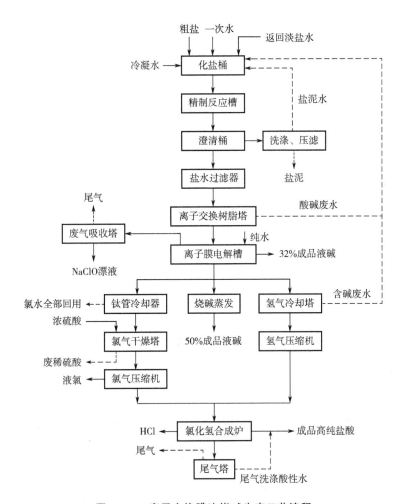

图 3-140 离子交换膜法烧碱生产工艺流程

④ 烧碱工业 烧碱工业是指以氯化钠为原料,采用离子交换膜等电解法生产液碱、固碱和氯氢处理的工业生产。

⑤ 纯碱工业 纯碱工业是指以氯化钠和二氧化碳为原料制成纯碱的工业生产,方法包括氨碱法、天然碱以及联碱法,其生产工艺流程分别如图 3-141~图 3-143 所示。其中,氨碱法是以盐和石灰石为主要原料,以氨为中间辅助材料生产纯碱的方法。

纯碱工业氨碱法工艺在盐水精制工序阶段,粗盐水中的 Mg^{2+}、Ca^{2+} 反应生成 $Mg(OH)_2$ 和 $CaCO_3$,形成盐泥,盐泥与蒸馏废液混合经澄清或压滤,废清液排放,固态渣堆存。窑气需经洗涤塔、电除尘器、冷却塔进行除尘、降温。产生的洗涤水中含有粉尘、煤焦油等物。化灰工序中,由于石灰石、焦炭或白煤质量等原因,不可避免产生一些砂石等杂物。蒸氨过程产生蒸馏废液,蒸馏废液经澄清或压滤,产生废清液和固态渣。废清液可用于生产氯化钙,剩余部分排放;固态渣可用于制造工程土、建筑胶泥

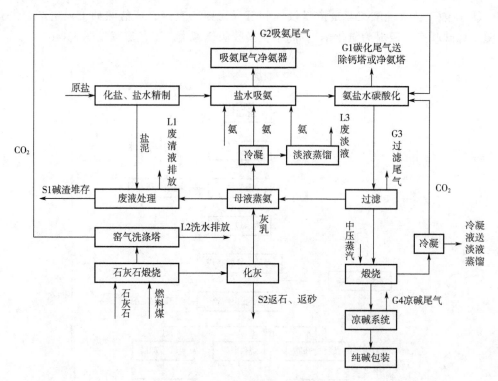

图 3-141　氨碱法纯碱生产工艺流程

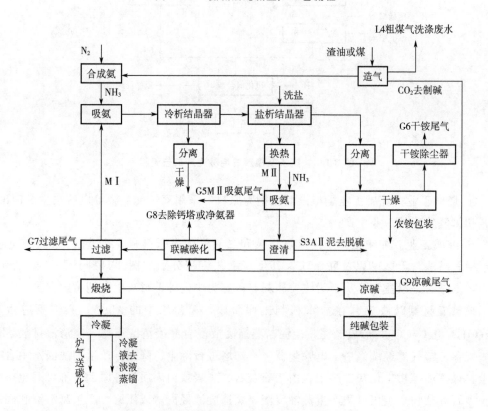

图 3-142　联碱法纯碱生产工艺流程

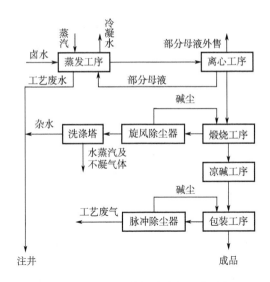

图 3-143　天然碱法纯碱生产工艺流程

等。蒸氨冷凝液、重碱煅烧炉气冷凝液及设备的清洗、检修、泄漏等产生的含氨母液进行淡液蒸馏，淡液蒸馏后的淡液含氨，返回系统。

（2）无机盐工艺

无机盐生产工艺与常规的化工工艺一样，是将原料经过化学反应（或物理方法）转变为产品的方法和过程，其生产工艺流程及产排污节点如图 3-144 所示。无机盐产品众多，生产工艺千差万别是其一大特点，但共性特征也是非常突出的，概况如下。

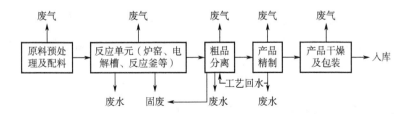

图 3-144　无机盐生产工艺流程及产排污节点

① 原料及预处理　无机盐生产的原料，一般分为四类。

a. 固体矿　供无机盐生产的有铝土矿、磷矿、萤石矿、菱镁矿、铬铁矿、硼矿、石灰石、锰矿、硫黄、硫铁矿、天然碱矿、白云石、硝石、蛇纹石等。

b. 液体矿　包括盐湖卤水、海水及地下卤水等。

c. 化工原料　大量无机盐是以酸、碱、盐或单质为基本原料进行合成生产的。

d. 工业废物综合利用　在化工生产过程中，排出的废气、废水、废渣含有许多无机盐生产所需的原料。

为了使原料经济高效利用，在使用前要做预处理，这是无机盐生产工艺的重要组成部分。如固体化学矿的粉碎、筛分、精选，一些还需通过煅烧、焙烧等加工处理进行活化，液体矿要进行精制除杂与浓缩等。

② 反应过程　在无机盐生产过程中，少部分属物理过程，大部分均要进行化学反应，通过高温焙烧、高温氧化或在一定温度、压力等条件下发生化学反应，得到反应产物。根据使用原料的不同，其基本反应原理主要是以下几种：气-气、气-液、气-固、液-液、液-固、固-固或是通过几种反应的组合而得到产物。

③ 反应物的分离与产生　将反应产物从混合物或溶液中分离出来，以获得要求的产品。根据反应后混合体系的状态，大部分采取浸取、蒸馏、精制、过滤、干燥、包装等工序，即可完成制备过程。在进行每一步操作时，均在特定的设备中进行。

④ 生产过程"三废"排放与控制　在无机盐生产过程中，大部分都要排放出废气、废水与废渣。尤其以固体为原料，废渣排放量是相当大的。处理"三废"的工艺以综合利用为首选，最低标准是满足国家相关排放标准。

在无机盐生产过程的各个环节，均存在过程控制。其决定了产品质量及工艺的可行性。无机盐生产工艺主要由原料及预处理、反应过程、反应产物的处理、"三废"及生产过程控制五部分构成。根据工艺分析，可以将无机化工产品生产概化为以下五个生产单元，即原料预处理及配料、反应单元（包括各种窑炉、反应器、电解槽等）、粗品分离（包括浸取、冷凝收集等）、产品精制（包括洗涤、重结晶等）、产品干燥及包装。

3.12.1.5　聚氯乙烯工业

聚氯乙烯的生产过程分为两个部分，首先是通过乙炔法或乙烯法两种不同的原料路线生产氯乙烯单体，或者直接外购氯乙烯单体，然后由氯乙烯单体通过聚合反应生成聚氯乙烯。

（1）乙炔法生产氯乙烯

乙炔法氯乙烯生产主要为电石乙炔法，包含乙炔生成工段和氯乙烯合成工段。电石经过破碎后，由传送带送往乙炔发生器中与水进行反应生成乙炔。净化后的乙炔气体与氯化氢气体按一定比例混合后进入转化器，在氯化汞触媒的作用下反应生成粗氯乙烯气体；粗氯乙烯气体经过除汞器去除升华的汞，再依次经过水洗塔、碱洗塔和精馏塔，得到精制的氯乙烯单体。

（2）乙烯法生产氯乙烯

乙烯法氯乙烯生产是以乙烯、氯气和氧气为原料生产氯乙烯单体，包括直接氯化反应、二氯乙烷裂解反应以及氧氯化反应三个过程，生成的粗氯乙烯再经过精制单元生产出供聚合用的氯乙烯单体。也可以直接采购二氯乙烷作为生产原料，这种原料路线也属于乙烯法。

（3）聚氯乙烯合成工艺

通过乙炔法、乙烯法生产的氯乙烯单体或直接外购的氯乙烯单体通过聚合即可生产出聚氯乙烯。聚氯乙烯生产采用的聚合工艺可分为本体法、溶液法、乳液法和悬浮法四种。其中悬浮法生产工艺使用最为广泛，是目前生产聚氯乙烯的主要聚合方法，其主要生产过程为：在一定的温度、压力条件下，氯乙烯单体在助剂的作用下通过聚合反应生成聚氯乙烯，未反应的氯乙烯经回收处理后循环使用。聚氯乙烯浆料在一定的温度和压力下，经过汽提塔去除浆料中残留的氯乙烯单体，再经过离心、干燥等工序后，成品包装入库。

3.12.1.6　专用化学产品制造工业

专用化学产品制造工业包括化学试剂和助剂制造、专项化学用品制造（水处理化学品、造纸化学品、皮革化学品、油脂化学品、油田化学品、生物工程化学品、日化产品专用化学产品等）、林产化学品制造、文化用信息化学品制造、医学生产用信息化学品制造、环境污染处理专用药剂材料制造、动物胶制造、其他专用化学产品制造等。

专用化学产品制造行业产品种类繁多，生产工艺多样。其中，化学试剂生产技术复杂多样，几乎包含了全部化学反应与各种单元操作，但大多为提纯精制。目前，催化剂制备的主要方法包括沉淀法、浸渍法、混合法、热熔融法，此外，还包括凝胶法制备催化剂或载体多孔凝胶。专项化学用品和助剂制造，大多以化学合成为主要工艺；工业用脂肪酸主要从天然动植物油脂经水解、精馏生产制得。木材热解产品包括木质活性炭、木炭、竹炭等产品，生产工艺均为干馏，产生烟气量较大；木材水解产品主要为木材的水解，包括酸解和酶解两种方法，废水排放量较多；植物提取混合物类产品大多采用蒸馏、压榨、浸提、发酵等工艺，从植物中提取天然产品。信息类专用化学产品的感光胶片制作主要以胶液制备及涂布、流延制得。动物胶类产品是根据酸法、碱法和酶法对原料中所含的胶原经过部分水解、萃取和干燥制成的蛋白质固形物。其他还有大部分产品为聚合、调制、混合、复配加工制得。

3.12.1.7　日用化学产品制造工业

日用化学产品制造工业排污单位指从事肥皂及洗涤剂、香料、香精等产品制造的排污单位。

肥皂及合成洗涤剂为日用化学工业中第一大行业，包括合成洗涤剂（洗衣粉、液体洗涤剂等）、肥（香）皂两大类产品。肥皂及洗涤剂制造是指以喷洒、涂抹、浸泡等方式施用于肌肤、器皿、织物、硬表面，即冲即洗，起到清洁、去污、渗透、乳化、分散、护理、消毒除菌等功能，广泛用于家居、个人清洁卫生、织物清洁护理、工业清洗、公共设施及环境卫生清洗等领域的产品（固、液、粉、膏、片、胶囊状等）的制造。

肥皂（包括香皂）产品为一种较为古老的产品，现代肥皂生产企业主要分为两类：

① 以购买皂粒（肥皂半成品），经添加辅料后，真空出条、定型、包装。这类生产工艺，可以说没有三废产生。

② 以植物或动物油脂为原料，经碱皂化或酸水解工艺，分离制取脂肪酸，精制成皂粒，或出售或进一步加工成肥皂产品，此类生产方式，原料、能源消耗都有一定规模，同时产生一定的废水。

图 3-145 和图 3-146 为两种不同制皂工艺的流程。

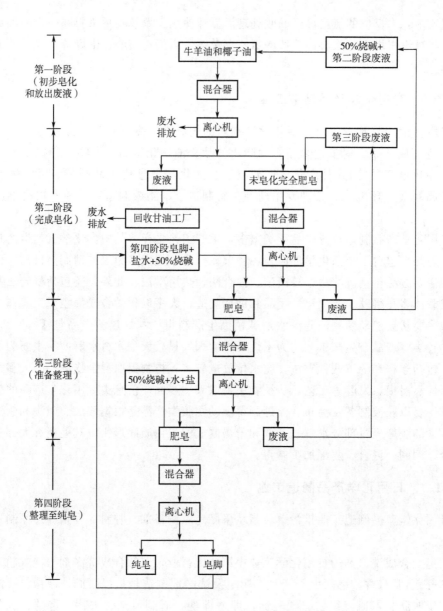

图 3-145　（连续）碱皂化工艺制皂流程

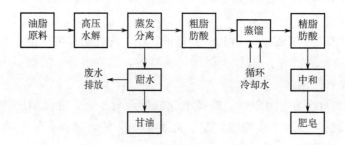

图 3-146　高压酸水解工艺制皂流程

我国合成洗衣粉产量占各类洗涤用品总产量的 60%，为最大的产品品种。目前国内洗衣粉的生产工艺主要有两种，即高塔喷粉和干法混合附聚成型。其中高塔喷粉为主流工艺，占现有洗衣粉产量的 90%，该工艺需要较高的能耗，有废气和少量废水产生。相对而言附聚成型工艺应用不普遍，产量小，但该工艺基本不产生废水和废气。图 3-147 为洗衣粉高塔喷粉工艺流程。

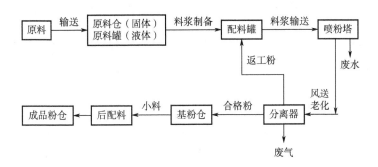

图 3-147　洗衣粉高塔喷粉工艺流程

液体洗涤剂的产品有餐具洗涤剂、洗衣液、卫生洁具清洗剂等各种洗涤用品。此类产品的生产工艺通常是各种原料的混合复配。图 3-148 为液体洗涤剂等混合配制产品的工艺流程。

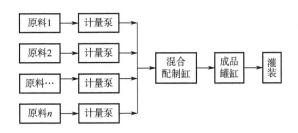

图 3-148　液体洗涤剂等混合配制产品的工艺流程

香料制造是指生产具有香气和（或）香味的材料，包括天然香料和合成香料，用于调配香精等用途。

香精制造是指以多种天然香料和（或）合成香料为主要原料，并与其他辅料一起按合理的配方和工艺调配制得的具有一定香型的复杂混合物，主要用于日用、食用等加香产品中的生产活动。

3.12.1.8　涂料、油墨、颜料及类似产品制造业

（1）涂料、油墨制造

涂料是一种材料，可以用不同的施工工艺涂覆在物件表面，形成黏附牢固、具有一定强度、连续的固态薄膜。这样形成的膜通称涂膜，又称漆膜或涂层，属于有机化工高分子材料，所形成的涂膜属于高分子化合物类型。按照现代通行的化工产品的分类，涂料属于精细化工产品。涂料制造主要原料包括成膜物质（基料）、溶剂、颜料、助剂，

几种原料混合而成。成膜物质主要有 18 种底物，包括油脂、天然树脂、动植物蜡等，溶剂涉及 90 多种，助剂涉及流平剂、增塑剂、催干剂、固化剂、脱漆剂、防垢剂、阻燃剂、防霉剂、杀菌剂等；颜料主要涉及无机颜料，包括白色（钛白、锌白等）、黑色（炭黑）、彩色（铬黄、铁黄、铁红、铬绿、镉红、群青）等。

油墨是由作为分散相的色料和作为连续相的连接料组成的一种稳定的粗分散体系。其中色料赋予油墨颜色，连接料提供油墨必要的转移传递性能和干燥性能；此外油墨还需要助剂等各种添加剂，用以改善油墨的性能；所以油墨通常主要由色料（颜料和染料）、连接料和助剂组成。油墨分类方法有多种，一般情况下，按照印刷版式分为平版印刷、凸版印刷、凹版印刷、柔性版印刷、孔板印刷油墨。从环境保护的角度来看，无论是用于何种用途的油墨，水性油墨和溶剂性油墨是两种环境污染程度不同的油墨类型。

涂料、油墨制造是一个混合过程，因此总体上具有很大的相似性。涂料的生产过程也分为两种，一是固定釜运行，通常指产量比较大，品种相对固定的企业；二是移动缸作业，通常指产品品种比较多，每一类产品的产量比较少。前者通常由 DCS 系统控制，后者通常自动化程度比较低，无组织排放很严重。

① 溶剂涂料　企业大致可分为两大类，一大类是所有树脂和固化剂等辅助材料均为外购，不在厂内生产树脂原料或辅助材料的；另一大类是厂内生产树脂或者固化剂作为涂料生产的原料。在涂料中使用的主要树脂为醇酸树脂、氨基树脂、丙烯酸树脂、酚醛树脂、环氧树脂、聚氨酯树脂等，根据调研，约 20% 以上的大中型企业为混合型企业。其生产工艺流程及产排污环节如图 3-149 和图 3-150 所示。

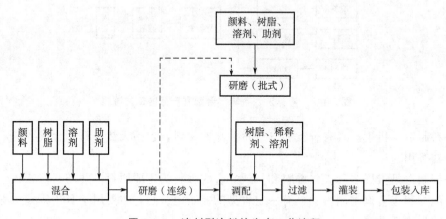

图 3-149　溶剂型涂料的生产工艺流程

② 水性涂料　与传统溶剂涂料相比，水性涂料主要是用水代替了大量溶剂。由于用水代替了溶剂，因此洗涤过程通常使用水，增加了水的回用过程和排放，但减少了溶剂使用。其生产工艺流程如图 3-151 所示。

③ 粉末涂料　粉末涂料通常是由聚合物、颜料、助剂等混合粉碎加工而成，粉末涂料的制备方法为干混合法和熔融混合法。所谓熔融混合法使用较多的是薄膜蒸发器和行星螺杆挤出机。其生产工艺流程如图 3-152 所示。

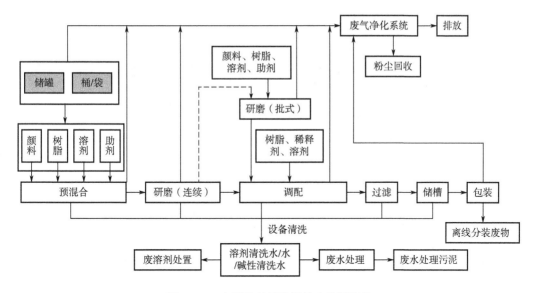

图 3-150　主要溶剂型涂料的产排污环节

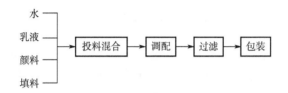

图 3-151　水性涂料生产工艺流程

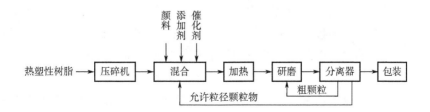

图 3-152　粉末涂料生产工艺流程

④ 胶印油墨　平版油墨也叫胶印油墨，是一种浆状油墨。胶印油墨是浆状油墨的代表，平台机凸版油墨、丝网油墨和印铁油墨都属于浆状油墨。基于颜料滤饼特点，浆状油墨可分为干法和湿法生产工艺。

a. 干法生产油墨　传统的颜料生产工艺是合成好的颜料，经干燥、粉碎后再去生产油墨。即颜料车间生产的有机颜料（以及外购的炭黑、钛白粉等粉状原料）与树脂车间生产的树脂油经调浆机搅拌成浆状，经三辊机轧制到一定细度，调整色相后，由三辊机直接装入金属包装桶或听子，再装入纸箱。其工艺流程如图 3-153 所示。

b. 湿法生产油墨　也叫挤水转相法，是当前胶印油墨使用最为普遍的形式。颜料车间生产的有机颜料与油墨连接料（树脂油）混合后，在捏合车间内经捏合机捏合脱水（物理加工方法）而成油墨基墨，油墨基墨经三辊机或珠磨机轧到一定细度后，加入预

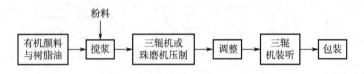

图 3-153 胶印油墨干法生产方式工艺流程

留的油墨油、干燥剂（按 0.2%～0.3%的比例加入）搅浆为成品，调整色相、流动度及黏度后，直接装入包装桶。其工艺流程如图 3-154 所示。

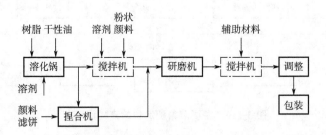

图 3-154 胶印油墨湿法生产方式工艺流程

捏合机是胶印油墨中普遍使用的分散设备，通常有干粉捏合和捏合挤水两种方式。干粉捏合实际上是把捏合机当作搅拌设备应用的一个例子。墨料在捏合机中除了起到将油墨组分充分混合的作用以外，还由于强有力的剪切和挤压存在，对比较软的颜料以及经过初步混合以后比较黏稠的墨料，能使之达到良好的预分散效果。捏合挤水制墨是指将颜料生产中尚未经过烘干的颜料带水滤饼放在捏合机里同油墨连接料一起进行捏合，于是颜料中的水被油墨连接料所取代，把大部分水挤出来而变成非常稠厚的色浆，再经过在抽真空条件下的捏合以除去色浆中的剩余水分而成为油墨基料，即所谓的基墨。由于挤水制墨在使用捏合机时要抽真空，故捏合机常常要同一系列其他设备配套，因为抽出的是大量的水汽，故多用水环式真空泵。被抽出的水汽要先经过热交换器冷凝成水，然后将余汽经过水汽分离器分离后再通过真空泵，以保持真空泵的效率。

⑤ 凹版油墨　凹版油墨属于典型的液状油墨，柔版式和新闻油墨都属于液状油墨，黏度很小。通常不需要预先混合，而是直接砂磨或者球磨。根据溶剂使用特点，通常可以分为水基油墨和溶剂基油墨，以水或者醇类为主的溶剂，便形成了水基油墨。其生产工艺流程如图 3-155 所示。

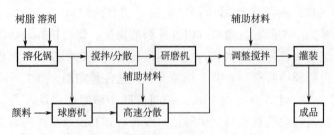

图 3-155　凹版油墨生产工艺流程

⑥ UV油墨　UV油墨是一种不用溶剂，干燥速度快，光泽好，色彩鲜艳，耐水、耐溶剂、耐磨性好的油墨。UV油墨的主要成分是聚合性预聚物、感光性单体、光引发剂，辅助成分是着色颜料、填料、添加剂（流平剂、消泡剂、阻聚剂）等。UV油墨的生产工艺与浆状油墨类似。由于UV油墨生产需要避光，因此UV油墨生产通常保持车间密闭。

（2）工业颜料制造

工业颜料是以天然矿物或无机化合物制成的颜料，通常也称为无机颜料。无机颜料可分为白色遮盖型颜料、着色颜料、金属颜料、防锈颜料等，无机颜料广泛用于涂料、塑料、合成纤维、橡胶、建筑材料、文教用品、纸张、玻璃、搪瓷、陶瓷等工业领域，在国民经济中起着重要作用。无机颜料产品为：钛白粉、氧化铁颜料、铅铬系颜料、镉系颜料、MMO颜料、群青、珠光颜料、氧化锌产品、立德粉。目前我国无机颜料的产量约为377万吨，其中钛白粉产量最大，达到213.7万吨，其次是氧化铁颜料、氧化锌。

① 钛白粉　钛白粉的生产工艺主要有硫酸法和氯化法2种。

a. 硫酸法是将钛铁粉与浓硫酸进行酸解反应生产硫酸氧钛，经水解生成偏钛酸，再经煅烧、粉碎即得到钛白粉产品。此法可生产锐钛型钛白粉和金红石型钛白粉。硫酸法的优点是能以价低易得的钛铁矿与硫酸为原料，技术较成熟，设备简单，防腐蚀材料易解决。硫酸法为间歇操作。

b. 氯化法是用含钛的原料，如天然金红石、人造金红石或氯化高钛渣等与氯气反应生成四氯化钛，经精馏提纯，然后再进行气相氧化，在速冷后经过气固分离得到钛白粉，主要包括氯化、氧化、后处理等工段。氯化法只能生产金红石型钛白粉，氯化法可连续自动化生产。

② 氧化铁　氧化铁产业是一个对相关产业下游的副产品可进行综合利用的精细化工加工工业，可综合利用的产品很多，如钢材制品加工的废边丝料、钛白粉生产的副产品硫酸亚铁、钢厂的酸洗废酸液、有机中间体的废铁粉、热电厂的余热蒸汽等，所有这一切都是氧化铁行业综合利用、实现循环经济、持续发展的资源。产品包括铁红、铁黄、铁黑。

目前主要采用的工艺方法有两种：硫酸盐合成氧化法、硫酸-硝酸混合合成氧化法。硫酸-硝酸混合合成氧化法应用较多。

a. 铁红制备　首先通过稀硝酸与铁皮反应，制备硝酸亚铁液，通过稀硫酸与铁皮反应生成硫酸亚铁溶液，然后使用淡硝酸与铁皮在90～95℃下反应制备铁红晶种。然后硝酸亚铁液＋铁红晶种＋铁皮＋鼓入空气氧化＋加温反应，初液铁红＋补加铁皮＋硫酸亚铁＋继续加温空气氧化（反应温度为80～85℃），得到铁红料浆。然后通过120目圆筒筛过筛处理、水洗涤，通过板框压滤机、真空吸滤机水洗获得铁红滤饼。最后，通过厢式烘旁（蒸汽）干燥获得铁红干粉，通过气流干燥（氧化铝惰性粒子、柴油加热），最终获得铁红干粉，直接包装。

b. 铁黄制备　铁黄的生产工艺流程比较类似，同样需要先使用淡硫酸和铁皮溶解制备硫酸亚铁液，然后通过硫酸亚铁与氢氧化钠一起在鼓入空气中氧化（反应温度低于

45℃）制备铁黄晶种。与铁红一样，通过两步氧化，首先铁黄晶种＋硫酸亚铁液＋铁皮＋鼓入空气氧化＋加温反应→铁黄料浆（反应温度为 80～85℃）。然后进入后处理阶段，先是 120 目圆筒筛过筛处理，最后通过厢式烘旁（蒸汽）干燥获得铁黄干粉，通过气流干燥（氧化铝惰性粒子、柴油加热），最终获得铁黄干粉，直接包装。

c. 铁黑制备　首先制备硫酸亚铁液，用淡硫酸与铁皮溶解；利用铁红（或铁黄、或红黄混合料浆），进行加成反应，铁红回收料（或铁黄回收料，或红、黄混合料液）＋硫酸亚铁＋氢氧化钠＋加温反应＋鼓入空气氧化→铁黑料浆（反应温度为 95～98℃、pH 为 7～8）。然后后续处理，120 目圆筒筛过筛处理，然后通过板框压滤水洗，制得铁黑滤饼。最后，铁黑干燥，通过厢式烘旁（蒸汽）干燥获得铁黑干粉，厢式烘旁干燥的铁黑干粉须经粉碎后才能包装。

③ 铬黄系列　主要包括铬黄、钼铬红、锌铬黄。以铅铬黄为例说明生产工艺及产污情况。首先，制备硝酸铅溶液，通过铅＋空气→氧化铅，氧化铅＋淡硝酸→硝酸铅。此处铅在加温氧化过程中在生产区有铅尘、铅烟；在硝酸输送过程中生产区有氮氧化物气体溢出。然后制备各种溶液，重铬酸钠的加热溶解会在生产区域的空气中含有少量的铬化合物。然后进入铬黄化合过程，即：硝酸铅溶液＋重铬酸钠溶液＋纯碱（或液碱溶液）＋硫酸钠溶液＋硫酸铝溶液＋（或氟化钠溶液）→铬黄颜料浆液，该区域会产生少量铅铬化合物。铬黄颜料浆液进一步过滤、漂洗，通过板框压滤脱水，得到铬黄滤饼。铬黄颜料浆液过滤、漂洗过程的主要污染物是含有各种酸根离子的废水，水的酸碱度在 4～10 之间，废水的产生量为每吨铅铬黄 25～50m³。然后通过厢式烘旁、隧道烘房、带式烘干机（蒸汽）干燥，得到铬黄颜料干粉，通过铬黄颜料粉碎、混合、包装，会有少量铬黄颜料粉尘。

④ 立德粉　工业上生产立德粉主要采用混合-沉淀-焙烧法。一般规格立德粉生产主要以硫酸锌和硫化钡的溶液共同沉淀而制得硫酸钡和硫化锌的混合物。反应方程式可用下式表示：

$$ZnSO_4 + BaS \longrightarrow BaSO_4 + ZnS + 100.4kJ$$

此反应生成的混合物中硫化锌的理论含量为 29.4%，其他更高硫化锌含量的立德粉可以采用在硫酸锌溶液中添加所需的氯化锌或外加硫酸锌，通过硫化氢于过量的硫酸锌立德粉悬浮液中等方法制造。

生产立德粉可分为三个主要工艺过程：中间体原料-硫酸锌溶液的生产制造，中间体原料-硫化钡溶液的生产制造，以及立德粉合成沉淀、焙烧、后处理、成品干燥、粉碎包装。

硫酸锌由含锌原料和硫酸反应制备，也可用氯化焙烧法或加压酸（碱）溶直接浸取锌资源的方法制备。硫化钡是以天然重晶石为原料，用碳或无烟煤作还原剂，在高温下焙烧，使重晶石中主要成分硫酸钡还原为水溶性的硫化钡。重晶石和煤粉碎后按比例一起放进转炉焙烧，焙烧温度约为 900～1200℃，生成硫化钡和烟道气。

把一定浓度的硫酸锌溶液和一定浓度的硫化钡溶液在工艺要求温度条件下以自流或自控方式流入装有搅拌器和 pH 计电极的合成反应桶内，以间歇或连续的形式合成浆液。将合成沉淀过滤后的物料通过回转窑、干燥炉进行干燥、焙烧。焙烧工艺的控制必须严格，以一定的焙烧温度，使物料受热均匀，焙烧完全。后处理通过对物料表面进行化学包膜、包核、微粉化等处理技术，降低成品中的可溶性盐、氧化锌以及碱性氧化物的含量，提高产品质量，扩大应用范围及适应性。

⑤ 镉系颜料　湿法生产镉红的工艺如下：

a. 酸化　制备氯化镉溶液。盐酸和硝酸条件下，投入金属镉花，控制加料速率并保持反应温度在 $80\sim90℃$ 左右，生成氯化镉溶液。

b. 净化　调节氯化镉浓度为 $1.16g/cm^3$，用泵送至合成桶。

c. 沉淀碳酸镉　将碳酸钠溶解于水，加水调浓度为 $1.12\sim1.13g/cm^3$，与氯化镉反应生成白色碳酸镉沉淀。

d. 漂洗　用水漂洗出可溶性盐 NaCl。

e. 配制溶液　用硒粉与硫化钠配制溶液。

f. 合成　再与碳酸镉反应得到硫硒化镉共沉淀。

g. 漂洗、过滤　再次用水漂洗、送入压滤机过滤，除去含 Na_2CO_3 的废水。

h. 烘干、煅烧　进入干燥箱烘干，然后送至高温转炉煅烧 1h 左右，煅烧温度控制在 $550\sim600℃$。

i. 球磨　取样与标准色比较合格后，出料，急冷。然后将煅烧产物送至球磨机加水研磨。

j. 漂洗、过滤　约 $6\sim10h$ 后，放出料浆，经清水漂洗、过滤，除去悬浮物和硫化物等可溶性盐类。

k. 干燥、粉碎包装　过滤所得滤饼在电热式干燥箱内烘干后，经粉碎机粉碎，再进入旋风分离器，镉红产品从分离器下部进入包装桶，进行包装后即为成品。

⑥ 群青

a. 原料选择　用埃洛石黏土制备群青颜料，无需加 Al_2O_3，只需加适量的 SiO_2 及 Na_2O、S 即可，因此选用一定的原料（实验用石英砂、纯碱、硫黄）并按一定比例加入，便可制备群青蓝颜料。

b. 原料预处理　原料预处理包括原料研细和原料脱水两个过程。原料研细即使用圆盘粉碎机粉碎矿石，然后过 200 目筛。其他原料（硫黄、纯碱、松香）也是粉碎后过 200 目筛。原料脱水即加工过程中将原料在 110℃ 下干燥脱水 24h，备用。埃洛石先用 SPJX-6-13 型电阻炉于 700℃ 下煅烧 3h 后再用，煅烧不但除去了埃洛石的层间水和结构水，同时还活化了埃洛石的结构，以利于后继工序的反应。

c. 原料配制与混合　根据硅铝比设计群青蓝颜料的配方。将按配方称量好的物料，置于研钵中充分搅拌、混合均匀。

d. 煅烧过程　煅烧过程是制备群青蓝颜料最为关键的一个步骤，硅铝比、煅烧气氛、升温速度及高温恒温时间等诸多因素均可影响群青蓝产品的质量。

e. 颜料化处理　煅烧后的群青蓝粗品尚须进行颜料化处理。其过程是水洗除去水溶性盐，除去游离硫，粗品研磨保持颜料的透明度，二次水洗进一步除去可溶性盐，干燥粉碎，最后进行配色、混合及包装。

⑦ MMO 颜料　固相反应法是将金属盐或金属氧化物按一定比例混合、研磨，研

磨后的混合固体在高温下煅烧直接得到颜料粉体。以制备钴蓝颜料为例介绍如下：将钴的氧化物和铝的氧化物（或是两者氢氧化物及高温下能分解的盐类）用机械研磨分散为细小颗粒后高温下煅烧。在高温条件下，Co^{2+}、Al^{3+}、O^{2-}离子进行离子扩散同时相互渗透，并发生一系列化学反应，最终形成了铝酸钴固熔体。由于是固相法生产，加上原材料选择合理，所以钛镍黄颜料几乎没有废渣产生，生产废水循环使用，废气中只有高温煅烧造成的NO_x。沉淀法是把沉淀剂加入金属盐溶液中，控制适当条件使金属离子与沉淀剂发生反应生成沉淀，沉淀经过分离、干燥和热分解后得到粉体。

沉淀法具体又可分为共沉淀法和均匀沉淀法。该方法工艺简单，制备颗粒性能良好，但水洗去除杂质时部分沉淀物会发生水解，洗涤后的沉淀物中，有少量初始溶液中的阴离子和沉淀剂中的阳离子残留物，对粉体的烧结性能产生一定影响。洗涤过滤过程中产生的工业废水含SS等，高温煅烧过程中产生NO_x以及颗粒物。

氧化钴法的反应方程式为：

$$2Co_3O_4 + 12Al(OH)_3 \longrightarrow 6CoO \cdot Al_2O_3 + O_2 \uparrow + 18H_2O \uparrow$$

将氢氧化铝〔$Al(OH)_3$〕和四氧化三钴（Co_3O_4）及少量氧化锌（ZnO）混合成炉料，然后在1100～1200℃高温煅烧2.5h，终点以颜料颜色来判断。煅烧完毕降温后，加水成浆，在磁球磨机中研磨至细度达到要求，再用真空吸滤、干燥、粉碎而得钴蓝成品。污染物包括废气NO_x、颗粒物、工业废水、SS等。

⑧ 珠光颜料　我国制备的珠光颜料主要是云母材质的，而在云母薄片上包覆二氧化钛是一种主要形式。其主要制造方法为液相沉积法和气相沉积法。每一类都有不同的工艺，如：液相沉积法采用的原材料路线不同，分为四氧化钛和硫酸氧钛法；气相沉积法又分为四氯化钛气相氧化法、物理气相沉积法、化学气相沉积法、激光诱导与化学气相沉积法等。

a. 云母薄片的制备　经破碎和分剥好的直径为10～60mm的云母原矿鳞片，先经洗涤槽清洗去除泥沙，进入高温煅烧炉，在800～830℃下进行煅烧。经过研磨机的研磨分选，经压滤除去水分，得到35%～45%的湿滤饼。经过分级的云母片转移至碱煮锅中，在90℃下碱煮1h。接着转移至酸煮锅中，在90℃下酸煮1h。经碱煮和酸煮的云母在漂洗锅中，使用去离子水漂洗，过滤分离，即得到能用于水解沉积的合格的云母薄片。

b. 反应与洗涤　把经过计量的云母片湿滤饼折合成干基质量，投入到反应器中，与去离子水配制成悬浮液。加热反应物至反应温度，将反应物放入真菌抽滤槽中，以去离子水洗涤至pH接进中性和滤饼中无Cl^-、SO_4^{2-}为止。

c. 干燥和煅烧　将经过过滤、洗涤后的湿滤饼转移至干燥设备中干燥，除去水分，送入到高温煅烧炉中，在720～930℃下进行煅烧。

d. 混粉与过筛　将不同批次的颜料按照不同的比例在混粉机中均匀混合。经过振动筛筛分，获得指标都符合要求的珠光颜料粉体。

e. 表面的改性处理和二次干燥　将经过混粉和筛分的粉体重新移入表面处理反应

罐中，对颜料粒子重新包装，对珠光颜料粒子表面进行改性处理。然后再进行二次干燥即可，产品合格后即可包装成成品。

（3）染料制造

染料和有机颜料具有相似性，但也具有不同的特点，根据国民经济分类，C2645 包括染料和有机颜料制造。染料溶于染色介质中的染色剂，而有机颜料几乎不溶解于应用介质的染色剂。

染料是能够使一定颜色附着在纤维上的物质，且不易脱落、变色。根据《染料分类》（GB/T 6686—2006），染料分为分散染料、冰染染料、阳离子染料、活性染料、直接染料、酸性染料、缩聚染料、还原染料 8 类；按染料生产技术不同，染料可分为酸性染料、酸性媒介染料、直接染料、分散染料、阳离子染料/碱性染料、活性染料、还原染料 7 类。

以有色的有机化合物为原料制造的颜料称为有机颜料，指具有颜色和其他一系列颜料特性的、由有机化合物制成的一类颜料。有机颜料以偶氮颜料和酞菁颜料为主，二者占总有机颜料的 90％以上。按照结构分，偶氮颜料占 59％，酞菁类颜料占 24％，三芳甲烷颜料占 8％，特殊颜料占 6％，多环颜料占 3％。基本颜色是颜料红、颜料黄、颜料蓝。

染料的典型生产工艺如下。

① 重氮化过程　芳香族伯胺和亚硝酸作用（在强酸介质下）生成重氮盐的反应称为重氮化（一般在低温下进行，伯胺和酸的摩尔比是 1∶2.5）。芳香族伯胺常称重氮组分，亚硝酸为重氮化剂。因为亚硝酸不稳定，通常使用亚硝酸钠和盐酸或硫酸反应，生成的亚硝酸立即与芳香族伯胺反应，避免亚硝酸的分解，重氮化反应后生成重氮盐。重氮化过程是染料生产中的重要环节，无论是酸性染料、直接染料、分散染料、活性染料等。

② 耦合过程　耦合反应中，包括两个反应组分，通常将芳香族伯胺的重氮盐称为重氮组分，把与重氮盐耦合的酚或芳胺称为耦合组分。耦合反应是放热反应，反应速率很快，重氮盐很活泼，为了避免副反应，耦合要在 0～15℃下进行，并控制耦合组分微过量，使重氮组分完全反应。

③ 磺化反应　向有机化合物分子中碳原子上引入 SO_3 基团的反应。磺化反应可分为直接磺化和间接磺化两大类。直接磺化用硫酸进行磺化，是可逆反应，在一定条件下生成的磺酸又会水解，常用来合成水溶性染料、食用染料；间接磺化则是针对有机化合物分子中碳原子上的卤素或硝基比较活泼时，如果与亚硫酸钠作用可被磺基所置换时采用的。常用的磺化剂有硫酸、发烟硫酸、三氧化硫和氯磺酸。

④ 硝化反应　是芳烃化合物通过硝化反应制取芳胺的过程。常用的硝化剂主要有稀硝酸、浓硝酸、混酸（硝酸、浓硫酸）。在硝化产物中生产吨位最大的是硝基苯。

⑤ 亚硝化反应　指亚硝酸与活泼的芳香化合物（如酚类和芳香族胺类）发生的缩合和还原反应。

⑥ 卤化反应　是指向有机化合物分子中引入卤原子的反应。染料工业中最常用的化学反应是氯化反应和溴化反应。此外，由于含氟中间体及含氟染料具有优异的性能，

近年来人们也重视氟化物的合成。

⑦ 弗-克烷化与酰化反应　弗-克烷化是指在催化剂的作用下，向芳环上引入烷基，得到侧链芳烃的化学反应。常用的烷化剂有烯烃、卤烷、醇、醛和酮等。弗-克酰化是指在催化剂的作用下，向芳环引入酰基的化学反应。弗-克酰化是制取芳酮的重要方法之一，常用的酰化剂有酸酐和酰氯等。

⑧ 还原反应　许多染料的合成离不开芳胺化合物，通常是硝基还原获得芳胺。常用的方法有金属还原、硫化碱还原和催化加氢还原。

⑨ 碱熔反应　芳磺酸盐与苛性碱在高温下反应，将磺酸基置换成羟基的反应。是制取酚类的重要途径。

⑩ 卤原子转换反应　当芳香卤化物的邻位和对位存在强吸电子取代基时，此卤原子十分活泼，容易被 HO^-、CH_3O^-、$C_6H_5O^-$、RNH_2、$RNHR'$ 等置换。

⑪ 羟基与氨基相互转换　在亚硫酸盐的存在下芳环上羟基、氨基互相转换的反应，在萘系中间体的合成中，此类反应有较多实际应用。

⑫ 羧化反应　是指由于酚盐具有较高的反应活性，能与二氧化碳反应生成羟基羧酸的反应过程。

⑬ 缩合、二聚与闭环反应　将两个或两个以上的芳香分子直接相连的反应。在染料合成中应用较多。

（4）密封及其类似品制造

指用于建筑涂料、密封和漆工用的填充料，以及其他类似化学材料的制造，包括对下列密封用填料及类似品的制造活动：

① 建筑防水嵌缝密封材料，包括建筑嵌缝密封膏、建筑防水胶泥、建筑防水嵌缝密封条（带）、注浆材料、其他建筑防水嵌缝密封材料；

② 漆工用的填充料；

③ 玻璃腻子、接缝用油灰（腻子）、填缝胶、其他原浆涂料；

④ 内外墙、地板、天花板的不耐火表面整修制品；

⑤ 其他密封用填料类似制品。

该类制造品一般是以物理混合、研磨、分散等为主要过程，主要的污染物是颗粒物以及少量的挥发性有机物。其生产过程与涂料、油墨混合生产的过程基本相似。

3.12.2　主要污染物及产污环节分析

3.12.2.1　农药制造工业

（1）废气

根据生产工艺流程分析，农药工业排污单位的主要废气来源包括以下几种：

① 涉及反应/发酵的废气，包括化学农药原药合成各种反应产生的废气及生物农药原药发酵产生的发酵尾气。

② 不涉及化学反应的混合设备（混合釜、混合器）的废气。

③ 涉及中间产品精制、提纯、固液分离或溶剂回收等产生的废气。

④ 制剂加工灌装等过程挥发产生的各种废气。

⑤ 粉碎、干燥、包装等工序排放的原辅料废气、粉尘等。

⑥ 锅炉、导热油炉、加热炉等燃烧烟气。

⑦ 环保设施固废焚烧炉燃烧烟气、废水蒸发脱盐设备废气、废水集输及生化处理设施排气等。

⑧ 无组织产污环节包括:

a. 固体人孔投料、桶装液体抽料过程的挥发气;

b. 固体物料输送、液体物料装桶中转、产品包装或灌装过程的挥发气;

c. 离心机、压滤机、抽滤槽、真空水箱、污水处理设施等未捕集的逸散气;

d. 储罐、中间储罐的呼吸气等。

废气污染物产生环节多而杂(表 3-27),包括常规污染物和特征污染物等多种污染物,主要有氯化氢、氯气、氟化物、氨、颗粒物等多种无机污染物,以及各种有机溶剂、生物发酵、化学合成反应等过程中产生的中间体、原药等各种挥发性有机污染物和恶臭污染物等。

表 3-27 农药制造工业废气产排污环节

生产工序	污染源	产生环节及排放
原辅料储存	原辅料存放场所	封闭式、半封闭式原料库、堆场跑冒滴漏以及物料装卸等
备料投料	原辅料破碎、固体配料、液体配料、混合釜、混合器、反应器等投料口	备料、投料口集尘、集气罩等
生物发酵	种子制备罐、发酵培养釜等装置	发酵等产生的废气
	各装置等生产主体装置所在生产车间	原辅料、发酵液等产生的易挥发气体
化学合成	各反应釜等生产主体装置	溶剂挥发、制备废气、合成反应等各反应釜工艺反应废气
	各反应釜等生产主体装置所在生产车间	原辅料、反应中间体、原药等产生的易挥发气体
提纯分离	蒸馏塔、精馏塔、提取罐、结晶罐、浓缩罐等装置	溶剂挥发、蒸馏精馏等产生的不凝气、提取尾气等
	离心机、过滤器、抽滤槽、压滤机等	固液分离或溶剂回收等产生溶剂挥发等
	各装置等生产主体所在生产车间	原辅料、反应中间体、原药等产生的易挥发气体
制剂加工	干燥设备、粉碎机、烘干机、包装机等	粉碎机、烘干机、产品(粉剂干燥或水剂灌装)的制备
	各装置等所在生产车间	原药产品粉剂和水剂的挥发

续表

生产工序	污染源	产生环节及排放
溶剂回收	蒸馏塔、精馏塔等提取、精制装置	各种有机、无机气体
车间通风系统、车间内无组织废气收集等	各生产装置所在车间	生产设备所在的封闭式、半封闭式车间内废气收集设施收集的废气
动力辅助	锅炉	燃料燃烧
	加热炉、导热油炉等	燃料燃烧
废水处理设施	集中式污水处理厂/处理设施	水解、生化等产生的废气
	废水蒸发脱盐设施	蒸发脱盐等产生的废气
固废处理（固废焚烧炉）	固废焚烧炉	焚烧产生的废气
危废暂存场所	危险废物暂存间、残渣暂存间、废包装储存间等	封闭式、半封闭式车间内产生的废气

（2）废水

根据生产工艺流程分析，农药工业排污单位的主要废水来源包括以下几种：

① 生产废水　各反应阶段、分离阶段产生的水相母液等工艺废水，废水中残余的反应物、生成物等污染物种类多、浓度高、毒性大；反应釜、精馏塔等主要生产装置以及配套生产装置（如压滤设备、离心设备、催化剂载体、吸附剂等设备及材料）的洗涤水。

② 辅助生产工序排水　循环冷却水系统排污、去离子水制备过程排水、热电锅炉等辅助设备冷凝水等，不是主要生产废水。

③ 生活污水　与企业人数相配套的生活设施等产生的废水，不是主要生产废水。

④ 初期雨水　降雨过程受到污染的雨水，一般指降雨开始前 15~30min。

农药生产过程中产生的废水污染物种类多，包括常规污染物、特征污染物，以及农药原药或农药活性成分，其特点是：

① 有机成分普遍含量高，差异大；

② 污染物浓度较高，化学需氧量可达每升几万乃至几十万毫克；

③ 毒性大，废水中含有大量毒性较高的原料和原药活性成分，生产过程中还会产生多种有毒有害物质，如中间体、代谢产物等；

④ 因为合成过程中大量使用酸和碱，因此含盐量高；

⑤ 间歇排放方式导致水量不稳定，水质复杂，难生化降解，处理难度大。

对照我国水中优先控制污染物名单不难发现，农药工业排污单位排放的特征污染物包括了多种优先控制污染物，如硝基苯、苯胺、氯苯、苯酚等。其主要农药产品废水产污环节及主要污染物详见表 3-28。

表 3-28　主要农药产品废水产污环节及主要污染物

序号	农药种类	主要产品	产污环节	主要污染物和特征污染物
1	酰胺类	乙草胺	酰化工序、醚化工序等酸性废水	pH值、化学需氧量、氨氮、磷酸盐、苯胺类化合物及其他原料、乙草胺原药
		甲草胺		pH值、化学需氧量、氨氮、氢氧化钠、2,6-二乙基苯胺、甲草胺
		丁草胺		pH值、化学需氧量、氨氮、2,6-二乙基苯胺、丁草胺、甲醛、磷酸盐、氯化物
2	杂环类	多菌灵	氯甲酸甲酯、氰胺基甲酸甲酯钙盐、多菌灵的合成工序废水	pH值、化学需氧量、氨氮、氯化钠、碳酸氢钠、碳酸钠、氯化铵、氯化钙、氰胺基甲酸甲酯、苯胺类、硝基苯类、多菌灵
		百草枯（氰化物法）	过滤工序废水	pH值、化学需氧量、氨氮、吡啶、百草枯、氰根离子、氨态氮、氯化钠、醇、有机溶剂
		莠去津	蒸馏回收溶剂后的物料进行吸滤时产生的抽滤水及冲洗水	pH值、化学需氧量、氨氮、莠去津、异丙胺、三聚氯氰、乙胺、溶剂等
		吡虫啉（苄胺-正丙醛路线）	N-苄基、N-丙烯基乙酰胺合成工序、2-氯-5-甲基吡啶合成工序、氯化工序废水	pH值、化学需氧量、氨氮、磷盐、钾盐、钠盐、甲醇、丙醛、苯甲醛、咪唑烷、2-氯-5-氯甲基吡啶、吡虫啉
3	苯氧羧酸类	2,4-D	缩合工序后脱酚废水、氯化工序母液以及冲洗水	pH值、化学需氧量、氨氮、挥发酚、2-甲-4-氯酸、邻甲酚
4	磺酰脲类	苯磺隆、苄嘧磺隆	离心与干燥工序废水，设备清洗水、地面冲洗水及包装工人用水等含有原药成分的废水	pH值、化学需氧量、氨氮、SS、苄嘧磺隆、苯磺隆等活性成分
5	有机硫类	代森锰锌	产品抽滤工序产生的母液及冲洗水	pH值、化学需氧量、氨氮、锰、锌硫酸铵、硫酸锰（锌）、乙二胺、代森锰、代森锰锌、乙撑硫脲
6	菊酯类	氟氯氰菊酯	环氯氟酯环合工序、2-顺式氯氟菊酸水解工序、氯氟氰菊酯合成工序、环氯氟酯加工序废水	pH值、化学需氧量、氨氮、氯化钠、叔丁醇、叔丁醇钠、氯氟酯、环氯氟酯、盐酸、碳酸钠、环氯氟酯、环氯氟酸钠、氯氟菊酸、氰化钠、苯醚醛、氯氟菊酰氯、氯氟氰菊酯、甲苯、PTC、溶剂、催化剂
		氯氰菊酯	菊酸合成废水，氯氰菊酯合成的分层、萃取、水洗工序废水	pH值、化学需氧量、氨氮、盐酸、氯化钠、甲醇、乙醇、二氯菊酸甲酯、二氯菊酸、甲苯、氰化钠、苯醚醛、二氯菊酰氯、氯氰菊酯、溶剂（环己烷）、异丙醇、三乙胺、异丙醇、二甲苯

序号	农药种类	主要产品	产污节点	主要污染物和特征污染物
7	有机磷类	草甘膦	水解、结晶、回收废水	pH值、化学需氧量、氨氮、总磷
		丙溴磷	工艺废水、洗涤水	pH值、化学需氧量、氨氮、邻氯酚、溴酚钠、溴化钠、乙基氯化物、三酯、二甲乙胺、溴丙烷、丙溴磷
		毒死蜱	缩合废水	pH值、化学需氧量、氨氮、三氯吡啶醇钠、乙基氯化物、毒死蜱
		乙酰甲胺磷	合成工序废水	pH值、化学需氧量、氨氮、氯化物
		二嗪磷	甲醇蒸馏工序、环化离心工序、环化脱水工序、缩合工序废水	pH值、化学需氧量、氨氮、甲醇、异丁腈、羟基嘧啶、甲醇、二嗪啉、乙基氯化物
		辛硫磷	缩合工序废水	pH值、化学需氧量、氨氮、肟钠、乙基氯化物、辛硫磷
		三唑磷	合成、水洗工序废水	pH值、化学需氧量、氨氮、三唑磷、苯唑醇、乙基氯化物
8	有机氯类	百菌清	合成工序废水	pH值、化学需氧量、氨氮、硝酸铵、氰化物、间二甲苯、盐酸、百菌清
		三氯杀螨醇	合成工序废水	pH值、化学需氧量、氨氮、对氯苯磺酸、聚乙二醇、氯苯、三氯乙醛、滴滴涕、三氯杀螨醇
9	氨基甲酸酯类	灭多威	灭多威肟合成工序废水	pH值、化学需氧量、氨氮、乙醛肟、硫酸羟胺、灭多威肟（甲硫基乙醛肟）、甲硫醇钠、二甲基二硫、甲硫醚、氯化钠等
		克百威	合成工序废水	pH值、化学需氧量、氨氮、呋喃酚、克百威
		异丙威		pH值、化学需氧量、氨氮、一甲胺盐酸盐、三乙胺盐酸盐、异丙威、邻异丙基酚
		仲丁威		pH值、化学需氧量、氨氮、一甲胺盐酸盐、三乙胺盐酸盐、仲丁威、邻仲丁基酚
10	生物类	井冈霉素	发酵、过滤和浓缩工序废水	pH值、化学需氧量、氨氮、可溶性蛋白类、氨基酸、残糖、无机盐
		阿维菌素	压滤、板框、过滤工序废水	pH值、氨氮、化学需氧量、五日生化需氧量、总磷、可溶性蛋白类、氨基酸、残糖、无机盐及微量的阿维菌素

（3）固体废物

农药生产过程中产生的固体废物分为一般工业固体废物和危险废物。危险废物主要有蒸馏及反应残余物、废水处理污泥、反应罐及容器清洗废液、废滤料和吸附剂、蒸馏残余物、废弃的原辅料、有机溶剂和酸碱，以及过滤、蒸发和离心分离残余物等。除界定为危险废物以外的生产过程中产生的其他固体废弃物为一般工业固体废物。

（4）噪声

农药制造工业企业噪声源主要包括：

① 各类生产机械，包括反应设备、精馏设备、蒸馏设备、过滤设备、分离设备、干燥设备、热交换设备等，以及空压机、水泵、真空泵等；

② 污水处理设施，包括曝气设备、污泥脱水设备、风机、泵等；

③ 动力装置（自备锅炉）等，包括燃料破碎、风机、蒸汽排空等。

3.12.2.2　化肥工业-氮肥

（1）废气

由于采用的原料和生产工艺各异，氮肥工业企业废气污染物排放存在很大差异，总体来讲，氮肥工业企业废气类型主要有以下几种：煤制备废气、造气废气、脱硫废气、脱碳废气、精制废气、合成废气、联产其他产品的生产废气（如尿素、硝酸铵、甲醇等）及环保处理设施有组织排放废气、无组织排放废气。

① 合成氨

a. 固定床常压煤气化工艺　固定床间歇煤气化工艺吹风气余热回收系统烟气，主要污染物为颗粒物、二氧化硫、氮氧化物；脱硫、脱碳再生废气（指溶剂或吸附剂再生时产生的汽提气、解析气、放空二氧化碳气，如半水煤气脱硫再生槽废气、变换气脱硫再生槽废气、脱碳汽提塔废气等），主要污染物为硫化氢、氨、非甲烷总烃；硫回收熔硫釜废气，主要污染物为硫化氢。目前该工艺造气循环冷却水系统采用污水循环，使用造气废水、脱硫废水等工艺废水作为补水，在造气废水沉淀池沉淀除尘处理和造气循环冷却水冷却塔降温等过程中，污水中的氨、硫化氢、挥发酚、氰化物、苯并［a］芘、非甲烷总烃等污染物逸散排入大气。

b. 干煤粉气流床气化工艺　磨煤干燥系统放空气，主要污染物为颗粒物、二氧化硫、氮氧化物；粉煤输送及加压进料系统粉煤仓排气，主要污染物为颗粒物，使用低温甲醇洗工段的二氧化碳作载气时，还排放甲醇、硫化氢；低温甲醇洗尾气，主要污染物为甲醇、H_2S；硫回收尾气，主要污染物为二氧化硫、氮氧化物。

c. 水煤浆气流床气化工艺/重油部分氧化工艺　低温甲醇洗尾气，主要污染物为甲醇、H_2S；硫回收尾气，主要污染物为二氧化硫、氮氧化物。

d. 天然气/焦炉气转化工艺　焦炉气脱硫再生槽废气，主要污染物为硫化氢、氨、非甲烷总烃；一段转化炉烟气，主要污染物为颗粒物、二氧化硫、氮氧化物；脱碳再生塔放空气，主要污染物为 CO_2。

② 尿素及硝酸铵　放空气洗涤塔尾气，主要污染物为氨；造粒塔（机）排气，主要污染物为尿素粉尘、氨、甲醛；尿素包装机排气，主要污染物是尿素粉尘。

硝酸铵生产的产排污环节包括：造粒塔排气，主要污染物为硝酸铵粉尘、氨；包装机排气，主要污染物是硝酸铵粉尘。

（2）废水

由于采用的原料和生产工艺各异，氮肥工业企业废水污染物排放存在一定差异，总体来说，氮肥工业企业废水类型主要有以下几种：固定床常压煤气化工艺造气废水、造气循环水冷却塔排污水、反渗透浓盐水、变换冷凝液、脱硫再生废液、循环冷却水、铜洗废水、含油废水、尿素工艺废液、硝酸铵工艺废液地面冲洗水和生活废水。

① 合成氨

a. 固定床常压煤气化工艺　包括造气循环冷却水系统排放废水、变换工艺冷凝液废水、氨回收排放废水、压缩机排放废水等。造气循环冷却水系统排放废水、变换工艺冷凝液废水的主要污染物有悬浮物、COD、氨氮、总氮、氰化物、硫化物、挥发酚、石油类等；氨回收排放废水的主要污染物为氨氮；压缩机排放废水的主要污染物为COD、石油类。

b. 干煤粉气流床气化工艺　气化废水的主要污染物有悬浮物、COD、氨氮、总氮、硫化物、氰化物等；低温甲醇洗排放废水的主要污染物为COD；氨回收排放废水的主要污染物为氨氮。

c. 水煤浆气流床气化工艺/重油部分氧化工艺　气化废水的主要污染物有悬浮物、COD、氨氮、总氮、硫化物、氰化物等；低温甲醇洗排放废水的主要污染物为COD；氨回收排放废水的主要污染物为氨氮。

d. 天然气/焦炉气转化工艺　变换工艺冷凝液废水的主要污染物有COD、氨氮、总氮；氨回收排放废水的主要污染物为氨氮；压缩机排放废水的主要污染物为COD、石油类。

② 尿素及硝酸铵　尿素和硝酸铵生产废水产排污环节基本相同，主要为工艺冷凝液，主要污染物为氨氮、总氮。

（3）固体废物

氮肥工业企业固体废物主要有两类：一类是一般固废，如造气炉渣、锅炉炉渣、除尘器灰渣、污水处理过程中产生的污泥以及生活垃圾等；另一类是危废，如铜泥、废催化剂等。

（4）噪声

氮肥工业企业的噪声源主要有3类：

① 各类生产机械产生的噪声　破碎设备、筛分设备、风机、空压机、各类压缩机、水泵等。

② 环保处理设施设备产生的噪声　生化处理曝气设备、污泥脱水设备等。

③ 锅炉燃烧产生的噪声　燃料搅拌、鼓风设备等。

3.12.2.3　磷肥、钾肥、复混钾肥、有机肥料及微生物肥料工业

（1）废气

① 磷肥　由于各类产品的生产工艺各异，磷肥工业企业废气污染物排放存在一定差异。总体来讲，磷肥工业企业的废气类型主要有以下几种：含尘废气、烘干焙烧尾气

处理系统排气、冷却尾气处理系统排气、反应尾气处理系统排气、过滤机尾气处理系统排气、造粒尾气处理系统排气、干燥尾气处理系统排气、筛分/破碎/冷却尾气处理系统排气、包装尾气等。

湿法磷酸生产过程中废气产排污节点主要为原料制备单元中磷矿粉碎时所产生的废气以及萃取反应、结晶槽、过滤机等含氟废气，经洗涤吸收后达标排放。原料制备中废气污染物主要是颗粒物，萃取反应过程中的废气污染物主要是氟化物。

磷酸一铵/磷酸二铵料浆法和传统法工艺的废气产生源主要有造粒机/干燥塔、冷却、筛分等过程，产生的污染物主要有氨、颗粒物。此外，为干燥、造粒提供热源的热风炉（以煤为燃料），还涉及二氧化硫、氮氧化物和颗粒物的排放。

重过磷酸钙生产中废气产排污节点包括粉状产品混合、化成产生的尾气，经除氟、湿法吸收除尘处理后由排气筒排放；粒状产品尾气产排环节有两处，一是混合、化成产生的尾气，二是造粒、干燥产生的尾气，分别经湿法除尘和干法除尘后由两个排气筒排放。产品熟化过程尾气无法回收，呈无组织排放。尾气污染物主要是反应过程废气的氟化物以及造粒干燥过程废气中的二氧化硫、氮氧化物、颗粒物。

硝酸磷肥/硝酸磷钾肥生产过程中废气产排污节点包括酸解、中和、造粒、干燥、筛分破碎、冷却各工序排出的废气，污染物主要是颗粒物、氟化物、氨、氮氧化物，以及以煤为燃料的热风炉产生废气中的颗粒物、二氧化硫等。

过磷酸钙生产过程中废气产排污节点主要为混合、化成的含氟废气和熟化过程的无组织废气，污染物主要是颗粒物、氟化物等。

钙镁磷肥生产过程中废气产排污节点主要有两个，一是由高炉熔融产生的废气，二是干燥、研磨产生的废气，污染物主要是氟化物、氮氧化物、二氧化硫、颗粒物等。

氟硅酸钠/氟硅酸钾废气产排污节点为复分解反应含氟废气，干燥、冷却、包装各工序排出的含颗粒物废气。

② 钾肥　资源型钾肥工业企业废气主要包括成品制备单元造粒尾气、干燥尾气和包装尾气等。加工型钾肥工业企业废气主要包括复分解反应单元曼海姆炉烟气，冷却单元降膜酸雾吸收器尾气、冷却器尾气，中和反应单元反应尾气，成品制备单元造粒尾气、干燥尾气、包装尾气等。

③ 复混肥工业　废气类型主要有以下几种：含尘废气、反应尾气处理系统排气、造粒尾气处理系统排气、干燥尾气处理系统排气、筛分/破碎/冷却尾气处理系统排气、包装尾气等。

料浆型生产工艺废气产排污节点主要来自氯化钾转化工序产生的尾气、复合肥料生产工序产生的中和尾气、造粒尾气和破碎筛分尾气，污染物主要是氨、颗粒物、氮氧化物、二氧化硫、氯化氢等。

团粒型、熔体型、掺混型生产工艺废气产排污节点主要包括原料粉碎所产生的废气，以及造粒机、烘干机、干燥机、筛分破碎设备所产废气等，废气污染物主要是氨、氮氧化物、二氧化硫、颗粒物等。

④ 有机肥料和微生物肥料工业　有机肥料工业企业生产废气包括备料工序含尘废气、发酵工序发酵尾气、干燥工序干燥尾气、破碎工序破碎尾气、造粒工序造粒尾气、

筛分工序筛分尾气、冷却工序冷却尾气等。

微生物菌剂生产工艺废气产排污节点主要为原料粉碎或投料时产生的少量粉尘及发酵车间的少量有机挥发物等异味气体。复合微生物肥料工艺废气产排污节点主要为发酵车间产生的少量有机挥发物等异味气体。

（2）废水

① 磷肥 由于各类产品的生产工艺各异，磷肥工业企业废水污染物排放存在一定差异，总体来讲，磷肥工业企业废水类型主要有以下几种：各工段尾气洗涤废水、高炉煤气洗涤水、水淬废水、循环冷却水厂排污水、除盐水站排污水、锅炉排污水、堆场喷洒水和生活污水。

磷肥工业是典型的无机化学工业，尽管磷肥工业所涵盖的产品较多，每种产品的生产工艺也不同，但其生产所涉及的原料基本相同，包括磷矿、硫酸、氨（硝酸、尿素）以及钾盐（肥），因此磷肥产品生产过程中产生的主要水污染物基本相同。磷肥工业排放废水的主要特点是水量及水质波动大，废水 pH 值较低，水中氟化物、磷、氨浓度高，共存离子复杂。

湿法磷酸生产废水产排污节点主要是反应、过滤尾气洗涤吸收液，水环真空泵用水，低温闪蒸系统大气冷凝器洗涤用水，以及设备清洗水、地面冲洗水等。磷酸系统产生废水循环利用，无法综合利用的废水送污水处理厂处理。废水污染物主要是悬浮物、总磷、氟化物、总砷。

磷酸一铵/磷酸二铵料浆法和传统法工艺生产的产排污节点基本相同，废水产排污节点主要包括造粒尾气洗涤所产污水、二效蒸发器大气冷凝器所产废水，设备清洗水、地面冲洗水等。废水污染物主要是总磷、总氮、悬浮物。

重过磷酸钙生产中废水产排污节点为混合机与化成机反应尾气洗涤废水、设备清洗水及地面冲洗水，主要污染物为氟及悬浮物等。

硝酸磷肥/硝酸磷钾肥生产过程中废水产排污节点主要是酸解反应与结晶槽等尾气洗涤所产废水，中和洗涤、造粒尾气洗涤等所产废水，以及料浆浓缩冷凝水、设备清洗水、地面冲洗水等。各环节产生洗涤水循环使用，多余部分去污水处理站。废水中污染物主要含磷和氨氮、悬浮物等。

过磷酸钙生产过程中的废水产排污节点主要是含氟尾气洗涤液、设备清洗及地面冲洗水等，污染物主要是颗粒物、氟化物、总磷等。

钙镁磷肥生产过程中废水产排污节点包括高炉尾气洗涤废水、生产钙镁磷肥水淬水，设备及地面冲洗水等，污染物主要是颗粒物、氟化物、总磷等。

氟硅酸钠/氟硅酸钾废水产排污节点包括设备清洗水、地面冲洗水等。

② 钾肥 钾肥按生产工艺分为资源型钾肥和加工型钾肥，资源型钾肥工业企业废水主要有生产废水和生活污水。生产废水主要来源于盐田防结盐清洗废水、盐田光卤石池排出的盐田老卤、浮选工艺中与尾盐一同以矿浆形式排出的浮选尾液、浓密溢流液等。防结盐清洗废水主要包含卤水中的盐类物质，直接排入附近盐田蒸发，不外排。光卤石池排出的盐田老卤，用于兑卤溶矿综合利用。浮选尾液与浮选尾盐以矿浆形式排放到尾盐堆场，浮选尾液经沉淀流至盐田蒸发。浓密溢流液收集后通过管道输送至盐田光

卤石池进行蒸发再利用，不外排。生活污水通过管道直接排入矿区溶矿。

加工型钾肥工业企业生产废水循环使用；生活污水经污水处理厂处理后排放，主要包括悬浮物、化学需氧量、氨氮、总氮和总磷等污染指标。废水总排放口监测项目包括流量、pH值、悬浮物、化学需氧量、氨氮、总氮和总磷。雨水排放口监测项目包括化学需氧量、氨氮和悬浮物。

③ 复混肥工业　主要废水类型有以下几种：各工段尾气洗涤废水、循环冷却水厂排污水、除盐水站排污水、锅炉排污水、堆场喷洒水和生活废水。

料浆型生产工艺废水产排污节点主要是氯化钾转化反应尾气吸收所产废水、中和洗涤所产废水、造粒尾气洗涤所产废水以及设备清洗水、地面冲洗水等，污染物主要是氨氮、总磷、悬浮物等。

团粒型、熔体型、掺混型生产工艺废水产排污节点包括造粒尾气洗涤所产废水、设备清洗水及地面冲洗水，污染物主要是氨氮、悬浮物、总磷等。

④ 有机肥料和微生物肥料工业　微生物菌剂及复合微生物肥料工艺废水产排污节点主要是生活污水。生产工艺中产生的废水全部循环利用，无外排；非正常生产状态时产生的废水去污水处理站处理。

（3）固体废物

磷肥工业企业固体废物主要是一般固废，如高炉炉渣、锅炉炉渣、磷石膏、镍磷铁、污水处理过程中产生的污泥以及生活垃圾等。

钾肥工业企业固体废物主要有盐田钠盐池结晶沉积的钠盐矿、浮选尾盐、锅炉灰渣以及职工生活垃圾。

磷肥工业企业固体废物均为一般固废，如污水处理过程中产生的污泥、生活垃圾等。

有机肥料固体废物主要有除尘器截留的粉尘以及生活垃圾。微生物肥料固体废物主要有除尘器收集的粉尘、废弃包装袋、生活垃圾及炉渣。

（4）噪声

磷肥、钾肥、复混肥料工业企业的噪声源主要有三类：

① 各类生产机械产生的噪声，如破碎设备、筛分设备、风机、各类压缩机、水泵等；

② 环保处理设施设备产生的噪声，如生化处理曝气设备、污泥脱水设备等；

③ 锅炉燃烧产生的噪声，如燃料搅拌、鼓风设备等。

有机肥料及微生物肥料工业企业的噪声主要来自破碎机、筛分机、搅拌机、翻抛机、造粒机、装载机、打包机和风机等。

3.12.2.4　无机化学工业

（1）废气

① 无机酸工业　硫酸工业的主要废气污染源是工艺尾气，即由吸收塔顶部或经进一步脱硫后排放的制酸尾气，其主要污染物为二氧化硫和硫酸雾；此外，硫铁矿制酸过

程中在原料破碎、干燥工序产生的含尘废气，需收集并经除尘设施处理后排放，主要污染物为颗粒物。无组织排放主要有工艺设备、储罐的跑、冒、滴、漏，取样和设备检修等过程产生的二氧化硫、硫酸雾及颗粒物等。

硝酸工业的大气污染物排放主要来自硝酸工业尾气，其主要污染物为氮氧化物（NO_x），另外，硝酸储罐放空气、浓硝酸装置循环吸收槽放空气也排放 NO_x。

盐酸主要为烧碱企业联产制得，其产污情况与烧碱工业基本一致。另外在氢气与氯气燃烧反应后，氯化氢气体进入吸收塔生成盐酸，排放尾气中含有氯化氢气体。

② 无机碱工业　烧碱行业的废气主要有电解工段电解槽排放的含氯气的废气、盐酸工段氯化氢尾气以及部分辅助工段的尾气（锅炉废气），干燥包装环节片碱机产生的含颗粒物废气。无组织排放主要污染物为氯气和氯化氢。

纯碱行业废气：氨碱法原料预处理环节石灰窑废气，主要污染物为颗粒物、二氧化硫、氮氧化物，反应单元蒸氨塔产生含氨废气。天然碱法、氨碱法、联碱法的反应单元煅烧炉及干燥包装单元凉碱机、包装机产生含颗粒物废气，粗品分离单元过滤机产生含氨废气。氨碱法、联碱法在反应单元的碳化塔会产生含氨废气。

③ 无机盐工业　废气产排污环节及污染物种类见表 3-29。

表 3-29　无机盐工业废气产排污环节及污染物种类

行业	生产单元	生产工艺	产排污环节	污染物种类	排放形式
电石	原料预处理/制备	电热法	破碎机、筛分、输送、出炉及其他通风生产设备	颗粒物	有组织
			炭材干燥窑	颗粒物、二氧化硫、氮氧化物	有组织
			石灰窑	颗粒物、二氧化硫、氮氧化物	有组织
	反应单元		内燃电石炉	颗粒物、二氧化硫、氮氧化物	有组织
			密闭电石炉	颗粒物	有组织
	干燥包装		破碎机、包装机	颗粒物	有组织
	厂界			颗粒物、二氧化硫、氮氧化物、一氧化碳	无组织
铬盐（重铬酸钠）	原料预处理	所有	磨机	颗粒物	有组织
	反应单元	液相法	反应器、固液分离器	铬及其化合物	有组织/无组织
		焙烧法	焙烧窑	颗粒物、二氧化硫、氮氧化物、铬及其化合物	有组织
			浸取槽	铬及其化合物	有组织/无组织

续表

行业	生产单元	生产工艺	产排污环节	污染物种类	排放形式
铬盐（重铬酸钠）	反应单元	焙烧法	中和罐	铬及其化合物、硫酸雾	有组织/无组织
			过滤机	铬及其化合物	有组织/无组织
			预酸化罐、酸化罐	硫酸雾、氯化氢	有组织/无组织
		液相法、焙烧法	铬酸酐反应釜	铬及其化合物、氯化氢	有组织
			碱式硫酸铬喷雾干燥塔	颗粒物、铬及其化合物	有组织
			氧化铬氯焙烧窑	颗粒物、二氧化硫、氮氧化物、铬及其化合物	有组织
		干法铬渣解毒	铬渣干法解毒窑（炉）	颗粒物、二氧化硫、氮氧化物、铬及其化合物	有组织
		湿法铬渣解毒	铬渣湿法解毒窑（炉）	铬及其化合物	有组织/无组织
	厂界			硫化氢、氯气、氯化氢、铬及其化合物	有组织/无组织
二硫化碳	反应单元	天然气法	箱式炉	颗粒物、二氧化硫、氮氧化物	有组织
	产品精制		精馏装置	硫化氢、二硫化碳、二氧化硫	有组织
	厂界			硫化氢、二硫化碳、二氧化硫、氮氧化物	无组织
氰化钠	反应单元	丙烯腈副产法、轻油裂解法	焚烧炉/余热利用锅炉	颗粒物、二氧化硫、氮氧化物	有组织
	干燥包装		成型机	颗粒物、氰化氢	有组织
	厂界			颗粒物、二氧化硫、氮氧化物、氨、氰化氢	无组织
碳酸钡	原料预处理/制备	重晶石碳化法	磨机	颗粒物	有组织
	反应单元		焙烧窑	颗粒物、二氧化硫、氮氧化物	有组织
	干燥包装		浸取槽	颗粒物	无组织
			碳化塔	二氧化硫、硫化氢	有组织
			烘干机	颗粒物	有组织
	厂界			颗粒物、二氧化硫、氮氧化物、硫化氢	无组织

续表

行业	生产单元	生产工艺	产排污环节	污染物种类	排放形式
硅酸钠	反应单元	干法	焙烧窑	颗粒物、二氧化硫、氮氧化物	有组织
	干燥包装		包装机	颗粒物	有组织
	厂界			颗粒物、二氧化硫、氮氧化物	无组织
白炭黑	反应单元	气相法	聚集器-旋风分离器	氯化氢	有组织
	粗品分离		脱酸塔	氯化氢、氯气	有组织
	干燥包装	沉淀法	破碎机	颗粒物	有组织
	厂界			颗粒物、氯化氢	无组织
碳酸锂	原料预处理/制备	卤水煅烧法（盐湖卤水生产）	喷雾干燥器（卤水煅烧法）	颗粒物、氮氧化物	有组织
		固相硫酸法（锂辉石/锂云母生产）	焙烧窑	颗粒物、二氧化硫、氮氧化物、氟化物	有组织
			磨机	颗粒物	有组织
	反应单元	卤水煅烧法（盐湖卤水生产）	焙烧窑	颗粒物、二氧化硫、氮氧化物、氯化氢	有组织
		固相硫酸法（锂辉石/锂云母生产）	酸化焙烧窑	颗粒物、二氧化硫、氮氧化物、硫酸雾、氟化物	有组织
	干燥包装	卤水煅烧法（盐湖卤水生产）、固相硫酸法（锂辉石/锂云母生产）	烘干机	颗粒物	有组织
		固相硫酸法（锂辉石/锂云母生产）	厂界	硫酸雾、氟化物、颗粒物	无组织
		卤水煅烧法（盐湖卤水生产）		颗粒物、氯化氢	
轻质碳酸钙	原料预处理/制备	碳化法	破碎机	颗粒物	有组织
	反应单元		碳化塔	颗粒物、氮氧化物	有组织
	干燥包装		干燥供热炉	颗粒物、二氧化硫、氮氧化物	有组织
			包装机	颗粒物	有组织
	厂界			颗粒物、氮氧化物	无组织

续表

行业	生产单元	生产工艺	产排污环节	污染物种类	排放形式
饲料级磷酸钙盐	原料预处理/制备	湿法	磨机	颗粒物	无组织
	反应单元		酸萃取槽、中和槽	氟化物	有组织/无组织
	粗品分离		过滤机	氟化物	无组织
	干燥包装		干燥机	颗粒物	有组织
	厂界			颗粒物、二氧化硫、氟化物、五氧化二磷、砷及其化合物	无组织
连二亚硫酸钠	反应单元	甲酸钠法	合成反应釜	硫化氢、二氧化硫、挥发性有机物	有组织
	干燥包装		干燥釜	挥发性有机物	有组织
			包装机	颗粒物	有组织
	厂界			颗粒物、二氧化硫、硫化氢、挥发性有机物	无组织

④ 其他基础化学原料　黄磷行业生产废气产生环节主要是原料预处理和反应单元。其中，电炉法生产工艺在原料预处理单元的破碎机和筛分机产生含颗粒物的有组织废气；烘干机产生的废气主要污染物为颗粒物、二氧化硫、氮氧化物、五氧化二磷、氟化物；黄磷炉及水淬渣池产生的废气主要污染物为氟化物、硫化物、五氧化二磷、砷及其化合物、磷化物；磷泥制酸工艺的磷泥处理设施产生的废气污染物主要为颗粒物、五氧化二磷、二氧化硫、氮氧化物、氟化物、砷及其化合物。

⑤ 其他无机化学行业　废气产排污环节及污染物种类见表 3-30。

表 3-30　其他无机化学行业废气产排污环节及污染物种类

行业	生产单元	产排污环节	污染物种类	排放形式
涉重金属无机化合物（除含铬重金属外）、无机氰化物工业、硫化物及硫酸盐、涉卤素及其化合物	原料预处理/制备	烘干机、破碎机等	颗粒物	有组织/无组织
涉重金属无机化合物（除含铬重金属外）	反应单元	焙烧（煅烧）、电解、中和、合成、氧化、还原、碳化等主要反应设施	颗粒物、氮氧化物、二氧化硫、氯化氢、硫化氢、氯气、氰化氢、铬及其化合物、汞及其化合物、砷及其化合物、铅及其化合物、相应重金属及其化合物、其他污染物	有组织

续表

行业	生产单元	产排污环节	污染物种类	排放形式
无机氰化物工业、硫化物及硫酸盐	反应单元	焙烧（煅烧）、电解、中和、合成、氧化、还原、碳化等主要反应设施	颗粒物、氮氧化物、二氧化硫、氨、氰化氢、硫酸雾、砷及其化合物、铅及其化合物、汞及其化合物、镉及其化合物	有组织
涉卤素及其化合物			颗粒物、氮氧化物、二氧化硫、氯化氢、氯气、氰化氢、氟化物、砷及其化合物、铅及其化合物、汞及其化合物、镉及其化合物	有组织
涉重金属无机化合物（除含铬重金属外）、无机氰化物工业、硫化物及硫酸盐、涉卤素及其化合物	粗品分离	过滤、结晶、蒸馏等设施	颗粒物、其他污染物	有组织/无组织
	产品精制	萃取、重结晶、洗涤、精馏等设施		
	干燥包装	干燥机、包装机等		
涉重金属无机化合物（除含铬重金属外）	厂界		颗粒物、硫化氢、氯气、氯化氢、氰化氢、相应重金属及其化合物、其他污染物项目	无组织
无机氰化物工业、硫化物及硫酸盐			氰化氢、氨、砷及其化合物	
涉卤素及其化合物			硫化氢、硫酸雾、氯气、氯化氢、氟化物、砷及其化合物	

（2）废水

总体上，无机化学工业企业排放的废水大部分为无机废水，含盐量高，pH 值变化大，部分指标具有一定毒性或难被生物降解，如重金属等。水污染物包括常规污染物和特征污染物，常规污染物包括 pH 值、悬浮物、化学需氧量、氨氮、总氮、总磷、石油类；特征污染物主要包括硫化物、氟化物、总氰化物、总铜、总锌、总锰、总钡、总锶、总钴、总钼、总锡、总锑、总砷、总汞、总镉、总铅、六价铬、总银、总铬、总镍、总铊、总 α 放射性、总 β 放射性等。

① 无机酸工业　硫酸工业废水主要包括生产工艺酸性废水、脱盐废水、设备冷却水、锅炉排污水、循环冷却排污水及生活污水等，其中炉气净化工程中产生的酸性废水为主要污染源。硫酸工业的主要水污染物是砷、氟和重金属离子等，废水水质与原料的成分有密切关系。硫铁矿制酸的废水含有酸、砷、氟和重金属离子，硫化氢制酸会排放硫化物。此外，机油的泄漏会使废水含有石油类，硫铁矿含磷及洗涤剂的使用会导致总

磷排放，生活污水含有机物、悬浮物、氨氮、总氮等。因此，硫酸工业排放的水污染物有硫酸、亚硫酸、有机物、悬浮物、氨氮、总氮、总磷、砷、氟、铅、铜、锌等。

硝酸工业生产过程中排放的废水包括氨蒸发器排放的少量废水、浓硝酸生产酸性废水、硝酸盐生产过程中产生的含 NO_3^- 冷凝液、循环排污水、生活污水及地面冲洗水等。主要污染物为总氮、氨氮、石油类、悬浮物和总磷，氨氮和总氮较高并呈酸性。浓硝酸生产酸性废水为主要污染源。

② 无机碱工业　烧碱行业废水主要有氯处理工段产生的氯水、电解工段的洗槽水和蒸发水等。

纯碱工业联碱工艺的废水主要来自设备清洗水及母液膨胀。联碱法生产过程中，像母液换热器、盐析和冷析结晶器、滤碱机、离心机、除尘器等设备需要定期或不定期清洗，清洗水为含氨废水；设备故障、设备检修、母液贮桶、泵、管线等泄漏也产生含氨废水。

纯碱工业天然碱法生产过程中的含碱废水基本回用，排放的废水主要为少量冷却水、原水过滤反冲洗水和生活用水。

（3）固体废物

① 无机酸工业　硫酸工业固体废物主要为净化工序产生的滤渣、尾气脱硫产生的脱硫渣以及末端水处理设施产生的中和渣、硫化渣。硫铁矿渣是硫酸行业最主要的固体废弃物，是硫铁矿制酸中在沸腾炉高温焙烧后的产物，主要组分为 Fe_2O_3、Fe_3O_4、金属的硫酸盐、硅酸盐和氧化物。我国目前每年堆置的硫铁矿渣近千万吨，约占化工废渣的 1/3。烧渣成分一般含 30%～50% 的铁及少量铜、锌等。但目前，硫铁矿制酸产生的此类废渣一般作为资源卖给下游钢铁企业作原料。

硝酸工业生产过程中只产生少量废催化剂，全部回收利用，无其他固废产生。

盐酸生产过程中无固废产生。

② 无机碱工业　烧碱行业在盐水精制过程中产生危险废物盐泥废渣。纯碱行业产生的主要是一般工业固体废物除尘器收集的粉尘等。

③ 无机盐工业　固体废物主要污染物种类见表 3-31。

表 3-31　无机盐工业固体废物主要污染物种类

行业	废物类别	主要污染物
钡锶化合物	危险废物	水溶性钡渣
	一般工业固体废物	煤渣、石灰渣
碳酸盐化合物	一般工业固体废物	粉尘、含钙废渣
镁化合物	一般工业固体废物	热风炉渣、过滤滤渣
氟化合物	危险废物	AlF_3、氟硅酸盐等
铬化合物	危险废物	铬渣、含铬污泥
硅化合物	一般工业固体废物	含二氧化硅、硅酸钠等渣
过氧化合物	一般工业固体废物	废催化剂

行业	废物类别	主要污染物
氯酸盐	危险废物	盐泥
	一般工业固体废物	洗涤过滤渣
硫化物	一般工业固体废物	灰分、硫酸钠、亚硫酸钠、二氧化硅等
硫酸盐	一般工业固体废物	除尘器收集的含硫酸钙、硫酸镁等粉尘
无机氰化合物	危险废物	含 HCN、废焦粒、NaCN 等粉尘
硝酸盐	一般工业固体废物	废催化剂

（4）噪声

无机化学工业企业的噪声源主要包括：

① 各类生产机械　生产过程中使用的空压机、水泵、真空泵、离心机、冷却塔、烘干机、冷冻机、冻干机、压滤机等。

② 废水处理产生的噪声　曝气设备、污泥脱水设备等。

③ 独立热源、自备电厂锅炉燃烧产生的噪声　燃料搅拌、鼓风设备等。

3.12.2.5　聚氯乙烯工业

（1）废气

乙炔法生产氯乙烯的工艺废气主要包括电石原料系统废气以及氯乙烯精馏尾气。电石原料系统废气主要包括电石破碎、输送、中转和加料过程中产生的废气，主要污染物为粉尘。氯乙烯精馏尾气主要来源于氯乙烯精馏工序，主要污染物包括转化器汞触媒中升华的汞、原料中未反应的氯化氢、精馏过程中未分离彻底的高、低沸物以及氯乙烯等。精馏尾气可采用活性炭吸附、膜分离、变压吸附等方法处理，其中变压吸附应用最为广泛。

乙烯法生产氯乙烯的工艺废气主要包括各装置反应不凝气、氯乙烯精馏废气和二氯乙烷裂解炉燃烧废气。装置反应不凝气、氯乙烯精馏废气的主要污染物为乙烯、氯化氢、二氯乙烷、氯乙烯等，一般送入焚烧炉焚烧处理，焚烧烟气经水洗塔、碱洗塔等处理后排放。二氯乙烷裂解炉一般以天然气为燃料，燃烧废气的主要污染物为二氧化硫、氮氧化物。

聚氯乙烯合成的工艺废气主要包括氯乙烯回收工序以及聚氯乙烯树脂干燥、贮存和包装过程中排放的废气，主要污染物为颗粒物、氯乙烯、非甲烷总烃。

除了主要工艺废气外，其他废气还包括生产装置、储罐、原辅材料装卸和厂内运输等排放的无组织废气，以及污水处理站废气等。

（2）废水

乙炔法生产氯乙烯的工艺废水主要包括电石渣浆废水、乙炔清净废水、含汞废水等。电石渣浆废水主要来源于乙炔发生器，一般为连续性排放，具有悬浮物高、碱性强、无机有毒化合物种类多等特点。乙炔清净废水主要为粗乙炔气净化过程中产生的废水，根据使用的净化剂不同，可分为次氯酸钠废水、浓硫酸废水等，主要污染物为硫化物、磷化物等。含汞废水主要来源于氯乙烯合成及净化过程，包括水洗塔排水、碱洗塔排水、汞触媒抽吸排水等，主要污染物为氯化汞、氯乙烯等，可采用化学沉淀法、电解法、吸附法、离子交换法、多效蒸发法等方法处理。

乙烯法生产氯乙烯的工艺废水主要包括氧氯化反应水、二氯乙烷精制单元排水、氯乙烯精制单元排水以及相关生产设备排水。废水中的主要污染物包括挥发性氯代有机化合物（氯乙烯、二氯乙烷等）、非挥发性氯代有机化合物等。

聚氯乙烯合成的工艺废水主要包括离心母液废水、聚氯乙烯浆料汽提废水以及聚合釜清洗废水等。其中，离心母液废水来源于氯乙烯聚合单元，是聚氯乙烯工业的主要废水，主要污染物是悬浮的聚氯乙烯微粒、氯乙烯、分散剂及反应产物等。

除了主要工艺废水外，其他废水还包括脱盐水站等公辅设施排水、地面冲洗水、生活污水和初期雨水等。

（3）固体废物

聚氯乙烯工业排污单位产生的固体废物分为一般工业固体废物和危险废物。其中，一般工业固体废物主要为聚氯乙烯废料、乙炔法生产过程中产生的电石渣、电石灰等。危险废物主要为废催化剂、精馏残液、废气处理装置产生的废活性炭、乙炔法生产过程中产生的含汞废物（废汞触媒、含汞废活性炭）、聚氯乙烯合成过程中产生的废水处理污泥（不包括废水生化处理污泥）等。

（4）噪声

聚氯乙烯工业的噪声主要来自生产过程中的电石破碎机、给料机、压缩机、离心机、冷却塔、除尘器、风机、包装机及各类泵等。

3.12.2.6　专用化学产品制造工业

（1）废气

专用化学产品制造工业废气产排污节点主要为化学合成、炭化、流延、涂布、蒸馏、干燥、造粒等环节，其中，化工反应类的生产设施（包括反应釜、反应罐、反应器等）产生的工艺废气较少，设备大多为密闭设备，主要废气排放来自粉尘物料、溶剂中的挥发性有机物排放等。大多企业为无组织排放，部分企业进行了收集处理。此外，干燥、造粒等环节的主要污染物为颗粒物。

公用单元废气产排污环节主要为贮存及燃烧工序，其中，原料堆场（固体）产生的废气，主要污染物种类为颗粒物及臭气浓度；原辅料、燃料、中间产品储存罐/库/仓（液体）、废气回收利用装置产生的废气，主要污染物种类为臭气浓度、氨、VOCs；余热锅炉、废气掺烧锅炉、废气催化燃烧装置、废气焚烧装置、尾气处理转化装置等燃烧产生的有组织废气，主要污染物种类为颗粒物、二氧化硫、氮氧化物等。

化学试剂和助剂制造工业、专项化学用品制造工业及林产化学品制造工业废气产排污环节见表3-32和表3-33。此外，信息化学品制造工业、环境污染处理专用药剂材料制造工业、动物胶制造工业以及其他专用化学产品制造工业排污单位废气产排污环节及污染物等已于《排污许可证申请与核发技术规范　专用化学产品制造工业》（HJ 1103—2020）中进行了详细描述，此处不再赘述。

表3-32　化学试剂和助剂制造工业、专项化学用品制造工业废气产排污环节

产品	生产单元	生产工艺	生产工序	产排污环节	污染物种类	排放形式
高纯试剂	分离精制单元	—	精馏	精馏塔	VOCs、酸雾、其他	有组织/无组织
			厂界		VOCs、其他	无组织
催化剂	固体催化剂 原料预处理/制备单元	—	干燥	载体预处理	颗粒物、其他	有组织
				蒸馏塔	VOCs、其他	有组织
	生产/反应单元	沉淀法	化学合成	反应釜（器）	颗粒物、氨、其他	有组织/无组织
		浸渍法	浸渍	浸渍机、涂布机/涂覆机	VOCs、其他	有组织/无组织
		混合法	捏合、研磨	捏合机、研磨机	颗粒物、其他	有组织/无组织
		热熔融法	熔融	电弧炉	颗粒物、其他	有组织
	分离精制单元	—	焙烧	焙烧炉（器、窑）	颗粒物、VOCs、其他	有组织
		—	研磨	研磨机	颗粒物、其他	有组织
	成品单元	—	干燥	干燥器	颗粒物、其他	有组织
			厂界		颗粒物、其他	无组织
	多孔凝胶 生产/反应单元	凝胶法	凝胶	反应釜（器）	颗粒物、VOCs、其他	有组织/无组织
	分离精制单元	焙烧法	焙烧	焙烧炉（器、窑）	颗粒物、VOCs、其他	有组织
	成品单元	干燥法	干燥	干燥器	颗粒物、VOCs、其他	有组织
			厂界		颗粒物、VOCs、其他	无组织
专项化学用品及助剂	塑料助剂 生产/反应单元	减压蒸馏法/酯化法	酯化	酯化釜	VOCs、其他	有组织/无组织
		氧化法	氧化	反应釜（器）	VOCs、其他	有组织/无组织

续表

产品	生产单元	生产工艺	生产工序	产排污环节	污染物种类	排放形式
专项化学 用品及 助剂	塑料助剂	分离精制单元	—	中和	中和釜（罐）	VOCs、其他	有组织/无组织
			—	脱醇	脱醇塔	VOCs、其他	有组织
			—	蒸馏	蒸馏釜（塔、器）	VOCs、其他	有组织
				厂界		VOCs、其他	无组织
	阻燃剂	生产/反应单元	—	聚合、溴代、缩合、 酯化、化学合成	反应釜（器）	VOCs、其他	有组织/无组织
		分离精制单元	—	蒸馏	蒸馏釜（塔、器）	VOCs、其他	有组织/无组织
		成品单元	—	粉碎	粉碎机	颗粒物、其他	有组织
				造粒、干燥	造粒塔（器）、干燥器	颗粒物、VOCs、其他	有组织
				厂界		颗粒物、VOCs、其他	无组织
	橡胶助剂	生产/反应单元	—	化学合成	反应釜（器）	硫化氢、颗粒物、氯化氢、 苯胺、VOCs、其他	有组织/无组织
		分离精制单元	—	蒸馏	蒸馏釜（塔、器）	VOCs、其他	有组织/无组织
			—	冷凝	冷凝器	硫化氢、VOCs、其他	有组织
				硫回收	回收炉	二氧化硫、颗粒物、其他	有组织
		成品单元	—	粉碎	粉碎机	颗粒物、其他	有组织
				造粒、干燥	造粒塔（器）、干燥器	颗粒物、VOCs、其他	有组织
				厂界		颗粒物、VOCs、二氧化硫、 酸雾、其他	无组织

续表

产品	生产单元	生产工艺	生产工序	产排污环节	污染物种类	排放形式
专项化学用品及助剂 — 制革工业用整理剂、助剂/皮革化学品	生产/反应单元	—	化学合成	反应釜(器)	颗粒物、VOCs、二氧化硫、酸雾、其他	有组织/无组织
	成品单元	—	造粒、干燥	造粒塔(器)、干燥器	颗粒物、VOCs、其他	有组织
			厂界		颗粒物、VOCs、其他	无组织
钻井用助剂/油田用化学制剂	生产/反应单元	—	化学合成	反应釜(器)、中和釜(罐)	颗粒物、VOCs、其他	有组织/无组织
			厂界		颗粒物、VOCs、其他	无组织
建工建材用化学助剂	生产/反应单元	—	化学合成	反应釜(器)	颗粒物、VOCs、其他	有组织/无组织
	成品单元	—	造粒、干燥	造粒塔(器)、干燥器	颗粒物、VOCs、其他	有组织
			厂界		颗粒物、VOCs、其他	无组织
电镀化学品	生产/反应单元	—	化学合成	反应釜(器)	颗粒物、VOCs、酸雾、其他	有组织/无组织
			厂界		颗粒物、VOCs	无组织
炭黑	原料预处理/制备单元	油炉法	原料油加热	原料油卸载转移装置	VOCs、其他	有组织/无组织
	生产/反应单元		缺氧燃烧	油炉	二氧化硫、颗粒物、VOCs、烟气黑度(林格曼级)、其他	有组织
				油炉-尾气处理转化装置	二氧化硫、氮氧化物、颗粒物、其他	有组织
	分离精制单元		研磨	研磨器	颗粒物、其他	有组织
	成品单元		造粒、干燥	造粒塔(器)、干燥器、包装机	颗粒物、VOCs、其他	有组织
			厂界		颗粒物、VOCs、其他	无组织

续表

产品	生产单元	生产工艺	生产工序	产排污环节	污染物种类	排放形式
工业用脂肪酸	生产/反应单元	水解法	水解	反应釜(器)、焚烧炉	颗粒物、VOCs、其他	有组织
	分离精制单元		精馏	精馏塔	VOCs、其他	有组织/无组织
	成品单元		造粒、干燥	造粒塔(器)、干燥器	颗粒物、VOCs、其他	有组织
	厂界				臭气浓度、颗粒物、VOCs、其他	无组织
工业用脂肪醇	生产/反应单元	加氢法	加氢	反应釜(器)、焚烧炉	颗粒物、VOCs、其他	有组织/无组织
	分离精制单元		蒸馏	蒸馏釜(塔、器)	VOCs、其他	有组织/无组织
	成品单元		造粒、干燥	造粒塔(器)、干燥器	颗粒物、VOCs、其他	有组织
	厂界				臭气浓度、颗粒物、VOCs、其他	无组织
工业用脂肪胺	生产/反应单元	氢化-加氢法	加氢	反应釜(器)、焚烧炉	颗粒物、氨、VOCs、其他	有组织/无组织
	分离精制单元		分馏	蒸馏釜(塔、器)	VOCs、其他	有组织/无组织
	成品单元		造粒、干燥	造粒塔(器)、干燥器	颗粒物、VOCs、其他	有组织
	厂界				臭气浓度、颗粒物、VOCs、其他	无组织
表面活性剂	生产/反应单元	—	化学合成	反应釜(器)	VOCs、其他	有组织/无组织
			磺化	磺化反应器	二氧化硫、VOCs、其他	有组织
			乙氧基化	乙氧基化	VOCs、其他	有组织
	成品单元	—	造粒、干燥	造粒塔(器)、干燥器	颗粒物、VOCs、其他	有组织
	厂界				颗粒物、VOCs、其他	无组织

表 3-33　林产化学品制造工业废气产排污环节

产品	生产单元	生产工艺	生产工序	产排污环节	污染物种类	排放形式
木质活性炭	原料预处理/制备单元	干馏	筛选、破碎、烘干	筛选机、破碎机、干燥器	颗粒物、其他	有组织
	生产/反应单元		炭化	炭化炉（窑）	颗粒物、二氧化硫、烟气黑度（林格曼级）、VOCs、其他	有组织
	分离精制单元		活化	活化炉	颗粒物、二氧化硫、烟气黑度（林格曼级）、VOCs、其他	有组织
	成品单元		干燥	干燥器	颗粒物、其他	有组织
			厂界		颗粒物、VOCs、其他	无组织
木炭、竹炭	原料预处理/制备单元	干馏	破碎、烘干	破碎机、干燥器	颗粒物、其他	有组织
	生产/反应单元		炭化	炭化炉（窑）	颗粒物、二氧化硫、烟气黑度（林格曼级）、VOCs、其他	有组织
			厂界		颗粒物、VOCs、其他	无组织
松香/松节油	生产/反应单元	水蒸气法	熔解	熔解锅	VOCs、其他	有组织/无组织
	分离精制单元	—	蒸馏、歧化、氢化、松香改性	蒸馏釜（塔、器、器）、歧化釜（器、器）、氢化釜、聚合釜	VOCs、其他	有组织/无组织
	成品单元	简易法/滴水法	造粒、成型	造粒塔（机）、成型机	颗粒物、VOCs、其他	有组织
	分离精制单元		抽油	冷凝器	VOCs、其他	有组织
			厂界		VOCs、其他	无组织

续表

产品	生产单元	生产工艺	生产工序	产排污环节	污染物种类	排放形式
林产香料/林产油脂	原料预处理/制备单元	—	筛选、破碎	筛选机、破碎机	颗粒物、其他	有组织/无组织
	生产/反应单元	水蒸气蒸馏法、浸提法、压榨法	蒸馏、浸提、压榨	蒸馏釜（塔、器）、浸提器、压榨机	VOCs、其他	有组织/无组织
		干馏法	干馏	干馏炉	颗粒物、VOCs、其他	有组织
	分离精制单元	—	蒸馏/精馏	蒸馏釜（塔）/精馏塔	VOCs、其他	有组织/无组织
			冷凝	冷凝器、冷却塔	VOCs、其他	有组织
			厂界		臭气浓度、VOCs、其他	无组织
木糖醇	原料预处理/制备单元		筛选、破碎	筛选机、破碎机	颗粒物、其他	有组织
	生产/反应单元	水解法	水解	水解釜、中和釜、反应釜	酸雾、VOCs、其他	有组织/无组织
	成品单元		干燥	干燥器	颗粒物、其他	有组织
			厂界		颗粒物、VOCs、其他	无组织
糠醛	原料预处理/制备单元		筛选、破碎、干燥	筛选机、破碎机、干燥机	颗粒物、其他	有组织
	生产/反应单元	水解法	水解	水解釜	酸雾、VOCs、其他	有组织/无组织
	分离精制单元		蒸馏	蒸馏釜（塔、器）/中和釜	VOCs、其他	有组织/无组织
			冷凝	冷凝器	VOCs、其他	有组织
			厂界		VOCs、其他	无组织
木材水解酒精	原料预处理/制备单元		破碎、球磨	破碎机、球磨机	颗粒物、其他	有组织
	生产/反应单元	水解法	水解	水解釜	酸雾、VOCs、其他	有组织/无组织
			发酵	发酵罐	VOCs、臭气浓度、其他	有组织/无组织
	分离精制单元	水解法	蒸馏/精馏	蒸馏釜（塔、器）/精馏塔	酸雾、VOCs、其他	有组织/无组织
			厂界		VOCs、臭气浓度、其他	无组织

续表

产品	生产单元	生产工艺	生产工序	产排污环节	污染物种类	排放形式
水解饲料酵母	原料预处理/制备单元		破碎	破碎机	颗粒物、其他	有组织
	生产/反应单元	水解法	水解	水解釜	酸雾、VOCs、其他	有组织/无组织
			发酵	发酵罐	VOCs、臭气浓度、其他	有组织/无组织
	分离精制单元		蒸馏	蒸馏塔（罐）	酸雾、VOCs、其他	有组织/无组织
	成品单元		干燥	干燥器	颗粒物、其他	有组织
			厂界		颗粒物、VOCs、臭气浓度、其他	无组织
栲胶	原料预处理/制备单元		筛选、破碎	筛选机、破碎机	颗粒物、其他	有组织
	生产/反应单元	浸提法	浸提	浸提罐（器）	VOCs、其他	无组织
			磺化	磺化反应器	颗粒物、VOCs、二氧化硫、其他	有组织
	成品单元		干燥	干燥器	颗粒物、VOCs、其他	有组织
			厂界		颗粒物、VOCs、臭气浓度、其他	无组织
天然橡胶	成品单元	—	干燥、造粒	干燥器、造粒塔（器）	颗粒物、VOCs、臭气浓度、其他	有组织
			厂界		颗粒物、臭气浓度、其他	无组织
紫胶类产品	原料预处理/制备单元	—	筛选、破碎、干燥	筛选机、破碎机、干燥器	颗粒物、其他	有组织
	分离精制单元	—	中和	中和釜（罐）	VOCs、其他	有组织/无组织
	成品单元	—	干燥	干燥器	颗粒物、其他	有组织
			厂界		颗粒物、VOCs、其他	无组织

（2）废水

根据专用化学产品制造工业排污单位生产工艺特点，废水主要包括生产废水、初期雨水和生活污水。

3.12.2.7　日用化学产品制造工业

（1）废气

肥皂制造废气产排污环节主要为皂粒干燥生产单元真空干燥以及皂粒输送风环节，废气污染物主要为颗粒物。

高塔喷粉洗衣粉制造废气产排污环节主要为浆料制备、喷粉工段浆料干燥、汽提、筛分环节以及包装单元产生的废气。其中，浆料制备配料废气污染物主要是颗粒物；喷粉工段浆料干燥废气污染物主要是颗粒物、二氧化硫、氮氧化物，汽提、筛分环节污染物为颗粒物；成品包装环节废气污染物主要是颗粒物。

香料制造产生废气主要为合成香料制造合成反应环节以及天然香料制造蒸馏环节产生的有组织废气，污染物主要为非甲烷总烃。

热反应香精制造中浆膏状香精制造的配料和热加工环节产生有组织废气，污染物主要是非甲烷总烃。胶囊型粉末香精制造配料、热加工以及混合环节产生有组织废气，污染物主要是非甲烷总烃；干燥环节产生有组织废气，污染物主要是颗粒物、非甲烷总烃。

此外，公用单元的制冷系统（以氨为制冷剂时）、液氨储罐制冷环节会产生含氨的无组织废气；厂内综合污水处理厂污水处理及污泥堆放和处理产生无组织废气，污染物主要是臭气浓度。

（2）废水

制皂工业废水由工艺废水和循环冷却水构成。在工艺废水中，形成污染的化学物质为油脂、脂肪酸、无机的酸或碱，由此引起排放水体的 COD、油脂含量增加。

洗衣粉高塔喷粉工艺生产中工业废水来自循环冷却水和除尘喷淋、设备清洗等用水。废水中主要污染成分是配制洗衣粉的各类原料，典型成分是表面活性剂（LAS）。

液体洗涤剂的生产工艺通常是各种原料的混合复配，生产中少量废水主要来自设备的清洗，同洗衣粉相似，液体洗涤剂的废水中主要的特征污染物是表面活性剂。

3.12.2.8　涂料、油墨、颜料及类似产品制造业

（1）废气

① 涂料、油墨制造　典型涂料、油墨制造企业的产排污环节如图 3-156 所示。在废气方面，混合、研磨（批式或连续）、调配、过滤和包装过程会产生工艺废气 G1、G2、G3、G4 和 G5，部分企业存在树脂（连接料）生产单元，会产生工艺废气 G8，主要污染物为 VOCs，具体成分根据企业生产使用的原辅料不同而有所差异。上述工艺的辅助环节，如配料、投料和破碎，会有颗粒物产生。在厂区的危险废物储存区和原料储罐也会产生废气 G6 和 G7，主要污染物是 VOCs。

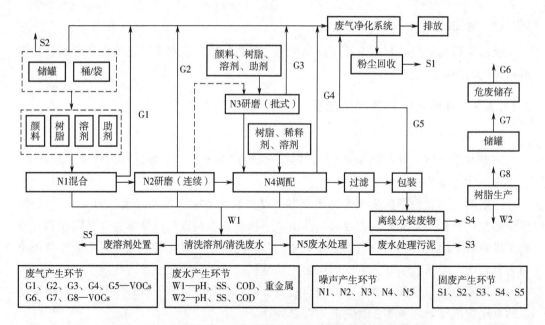

图 3-156　典型涂料、油墨制造企业的工艺流程及产排污环节

有机溶剂挥发主要来自涂料、油墨生产车间，其排放量可能占总排放量的 70%～90%。涂料和油墨生产排污环节与涂料厂的规模、研磨和分散设备类型以及投料方式有关。对不同企业的工艺环节的污染物排放情况进行总结，结果发现，无组织排放情况非常严重。总体上看，含量比较高的是苯系物（甲苯、二甲苯、三甲苯、乙苯、间乙基甲苯）、酯类（乙酸乙酯、乙酸丁酯、甲基丙烯酸甲酯等）、酮类（甲基乙基酮、甲基异丁基甲酮、丙酮）、醇类（甲醇、异丙醇）以及烷烃类、氯代烃。从中还可见涂料、油墨两个行业在废气 VOCs 物种上虽然有不同，但是基本都可能包括甲苯、乙苯、二甲苯等苯系物，这些苯系物是行业标准所规定的特征污染物。

a. 原料储存环节　涂料、油墨生产企业的原料储存方式有 3 种：储罐、桶、袋。

通常使用储罐的是树脂或树脂溶液以及主要溶剂。储罐有内浮顶罐、外浮顶罐和固定顶罐 3 种。但由于涂料、油墨行业的储罐规模通常不大，因此大部分使用的是固定顶罐。储罐使用时排放的污染物主要是 VOCs，固定顶罐使用时的污染物排放水平高于外浮顶罐和内浮顶罐，而内浮顶罐是 3 种顶罐中污染水平最低的。储罐环节 VOCs 的排放环节包括两部分。一是工作损失（也称为大呼吸气），即由于从槽车灌装到储罐环节将储罐的饱和蒸汽通过泄压阀置换释放，工作损失还包括当液体使用过程中，液面下降导致储罐内气体再次饱和而释放的部分 VOCs。二是呼吸损失（也称为小呼吸气），是由于日常随温度、压力发生变化导致的小呼吸气体。

桶装、袋装储存原辅材料时 VOCs 的排放基本可以不考虑。

b. 生产工艺环节　涂料、油墨制造的生产工艺环节可以分为两部分：一是涂料、油墨生产过程，该过程涉及的基本是颜料、树脂、溶剂和助剂相互单纯的物理混合；二是涂料树脂的生产过程，包括乳液聚合、共聚、树脂聚合等反应。

a）反应单元。涂料树脂、助剂（固化剂等）制备中存在化学反应，一般主要为聚合反应。根据调研，涂料企业配备生产比较多的是醇酸树脂、UV 树脂、PE 树脂，少量企业配备有丙烯酸树脂、聚氨酯以及氨基树脂的生产。由于废气排放通常具有独立性，即一般树脂生产工段的废气单独收集处理。废气主要来自具有挥发性的原辅材料以及反应中间体的排放。

主要排放点包括：人工投料过程打开反应釜投料口，产生 VOCs 逸散；反应釜废气以及溶解釜、包装釜投料废气由各反应釜配套冷凝装置后的少量不凝气排放；包装过程存在敞开口，会存在无组织排放；产品灌装过程废气。

b）分散与混合单元。如果是单纯的物料混合，则生产工艺中 VOC 的释放环节包括投料环节、混合-研磨-调配环节、包装环节。其中在混合-研磨-调配等不同缸体之间转移时，存在缸内气体置换排放、中间储罐或者中间缸体的散发。

ⅰ．投料损失。投料环节中，除了储罐管道输送的树脂、溶剂外，一些色浆、颜料、助剂等的投料是人工投入。当设备敞口或者盖打开的时候，VOCs 和颗粒物会散发形成废气。投料环节可以使用的吸风罩有 3 种：外部式、柜式和密闭式。大部分企业目前使用外部式吸风罩。通过抽风设施收集进入处理系统的为有组织排放，其余部分为无组织排放，进入车间环境。在投料环节，对于固体粉末可以采用人工和机械真空吸入的方式，对于液体投料可以使用人工、机械真空吸入和桶泵的方式，其中机械真空吸入和桶泵的方式可以有效减少 VOCs 的排放。

ⅱ．加热损失。在高速分散釜、研磨、调配以及其他类似分散设施中，由于溶剂自身具有挥发性，同时在操作过程中，温度增加加剧了溶剂的挥发。预留空间的蒸汽由于反应釜密闭性不强而导致挥发损失。有的分散锅还设置蒸汽压力平衡管，自然排放至室外。有的企业在设备接缝处设置吸风罩收集后进入处理设施，其余部分造成无组织排放。在分散、研磨和调配环节中可以使用的吸风罩类型包括密闭式、外部式和吹吸式。

ⅲ．表面蒸发损失。在高速分散釜、研磨、调配以及其他中间存储设备中，如果设施的部分位置与大气相通，则 VOCs 会从搅拌柄开口位置或者盖子的边缘释放出来，形成 VOCs 排放。有的企业设置吸风罩收集后进入处理系统，有的则任其散发进入环境，形成无组织排放。

ⅳ．包装环节。产品包装环节中，由于接收器敞口，导致溶剂挥发。有的企业设置吸风罩收集后进入处理系统，有的则任其散发进入环境，形成无组织排放。在包装环节中可以使用的吸风罩类型包括密闭式、外部式和吹吸式。

ⅴ．粉碎环节。在原材料预处理以及粉末涂料的压碎和分离环节，该部分过程会产生颗粒物。一般企业都收集后进入除尘系统。

c）辅助环节。

ⅰ．溶剂再生系统。部分企业存在针对废弃或剩余溶剂的回收环节，通常使用蒸馏方法。在加料环节、设备运行和溢出环节会有 VOCs 的排放。一般情况下，投料和溢出环节为无组织排放，而精馏的尾气排放通常为有组织排放。

ⅱ．清洗环节。清洗是重要的环节。当产品品种更换时，分散、研磨设备都需要清洗；采用桶泵加料时，需要对桶泵定期进行清洗。主体设备的清洗过程需要启动抽风系统，收集后进入处理系统，为有组织排放。通常有冷清洗、敞口脱脂器，其中冷清洗更普遍。该部分清洗为无组织排放。在清洗环节中可以使用的吸风罩类型包括密闭式、外部式和吹吸式。

ⅲ．废水处理。针对废水处理单元，由于废水中含有部分油墨、溶剂或者其他有机物，在调节池、中和池、曝气池和二沉池等环节会散发进入环境，形成无组织排放源。一般的污染防治措施包括加盖和投放除臭药剂等。

ⅳ．危险废物暂存场所。危险废物暂存场所存储废溶剂、废桶、废活性炭等。主要的是废溶剂和废桶，由于存储容器敞口，VOCs会散发出来，形成无组织排放。

d）设备泄漏。为了将储罐中的有机树脂和溶剂输送到生产环节，必须配置管道、输送泵、阀门和法兰组成的输送系统。连接部件的泄漏是另一重要的无组织排放源。主要的泄漏环节有泵密封件、阀门、压缩密封件、安全释放阀、法兰、开口管线、采样口。

e）实验室排放。有部分涂料、油墨企业设置实验中心，用于研究涂料、油墨等的性能，这部分实验室涂装或者印刷的废气也成为无组织排放源。特别是汽车涂料、印刷油墨生产企业，需要喷涂或者印刷实验，检测质量。实验一般在独立的实验室中进行，喷涂在通风橱中进行，排气通过通风橱收集后排放。

② 工业颜料制造　钛白粉硫酸法生产工艺废气主要来自酸解过程的酸解废气，主要污染物是硫酸雾和二氧化硫；另一废气来源是回转窑的煅烧废气，主要污染物是二氧化硫、氮氧化物和颗粒物。钛白粉氯化法生产工艺废气排放主要是氯化和氧化环节，除了二氧化硫、硫酸雾外，还有氯气和氯化氢等特征污染物。

③ 染料制造

a．分散染料的产排污环节　分散染料工艺废气中主要污染物有氯气、氯化氢、氨、二氧化硫、氮氧化物、硫酸雾等无机气体及酸、胺和苯酚等挥发性有机气体；污水处理设施产生的废气主要是恶臭气体氨、硫化氢。

b．活性染料的产排污环节　活性染料是第二大染料品种，应用广泛，主要产品有活性艳橙 X-GN、艳红 X-3B、艳橙 K-GN、艳蓝 KN-R 等。

活性染料工艺废气中主要污染物有氯气、氯化氢、氨、二氧化硫、氮氧化物、硫酸雾等无机气体及酸、胺和苯酚等挥发性有机气体；污水处理设施产生的废气主要是恶臭气体氨、硫化氢。

C.I. 活性红 194 染料废气中主要污染物为：NO_x、三聚氯氰、盐酸、颗粒物。

c．硫化染料的产排污环节　硫化染料工艺废气中主要污染物有二氧化硫、氮氧化物、硫酸雾等无机气体及酸、胺和苯酚等挥发性有机气体；污水处理设施产生的废气主要是恶臭气体氨、硫化氢。

硫化染料主要品种为硫化黑。硫化黑废气中主要污染物为硫化物、氨气和颗粒物等。

d．有机颜料制造的产排污环节　有机颜料主要产品有颜料红 170、颜料橙 5、颜料黄 83、铜酞菁、a 型酞菁蓝等。

工艺废气中主要污染物有氯气、氯化氢、氨、二氧化硫、氮氧化物、硫酸雾等无机气体及酸、胺、苯系物和脂类等挥发性有机气体；污水处理设施产生的废气主要是恶臭气体氨、硫化氢。

（2）废水

① 涂料、油墨制造 如图 3-156 所示，各种类型涂料、油墨制造企业在生产环节产生的废水主要是设备清洗废水 W1，其产生量根据工艺不同而有所不同，水性涂料和油墨的清洗用水产量会较大，其中的污染物主要是 pH 值、悬浮物、COD、重金属，而树脂（连接料）的生产单位的聚合反应废水量一般较大，形成废水 W2，主要污染物是 pH 值、悬浮物、COD。溶剂型涂料和油墨工艺上不使用水，但可能有来自设备洗涤水和辅助车间（合成树脂或颜料）的水。

涂料、油墨制造工业废水产排污环节如下。

a. 来源

a）生产设备、生产场地的洗涤：涂料、油墨生产中需要洗涤的设备较多，如调漆缸、过滤器及过滤介质、贮槽，尤其是生产水性涂料、油墨，设备清洗更加频繁。生产、运输、储存场所物料的跑、冒、滴、漏或意外事故都需要清洗。这部分洗涤水是涂料、油墨工业生产废水的主要组成部分。由于溶剂型涂料、油墨生产过程中，不允许用水洗涤设备，所以在正常情况下，这部分企业的废水排放量很少。

b）工艺废水：工艺废水是生产过程中发生物理化学反应而产生的废水。涂料、油墨生产的工艺废水较少，主要是在生产树脂时产生的树脂聚合反应废水，如醇酸树脂废水、氨基树脂废水。另外，还有精制植物油时产生的漂油废水，该类废水有机污染物含量较高，COD 可高达 20000～50000mg/L。

b. 组成 由于各涂料、油墨企业产品种类不同，废水组成性质不同。一般行业废水中含有颜料、填料、树脂、溶剂、矿物油、植物油及皂化物、助剂、碱等物质。溶剂型涂料、油墨生产废水由上述污染物形成悬浊态废水；水性涂料、油墨生产废水由于有亲水树脂胶体存在，废水中的胶体吸附大量带电离子使胶体之间产生电性斥力而不能互相黏结，故废水呈溶胶态。

c. 性质

a）污染物成分复杂，污染物含量高。涂料、油墨生产废水中污染物的种类较多，涂料、油墨生产所用原料、半成品、成品废水中都会存在。据统计分析，一般溶剂型涂料废水，COD 为 2000～5000mg/L，色度 200 倍以上，含油量大于 100mg/L，属重污染源。污染主要来自涂料树脂生产过程。

b）废水中含有有毒物质。涂料、油墨废水一般含有酚醛、苯等有毒有机物，有些涂料、油墨废水含六价铬、铅等重金属离子及其化合物，能在生物体内富集并有致癌性。

c）废水污染物含量和水量的离散度大。由于涂料生产为可间断性生产，其废水的主要来源为洗涤设备和生产场地的洗涤水，故废水排放无规律周期性，废水中污染物含量变化大，增加了废水处理难度。

d）涂料废水处理难度较大，处理成本较高。由于废水中污染物种类较多，含有各种树脂和助剂及小颗粒的颜料填料，单纯采用一种方法难以奏效，必须综合采用物理、化学、生物方法，不仅增加了难度，而且导致成本上升。

② 工业颜料制造　钛白粉硫酸法生产工艺的主要废水来自漂洗过程，废水排放的主要污染物 COD、NH_4^+-N 的浓度都比较低，虽然水量比较大，但污染物的贡献比较小。钛白粉氯化法生产工艺的废水也比较简单，废水排放的主要污染物 COD、NH_4^+-N 的浓度都比较低。

氧化铁生产铁红、铁黄料浆水洗工序产生的废水排放是主要污染点。

③ 染料制造

a. 分散染料：废水中主要污染物有醋酸、苯胺、硫酸、苯酚类、杂染料等。

b. 活性染料：活性染料废水中主要污染物有醋酸、苯胺、硫酸、苯酚类、杂染料等。C. I. 活性红 194 染料使用原浆干燥工艺，几乎没有工艺废水。

c. 硫化染料：硫化染料废水中主要污染物有苯胺、挥发酚、硫酸、苯酚类、硫化物、杂染料等。硫化黑废水中主要污染物为 2,4-二硝基氯苯、硫化物、无机盐、硫酸、硫酸铵、硫代硫酸钠等。

d. 有机颜料制造：废水中主要污染物有苯胺、硫酸、苯酚类、色度、悬浮物、杂染料等。

（3）固体废物

如图 3-156 所示，涂料、油墨制造企业的固体废物主要包括废气净化装置回收的颗粒物（S1）、原料储存使用的桶/袋（S2）、设备清洗产生的废溶剂（S3）、废水处理产生的污泥（S4）和包装环节废物（S5）。

涂料、油墨生产过程中的固体废物分为一般固体废物和危险废物。一般固体废物主要来自生产过程中建筑涂料废渣，不涉及化学品的包装桶等。危险废物主要来自涂料、油墨生产过程中含重金属或含 VOCs 原辅材料的废料和容器（包装桶）、废气处理回收的颗粒物、VOCs 治理过程中产生的废活性炭/废催化剂以及废水处理单元的污泥等。

（4）噪声

涂料、油墨制造企业的噪声主要来自预混合、研磨、调配等生产环节中研磨机、各类高速搅拌机和空压机等设备运行产生的机械振动和冲击，以及废水处理所用气泵等设备运行时产生的声音，其中研磨工序的噪声较为严重。

3.12.3　相关标准及技术规范

《排污许可证申请与核发技术规范　农药制造工业》（HJ 862—2017）

《排污许可证申请与核发技术规范　化肥工业-氮肥》（HJ 864.1—2017）

《排污许可证申请与核发技术规范　磷肥、钾肥、复混肥料、有机肥料及微生物肥料工业》（HJ 864.2—2018）

《排污许可证申请与核发技术规范　无机化学工业》（HJ 1035—2019）

《排污许可证申请与核发技术规范　聚氯乙烯工业》（HJ 1036—2019）

《排污许可证申请与核发技术规范　专用化学产品制造工业》（HJ 1103—2020）

《排污许可证申请与核发技术规范　日用化学产品制造工业》（HJ 1104—2020）

《排污许可证申请与核发技术规范 涂料、油墨、颜料及类似产品制造业》（HJ 1116—2020）

《排污单位自行监测技术指南 涂料油墨制造》（HJ 1087—2020）

《排污单位自行监测技术指南 农药制造工业》（HJ 987—2018）

《排污单位自行监测技术指南 聚氯乙烯工业》（HJ 1245—2022）

《排污单位自行监测技术指南 化肥工业-氮肥》（HJ 948.1—2018）

《排污单位自行监测技术指南 磷肥、钾肥、复混肥料、有机肥料和微生物肥料》（HJ 1088—2020）

《排污单位自行监测技术指南 无机化学工业》（HJ 1138—2020）

《油墨工业水污染物排放标准》（GB 25463—2010）

《涂料、油墨及胶粘剂工业大气污染物排放标准》（GB 37824—2019）

《烧碱、聚氯乙烯工业污染物排放标准》（GB 15581—2016）

《硝酸工业污染物排放标准》（GB 26131—2010）

《无机化学工业污染物排放标准》（GB 31573—2015）

《磷肥工业水污染物排放标准》（GB 15580—2011）

《合成氨工业水污染物排放标准》（GB 13458—2013）

《氮肥工业废水治理工程技术规范》（HJ 1277—2023）

《杂环类农药工业水污染物排放标准》（GB 21523—2008）

《农药工业水污染物排放标准》（二次征求意见稿）

3.13 医药制造业

3.13.1 主要生产工艺

3.13.1.1 原料药制造

（1）发酵类制药

发酵类制药指通过发酵的方法产生抗生素或其他的活性成分，然后经过分离、纯化、精制等工序生产出药物的过程。按产品种类分为抗生素类、维生素类、氨基酸类和其他类。发酵类药物最开始是从抗生素的生产发展起来的，截至目前，该类药物也以抗生素类为主。

① 抗生素类药物 抗生素是某些微生物的代谢产物或半合成的衍生物。根据抗生素的结构主要分为 6 类：

a. β-内酰胺类 分子中含有 4 个原子组成的 β-内酰胺环的抗生素，其中以青霉素类（青霉素钠等）和头孢菌素类（头孢菌素 C 等）两类抗生素为主，还有一些 β-内酰胺酶抑制剂（克拉维酸钾等）和非经典的 β-内酰胺类抗生素（硫霉素、诺卡霉素等）。

b. 四环类 由放线菌产生的以并四苯为基本骨架的一类广谱抗生素。如盐酸土霉素、盐酸四环素、盐酸金霉素等。

c. 氨基糖苷类　是由氨基糖（单糖或双糖）与氨基醇形成的苷。如硫酸链霉素、硫酸双氢链霉素、硫酸庆大霉素等。

d. 大环内酯类　由链霉菌产生的一类显弱碱性的抗生素，分子结构特征为含有一个内酯结构的十四元或十六元大环。如红霉素、柱晶白霉素、麦白霉素等。

e. 多肽类　由 10 个以上氨基酸组成的抗生素。如盐酸去甲万古霉素、杆菌肽、环孢素、卷曲霉素（卷须霉素）、紫霉素、结核放线菌素、威里霉素、恩拉霉素（持久霉素）、平阳霉素等。

f. 其他类　洁霉素、利福霉素、创新霉素、赤霉素、井岗霉素、环丝氨酸（氧霉素）、更新霉素、自立霉素、正定霉素（柔红霉素）、链褐霉素、光辉霉素（多糖苷类）、阿克拉霉素、新制癌霉素、克大霉素（贵田霉素）、阿霉素等。

② 维生素类药物　维生素是维持机体健康所必需的一类低分子有机化合物。目前，在生产中只有少数几种维生素完全或部分应用发酵方法制造，主要包括维生素 B12、维生素 C 等。

③ 氨基酸类药物　主要包括赖氨酸、谷氨酸、苯丙氨酸、精氨酸、缬氨酸。

④ 其他类药物　其他还有很多药物可以采用微生物发酵的方法制得，如核酸类药物（辅酶 A）、甾体类药物（氢化可的松）、酶类药物（细胞色素 C）等。

发酵类制药生产工艺流程一般为种子培养、微生物发酵、发酵液预处理和固液分离、提取、精制、干燥、包装等步骤。种子培养阶段通过摇瓶种子培养、种子罐培养及发酵罐培养连续的扩增培养，获得足量健壮均一的种子投入发酵生产。发酵液预处理的主要目的是将菌体与滤液分离开，便于后续处理，通常采用过滤法处理。提取分为从滤液中提取和菌体中提取两种不同工艺过程，产品提取的方法主要有萃取、沉淀、盐析等。产品精制纯化主要有结晶、喷雾干燥、冷冻干燥等几种方式。典型发酵类制药的生产工艺及产排污环节见图 3-157。

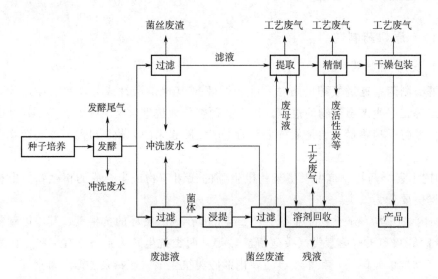

图 3-157　典型发酵类制药的生产工艺及产排污环节

（2）化学合成类制药

化学合成类制药是指采用一个化学反应或者一系列化学反应生成药物活性成分的过程。化学合成是化学药品原料药生产的主要工艺类型之一，一般包括完全合成制药和半合成制药。所谓半合成制药是因其主要原料来自提取或生物制药方法生产的中间体。目前，在临床治疗中，化学合成制药占据着不可替代的重要地位，医药产品中许多活性成分均通过化学合成工艺生产。

按照现行的"国家基本药物品种目录"、产品规模与产品在行业所占地位及其污染源对环境的敏感影响进行归纳分类。将化学合成类药物分为抗微生物感染类药物、抗肿瘤类药物、心血管系统类药物、激素及计划生育类药物、维生素类药物、氨基酸类药物、驱虫类药物、神经系统类药物、呼吸系统类药物、消化系统类药物及其他类药物共十一大类。具体包括镇静催眠药（如巴比妥类、氨基甲酸酯类等）、抗癫痫药、抗精神失常药、麻醉药、解热镇痛药和非甾体抗炎药、镇痛药和镇咳祛痰药、中枢兴奋药和利尿药、合成抗菌药（如喹诺酮类、磺胺类等）、拟肾上腺素药、心血管系统药物、解痉药及肌肉松弛药、抗过敏药和抗溃疡药、寄生虫病防治药物、抗病毒药和抗真菌药、抗肿瘤药、甾体药物16个种类近千个品种。

化学合成类制药就是按照生产工艺，实现各种化学反应生产原料药产品。规模较大的化学合成类制药工业企业在不同的时期可能会生产不同的产品。一批药品生产完成后，清洗设备，再选用其他不同的原料，根据不同的工艺方法，就可以生产不同的产品，但也会产生不同的污染物。

化学合成类制药的生产过程主要以化学原料为起始反应物。生产流程大致包括原辅料的储运及投料、反应阶段、分离纯化、产品检验包装4个步骤。其中，反应阶段和分离纯化两个阶段是核心生产环节，是污染物产生的主要环节，集中了大部分排污节点。反应阶段包括合成、药物结构改造、脱保护基等过程。具体的化学反应类型包括酰化反应、裂解反应、硝基化反应、缩合反应和取代反应等。分离纯化阶段包括分离、提取（萃取）、精制和定型（干燥成型）等。分离主要包括沉降、离心、过滤和膜分离技术；提取主要包括沉淀、吸附、萃取、超滤技术；精制包括离子交换、结晶、色谱分离和膜分离等技术；产品定型步骤主要包括浓缩、干燥、无菌过滤和成型等技术。化学合成类制药工艺流程及产排污环节如图3-158所示。

（3）提取类制药

提取类制药指运用物理的、化学的、生物化学的方法，将生物体中起重要生理作用的各种基本物质经过提取、分离、纯化等手段制造药物的过程。概括地讲，提取类药物包括传统意义上不经过化学修饰或人工合成的生化药物和以植物提取为主的天然药物，还有近年新发展的海洋生物提取药物。

以下3种情况不属于提取类制药：①用化学合成、半合成等方法制得的生化基本物质的衍生物或类似物列入化学合成类；②菌体及其提取物列入发酵类；③动物器官或组织及小动物制剂类药物，如动物眼制剂、动物骨制剂等列入中药类。

按照来源分类，提取类药物按来源分主要有人体、动物、植物、海洋生物等，不包

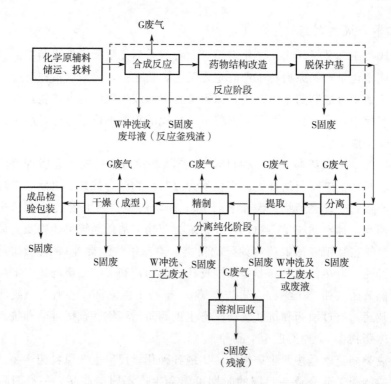

图 3-158　化学合成类制药工艺流程及产排污环节

括微生物。按照生物化学系统分也就是按照药物的化学本质和结构分，提取类药物可分为氨基酸类药物、多肽及蛋白质类药物、酶类药物、核酸类药物、糖类药物、脂类药物以及其他类药物。

提取类制药工艺大体可分为六个阶段：原料的选择和预处理、原料的粉碎、提取、分离纯化（精制）、干燥及灭菌、制剂。

① 原料的选择和预处理　原材料的选择要注意以下几个方面：要选择有效成分含量高的新鲜材料，来源丰富易得，制造工艺简单易行，成本比较低，经济效果较好。材料选定之后，通常要进行预处理。动物组织先要剔除结缔组织、脂肪组织等活性部分；植物种子先去壳除脂等。

② 原料的粉碎　利用机械法、物理法、化学法或生化法将原料粉碎。机械法主要通过机械力的作用，使组织粉碎。物理法是通过各种物理因素的作用，使组织细胞破碎，包括反复冻融、冷热交替法、超声波处理法、加压破碎法。生化及化学法包括自溶法、溶菌酶处理法、表面活性剂处理法等。

③ 提取　也称抽取、萃取。提取法可分为两类：一类为固体的处理，也称液-固萃取；一类为液体的处理，也称液-液萃取。提取常用的溶媒有水、稀盐、稀碱、稀酸溶液以及不同比例的有机溶剂，如乙醇、丙酮、三氯甲烷、二氯甲烷、三氯乙酸、乙酸乙酯、草酸、乙酸等。

④ 分离纯化（精制）　是将提取出的粗品精制的过程。主要应用的方法有盐析法、有机溶剂分级沉淀法、等电点沉淀法、膜分离法、凝胶层析法（过滤法）、亲和层析、

浓缩、结晶和再结晶作用等。

a. 盐析法　常用作盐析的无机盐有氯化钠、硫酸氨、硫酸镁、硫酸钠以及磷酸钠等。

b. 有机溶剂分级沉淀法　在一定条件下，一种溶质只能在一个比较狭窄的有机溶剂浓度范围内沉淀出来，因而可以利用不同浓度进行分级分离。乙醇和丙酮是两种最常用的有机溶剂。

c. 等电点沉淀法　利用蛋白质在等电点时溶解度最低，而各种蛋白质又具有不同等电点的特性。利用等电点沉淀法分离时需要进行 pH 值的调节。

d. 膜分离法　常见的膜分离法有微孔过滤、超精密过滤、超滤和反渗透析等。

e. 凝胶层析法（过滤法）　是指混合物随流动相经过装有凝胶作为固定相的层析柱时，因其各种物质分子大小不同而被分离的技术。整个过程和过滤相似，又称凝胶过滤、凝胶渗透过滤、分子筛过滤等。主要原理是基于一种可逆的分子筛作用，可以把大分子和小分子分开。广泛应用于分离氨基酸、多肽、蛋白质、酶和多糖等提取类药物。葡聚糖、聚丙烯酰胺、琼脂糖、疏水性凝胶是最常用的几种凝胶。

f. 亲和层析　亲和层析是利用生物大分子特异亲和力而设计的层析技术。配基是可逆结合的特异性物质，与配基结合的层析介质称载体。亲和层析技术能从粗提液中，通过一次简便处理，便可获得高纯度的活性物质，既可分离一些生物材料中含量极微的物质，又能分离一些性质十分相似的物质。几种常用的载体为纤维素、琼脂糖凝胶、葡聚糖凝胶、聚丙烯酰胺凝胶、多孔玻璃珠等。

g. 浓缩　浓缩是低浓度溶液通过除去溶剂（包括水）变为高浓度溶液的过程。常采用薄膜蒸发浓缩、减压蒸发浓缩和吸收浓缩。

h. 结晶和再结晶作用　结晶是溶质呈晶态从溶液中析出的过程，是一种分离纯化的常用手段。使固体溶质的溶液蒸发以减少溶剂、改变温度使饱和溶液变为过饱和以及利用加盐（如硫酸氨）、加有机溶剂（如乙醇或丙酮）和调节 pH 值以降低溶质溶解度等方法，都可使溶质成为结晶析出。再结晶的方法就是先将结晶溶于适当溶剂中，再利用上述方法使重新生成结晶。常用的溶剂有水、乙醇、丙酮、三氯甲烷、二氯甲烷、乙醚、乙酸乙酯等。

⑤ 干燥及灭菌

a. 干燥是从湿的固体药物中，除去水分或溶剂而获得相对或绝对干燥制品的工艺过程。最常用的方法有常压干燥、减压干燥、喷雾干燥和冷冻干燥等。

b. 灭菌是指杀灭或除去一切微生物的操作技术。常用干热、湿热、紫外线、过滤和化学等方法。

⑥ 制剂　即原料药经精细加工制成片剂、针剂、冻干剂等供临床应用技术的各种剂型的工艺过程。

3.13.1.2　生物药品制品制造

生物药品制品制造排污单位指利用微生物、寄生虫、动物毒素、生物组织等，采用现代生物技术方法（主要是基因工程技术等）进行生产，作为治疗、诊断等用途的多肽和蛋白质类药物、疫苗等药品的过程，包括基因工程药物、基因工程疫苗、克隆工程制备药物等的药品制造和生物药品研发的排污单位。

（1）基因工程类制药

基因工程又称重组 DNA 技术，即在体外将 DNA 片段与载体连接，形成重组 DNA 分子，在宿主细胞中复制、扩增和表达蛋白质所用的方法和技术。利用重组 DNA 技术将外源基因导入宿主细胞进行大规模培养和诱导表达以获得蛋白质药物的过程称为基因工程制药。

基因工程制药生产的一般工艺流程为：获取目的基因、组建重组质粒、构建基因工程菌、培养工程菌、产物分离纯化、除菌过滤、半成品和成品鉴定、包装。基因工程类制药的纯化过程包括分离、提取、精制和成型等。分离主要包括沉降、离心、过滤和膜分离技术；产品定型步骤主要包括浓缩、干燥、无菌过滤和成型等技术。基因工程类制药生产工艺及产排污节点见图 3-159。

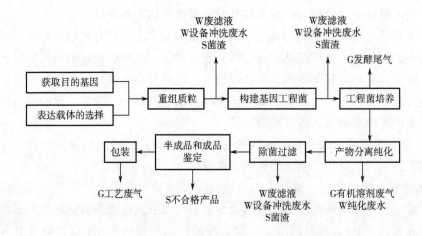

图 3-159　基因工程类制药生产工艺及产排污节点

（2）细胞工程类制药

细胞工程包括动物细胞工程和植物细胞工程。动物细胞工程是以动物细胞为单位，按人们的意愿，应用细胞生物学、分子生物学等理论和技术，有目的地进行精心设计、精心操作，使动物细胞的某些遗传特性发生改变，达到改良或产生新品种的目的，以及使动物细胞增加或重新获得产生某种特定产物的能力，从而在离体条件下进行大量培养、增殖，并提取出对人类有用的产品的一门应用科学和技术。动物细胞工程制药是指利用动物细胞为宿主或者反应器，也包括利用转基因动物作为生物反应器，用于生产疫苗、多肽和蛋白质等生物制品。植物细胞工程同理，利用植物细胞进行生产。

细胞工程类制药工艺大体可分为八个阶段：构建工程细胞、发酵培养、产物分离纯化、半成品制备与检定、分装、冻干、成品检定、包装。细胞工程类制药的主要生产工艺及产排污节点见图 3-160。

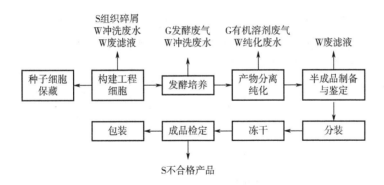

图 3-160　细胞工程类制药主要生产工艺及产排污节点

（3）酶工程类制药

酶工程是利用酶或者细胞所具有的特异催化功能，或对酶进行修饰改造，并借助生物反应器和工艺过程来生产人类所需要产品的一项技术。其特点是利用酶或含酶细胞作为生物催化剂完成重要的化学反应。

酶工程制药的一般程序：细胞破碎、粗酶液的制备、酶的分离纯化、酶浓缩结晶、酶储存。酶的分离一般采用盐析、等电点沉淀、离心分离等；酶的精制常采用凝胶过滤、离子交换层析、吸附层析、亲和层析等；酶的浓缩结晶通常采用旋转蒸发、透析、超滤、冷冻干燥等。酶工程类制药生产工艺及产排污节点见图 3-161。

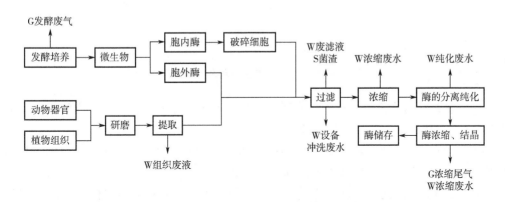

图 3-161　酶工程类制药生产工艺及产排污节点

3.13.1.3　化学药品制剂制造

化学药品制剂制造排污单位生产的剂型明确，产品名称多样、变化大。按照剂型可将主要生产单元分为固体制剂生产线（如颗粒剂、片剂、胶囊剂等）、液体制剂生产线（如口服溶液剂、注射剂、洗剂等）、半固体制剂生产线（如软膏剂、凝胶剂等）、气体制剂生产线（如气雾剂、喷雾剂等）。

（1）固体制剂

固体制剂包括片剂、颗粒剂、胶囊剂、丸剂、散剂、干混悬剂、混悬剂、膜剂等。

① 片剂　片剂是指用压制或模制的方法制成的含药物的片状固体制剂。制备片剂的主要单元操作包括粉碎、过筛、称量、混合（固体-固体、固体-液体）、制粒、干燥及压片、包衣和包装等。其工艺流程及产排污节点见图 3-162。

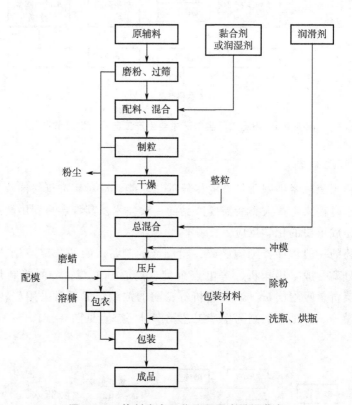

图 3-162　片剂生产工艺流程及产排污节点

② 胶囊剂　指将药物填装于空的硬胶囊或具有弹性的软胶囊中所制成的固体制剂。填装的药物可为粉末、液体或半固体。

硬胶囊剂是由囊身、囊帽紧密配合的空胶囊（胶壳），内填充各种药物而成的制剂。其制备过程可分为制备空胶囊和药物填充两个步骤。

软胶囊剂又称胶丸剂，是将油类、混悬液、对明胶等囊材无溶解作用的液体药物、糊状物、粉粒密封于球形、椭圆形或其他各种特殊形状的软质囊材中制备而成的制剂。囊材的主要组成是胶料、增塑剂、附加剂和水四类物质，其中明胶是最常用的胶料。

在生产软胶囊时，填充药物与成型是同时进行的。制备方法分为压制法和滴制法。压制法的生产过程包括囊材消毒、过滤、配制囊材胶液、制软胶片、压制等工序。滴制法的生产过程适用于液体药剂制备软胶囊，利用明胶液与油状药物为两相，由滴制机头使两相按不同速度喷出，一定量的明胶液将定量的油状液包裹后，滴入另一种不相混溶的液体冷却剂中，成为球形并逐渐凝固成软胶囊剂。其工艺流程见图 3-163。

③ 颗粒剂　指药物与适宜的辅料制成具有一定粒度的干燥颗粒状制剂。颗粒剂的生产工艺较简单，片剂生产压片前的各个工序再加上定量剂包装就构成了颗粒剂整个生产工艺。其工艺流程见图 3-164。

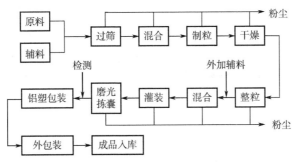

图 3-163 胶囊剂生产工艺流程

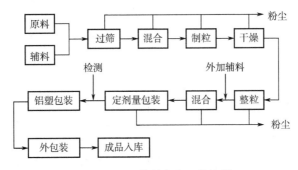

图 3-164 颗粒剂生产工艺流程

（2）液体制剂

液体制剂包括注射液剂、粉针剂、糖浆剂、口服液剂、滴液剂、含漱液剂、悬液剂、溶液剂、洗液剂等，注射液剂分为水针剂、输液剂。其工艺流程分别如图 3-165 和图 3-166 所示。

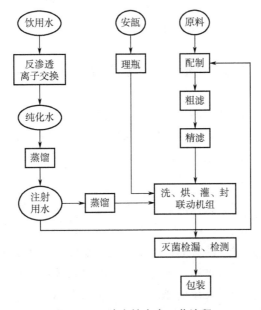

图 3-165 胶水针生产工艺流程

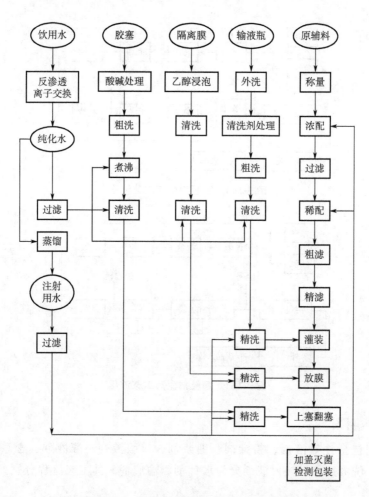

图 3-166　输液（玻璃瓶）生产工艺流程

① 水针剂　生产过程包括原辅料的准备、容器的处理、配制、过滤、灌封、灭菌检漏等。

② 输液剂　生产过程包括原辅料的准备、浓配、稀配、瓶外洗、粗洗、精洗、灌封、灭菌、检验等。

输液容器一般有直接水洗、酸洗、碱洗，最后用注射用水洗净。天然胶塞经酸和碱处理后，用饮用水洗至洗液呈中性，在纯化水中煮沸，再用流动注射用水清洗。隔离膜先用药用乙醇浸泡或放入蒸馏水中煮沸，再用注射用水动态漂洗。

（3）半固体制剂

半固体制剂包括软膏剂、眼膏剂、乳膏剂、凝胶剂等，典型剂型生产工艺流程及产排污节点如图 3-167 所示。

软膏剂是指药物、药材、药材的提取物与适宜基质均匀混合制成具有适当稠度的半固体外用制剂。软膏剂是由药物和基质组成的，根据软膏基质的特性，将软膏剂分为油膏、乳膏和凝胶三大类。油膏采用的基质是用油脂类做成的；乳膏采用的基质是用水、甘油、高醇和乳化剂做成的；凝胶采用的基质是用高分子人造树脂羧甲基纤维素钠做

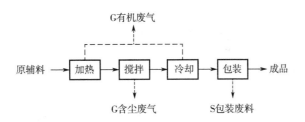

图 3-167　半固体制剂生产工艺流程及产排污节点

成的。

软膏剂制备的主要生产过程包括基质处理、药物处理、配制、灌装、封口包装等。基质一般在加热熔融后趁热过滤净化并加热灭菌。药物能在基质中溶解的，可用熔化的基质将药物溶解，制成溶剂型软膏；药物不溶于基质的，应事先将药物制成细粉，然后先与少量基质或液体成分（如植物油、甘油等）混合均匀，再逐渐加入其余基质；少量水溶性毒、剧药或结晶性药物，先加入少量水溶解再与吸水性基质或羊毛脂混合均匀，然后再与其他基质混匀。软膏生产工艺流程及产排污节点如图 3-168 所示。

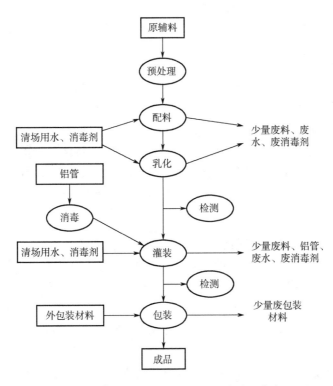

图 3-168　软膏生产工艺流程及产排污节点

（4）气体制剂

气体制剂包括气雾剂、喷雾剂、吸入剂等，典型工艺流程及产排污节点如图 3-169 所示。

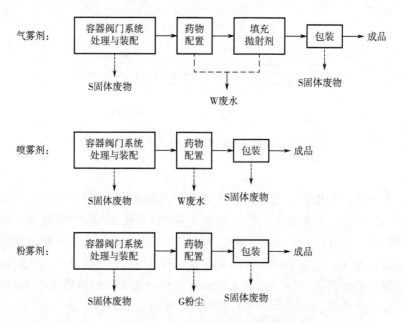

图 3-169　气体制剂类生产工艺流程及产排污节点

3.13.1.4　中成药生产

中药分为中药材、中药饮片和中成药。中草药材指中医指导下应用的原生药材，部分药材具有"药食同源"的特点，可直接用于食品和保健品；中草药材经过按中医药理论、中药炮制方法加工炮制后制成中药饮片；单味或多味的中药饮片精制（如提取、浓缩、精制、赋型等工序）后即为中成药，包括用中药传统制作方法制成的丸、散、膏、丹等剂型和用现代药物制剂技术制作的中药片剂、针剂、胶囊、口服液等专科用药。在中药饮片加工行业中颗粒饮片加工含有提炼工艺，与中成药生产的提炼工艺类似。

（1）中药饮片

中药饮片是将中药材加工炮制成一定长短、厚薄的片、段、丝、块等形状供汤剂使用，其传统工艺统称为中药炮制。中药炮制工艺实际上包括净制、切制和炮炙三大工序，不同规格的饮片要求不同的炮炙工艺，有的饮片要经过蒸、炒、煅等高温处理，有的饮片还需要加入特殊的辅料（如酒、醋、盐、姜、蜜、药汁等）后再经高温处理，最终使各种规格饮片达到规定的纯净度、厚薄度和安全有效性的质量标准。其工艺流程及产排污节点如图 3-170 所示。

中药配方颗粒是由单味中药饮片经提取浓缩制成的、供中医临床配方用的颗粒。国内以前称单味中药浓缩颗粒剂，商品名及民间称呼还有免煎中药饮片、新饮片、精制饮片、饮料型饮片、科学中药等。是以传统中药饮片为原料，经过提取、分离、浓缩、干燥、制粒、包装等生产工艺，加工制成的一种统一规格、统一剂量、统一质量标准的新型配方用药。中药配方颗粒的生产按照国民经济分类虽属于中药饮片加工行业，但生产及排污特点却与中成药生产行业特征一致。

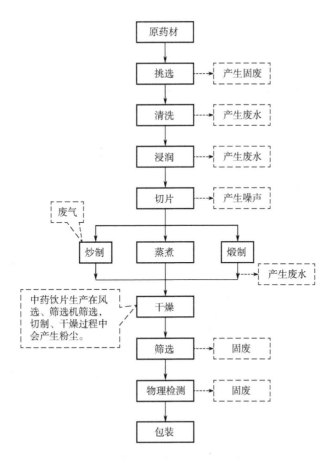

图 3-170　中药饮片加工典型工艺流程及产排污节点

（2）中成药

中成药生产是间歇投料，成批流转。中药饮片加工的炮制工段是以天然动植物为主要原料，采用的主要工艺有清理与洗涤、浸泡、煮炼或熬制、漂洗等。中药材进行炮制（前处理）后所得的中药饮片，经不使用有机溶剂类的提取或使用有机溶剂类的提取等浓缩精制后，再进入固体制剂工段或液体制剂工段。制剂产品赋型包括制成片剂、丸剂、胶囊、膏剂、糖浆剂、口服液等。中成药生产工艺大致包括的主要工段如图 3-171 所示。

图 3-171　中成药生产工艺流程

其中，核心工艺是有效成分的提取、分离和浓缩。提取溶媒一般以水、乙醇较为常见。因此不使用有机溶剂类的提取主要是水提工艺，使用有机溶剂类的提取主要是醇提、醇沉工艺。水提、醇提、液体制剂、固体制剂生产工艺流程分别如图 3-172～图 3-175 所示。

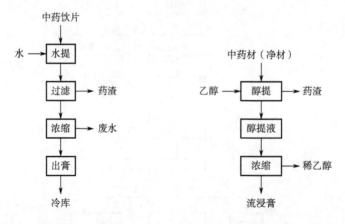

图 3-172　水提生产工艺流程　　　　图 3-173　醇提生产工艺流程

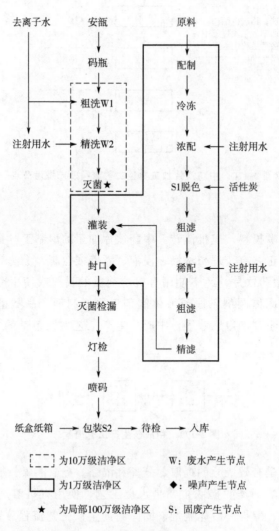

图 3-174　液体制剂生产工艺流程

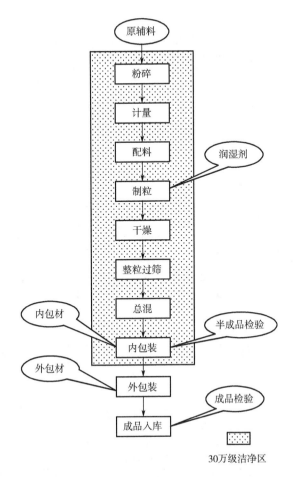

图 3-175　固体制剂生产工艺流程

3.13.2　主要污染物及产污环节分析

3.13.2.1　原料药制造

（1）废气

① 发酵类制药　生产过程产生的废气主要包括发酵废气、有机废气、含尘废气、酸碱废气及废水处理装置产生的恶臭气体。发酵废气气量大，含有少量培养基物质以及发酵后期细菌开始产生抗生素时菌丝的气味，如直接排放，对厂区周边大气环境质量影响较大。有机废气主要产生于发酵、分离、提取等生产工序。废水处理装置产生恶臭气体。此外，还有溶剂回收、放空过程中产生的无组织废气；物料储运过程中产生的无组织废气；储罐的呼吸口排放的无组织废气。

② 化学合成类制药　主要废气排放源包括四部分：蒸馏、蒸发浓缩工段产生的有机不凝气；合成反应、分离纯化过程产生的有机溶剂废气，使用盐酸、氨水调节 pH 值产生的酸碱废气；粉碎、干燥排放的粉尘；废水处理设施产生的恶臭气体。主要的废气

产排环节见表 3-34。

表 3-34　化学合成类制药工业废气产排环节

生产工序	污染源	说明
化学原辅料储运、投料	原料库场	封闭式、半封闭式原料库场通风道、换气道排气筒
	粉碎机、反应器投料口	投料口集尘、集气罩、封闭式投料间排气筒
反应阶段 （合成、药物结构改造、脱保护基等）	各种类反应器、釜（包括酰化、裂解、硝基化、缩合、取代等反应器、反应釜）	各反应器（釜）工艺反应排气引风、真空（压流）抽气、放空口废气有组织收集排气筒
分离纯化阶段 （分离、提取、精制、干燥成型等）	离心机、过滤器、压滤机	废气有组织收集排气筒
	溶媒罐、提取罐、结晶罐、浓缩罐、蒸馏精馏装置等	挥发性气体排气口引风、真空（压流）抽气、放空口废气有组织收集排气筒
	粉碎机、烘干机	密闭式粉碎机、烘干机废气有组织收集排气筒；封闭式粉碎机、烘干机房排气筒；半封闭式粉碎机、烘干机集尘、集气罩排气筒
其他	各类有机溶剂回收装置	尾气排放口
	洁净厂房、生产车间	集中收集排气筒
	集中式污水处理厂/处理设施	恶臭气体有组织收集排气筒
	罐区储罐	呼吸阀排放口

废气污染物的特点：化学合成类制药工业生产过程中，排放的废气污染物主要有氯化氢、粉尘（颗粒物）、氨（NH_3）、各种来自生产过程中使用的有机溶剂（丁酯、丁醇、二氯甲烷、异丙醇、丙酮、乙腈、乙醇等）及其衍生物形成的挥发性有机污染物、恶臭等。其中，各种挥发性有机污染物因原辅料（包括有机溶剂）的使用不同，种类繁多。

③ 提取类制药　提取类制药工业排污单位的废气排放包括：

a. 对植物提取，在原料选择和预处理、清洗、粉碎过程中会有粉尘排放；

b. 对动物或海洋生物提取，原料清洗及粉碎过程还会有恶臭气体排放；

c. 提取过程、精制过程、干燥过程和溶媒回收过程中会有溶媒挥发；

d. 产品的干燥、包装过程有微量药尘排放，药尘作为产品，排污单位会多级收集，排放量非常微小，可以忽略不计；

e. 在酸解、碱解、等电点沉淀、pH调解等过程中还会涉及酸碱废气的挥发；

f. 污水处理设施（站）在进行生化处理时会有恶臭、溶媒等有组织或无组织排放的废气；

g. 排污单位自备供热、供电锅炉会有颗粒物、二氧化硫、氮氧化物等废气排放。

（2）废水

① 发酵类制药　废水主要包括生产废水、辅助工程废水、冲洗水和生活污水。生产废水包括废滤液、废母液、溶剂回收残液等，废水污染物浓度高、酸碱性和温度变化大、含药物残留、水量小。辅助工程废水包括工艺冷却水、动力设备冷却水、循环冷却水、去离子水制备过程排水、蒸馏设备冷凝水等，此类废水污染物浓度低，但水量大。冲洗水包括容器设备冲洗水、过滤设备冲洗水、树脂柱冲洗水、地面冲洗水等，其污染物浓度高，酸碱性变化大。生活污水与排污单位人数、生活习惯、管理状态相关，不是主要废水来源。

生产过程产生的废水大部分属高浓度废水，酸碱度和温度变化大、碳氮比低、绝大部分发酵类制药废水含氮量高、硫酸盐浓度高、盐度（氯离子）含量高、色度高，有的发酵母液中还含有抗生素分子及其他特征污染物，为废水处理带来一定难度。此外，生物发酵过程需要大量冷却水和去离子水，冷却水排污和制水过程排水占总排水量的30%以上。发酵类制药废水的主要污染物因子有 COD、BOD_5、SS、pH、色度和氨氮等。

② 化学合成类制药　各化学合成类制药工业企业由于生产的药品种类不同，具体的生产工艺也不尽相同，包含以下一项或多项废水来源。

a. 母液类　包括各种结晶母液、转相母液、吸附残液等，污染物浓度高，含盐量高，废水中残余的反应物、生成物等浓度高，有一定毒性、难降解。

b. 冲洗废水　包括过滤机械、反应容器、催化剂载体、树脂、吸附剂等设备及材料的洗涤水。其污染物浓度高、酸碱性变化大。

c. 辅助过程排水　包括循环冷却水系统排污、水循环真空设备排水、去离子水制备过程排水、蒸馏（加热）设备冷凝水等。

d. 生活污水　与企业的人数、生活习惯、管理状态相关，但不是主要废水。

废水大部分为高浓度有机废水，含盐量高，pH 值变化大，部分原料或产物具有生物毒性或有生物降解难度，如酚类、苯胺类、苯系物、卤代烃、重金属等。水污染物包括常规污染物和特征污染物，常规污染物包括 TOC、COD、BOD_5、SS、pH 值、氨氮、总氮、总磷、色度、急性毒性（$HgCl_2$ 毒性当量）；特征污染物主要包括挥发酚、硫化物、硝基苯类、苯胺类、二氯甲烷、总锌、总铜、总氰化物、总汞、总镉、烷基汞、六价铬、总砷、总铅、总镍等。《化学合成类制药工业水污染物排放标准》（GB 21904—2008）对以上 25 种污染物都规定了排放限值，其中的硝基苯类、苯胺类、氯苯类、氰化物、各种重金属污染物属于水中优先控制污染物。

③ 提取类制药　一般而言，提取的原材料中的药物活性组分含量较低，通常为万分之几。在提取过程中，大量的原材料经过多次以有机溶剂或酸碱等为底液的提取过程，体积急剧降低，药物产量非常小，废水中含有大量的有机物。在精制过程中会继续排放以有机物为主的废水，排水量及污染程度根据所提取产品的纯度要求和采用的工艺有所不同，但总体而言，其污染程度要比提取过程小得多。有粗提工艺时，废水污染较重。

提取类制药工业排污单位排放的废水主要有以下几种：

a. 原料清洗废水，主要污染物为悬浮物、动植物油等。

b. 提取废水，通过提取装置或有机溶剂回收装置排放。废水中的主要污染物为提取后的产品、中间产品以及溶解的溶剂等，主要污染指标为化学需氧量、五日生化需氧量、悬浮物、氨氮、动植物油、有机溶剂等。提取废水是提取类制药工业排污单位的主要废水污染源。

c. 精制废水，提取后的粗品精制过程中会有少量废水产生，水质与提取废水基本相同。

d. 设备清洗水，每个工序完成一次批处理后，需要对本工序的设备进行一次清洗工作，清洗水的水质与提取废水类似，一般浓度较高，为间歇排放。

e. 地面清洗水，地面定期清洗排放的废水，主要污染指标为化学需氧量、五日生化需氧量、悬浮物等。

（3）固体废物

① 发酵类制药　固体废物主要包括：发酵工序产生的菌丝废渣、发酵残留物；提取、精制工序产生的废溶媒、废活性炭、废树脂和釜残等；污水处理站产生的废物（格栅截留物、污泥）；生活垃圾等。

② 化学合成类制药　化学合成类制药工业企业生产过程中产生的固体废物主要与化学合成类制药各个工段可能采用的工艺技术有关，大部分为危险废物。生产中产生的危险废物主要有废催化剂、废活性炭、废溶剂、废酸、废碱、废盐、精馏釜残、废滤芯（废滤膜）、粉尘、药尘、废药品等。产生的一般固体废物主要为部分废包装材料等。

③ 提取类制药　提取类制药工业排污单位在生产过程中会产生一些固体废弃物，这些固体废弃物中有的属于一般工业固废，有的属于危险固废，根据生产工艺考虑，主要有以下三类：

a. 原料选择和预处理、粉碎、冲洗工序产生的主要固体废物有原料中的杂物、废包装材料、变质的动物或海洋生物尸体、动物组织中剔除的结缔组织或脂肪组织等，大部分为一般工业固体废物；

b. 提取、精制、溶媒回收、废气处理工序产生的主要固体废弃物有残余液、废滤芯（滤膜）等吸附过滤物及载体、含菌废液、废药品、废试剂、废催化剂、废渣等；

c. 污水处理工序产生的污泥。

（4）噪声

① 发酵类制药　噪声源主要有两类：

a. 生产及配套工程的噪声源，如发酵设备、提取、精制机械及设备废母液菌体工艺废气（过滤和离心设备）、干燥机械及设备、真空设备、空调机组、空压机、冷却塔等。

b. 污水处理工序的噪声源，如曝气设备、污泥脱水设备等。

② 化学合成类制药　化学合成类制药工业企业的噪声源主要包括三类：

a. 各类生产机械，如生产过程中使用的空压机、水泵、真空泵、离心机、冷却塔、干燥/烘干机、冷冻机、冻干机、过滤/压滤机等。

b. 污水处理产生的噪声，如曝气设备、污泥脱水设备等。

c. 独立热源、自备电厂锅炉燃烧产生的噪声，如燃料搅拌、鼓风设备等。

③ 提取类制药　提取类制药工业排污单位按照生产工艺分析，噪声源主要有以下三类：

a. 原料选择和预处理、清洗、粉碎过程，主要设备有备料过程的机械、清洗机械、粉碎机械等。

b. 提取、精制、干燥、灭菌、制剂生产过程，主要设备有电机、离心机、泵、风机、冷冻机、空调机组、凉水塔等。

c. 污水处理设施（站），主要设备有污水提升泵、曝气设备、风机、污泥脱水设备等。

3.13.2.2　生物药品制品制造

（1）废气

生物制药废气排放主要包括：发酵、提取、纯化、干燥、有机溶剂回收产生的有机溶剂废气；固体成品粉碎、包装排放的粉尘；液体成品过程产生的有机溶剂废气；废水处理设施及动物房产生的恶臭气体；研发实验用的有机溶剂品种多、量小，大部分属于低毒类，毒性较大的是甲醛、环氧乙烷、乙腈、甲醇。乙腈和甲醇主要来自层析或洗涤过程，甲醛来自消毒，乙醇主要来自瓶子的洗涤等过程。

① 基因工程类制药　基因工程类制药企业的大气污染物主要包括：

a. 发酵尾气。

b. 有机溶剂挥发气体，溶剂的使用以乙醇、丙酮、甲醛、乙腈为主。废气源来自瓶子洗涤、发酵、纯化、溶剂提取过程以及合成仪器、层析柱等。

c. 实验室废气，实验用的有机溶剂品种多、量小。大部分属于低毒类，毒性较大的是甲醛、环氧乙烷、乙腈、甲醇。甲醛和恶环氧乙烷主要来自消毒过程，乙腈和甲醇主要来自层析或洗涤过程，乙醇主要来自瓶子的洗涤等过程。

d. 药尘。

② 细胞工程类制药　废气排放包括：

a. 发酵、提取、干燥、有机溶剂回收产生的有机溶剂废气。

b. 粉碎、包装排放的粉尘。

c. 废水处理设施产生的恶臭气体。

d. 清洗过程中产生的大气污染物因提取对象不同有所差异，对植物提取主要污染物是粉尘排放，对动物提取主要污染物是恶臭气体。在酸解、碱解、等电点沉淀、pH调解等过程中还会涉及酸碱废气的挥发。

③ 酶工程类制药　酶工程类制药企业的大气污染物主要包括：发酵尾气，主要成分为 CO_2、水和恶臭气体；有机溶剂挥发气体，来自瓶子洗涤、层析柱等废气；干燥尾气；浓缩尾气；消毒废气等。

（2）废水

生物工程类制药企业的主要生产废水可以分为三大类来源：

a. 生产工艺废水　包括微生物发酵的废液、提取纯化工序所产生的废液或残余液、发酵罐排放的洗涤废水、发酵排气的冷凝水、可能含有设备泄漏物的冷却水、瓶塞/瓶子洗涤水、冷冻干燥的冷冻排放水等。

b. 实验室废水　包括一般微生物实验室废弃的含有致病菌的培养物、料液和洗涤水，生物医学实验室的各种传染性材料的废水、血液样品以及其他诊断检测样品，重组DNA实验室废弃的含有生物危害的废水，实验室废弃的诸如疫苗等的生物制品，其他废弃的病理样品、食品残渣以及洗涤废水。

c. 实验动物废水　包括动物的尿、粪以及笼具、垫料等的洗涤废水及消毒水等。

废水宜分类收集、分质处理；高浓度废水、含有药物活性成分的废水应进行预处理；含有药物活性成分的废水，应进行预处理灭活；高含盐废水宜进行除盐处理后，再进入污水处理系统。

① 基因工程类制药　基因工程类制药废水大部分为高浓度有机废水。废水中含有核酸、蛋白质等细胞内含物，盐类、碳氮营养物质、维生素、抗生素等培养基组分，各种基因工程酶，以及细胞代谢物质和毒素等。废水来源及水质特点如下。

a. 母液类　包括各种细胞残液、细菌培养液、吸附残液等，污染物浓度高，含盐量高，有机物浓度高，有一定生物毒性、难降解。

b. 冲洗废水　包括纯化机械、反应容器等设备及材料的洗涤水。其污染物浓度高、酸碱性变化大。

c. 辅助过程排水　包括循环冷却水系统排污，水环真空设备排水、去离子水制备过程排水、蒸馏（加热）设备冷凝水等。

d. 生活污水　与企业的人数、生活习惯、管理状态相关，但不是主要废水。

② 细胞工程类制药　动物细胞工程类制药废水属高浓度有机废水，其生产废水中往往混有较多的动物皮毛、组织和器官碎屑，废水中脂肪、蛋白质含量较高。植物细胞工程类制药废水中含有植物组织、碎屑，溶解酶类以及细胞内含物等。废水来源及水质特点如下。

a. 废母液、纯化水　废水浓度高，氨氮含量高，pH 变化大。

b. 包装容器清洗废水　此部分清洗废水污染物浓度很低，但水量较大。

c. 工艺设备清洗废水　该类废水 COD 较高，但水量较小。

d. 地面清洗废水　污染物浓度低。

e. 生活污水　与企业的人数、生活习惯、管理状态相关，但不是主要废水。

③ 酶工程类制药　酶工程类制药企业生产废水主要包括设备冲洗水、过滤清液、浓缩液等，水中污染物主要有 COD、BOD_5、NH_4^+-N、SS、pH、甲醇、乙醇、盐类等。废水来源及水质特点与细胞工程类制药类似。

（3）固体废物

生物药品制品制造生产固体废物主要来自包装环节产生的废包材，污水处理环节产生的污泥、包装盒的边料、非感染性报废材料、实验动物粪便、生活垃圾、废弃药物、试剂瓶、检测中心废液、研发实验室废液、废水在线监测废液、动物尸体、感染性报废材料（不合格产品、各种过滤材料等）、废活性炭，纯水制备或废水深度处理环节产生的废树脂等。

（4）噪声

噪声来源主要集中于发酵设备、离心设备、空压机、水泵、真空泵、空调机组等生产及辅助设施。

3.13.2.3 化学药品制剂制造

（1）废气

① 固体制剂废气污染源 磨粉过筛、制粒、干燥、总混、压片、粉针分装和胶囊填充过程中产生的粉尘。

② 液体制剂废气污染源 使用乙醇浸泡、清洗、干燥容器时产生的VOCs废气。

③ 半固体制剂废气污染源 加热、分装半固体胶状原辅料时产生的VOCs废气，搅拌粉状原辅料时产生的含尘废气。

④ 气体制剂废气污染源 药物配置、填充时产生的含尘废气。

化学药品制剂制造单位废气产排污环节及污染物种类详见表3-35。

表 3-35 化学药品制剂制造单位废气产排污环节及污染物种类

主要生产单元	产排污环节	生产设施	污染物项目	排放形式
固体制剂	干燥废气	干燥塔、真空干燥器	颗粒物	有组织/无组织
	粉碎废气	机械式粉碎机、研磨式粉碎机	颗粒物	
	筛分废气	整粒筛分机	颗粒物	
	混合废气	槽型混合机、滚筒混合机	颗粒物、非甲烷总烃[①]、TVOC[①]	
	制粒废气	混粉机、振荡筛	颗粒物、非甲烷总烃[①]、TVOC[①]	
	压片废气	单冲压片机、旋转压片机	颗粒物	
	包衣废气	包衣机、倾斜包衣锅	颗粒物、非甲烷总烃[①]、TVOC[①]	
	分装废气	分装机、滚模式软胶囊机、灌装机	颗粒物、非甲烷总烃[①]、TVOC[①]	
半固体制剂	搅拌废气	配料锅、均质机	颗粒物	有组织/无组织
	加热废气	炼胶机	非甲烷总烃[①]、TVOC[①]	
	分装废气	灌封机	非甲烷总烃[①]、TVOC[①]	
液体制剂	清洗废气	滚筒式洗瓶机	非甲烷总烃[①]、TVOC[①]	有组织/无组织
	烘干废气	真空干燥器		
气体制剂	配置废气	全自动气雾剂灌装机	颗粒物	有组织/无组织

续表

主要生产单元	产排污环节	生产设施	污染物项目	排放形式
公用单元	质检废气	检验设备、通风橱	非甲烷总烃①、TVOC①、特征污染物②	有组织/无组织
	研发废气	通风橱	非甲烷总烃①、TVOC①、特征污染物②	有组织/无组织
	动物房废气	动物房	臭气浓度	有组织/无组织
	循环风排气	气体净化设施	非甲烷总烃①、TVOC①、颗粒物	有组织/无组织
	储罐呼吸气	常压罐	非甲烷总烃①、TVOC①、特征污染物②	有组织/无组织
	装卸运载废气	槽车、鹤罐、其他	非甲烷总烃①、TVOC①、特征污染物②	有组织/无组织
	废水处理设施废气	调节池、厌氧池、好氧池	非甲烷总烃、硫化氢、氨、臭气浓度、特征污染物②	有组织/无组织
	固体废物暂存废气	危废暂存间、污泥暂存间	臭气浓度、特征污染物②	有组织/无组织

① 仅适用于使用有机溶剂的生产。

② 见 GB 14554、GB 37823 所列污染物，根据环境影响评价文件及其审批、审核意见等相关环境管理规定，确定具体污染物项目。

（2）废水

① 固体制剂　由三种固体制剂类生产工艺流程可知，固体制剂类生产过程中涉及的环境因素并不复杂，三废的产生源也不多，严格意义上来说并没有工艺废水的产生，主要废水污染源仅为纯化水制备过程产生的部分酸碱废水，洗瓶过程中产生的清洗废水和生产设备的冲洗水、厂房地面的冲洗水。

a. 包装容器清洗废水，由于医药行业的特殊性，要求对包装容器进行深度清洗，此部分清洗废水污染物浓度极低。

b. 工艺设备清洗废水，每个工序完成一次批处理后，需要对本工序的设备进行一次清洗工作，这种废水 COD 较高，但水量不大。

c. 地面清洗废水，厂房地面工作场所定期清洗排放的废水，其污染物浓度低，主要污染指标为 COD、SS 等。

② 液体制剂　纯化水和注射用水制备过程产生的酸碱废水，玻璃瓶、胶塞、隔离膜、设备清洗过程中产生的清洗废水，以及灭菌检漏工序段排出的灭菌检漏用废水。

③ 半固体制剂　生产设备的清洗水和厂房地面的冲洗水。

④ 气体制剂　纯化水制备过程产生的酸碱废水，生产设备清洗水和厂房地面的冲洗水。

（3）固体废物

① 固体制剂　过滤工序中产生的废活性炭和废滤纸，生产包装过程中或储存药品过程中产生的废旧包装材料和报废过期药品。

② 液体制剂　储存药品过程中产生的废旧包装材料、废旧过期药品以及过滤工序中产生的废活性炭和废滤纸。

③ 半固体制剂　生产包装过程中少量的废包装材料和报废过期药品。

④ 气体制剂　生产包装过程中产生的废包装材料和报废过期药品。

（4）噪声

噪声来源主要集中于研磨机、药用粉碎机、筛分机械、空压机、水泵、真空泵、空调机组等生产及辅助设施。

3.13.2.4　中成药生产

（1）废气

① 中药饮片废气　主要是切制、粉碎等工序产生的药物粉尘和炮炙过程中产生的药烟、蒸汽等，炮炙过程中产生的药烟存在异味。

② 中成药废气　主要为二氧化硫、烟尘、药物粉尘和挥发性有机物，主要来自某些提取因煎煮而产生的锅炉烟气，药材粉碎等工序产生的药物粉尘。VOCs的污染主要来自醇提、醇沉工序使用的有机溶剂（主要是乙醇）。

（2）废水

① 中药饮片废水　主要来自药材的清洗和浸泡水、机械的清洗水以及炮炙工段的其他废水，一般为轻度污染废水，COD大约在200mg/L左右。如果在炮炙工段需要加入特殊辅料（如酒、醋、蜜等）的中药饮片，其废水的COD浓度一般较高，可达到1000mg/L以上。

② 中成药废水

a. 设备清洗水，每个工序完成一次批处理后，需要对本工序的设备进行一次清洗工作，清洗废水一般浓度较高。

b. 下脚料废液清洗水，在口服液生产的醇沉过程中产生一定量的下脚料，水量不多，浓度极高，是重要污染源。

c. 提取废水，这部分废水主要来自各个设备的清洗和地面冲洗，由于提取、分离、浓缩的环节和设备多，因而废水较多，浓度高，是重要污染源。

d. 辅助工段的清洗水及生活污水，如成品工序中安瓿的清洗水。

中药制药主要原料均系天然有机物质，含有木质素、木质蛋白、果胶、半纤维素、脂蜡以及许多其他复杂有机化合物，在生产过程中，胶体的成分互相起乳化、水解、复分解和溶解等作用，最终产物有木糖、半乳糖、甘露糖、葡萄糖等碳水化合物。在漂洗过程中，这些有机物部分进入废水中，使中药废水水质成分复杂，废水中溶解性物质、胶体和固体物质的浓度都很高。其主要特征如下：

① 中药生产的原材料主要是中药材，在生产中有时须使用一些媒质、溶剂或辅料，水质成分较复杂；

② 废水中 COD 浓度高，一般为 1400～10000mg/L，有些浓渣水甚至更高；

③ 废水一般易于生物降解，BOD/COD 一般在 0.5 以上，适宜进行生物处理；

④ 废水中 SS 浓度高，主要是动植物的碎片、微细颗粒及胶体；

⑤ 水量间歇排放，水质波动较大；

⑥ 在生产过程中要用酸或碱处理，废水 pH 值波动较大；

⑦ 由于常常采用煮炼或熬制工艺，排放废水温度较高，带有颜色和中药气味。

（3）固体废物

① 中药饮片生产固体废物　主要来自药材筛选、清洗过程产生的泥沙、切制过程的渣削等杂质。

② 中成药生产固体废物　主要为提取过药物后的药材废渣、制剂单元包装废材和污水处理污泥。

（4）噪声

中药饮片生产噪声主要来自筛药机、风选机、切药机、风机等生产设备的运转。

中成药生产噪声主要来自粉碎机、空压机、包装机、压片机、风机等生产设备的运转。

3.13.3　相关标准及技术规范

《排污许可证申请与核发技术规范　制药工业—原料药制造》（HJ 858.1—2017）

《排污许可证申请与核发技术规范　制药工业—生物药品制品制造》（HJ 1062—2019）

《排污许可证申请与核发技术规范　制药工业—化学药品制剂制造》（HJ 1063—2019）

《排污许可证申请与核发技术规范　制药工业—中成药生产》（HJ 1064—2019）

《制药工业污染防治可行技术指南》（征求意见稿）

《制药工业大气污染物排放标准》（GB 37823—2019）

《发酵类制药工业水污染物排放标准》（GB 21903—2008）

《化学合成类制药工业水污染物排放标准》（GB 21904—2008）

《提取类制药工业水污染物排放标准》（GB 21905—2008）

《中药类制药工业水污染物排放标准》（GB 21906—2008）

《生物工程类制药工业水污染物排放标准》（GB 21907—2008）

《混装制剂类制药工业水污染物排放标准》（GB 21908—2008）

《排污单位自行监测技术指南　提取类制药工业》（HJ 881—2017）

《排污单位自行监测技术指南　发酵类制药工业》（HJ 882—2017）

《排污单位自行监测技术指南　化学合成类制药工业》（HJ 883—2017）

《排污单位自行监测技术指南　中药、生物药品制品、化学药品制剂制造业》（HJ 1256—2022）

《发酵类制药工业废水治理工程技术规范》（HJ 2044—2014）

《制药工业污染防治技术政策》（公告 2012 年第 18 号）

3.14 化学纤维制造业

依据《固定污染源排污许可分类管理名录（2019）》所述分类，化学纤维制造业是指纤维素纤维原料及纤维制造、合成纤维制造、生物基材料制造。本节内容按照《排污许可证申请与核发技术规范　化学纤维制造业》（HJ 1102—2020）对化学纤维制造业进行描述。

3.14.1 主要生产工艺

化学纤维是指用天然或合成高分子化合物经化学加工制得的纤维。其各类化学纤维制造生产工艺流程及产排污节点如图 3-176～图 3-189 所示。

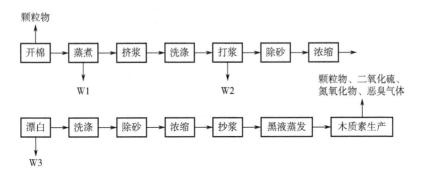

图 3-176　棉浆粕（棉短绒）制造生产工艺流程及产排污节点

W—废水

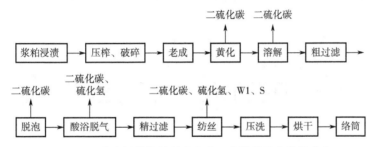

图 3-177　黏胶纤维长丝制造生产工艺流程及产排污节点

W—废水；S—固废

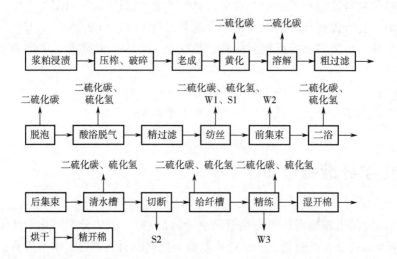

图 3-178　黏胶纤维短纤制造生产工艺流程及产排污节点

W—废水；S—固废

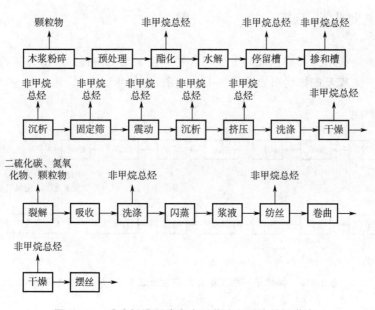

图 3-179　醋酯纤维制造生产工艺流程及产排污节点

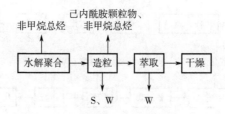

图 3-180　锦纶 6 聚合生产工艺流程及产排污节点

W—废水；S—固废

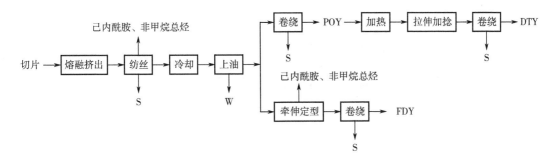

图 3-181 锦纶 6POY、FDY 和 DTY 纺丝阶段生产工艺流程及产排污节点

W—废水；S—固废

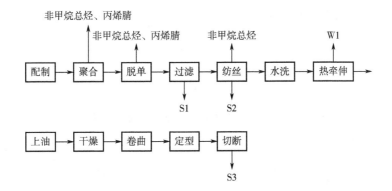

图 3-182 NaSCN 湿法一步法生产工艺流程及产排污节点

W—废水；S—固废

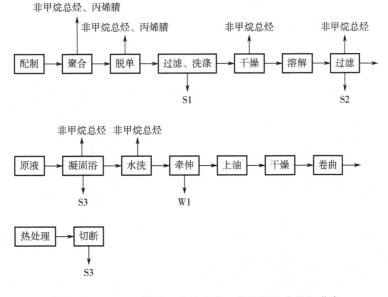

图 3-183 DMAC 湿法二步法生产工艺流程及产排污节点

W—废水；S—固废

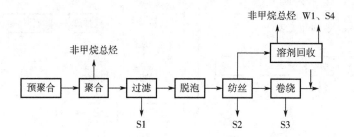

图 3-184　氨纶生产工艺流程及产排污节点

W—废水；S—固废

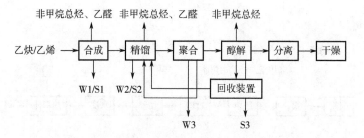

图 3-185　维纶聚合阶段生产工艺流程及产排污节点

W—废水；S—固废

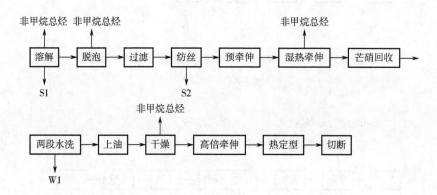

图 3-186　维纶高强度高模纺丝生产工艺流程及产排污节点

W—废水；S—固废

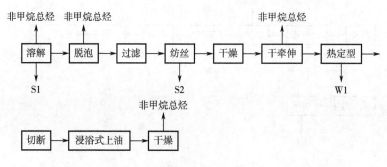

图 3-187　维纶水溶型纺丝生产工艺流程及产排污节点

W—废水；S—固废

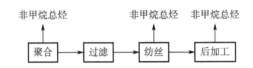

图 3-188 其他合成纤维生产工艺流程及产排污节点

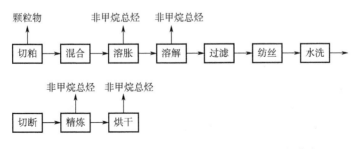

图 3-189 莱赛尔纤维制造生产工艺流程及产排污节点

主要包括：

① 纤维素纤维原料、纤维素纤维 包括化纤棉浆粕、黏胶短丝、黏胶长丝、醋酯纤维。

② 合成纤维 包括锦纶 6 和 66（POY、DTY、FDY、短纤、工业丝等）、锦纶 6 和 66 切片、涤纶（POY、DTY、FDY、短纤、工业丝等）、涤纶切片、腈纶、维纶（高强高模、水溶性等）、氨纶、循环再利用涤纶（POY、DTY、FDY、短纤、工业丝等）及其他合成纤维等。

③ 莱赛尔纤维。

3.14.2 主要污染物及产污环节分析

（1）废气

废气主要来自工艺废气、污水处理单元，主要污染物为颗粒物、二氧化硫、挥发性有机物、甲醛、二硫化碳、硫化氢、氨。

① 人造纤维

a. 黏胶纤维 黏胶纤维生产过程中产生的废气主要是二硫化碳和硫化氢。产生点主要在纺丝、集束牵伸、切断、精炼机以及酸站，二硫化碳和硫化氢一部分源于尚未完全凝固的丝条带出纺丝浴，另一部分则残留在纺丝浴中，待回流酸站后排出。此外，还有锅炉烟气、污水处理站产生的废气等其他废气。

b. 醋酸纤维 生产过程中的废气主要包括木浆粉碎尾气、洗涤塔尾气、干燥尾气、醋酸回收废气、裂解炉烟气，醋酸、丙酮、醋酸异丙酯等污染物的挥发泄漏，纺丝的上油、卷绕定型过程中的少量油剂挥发以及污水处理站中产生的氨和硫化氢等废气。

② 合成纤维

a. 聚酯涤纶 涤纶生产过程中的聚酯生产和纺丝阶段均有废气产生。聚酯废气主要为酯化釜顶废气、缩聚釜顶废气和汽提废气，其中含有甲醇、乙醛、聚乙醛、乙二醇、少量乙酸及一些小分子有机物。纺丝阶段的主要废气为 PTA 卸料输送过程产生的少量粉尘、三甘醇装填及设备等泄漏产生的挥发气体、组件煅烧废气、对丝进行后加工时从丝条上挥发的油剂气体。除上述废气外，还有热媒在生产运行过程中的少量渗出废气，污水处理站中产生的氨和硫化氢等废气。

b. 锦纶　锦纶的聚合、纺丝工段会有少量己内酰胺单体及其低聚物的挥发，同时纺丝工段还有丝条上挥发的油剂气体。此外还有热媒炉燃烧废气以及污水处理站中产生的氨和硫化氢等废气。

c. 氨纶　氨纶生产过程中产生的废气主要有纺丝甬道废气、DMAC 精制废气、组件清洗废气等，其中含有 DMAC。此外还有锅炉废气等其他废气。

d. 腈纶　腈纶生产过程中产生的废气有聚合反应过程中未完全反应的单体的一部分蒸汽、淤浆槽内气体、溶剂回收时精馏塔蒸馏气、溶剂回收车间二甲胺冷凝不凝气等，这些废气中含有丙烯腈、二甲胺等。此外还有纺丝凝固、热辊干燥过程中产生的有机废气、卸料运输产生的粉尘以及设备、管道的跑冒滴漏等废气。

e. 丙纶　丙纶生产过程产生的废气主要为有机废气。由于聚丙烯原料中有少量单体存在，在加热熔融、挤压、吹风冷却等工段中会不可避免地挥发出有机废气。在丝条上油的过程中，纺丝油剂挥发也会排出有机废气。

f. 维纶　在精馏工序、锅炉燃烧、纺丝、上油等工序中会挥发出有机废气。在进料、出料口以及生产过程中有少量废气排放。

③ 生物基化学纤维　生物基化学纤维制造属于绿色制造，其制造过程中基本无废气排放，详见表 3-36。

表 3-36　生物基化学纤维制造废气产生环节及污染物种类

类型	生产工序		污染物种类
化纤浆粕制造工业（棉浆粕）	棉浆粕	开棉	颗粒物
		热风炉	氮氧化物、颗粒物、二氧化硫烟气黑度
	污水处理场	污水处理场尾气	硫化氢、氨
黏胶纤维制造工业	黏胶纤维长丝	黄化、溶解、脱泡、酸浴脱气、酸浴槽罐、闪蒸结晶真空泵、纺丝	二硫化碳、硫化氢
	黏胶纤维短丝	脱泡、酸浴脱气、纺丝、二浴、水洗槽、冷凝回收、给纤槽、切断精炼	二硫化碳、硫化氢
	污水处理场	污水处理场尾气	硫化氢、氨
醋酯纤维制造工业	醋片生产	木浆粉碎	颗粒物
		木浆预处理、混酸结晶、醋化反应、水解反应、浆液储槽、沉析、脱酸、脱水	非甲烷总烃
		醋片干燥机	颗粒物、非甲烷总烃

续表

类型	生产工序		污染物种类
醋酯纤维制造工业	醋酸回收	主蒸馏塔尾气、混合溶剂储罐尾气、流出液蒸馏塔尾气	非甲烷总烃
	丙酮回收	吸附床尾气	非甲烷总烃
	纺丝	纺丝机尾气、干燥机尾气	
	污水处理场	污水处理场尾气	非甲烷总烃、硫化氢、氨
锦纶制造工业	锦纶6聚合	聚合、单体回收	非甲烷总烃
		切粒	非甲烷总烃、颗粒物
	锦纶66聚合	聚合	非甲烷总烃
	纺丝	长丝牵伸卷绕	非甲烷总烃、颗粒物
		短纤维热定型、牵伸加捻	非甲烷总烃
	纺丝组件及计量泵清洗	真空煅烧	非甲烷总烃
	帘子布生产	浸胶	非甲烷总烃、甲醛、氨
	污水处理场	污水处理场尾气	非甲烷总烃、硫化氢、氨、甲醛
涤纶制造工业	聚合	浆料配制尾气	非甲烷总烃、颗粒物
		真空系统尾气	非甲烷总烃、乙醛
	涤纶长丝	切片干燥	非甲烷总烃、颗粒物
		纺丝、牵伸加捻	非甲烷总烃
	帘子布生产	浸胶	非甲烷总烃、甲醛、氨
	涤纶短纤	热定型	非甲烷总烃
	纺丝组件及计量泵清洗	真空煅烧	非甲烷总烃
	污水处理场	污水处理场尾气	非甲烷总烃、氨、乙醛、硫化氢、甲醛
腈纶制造工业	聚合	聚合、脱单	挥发性有机物、非甲烷总烃、丙烯腈
		水洗、干燥	非甲烷总烃
	原液制备	过滤、脱单、脱泡	非甲烷总烃
	纺丝	凝固浴（DMAC工艺）、烘干	非甲烷总烃
	溶剂回收	溶剂回收	非甲烷总烃
	污水处理场	污水处理场尾气	非甲烷总烃、氨、丙烯腈、硫化氢

续表

类型	生产工序		污染物种类
维纶制造工业	聚合	醇解	非甲烷总烃、乙醛
	原液制备	聚合物料仓、溶解机、脱泡	非甲烷总烃
	纺丝	两段牵伸水洗、干燥	非甲烷总烃
	污水处理场	污水处理场尾气	非甲烷总烃、乙醛、氨、硫化氢
氨纶制造工业	聚合	聚合	非甲烷总烃
	纺丝	纺丝	非甲烷总烃
	溶剂回收	精馏回收	非甲烷总烃
	污水处理场	污水处理场尾气	非甲烷总烃、氨、硫化氢
其他合成纤维制造工业	熔融纺丝工艺	聚合、纺丝、后处理	非甲烷总烃
	溶液纺丝工艺	聚合、脱泡、脱单、纺丝、后处理、溶剂回收	非甲烷总烃
	污水处理场	污水处理场尾气	非甲烷总烃、氨、硫化氢
循环再利用涤纶制造工业	均化增黏	真空系统尾气	非甲烷总烃、乙醛
莱赛尔纤维制造工业	莱赛尔纤维制造	切粕	颗粒物
		浸渍、压榨、溶胀、溶解、精炼、烘干	非甲烷总烃
	溶剂回收	蒸发浓缩	非甲烷总烃
	污水处理场	污水处理场尾气	非甲烷总烃、硫化氢、氨

（2）废水

废水类别包括工艺废水、冷却废水、污染雨水和生活污水等。其工艺废水污染物种类详见表3-37。

表 3-37　生物基化学纤维制造废水污染物种类

行业类型		污染物种类
纤维素纤维原料及纤维素纤维制造	棉浆粕	化学需氧量、氨氮、pH、总氮、总磷、五日生化需氧量、悬浮物、可吸附有机卤化物（AOX）
	黏胶纤维	化学需氧量、氨氮、pH、总锌、硫化物、总氮、总磷、五日生化需氧量、悬浮物
	醋酯纤维	化学需氧量、氨氮、pH、五日生化需氧量、悬浮物、总氮、总磷

续表

行业类型		污染物种类
合成纤维制造	工艺废水	化学需氧量、氨氮、五日生化需氧量、悬浮物、硫化物、总有机碳、石油类、pH值、总氮、总磷、可吸附有机卤化物（AOX）、丙烯腈、乙醛、1,4-二氯苯、甲醛
	车间或生产设施	总锑
循环再利用涤纶	工艺废水	化学需氧量、氨氮、pH、总氮、总磷、五日生化需氧量、悬浮物
莱赛尔纤维	工艺废水	化学需氧量、氨氮、pH、总氮、总磷、五日生化需氧量、悬浮物

① 人造纤维

a. 黏胶纤维　黏胶纤维生产工业产生的废水主要来自原液、纺丝车间、酸站的含有 H_2SO_4、$ZnSO_4$ 及硫化物的酸性废水和来自后处理过程中的油剂废水等。

b. 醋酸纤维　醋酸纤维生产过程中的废水主要有来自木浆粉尘收集室尾气洗涤、酯化机水封槽、真空泵排污、烘干机尾气洗涤、精馏塔尾气洗涤等醋片生产过程中产生的酸性废水；丝束生产过程中的冷却清洗废水以及生活污水、雨水、除盐水站废水、脱硫废水、循环水站排放废水等其他废水。

② 合成纤维

a. 聚酯涤纶　聚酯生产中的废水主要来自排放的酯化废水、尾气淋洗液、缩聚真空喷射水、热媒真空喷射水、EG/TEG回收水，此外还有地面冲洗水、锅炉排污、循环冷却水排污等。酯化废水、尾气淋洗液、缩聚真空喷射水、EG/TEG回收废水主要含有 EG、乙醛等低沸物。地面冲洗水含有 PTA 浆料、EG、低聚物等。涤纶长丝生产废水还有清洗 TEG 清洗炉产生的 TEG 污水、清洗油剂系统产生的含油剂污水。涤纶短纤维生产废水主要来自纺丝工段、后处理工段、油剂调配工段的纺丝油剂污水。除上述废水外，还有生活污水、雨水、锅炉排污等其他污水。

b. 锦纶　锦纶生产过程中的废水主要为聚合生产线的熔融、添加剂系统、水解聚合、萃取等过程产生的聚合废水；纺丝生产线的油剂废水及生活污水、地面冲洗水、冷却循环水等其他废水。聚合工艺废水可生化性较好，有机污染物浓度较高，其中含有己内酰胺。

c. 氨纶　工艺废水主要来自 DMAC 精制、纺丝组件清洗、脱泡抽真空、废气喷淋等过程，其中含有 DMAC。其他废水则包括锅炉烟气脱硫除尘废水、生活污水等。

d. 腈纶　腈纶生产过程中产生的废水主要为：共聚体汽提、水洗过程工序产生的含丙烯腈的废水；脱盐水制备过程中产生的废水、冷却循环水的排水；纺丝组件清洗废液、过滤器中滤芯的清洗废液；初期雨水、地面冲洗水、生活污水等其他废水。

e. 丙纶　丙纶生产过程中无废水排放，废水的主要来源为设备及纺丝组件清洗废水和生活污水等。

f. 维纶　维纶生产过程中产生的废水主要为：电石产乙炔过程中产生渣浆，渣浆沉淀产生废水；精馏塔的生产废水以及使用的冷却循环水的排水；纺丝组件清洗废液、过滤器中滤芯的清洗废液；初期雨水、地面冲洗水、生活污水等其他废水。

③ 生物基化学纤维 聚乳酸纤维的生产过程中，丙交脂生产聚乳酸为全封闭反应，不与水接触，百万分之一级的催化剂留在物料中不外排；以电加热的导热油为热源，循环使用；纺丝拉伸过程需水浴加热，水中含有少量油剂，随生活污水排放到污水处理厂，聚乳酸纤维的生产过程属于绿色生产，无废水排放，废水的主要来源为设备及纺丝组件清洗废水和生活污水等。

莱赛尔纤维工艺流程较短，生产工艺中每吨产品仅需添加少量氢氧化钠、盐酸等添加剂，且生产过程中的反应产物基本无害。莱赛尔纤维生产原料绿色，过程环保，废水排放较少。

（3）固体废物

① 一般工业固体废物 包括废原料、废丝、废油剂、过滤废尘、废渣，废水处理过程中产生的污泥，各类化学纤维制造过程中产生的其他固体废弃物。

② 危险废物 包括废水、废气处理中产生的废活性炭，生产设备维护用的废矿物油、废润滑油、废液压油等。

（4）噪声

化纤制造工业企业的噪声源主要包括：

① 原液制备及聚合工序 生产过程中使用的真空泵、换气风机、粉碎机、过滤机、循环水泵、空压机、压缩机等。

② 纺丝及后处理工序 纺丝机、卷绕机、风机等。

③ 污水处理厂 污水泵、污泥泵、鼓风机等。

④ 废气处理站 风机等。

3.14.3 相关标准及技术规范

《排污许可证申请与核发技术规范 化学纤维制造业》（HJ 1102—2020）

《合成树脂工业污染物排放标准》（GB 31572—2015）

《挥发性有机物无组织排放控制标准》（GB 37822—2019）

《排污单位自行监测技术指南 化学纤维制造业》（HJ 1139—2020）

3.15 橡胶和塑料制品业

3.15.1 主要生产工艺

3.15.1.1 橡胶制品工业

橡胶制品工业指以天然橡胶、合成橡胶及再生橡胶为原料生产各种橡胶制品的活动，但不包括以废轮胎、废橡胶为主要原料生产硫化橡胶粉、再生橡胶、热裂解油等产品的活动以及橡胶鞋制造。

橡胶制品工业排污单位指含有橡胶制品工业生产过程的排污单位，包括轮胎制造，橡胶板、管、带制造，橡胶零件制造，日用及医用橡胶制品制造，运动场地用塑胶制造和其他橡胶制品制造等排污单位。

橡胶制品的主要原料是生胶、各种配合剂以及作为骨架材料的纤维和金属材料，橡胶制品的基本生产工艺过程包括塑炼、混炼、压延、压出、成型、硫化等基本工序，其生产工艺流程如图 3-190 所示。

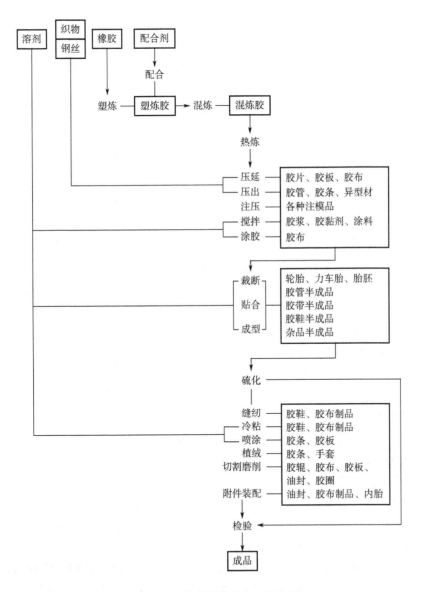

图 3-190　橡胶制品生产工艺流程

① 塑炼工艺　橡胶加工工艺对生胶可塑性有一定要求。有些生胶很硬，黏度很高，缺乏基本的和必需的加工工艺性能，即缺乏必要的塑性。因此，生胶首先必须进行

塑炼。

塑炼是通过机械应力或加入某些化学试剂等方法，使生胶由强韧的弹性状态转变为柔软、便于加工的塑性状态的过程。生胶塑炼的目的是降低它的弹性，增加可塑性，并获得适当的流动性，以满足混炼、压延、压出、成型、硫化以及胶浆制造、海绵胶制造等各种加工工艺过程的要求。

在橡胶制品工业中，最常用的塑炼方法有机械塑炼法和化学塑炼法。机械塑炼法所用的主要设备是开放式炼胶机、密闭式炼胶机和螺杆塑炼机。开炼机塑炼时温度一般在80℃以下，属于低温机械混炼方法。密炼机和螺杆混炼机的排胶温度在120℃以上，甚至高达160~180℃，属于高温机械混炼。化学塑炼法是在机械塑炼过程中加入化学药品来提高塑炼效果的方法。

② 混炼工艺　将各种配合剂混入生胶中，制成质量均一的混炼胶的过程称为混炼。混炼是橡胶加工过程中的重要工序之一。混炼胶质量对半成品的工艺加工性能和成品质量具有决定性的影响。混炼方法通常分为开炼机混炼和密炼机混炼两种。这两种方法都是间歇式混炼，这是目前使用最广泛的方法。

开炼机的混合过程分为三个阶段，即包辊、吃粉和翻炼。开炼机混胶依胶料种类、用途、性能要求不同，工艺条件也不同。密炼机混炼分为三个阶段，即湿润、分散和混炼，密炼机混炼是在高温加压下进行的。操作方法一般分为一段混炼法和两段混炼法。一段混炼法是指经密炼机一次完成混炼，然后压片得混炼胶的方法，适用于全天然橡胶或掺有合成橡胶不超过50％的胶料。两段混炼法是指两次通过密炼机混炼压片制成混炼胶的方法，该方法适用于合成橡胶含量超过50％的胶料。

③ 压延工艺　压延是橡胶加工中常用的工艺之一。它是通过压延机旋转辊筒对胶料的作用，制成具有一定断面形状的胶片，或实现在织物上覆盖胶层的工艺过程，它包括压片、贴合、压型和纺织物挂胶等作业。

压延工艺的主要设备是压延机，压延机一般由工作辊筒、机架、机座、传动装置、调速和调距装置、辊筒加热和冷却装置、润滑系统和紧急停车装置组成。压延机的种类很多，按工艺用途来分主要有压片压延机、擦胶压延机、通用压延机、压型压延机、贴合压延机和钢丝压延机。

压延过程一般包括以下工序：混炼胶的预热和供胶，纺织物的导开和干燥（有时还有浸胶），胶料在四辊或三辊压延机上的压片或在纺织物上挂胶，以及压延半成品的冷却、卷取、截断、放置等。

在进行压延前，需要对胶料和纺织物进行预加工，胶料进入压延机之前，需要先将其在热炼机上翻炼，这一工艺为热炼或称预热，其目的是提高胶料的混炼均匀性，进一步增加可塑性，提高温度，增大可塑性。

④ 压出工艺　压出工艺是通过压出机机筒筒壁和螺杆件的作用，使胶料达到挤压和初步造型的目的，压出工艺也称为挤压工艺，压出工艺的主要设备是压出机。

⑤ 黏合工艺　在橡胶工业中，橡胶与其他材料复合应用的情况很多，因此，黏合是一项极为重要的工艺。通常包括橡胶与金属的黏合、橡胶与纤维织物的黏合。

在橡胶制品中，橡胶与金属的黏合极为普遍，也十分重要。如钢丝子午线轮胎、钢丝输送带、胶辊、各种罐的衬里、减振制品等，橡胶与金属良好的黏合，是技术关键之一。橡胶与金属的黏合包括金属表面处理、敷胶、贴胶等工序。

橡胶与纤维织物的黏合方法有间接黏合法、直接黏合法。

⑥ 成型工艺　橡胶制品成型是生产的重要工序之一，即用一定的机器设备和工艺方法，制造出各种结构和不同规格尺寸半成品的工艺过程。

橡胶制品的种类很多，产品的结构不一，因此，成型方法也不同。结构单一的产品，如具有一定形状和规格尺寸的胶条、胶管、胶板等产品的成型，通过挤压机、压出机就可完成。乳胶制品（如气球、手套等）成型用浸渍方法。而结构复杂的产品，由几个甚至 10 多个部件组成，就需要通过成型工序，采用精确的成型设备，将各部件组合在一起，如轮胎外胎、输送带、V 带等产品的成型。随着科技的进步和新型材料的出现，注压法、浇铸法等橡胶工业新工艺得到广泛应用，注压法是将成型和硫化两个工序结合在一起，用于胶鞋、密封制品、减震制品的制造。

⑦ 硫化工艺　硫化是橡胶制品加工的主要工艺过程之一，指在加热或辐照的条件下，胶料中的生胶与硫化剂发生化学反应，橡胶大分子由线型结构转变为网状结构，从而导致胶料物理机械性能以及其他性能得到明显改善的过程。硫化工程可分为四个阶段，即硫化诱导阶段、预硫化阶段、正硫化阶段和过硫化阶段。

在橡胶制品硫化过程中，通常需要硫化热载体或介质，常用介质包括水、空气、蒸汽（饱和蒸汽和过热蒸汽）和其他固体介质等。

硫化方法有冷硫化、室温硫化和热硫化三种，目前大多数橡胶制品采用热硫化。

硫化工艺设备的种类较多，基本上可分为机、罐、室、槽四大类，视橡胶产品的不同选用不同的机械。

（1）轮胎制造

轮胎的制造活动包括橡胶轮胎外胎、橡胶内胎、橡胶实心或半实心轮胎、力车胎以及废轮胎翻新。轮胎制造是所有子类制品中生产工序最全的一类，包括炼胶、挤出、压延、成型、硫化、修边打磨等工序，如图 3-191 所示。

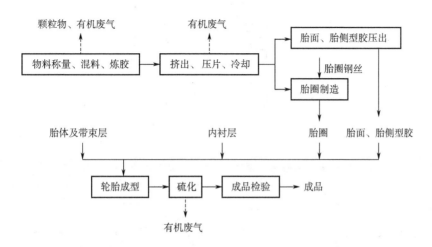

图 3-191　轮胎制造工艺流程及产排污节点

　　废轮胎翻新工艺主要分为热翻斜交胎及冷翻子午胎，现在多以预硫化法冷翻子午胎为主，即采用胎面预硫化轮胎翻新技术，对子午线轮胎进行翻新，将旧胎体结构未受破坏的胎面打磨。工艺流程及产排污节点如图 3-192 所示。

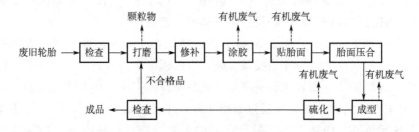

图 3-192　废轮胎翻新工艺流程及产排污节点

（2）橡胶板、管、带制造

　　橡胶板、管、带制造是指用未硫化的、硫化的或硬质橡胶生产橡胶板状、片状、管状、带状、棒状和异型橡胶制品的活动，以及以橡胶为主要成分，用橡胶灌注、涂层、覆盖或层叠的纺织物、纱绳、钢丝（钢缆）等制作的传动带或输送带的生产活动。生产工序主要包括密炼、挤出、压延、硫化等工艺。工艺流程及产排污节点如图 3-193 所示。

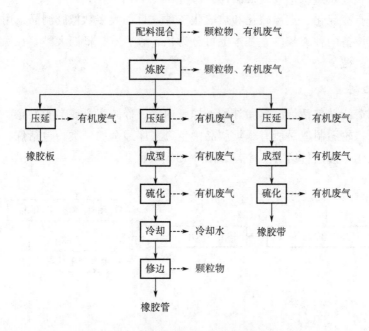

图 3-193　橡胶板、管、带制造工艺流程及产排污节点

（3）橡胶零件制造

　　橡胶零件制造是指各种用途的橡胶异形制品、橡胶零配件制品的生产活动。虽然零件制品种类较多，但生产工艺流程类似。工艺流程及产排污节点如图 3-194 所示。

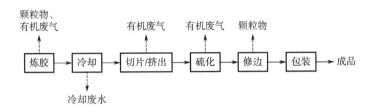

图3-194　橡胶零件制造工艺流程及产排污节点

（4）再生橡胶制造

再生橡胶制造是指用废橡胶生产再生橡胶的活动。包括对下列再生橡胶的制造活动：

① 初级形状再生橡胶　包括再生橡胶制板、再生橡胶制片、再生橡胶制带、其他初级形状再生橡胶。

② 再生胶粉　我国是世界上废橡胶产生量最大的国家。废橡胶来源主要是废橡胶制品，即报废的轮胎、胶管、胶带等，以及橡胶企业产生的边角余料和废品。废橡胶总量的70%来自报废的汽车轮胎。

a. 废轮胎制胶粉　废轮胎通过机械粗碎、细碎，经振动筛分和磁选分离去除钢丝等杂质，得到粉末状胶粉。工艺流程及产排污节点如图3-195所示。

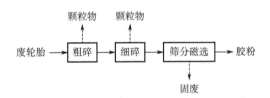

图3-195　废轮胎胶粉工艺流程及产排污节点

b. 废轮胎制初级形状再生橡胶制品　在再生橡胶制作过程中，废轮胎经过机械粉碎、加热、机械与化学处理等物理化学过程，使其从弹性状况变成具有一定塑性和黏性的、能够加工再硫化的橡胶，其中，解交联和炼胶环节可采用传统的动态脱硫＋捏炼＋精炼工艺，也可采用新型的螺杆挤出工艺。工艺流程及产排污节点如图3-196所示。

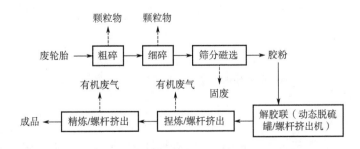

图3-196　废轮胎初级形状再生橡胶制品工艺流程及产排污节点

（5）日用及医用橡胶制品制造

日用及医用橡胶制品制造包括橡胶手套、橡胶制衣着用品及附件（医疗用橡胶制衣着用品、橡胶制潜水衣、橡胶制雨衣等）、日用橡胶制品（橡胶门垫、橡胶地板贴面及类似铺地用品、乳胶平板海绵、乳胶海绵制品等）、医疗和卫生用橡胶制品（避孕套、输血胶管、奶嘴、氧气袋等）及其他日用及医用橡胶制品。

日用及医用橡胶制品种类繁多，现以医用手套为例。生产工艺包括洗模、浸凝固剂、凝固剂烘干、浸乳胶、烘干、脱模、硫化烘干等。浸乳胶过程产生氨、有机废气；为进一步清除凝固剂和水溶性物质，对脱模后手套采用热水水洗，此工序有清洗废水产生；水洗后的手套进行硫化、烘干，产生有机废气；经过硫化后的手套通过检查、包装后成为成品。工艺流程及产排污节点如图 3-197 所示。

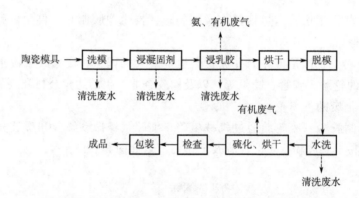

图 3-197　日用及医用橡胶制品工艺流程及产排污节点

（6）运动场地用塑胶制造

运动场地用塑胶制造指运动场地、操场及其他特殊场地用的合成材料跑道面层制造和其他塑胶制造。包括塑胶运动地板、运动场地塑胶地面以及运动场馆塑胶地面。主要生产过程包括：配料、混炼、挤出、硫化、切胶、造粒、筛分、包装等。工艺流程及产排污节点如图 3-198 所示。

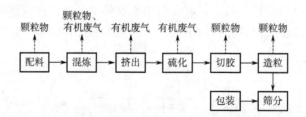

图 3-198　运动场地用橡胶制品工艺流程及产排污节点

（7）其他橡胶制品制造

其他橡胶制品工业中主要产品为防水嵌缝密封条、防水胶黏带、橡胶黏带、橡胶减震制品、充气橡胶制品等。

3.15.1.2 塑料制品工业

塑料制品工业指以合成树脂（高分子化合物）为主要原料，经采用挤塑、注塑、吹塑、压延、层压等工艺加工成型的各种制品的生产，以及利用回收的废旧塑料加工再生产塑料制品的活动；不包括塑料鞋制造。

塑料制品工业排污单位指塑料薄膜制造，塑料板、管、型材制造，塑料丝、绳及编制品制造，泡沫塑料制造，塑料人造革与合成革制造，塑料包装箱及容器制造，日用塑料制品制造，人造草坪制造，塑料零件及其他塑料制品制造等排污单位。

（1）塑料薄膜制造

塑料薄膜的成型应用较多的是挤出成型和压延成型。挤出成型薄膜的生产方式又分为挤出吹塑成型、挤出流延成型和挤出牵引成型三种生产成型方法，其中以挤出吹塑成型薄膜生产方法应用最多。挤出吹塑成型薄膜生产工序主要包括配料、热塑挤出、吹胀、牵引、收卷、分切等，其生产工艺流程及产排污节点如图3-199所示。

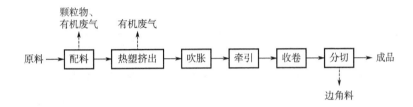

图3-199 塑料薄膜（以挤出吹塑成型薄膜为例）的生产工艺流程及产排污节点

（2）塑料板、管、型材制造

塑料板、管、型材制造工艺基本相同，原料经混料后挤出/塑炼到牵引冷却定型，最后修边卷取/切断形成成品。主要的生产工艺流程包括原料称量、配料、塑炼、压延、剥离、冷却、切边和卷取等，其生产工艺流程及产排污节点如图3-200所示。

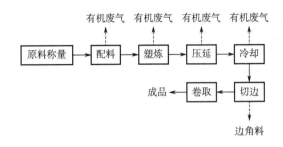

图3-200 塑料板、管、型材的生产工艺流程及产排污节点

（3）塑料丝、绳及编制品制造

塑料丝、绳及编制品制造工艺基本相同，根据其产品形态差异，其成丝程度有所差异，其生产工艺流程及产排污节点如图3-201所示。

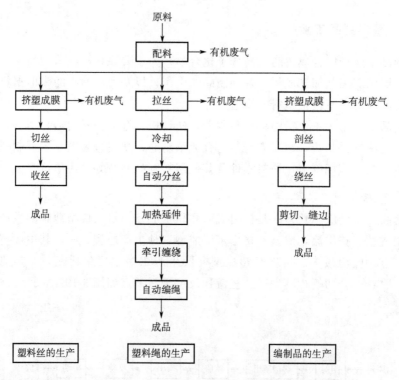

图 3-201　塑料丝、绳、编织品的生产工艺流程及产排污节点

（4）泡沫塑料制造

泡沫塑料是由大量气体微孔分散于固体塑料中而形成的一类高分子材料，具有质轻、隔热、吸音、耐腐蚀、减震等特性。塑料发泡工艺按照引入气体的方式可分为机械法、物理法和化学法。机械法是借助强烈搅拌，把大量空气或其他气体引入液态塑料中；物理法是将低沸点烃类或卤代烃类引入塑料中，受热时塑料软化，同时溶入的液体挥发膨胀发泡。化学法可分为两类，一是采用化学发泡剂，它们在受热时分解放出气体；二是利用聚合过程中的副产气体，典型例子是聚氨酯泡沫塑料，当异氰酸酯和聚酯或聚醚进行缩聚反应时，部分异氰酸酯与水、羟基或羧基反应生成二氧化碳。化学发泡法泡沫塑料的生产工艺流程及产排污节点如图 3-202 所示。

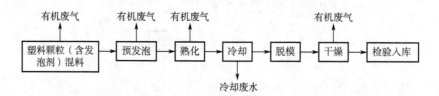

图 3-202　化学发泡法泡沫塑料的生产工艺流程及产排污节点

（5）塑料人造革、合成革制造

人造革与合成革的加工制造过程是一个复杂的塑料加工工艺过程，在制造过程中除大量应用各种树脂（聚氯乙烯树脂 PVC、聚氨酯树脂 PU）外，还要应用各种化工产

品，如增塑剂（邻苯二甲酸二辛酯 DOP、邻苯二甲酸二丁酯 DBP）、溶剂（二甲基甲酰胺 DMF、甲苯 TOL、丁酮 MEK、乙酸乙酯 EA），并加入各种稳定剂、发泡剂等加工助剂。

① 塑料人造革　塑料人造革是指以压延、流延、涂覆、干法工艺在机织布、针织布或非织造布等材料上形成聚氯乙烯等合成树脂膜层而制得的复合材料。主要是由聚氯乙烯树脂（PVC）、增塑剂（如邻苯二甲酸二辛酯、邻苯二甲酸二丁酯等）、稳定剂、填充剂等辅助材料组成的混合物，通过不同的工艺路线，涂刮或贴合在各类基布上制成的具有柔软、色泽鲜艳、质地轻、耐磨、耐折、外观与天然皮革相似等特点的塑料制品。按工艺方法主要分为直接涂刮法、转移法、压延法、流延法等。

a. 直接涂刮法聚氯乙烯人造革生产工艺　直接涂刮法是将 PVC 增塑糊（以 PVC 树脂和增塑剂为主的糊状混合料）用刮刀涂覆在预处理的基布上，再经凝胶塑化、冷却、卷取等工序生产 PVC 人造革的工艺。该工艺是我国人造革生产最早采用的一种生产方法，生产以机织布、帆布、尼龙布为底基的人造革。主要加工设备有搅拌机、研磨机、布基处理机、涂刮机、烘箱、压花装置、冷却装置及卷取机等。现在直接涂刮法已不是主要的生产方法。

直接涂刮法聚氯乙烯人造革生产过程中主要产污环节是塑化和发泡工序，生产中为了满足物料的凝胶塑化、发泡和压花等工艺要求，塑化箱温度可达 170~210℃，在此温度下可产生主要含有增塑剂的废气。

直接涂刮法聚氯乙烯人造革生产工艺流程及产排污节点如图 3-203 所示。

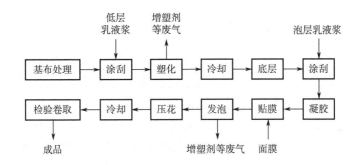

图 3-203　直接涂刮法聚氯乙烯人造革生产工艺流程及产排污节点

b. 转移法聚氯乙烯人造革生产工艺　常见的转移法有离型纸法、钢带法等。下面以离型纸法为例进行介绍。该工艺是将聚氯乙烯树脂、增塑剂、稳定剂、发泡剂、填充剂等助剂配成的糊状浆料涂刮到离型纸上，使基布在不受张力的情况下与涂层复合，经塑化发泡等工艺过程冷却后，从离型纸上剥离下来，此时涂层皮膜转移至基布上，即成为人造革。

离型纸法聚氯乙烯人造革生产的主要产污环节也是塑化和发泡工序，塑化箱温度可达 170~210℃。其生产工艺流程及产排污节点如图 3-204 所示。

c. 压延法聚氯乙烯人造革生产工艺　压延法是在压延软质 PVC 薄膜的过程中引入基布，使薄膜和基布牢固地贴合在一起，再经过后加工制成 PVC 人造革。

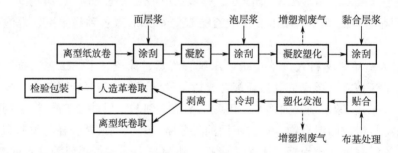

图 3-204　离型纸法聚氯乙烯人造革生产工艺流程及产排污节点

压延法聚氯乙烯人造革的生产中，为了满足物料的塑化、压延成型、发泡和压花等工艺要求，炼塑机温度可达 110～135℃、塑化箱温度可达 170～210℃。其生产工艺流程及产排污节点如图 3-205 所示。

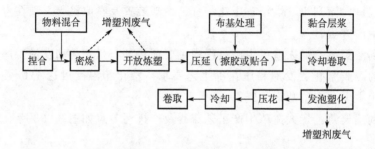

图 3-205　压延法聚氯乙烯人造革生产工艺流程及产排污节点

② 塑料合成革（干法工艺）　干法工艺塑料合成革常被称为干法聚氨酯合成革，其通过一定的生产工艺过程把溶剂型的聚氨酯树脂溶液涂覆于基布上，其中的溶剂挥发后，由得到的多层薄膜和基布构成的一种多层结构体。目前，我国主要采用离型纸生产工艺，即将涂层先涂在离型纸上，使它形成连续均匀的薄膜，再在薄膜上涂上黏合剂，与织物或湿法贝斯叠合，经过烘干和固化将离型纸剥离，涂层剂膜就会转移到织物或基布上。干法聚氨酯合成革生产工艺流程及产排污节点如图 3-206 所示。

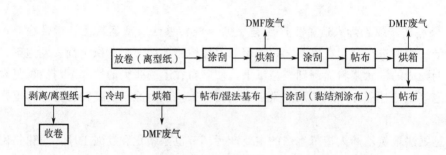

图 3-206　干法聚氨酯合成革生产工艺流程及产排污节点

③ 塑料合成革（湿法工艺）　湿法工艺塑料合成革常被称为湿法聚氨酯合成革，目

前我国湿法聚氨酯合成革所用的基布主要有纺织布和无纺布两大类，其生产工艺流程及产排污节点如图 3-207 所示。

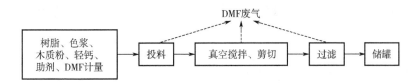

图 3-207　湿法聚氨酯合成革生产工艺流程及产排污节点

　　湿法聚氨酯合成革曾一度被认为是天然皮革的最佳替代品，它是将聚氨酯树脂、DMF 溶液添加各种助剂制成浆料，浸渍或涂覆于基材上，然后放入与 DMF 具有亲和性、而与聚氨酯树脂不亲和的水中，DMF 被水置换，聚氨酯树脂逐渐凝固，从而形成多孔性的薄膜（微孔聚氨酯粒面）。该薄膜被称为贝斯，薄膜经表面处理装饰后，如离型纸法工艺贴膜，制成不同种类、风格各异的聚氨酯合成革，其生产工艺流程及产排污节点如图 3-208 所示。

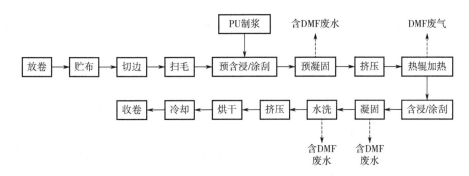

图 3-208　湿法聚氨酯合成革贝斯生产工艺流程及产排污节点

　　该工艺加工设备有制浆设备、含浸槽、凝固槽、水洗槽、烘箱、冷却、卷取装置、DMF 回收装置等。目前，主要可以生产超细纤维无纺布贝斯、起毛布贝斯和各类机织布贝斯等品种。

　　④ 超细纤维合成革　在制造超细纤维合成革中所使用的纤维主要是海岛型复合纤维。因为超细纤维不能进行梳理和加工，故以复合的形式被制成革基布后，把"海"溶解或分解除去，留下来的"岛"以超细方式存在于基体中，赋予超细人工皮革优良的特性。超细纤维合成革的生产工艺分为不定岛工艺和定岛工艺。

　　a. 不定岛工艺　甲苯抽出减量工艺是利用聚乙烯能够溶解于热甲苯中的特性，以热甲苯作为聚乙烯的萃取溶剂，萃取方式采用对流多段连续萃取。即将前加工基布连续地送入化学减量机内，甲苯溶液以对流方式连续送入，基布在大量热甲苯溶液中经反复浸渍，用压辊挤液使复合纤维中的聚乙烯及已无用的添加剂被化学减量除去，从而使纤维呈束状结构，经化学减量后的基布在追出槽中通过水与甲苯共沸作用洗除残余甲苯，达到抽出的目的。其生产工艺流程及产排污节点如图 3-209 所示。

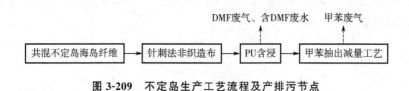

图 3-209   不定岛生产工艺流程及产排污节点

b. 定岛工艺   定岛生产工艺流程及产排污节点如图 3-210 所示。

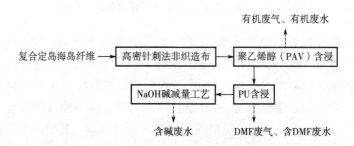

图 3-210   定岛生产工艺流程及产排污节点

碱减量工艺是利用尼龙和聚氨酯在碱液中不易水解的特性，使制革工序加工而成的贝斯进入碱液，在一定的温度和时间下通过反复压轧，溶掉"海"成分完成开纤，形成完全超细纤维束和网络状的 PU 树脂海绵体，至此真正具有了天然皮革结构的海岛超纤皮革。

超细纤维合成革与湿法工艺合成革生产有一定的相似性，但增加了前段海岛纤维生产和后段的甲苯抽提/碱减量工序。

⑤ 后处理（表面涂饰与印刷加工）   人造革与合成革表面涂饰与印刷加工的主要工序包括喷涂、印花、辊涂和贴膜，其工艺流程及产排污节点如图 3-211 所示。涂饰剂与印刷油墨的主要成膜物质是以树脂组分（如丙烯酸酯、聚丙烯酸酯及氯-醋共聚树脂等）为主，加入 DMF、MEK、TOL、EA 等溶剂配制的。

图 3-211   人造革与合成革表面涂饰与印刷加工工艺流程及产排污节点

（6）塑料包装箱及容器制造

塑料包装箱及容器制造的主要工序有混料、注塑、成型、冷却、脱模、修边等。其生产工艺流程及产排污节点如图 3-212 所示。

（7）日用塑料制品制造

日用塑料制品制造的主要工序有上料、注塑、修整、组装等。其生产工艺流程及产排污节点如图 3-213 所示。

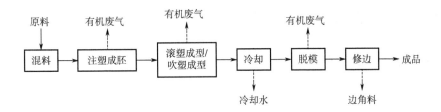

图 3-212　塑料包装箱及容器生产工艺流程及产排污节点

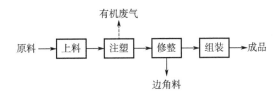

图 3-213　日用塑料生产工艺流程及产排污节点

（8）人造草坪制造

人造草坪的主要工序有挤出拉丝、冷却、并丝、加捻、拉幅定型、发泡涂胶、烘干、卷取等。其生产工艺流程及产排污节点如图 3-214 所示。

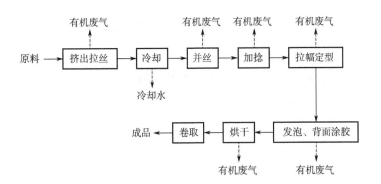

图 3-214　人造草坪生产工艺流程及产排污节点

（9）塑料零件及其他塑料制品制造

塑料零件及其他塑料制品制造常见的工序有混料、注塑、冷却、修边等。其生产工艺流程及产排污节点如图 3-215 所示。

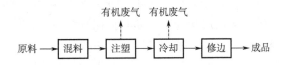

图 3-215　塑料零件及其他塑料制品生产工艺流程及产排污节点

3.15.2　主要污染物及产污环节分析

3.15.2.1　橡胶制品工业

（1）废气

① 颗粒物　颗粒物主要来源于物料输送、投加及配合剂使用，主要产生工序为配料和炼胶过程。橡胶制品企业使用的配合剂多达 2000 多种，如补强剂、填充剂、硫化剂、促进剂、活性剂、防老剂、隔离剂、发泡剂、着色剂、阻燃剂等。配合剂粒径小，容易弥散，造成颗粒物污染。

② 有机废气　橡胶制品工业有机废气主要产生于以下几个环节：炼胶过程中产生的有机废气；纤维织物浸胶、烘干过程中产生的有机废气；压延过程中产生的有机废气；硫化工序产生的有机废气等。

有机废气主要来自三个方面：

a. 残存有机单体的释放　如丁苯胶、顺丁胶、丁基橡胶等生胶，其单体具有较大毒性，在高温条件下，易解离出微量的单体和有害分解物。

b. 有机溶剂的挥发　橡胶制品行业普遍使用汽油等有机溶剂，挥发后产生有机废气。

c. 热反应生成物　橡胶制品生产过程在高温条件下进行，易引起各种化学物质之间的热反应，形成新的化合物。

其中，炼胶、硫化过程有机废气排放量相对较大，炼胶过程中，由于各添加剂参与反应且温度较高，导致大量醛酮类物质、苯及苯系物产生；硫化工艺过程中，硫化设备开启瞬间会产生大量含有硫化物、醛酮类等物质的硫化烟气。这两个工序产生的有机废气为橡胶制品工业有机废气的主要排放点位。

③ 氨氮　是乳胶制品企业的特征污染物。为防止乳胶的自然凝固，乳胶中加入一定量的氨溶液作为保护剂，在浸胶过程中产生氨，企业多采用酸液进行喷淋吸收。

④ 恶臭　橡胶制品工业企业存在一定程度的恶臭污染问题，常采用光催化氧化、低温等离子技术进行治理。

⑤ 无组织废气　橡胶制品工业企业的无组织排放情况较为严重，由于生产工艺特点的限制，除炼胶工艺外，大多数企业的挤出、压延、硫化等工艺无法进行密闭生产和废气集中收集。此外，胶浆制备、管道跑冒和物料装卸等环节也是导致无组织排放的重要原因。

总体上，橡胶制品工业主要在炼胶、轮胎翻新成型、硫化、胶浆制备、浸浆、胶浆喷涂和涂胶等环节产生废气。其中，轮胎制品制造（轮胎翻新除外），橡胶板、管、带制造，橡胶零件制造，运动场地用塑胶制造和其他橡胶制品制造单位的大气污染物种类为颗粒物、非甲烷总烃、甲苯、二甲苯。日用及医用橡胶制品制造单位大气污染物种类为颗粒物、氨、非甲烷总烃。轮胎翻新单位大气污染物种类为颗粒物、非甲烷总烃。橡胶制品工业排污单位的恶臭污染物种类依据 GB 27632、GB 14554 确定。

橡胶制品工业废气产污环节及其污染物种类详见表3-38。

表 3-38 橡胶制品工业废气产污环节及污染物种类

类别	生产单元	废气产污环节	污染物种类	排放形式
轮胎制品制造	炼胶	炼胶废气	颗粒物、非甲烷总烃、臭气浓度、恶臭特征污染物	有组织
	硫化	硫化废气	非甲烷总烃、臭气浓度、恶臭特征污染物	
	成型（适用于轮胎翻新单位）	热/冷翻废气	颗粒物、非甲烷总烃、臭气浓度、恶臭特征污染物	
	胶浆制备、浸浆、胶浆喷涂和涂胶	胶浆废气	甲苯、二甲苯、臭气浓度、恶臭特征污染物	
橡胶板、管、带制品制造	炼胶	炼胶废气	颗粒物、非甲烷总烃、臭气浓度、恶臭特征污染物	有组织
	硫化	硫化废气	非甲烷总烃、臭气浓度、恶臭特征污染物	
	胶浆制备、浸浆、胶浆喷涂和涂胶	胶浆废气	甲苯、二甲苯、臭气浓度、恶臭特征污染物	
橡胶零件制造	炼胶	炼胶废气	颗粒物、非甲烷总烃、臭气浓度、恶臭特征污染物	有组织
	硫化	硫化废气	非甲烷总烃、臭气浓度、恶臭特征污染物	
	胶浆制备、浸浆、胶浆喷涂和涂胶	胶浆废气	甲苯、二甲苯、臭气浓度、恶臭特征污染物	
日用及医用橡胶制品制造	配料	配料废气	氨、臭气浓度、恶臭特征污染物	有组织
	浸渍	浸渍废气	氨、臭气浓度、恶臭特征污染物	
	硫化	硫化废气	颗粒物、臭气浓度、恶臭特征污染物	
运动场地用塑胶制造	炼胶	炼胶废气	颗粒物、非甲烷总烃、臭气浓度、恶臭特征污染物	有组织
	硫化	硫化废气	非甲烷总烃、臭气浓度、恶臭特征污染物	
	胶浆制备、浸浆、胶浆喷涂和涂胶	胶浆废气	甲苯、二甲苯、臭气浓度、恶臭特征污染物	
其他橡胶制品制造	炼胶	炼胶废气	颗粒物、非甲烷总烃、臭气浓度、恶臭特征污染物	有组织
	硫化	硫化废气	非甲烷总烃、臭气浓度、恶臭特征污染物	
	胶浆制备、浸浆、胶浆喷涂和涂胶	胶浆废气	甲苯、二甲苯、臭气浓度、恶臭特征污染物	
辅助公用单元	废水处理系统	废水处理站废气	臭气浓度、恶臭特征污染物	有组织
	厂界		颗粒物、非甲烷总烃、臭气浓度、恶臭特征污染物	无组织
	厂区内		非甲烷总烃	无组织

（2）废水

轮胎制品制造（轮胎翻新除外），橡胶板、管、带制造，橡胶零件制造，运动场地用塑胶制造和其他橡胶制品制造废水污染物包括 pH 值、悬浮物、化学需氧量、五日生化需氧量、氨氮、总氮、总磷和石油类。

日用及医用橡胶制品制造的废水污染物包括 pH 值、悬浮物、化学需氧量、五日生化需氧量、氨氮、总氮、总磷、石油类和总锌。

轮胎翻新制造的废水污染物包括 pH 值、悬浮物、五日生化需氧量、化学需氧量、动植物油、氨氮、石油类。

3.15.2.2　塑料制品工业

（1）废气

① 颗粒物　塑料制品企业颗粒物排放主要来源于配料、合成革纺丝、表面处理、边角料破碎再生使用等过程。其中，原料和助剂（主要包括树脂、增塑剂、稳定剂、润滑剂、增强剂和石蜡等）在混料搅拌过程中易产生颗粒物；合成革纺丝涉及颗粒物的排放；修边及不合格产品通过破碎机破碎成颗粒产生颗粒物。

② 有机废气　塑料制品中废气排放量较大、污染负荷相对较大的为人造革与合成革行业。其中，以聚氯乙烯（PVC）为原料的人造革干法生产线产生邻苯二甲酸二辛酯（DOP）增塑剂废气。以聚氨酯（PU）为原料的合成革干法生产线和湿法生产线由于使用了二甲基甲酰胺（DMF）等有机溶剂，产生 DMF 等有机废气。印刷着色、改色、印花等人造革与合成革表面后处理过程中会产生甲苯、丙酮等有机废气。

③ 恶臭　塑料制品工业企业也存在一定程度的恶臭污染问题，常采用光催化氧化、低温等离子体技术进行治理。

④ 无组织废气　无组织排放主要源于有组织收集不完全导致的无组织逸散，由于生产工艺特点的限制，热塑挤出、开模取件、烘干等工艺无法进行密闭生产和废气集中收集。

下面以合成革为例进行如下产排污环节分析。

合成革生产过程中产生的废气主要为挥发性有机物废气，原材料中树脂内所含的挥发性有机物、有机稀释剂、有机清洗剂等除了少量残留在产品中外，都排放到空气、废水和固体废物中。其废气排放情况有：

① 树脂、溶剂及其他挥发性有机物在配料、运输、存放时挥发有机物；

② 涂覆或含浸等加工以及传输过程中挥发有机物；

③ 在烘箱加热时挥发有机物；

④ 后处理过程中挥发有机物；

⑤ 超纤工艺中甲苯在抽取以及回收处理时挥发；

⑥ 在使用溶剂清洗有关设备时挥发有机物；

⑦ 废水处理、固体废物处理及其他处理时挥发有机物；

⑧ 配料、磨皮等处理过程中产生粉尘。

废气污染物同具体工艺、配方组成有关。对于一定工艺，配方往往可以更改，所以其产生的具体污染物也并不固定。生产过程中一般的污染物有：

① 聚氨酯干法工艺，有机溶剂（DMF、甲苯、二甲苯、丁酮等）；

② 聚氨酯湿法工艺，有机溶剂（DMF）；

③ 聚氯乙烯等相关工艺，增塑剂烟雾（邻苯二甲酸二辛酯等）、氯乙烯、氯化氢、有机溶剂、铅；

④ 后处理工艺，有机溶剂（DMF、甲苯、二甲苯、丁酮、乙酸丁酯等）、颗粒物；

⑤ 超纤工艺，有机溶剂（DMF、甲苯、二甲苯等）。

此外，其他无组织废气还包括：

① 锅炉废气 合成革工业需大量的热量，可采用普通蒸汽锅炉供热，但普遍使用有机载体加热炉。有机载体加热炉燃烧产生的废气同普通蒸汽锅炉，但同时还存在少量的载体渗漏挥发。

② 精馏塔废气 聚氨酯湿法工艺产生大量的含DMF溶剂的废水以及回收治理装置产生的废水，一般采用精馏回收。精馏过程中DMF有一定的挥发，如真空泵尾气、废水中挥发等。另外，DMF中含有的二甲胺也会采用吹脱方式直接排放到大气中。

③ 冷却塔蒸发的挥发性有机物 当冷却塔采用精馏回收水作为冷却水，则其中的DMF、二甲胺会排放到大气中。

④ 储罐蒸发的挥发性有机物 合成革企业一般采用铁桶和储罐贮存或盛装溶剂，蒸汽压高的溶剂挥发排放较大。

塑料制品工业废气产污环节及污染物种类详见表3-39。

表 3-39　塑料制品工业废气产污环节及污染物种类

类别	生产单元	废气产污环节	污染物种类	排放形式
塑料人造革与合成革制造	塑料人造革与合成革制造配料	配料废气	二甲基甲酰胺（DMF）、苯、甲苯、二甲苯、VOCs、颗粒物、臭气浓度、恶臭特征污染物	有组织
	塑料人造革生产线（直接涂刮法、转移法、压延法、流延法等）	挥发废气	苯、甲苯、二甲苯、VOCs、颗粒物、臭气浓度、恶臭特征污染物	
	塑料合成革干法工艺生产线	挥发废气	二甲基甲酰胺（DMF）、苯、甲苯、二甲苯、VOCs、臭气浓度、恶臭特征污染物	
	塑料合成革湿法工艺生产线	挥发废气	二甲基甲酰胺（DMF）、臭气浓度、恶臭特征污染物	
	塑料合成革超细纤维工艺生产线	挥发废气	二甲基甲酰胺（DMF）、苯、甲苯、二甲苯、VOCs、臭气浓度、恶臭特征污染物	
	后处理	挥发废气	苯、甲苯、二甲苯、VOCs、臭气浓度、恶臭特征污染物	
	二甲基甲酰胺回收	喷淋废气	二甲基甲酰胺（DMF）、臭气浓度	

续表

类别	生产单元	废气产污环节	污染物种类	排放形式
塑料薄膜制造	吹塑膜、双拉薄膜、流延膜、压延膜	混料废气、挥发废气	颗粒物、非甲烷总烃、臭气浓度、恶臭特征污染物	有组织
塑料板、管、型材制造	—	混料废气、挥发废气	颗粒物、非甲烷总烃、臭气浓度、恶臭特征污染物	
塑料丝、绳及编织品制造	—	混料废气、挥发废气	颗粒物、非甲烷总烃、臭气浓度、恶臭特征污染物	
泡沫塑料制造	反应发泡、挤出发泡、模塑发泡、涂覆发泡	混料废气、挥发废气	颗粒物、非甲烷总烃、臭气浓度、恶臭特征污染物	
塑料包装箱及容器制造	注塑成型、滚塑成型	混料废气、挥发废气	颗粒物、非甲烷总烃、臭气浓度、恶臭特征污染物	
日用塑料制品制造	注塑成型、吹塑成型、模压成型	混料废气、挥发废气	颗粒物、非甲烷总烃、臭气浓度、恶臭特征污染物	
人造草坪制造	—	挥发废气	颗粒物、非甲烷总烃、臭气浓度、恶臭特征污染物	
塑料零件及其他塑料制品制造	注塑成型、层压成型	混料废气、挥发废气	颗粒物、非甲烷总烃、臭气浓度、恶臭特征污染物	
生产公用单元	喷涂工序	挥发废气	颗粒物、非甲烷总烃、苯、甲苯、二甲苯、臭气浓度、恶臭特征污染物	
		燃烧废气	颗粒物、二氧化硫、氮氧化物	
辅助公用单元	废水处理系统	废水处理站废气	臭气浓度、恶臭特征污染物	
塑料人造革与合成革制造	配料废气、挥发废气、喷淋废气	厂界	二甲基甲酰胺（DMF）、苯、甲苯、二甲苯、VOCs、颗粒物、臭气浓度、恶臭特征污染物	无组织
		厂区内	非甲烷总烃	
塑料薄膜制造；塑料板、管、型材制造；塑料丝、绳及编织品制造；泡沫塑料制造；塑料包装箱及容器制造；日用塑料制品制造；塑料零件及其他塑料制品制造	混料废气、挥发废气	厂界	颗粒物、非甲烷总烃、臭气浓度、恶臭特征污染物	
		厂区内	非甲烷总烃	

续表

类别	生产单元	废气产污环节	污染物种类	排放形式
人造草坪制造	挥发废气	厂界	颗粒物、非甲烷总烃、臭气浓度、恶臭特征污染物	无组织
		厂区内	非甲烷总烃	
生产公用单元	喷涂工序挥发废气	厂界	颗粒物、非甲烷总烃、苯、甲苯、二甲苯、臭气浓度、恶臭特征污染物	
		厂区内	非甲烷总烃	
辅助公用单元	废水处理系统	废水处理站废气	臭气浓度、恶臭特征污染物	

（2）废水

塑料制品中废水产生量较大的是合成革行业。合成革生产过程中的特征污染物为二甲基甲酰胺（DMF），DMF 废水一般采用 DMF 精馏回收装置对 DMF 进行精馏回收，精馏回收后的废水部分回用。所产生的其他生产废水主要包括：湿法生产线含浸槽、凝固槽、水洗槽等的工艺废水，超纤甲苯抽出工艺和碱减量工艺产生的废水，DMF 精馏塔塔顶水，冷却塔废水，设备、容器及地面清洗水等。

合成革制造水污染物的产生与工艺有关，有些工艺并不产生废水。产生废水的工艺或流程（工序）见表 3-40 和表 3-41。

表 3-40　合成革废水的种类和来源

序号	工艺或流程	来源	主要污染指标
1	湿揉工艺（后处理）	湿揉、洗涤废水	化学需氧量、色度、有机溶剂、阴离子表面活性剂、悬浮物
2	湿法工艺	浸水槽、凝固槽、水洗槽等的工艺废水和清洗水	化学需氧量、二甲基甲酰胺、阴离子表面活性剂、悬浮物、氨氮
3	超纤：甲苯抽出工艺	水封水、甲苯回收水	甲苯、二甲基甲酰胺、化学需氧量
4	超纤：碱减量工艺	工艺废水和清洗水	二甲基甲酰胺、化学需氧量
5	废气净化治理	水洗涤式废气净化治理水	化学需氧量、有机溶剂、悬浮物
6	DMF 精馏	精馏塔的塔顶水、真空泵出水、DMF 回收废水储罐（池）的非定期排放、清洗水	二甲基甲酰胺、悬浮物、化学需氧量
7	冷却塔废水	冷却水的非定期排放	同所用水有关，一般为二甲基甲酰胺、悬浮物、化学需氧量
8	清洗	地面冲洗水、容器洗涤水、设备洗涤水	化学需氧量、有机溶剂、悬浮物
9	锅炉废水	锅炉废气治理废水	化学需氧量、悬浮物
10	生活废水	员工生活废水	化学需氧量、悬浮物、氨氮

表 3-41　生产废水污染物种类

废水类别	污染物种类
喷涂工序生产废水	pH 值、悬浮物、化学需氧量、五日生化需氧量、石油类
塑料人造革与合成革制造排污单位	pH 值、色度（稀释倍数）、悬浮物、化学需氧量、氨氮、总氮、总磷、甲苯、二甲基甲酰胺（DMF）
使用除聚氯乙烯以外的树脂生产塑料制品排污单位	pH 值、悬浮物、化学需氧量、五日生化需氧量、氨氮、总氮、总磷、总有机碳、可吸附有机卤化物
使用聚氯乙烯树脂生产塑料制品排污单位	pH 值、悬浮物、化学需氧量、五日生化需氧量、氨氮、石油类

其他塑料制品的主要废水为循环冷却水排水、设备冲洗水、地面冲洗水，简单处理后进行循环使用。

3.15.3　相关标准及技术规范

《排污许可证申请与核发技术规范　橡胶和塑料制品工业》（HJ 1122—2020）

《排污单位自行监测技术指南　橡胶和塑料制品》（HJ 1207—2021）

《橡胶制品工业污染物排放标准》（GB 27632—2011）

《合成树脂工业污染物排放标准》（GB 31572—2015）

《合成革与人造革工业污染物排放标准》（GB 21902—2008）

《挥发性有机物无组织排放控制标准》（GB 37822—2019）

3.16　非金属矿物制造业

3.16.1　主要生产工艺

3.16.1.1　石墨及其他非金属矿物制品制造业

石墨及其他非金属矿物制品制造业排污单位指从事生产包括石墨制品（石墨电极、石墨阳极、石墨化阴极等）、碳制品（预焙阳极、石墨质阴极、碳电极、阴极糊、电极糊、高炉碳砖等）、特种石墨制品、碳纤维、多晶硅棒、单晶硅棒、沥青的排污单位。

（1）石墨、碳素制品生产工艺

石墨及碳素制品行业属于基础原材料产业，广泛应用于冶金、电子、化工、机械、能源等领域，我国碳素企业以预焙阳极和石墨电极等传统碳素产品生产为主。生产碳产品和石墨制品的原料一般包括石油焦、沥青焦、冶金焦、无烟煤、煤沥青、其他辅助原料（如煤焦油、炭黑、天然石墨、蒽油等）。碳素及石墨制品的基本工艺过程包括原料选择、预处理（预碎、煅烧）、粉碎、筛分、配料、混捏、压制成型、焙烧、石墨化、毛坯机械加工。当要求高密度、高强度产品时，可以对焙烧后生制品进行一次或多次浸渍，每次浸渍后再作焙烧处理；当要求高纯产品时，还需将石墨化后的制品进行高温钝化处理。最后对炭和石墨制品的毛坯作机械加工。

碳素及石墨制品生产工艺流程如图3-216所示。

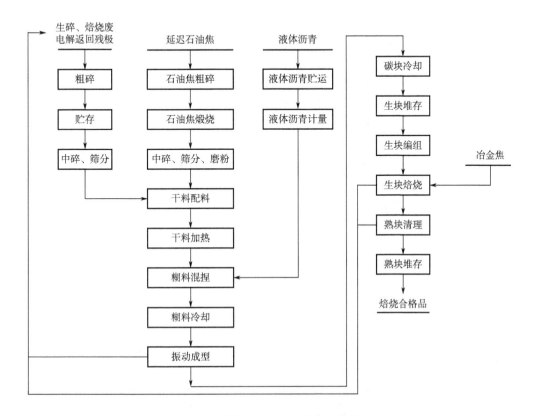

图3-216　碳素及石墨制品生产工艺流程

（2）碳纤维生产工艺

以聚丙烯腈纤维原丝为原材料，通过放丝、预氧化（热稳定）、碳化、电解、干燥、上胶、收丝制成成品。

（3）多晶硅棒生产工艺

一般以工业硅为原材料，通过三氯氢硅合成、四氯化硅氢化反应、氯硅烷精馏提纯、三氯氢硅氢还原、尾气回收、破碎、分级、清洗、干燥制成成品。

（4）单晶硅棒生产工艺

一般以原生多晶硅、边皮等复拉料为原料，通过原料清洗、干燥、融化、拉晶工序成品出料。

（5）沥青混合料生产工艺

一般以沥青、石料、矿粉等为原料，通过冷料输送、燃烧、烘干、筛选、预处理、搅拌工序后成品出料。

3.16.1.2 陶瓷砖瓦工业

陶瓷砖瓦工业排污单位是包括制造建筑陶瓷、卫生陶瓷、日用陶瓷等陶瓷产品的排污单位，独立的干坯制造或烧成、烤花工序等排污单位，制造烧结砖、烧结瓦、非烧结砖等产品的排污单位。

（1）陶瓷工业生产工艺

主要包括建筑陶瓷、卫生陶瓷、日用陶瓷、园林艺术陶瓷、特种陶瓷和其他陶瓷，其生产工艺过程主要包括原料制备（制浆、制粉）、成型、干燥、烧成和后加工等工序。常见的成型工艺包括干压成型、可塑成型和注浆成型。干压成型的建筑陶瓷后加工工序包括烧成后制品切割、磨边和表面抛光。典型建筑陶瓷工艺流程如图 3-217 所示。

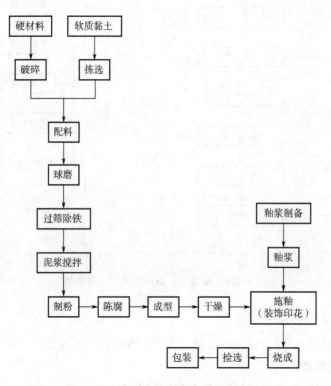

图 3-217　典型建筑陶瓷典型工艺流程

卫生陶瓷生产工艺流程，从本质上只有一种，其主线为泥、釉料制备、注浆成型、烧成。具体而言，卫生陶瓷生产工艺流程是：根据设定配方，将不同原料按比例准确配料，配好的配合料入球磨制浆，合格的泥浆经过陈腐后送注浆线进行注浆成型，成型好的青坯经过干燥、施釉、干燥后入窑烧成，最后烧成的制品经过检验、加工后包装入库。其典型工艺流程如图 3-218 所示。

日用陶瓷按工艺品种分为日用细瓷器、日用普瓷器、日用炻瓷器、骨质瓷器、玲珑日用瓷器、釉下（中）彩日用瓷器、日用精陶器等。按花面特色可分为釉上彩、釉中彩、釉下彩、色釉、未加彩的白瓷等。其主要工艺流程如图 3-219 所示。

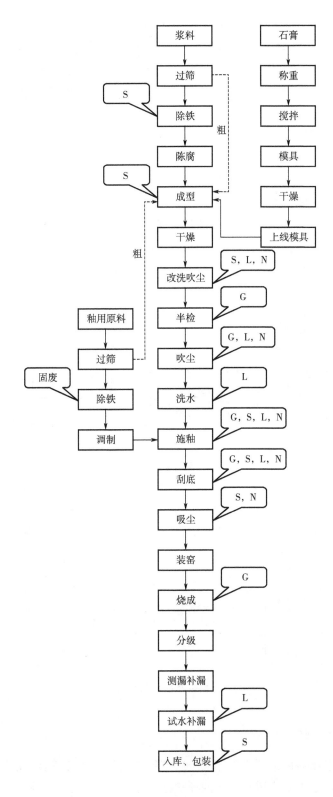

图 3-218　卫生陶瓷典型工艺流程

G—废气；L—废液；S—固废；N—噪声

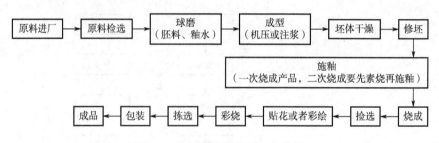

图 3-219　日用陶瓷典型工艺流程

（2）砖瓦工业生产工艺

砖瓦产品分为烧结制品和非烧结制品两类，生产工艺大体相同，经原料破碎、成型、干燥、烧成等工序制成砖瓦制品，其生产工艺流程如图 3-220 和图 3-221 所示。焙烧窑是主要的热工设备，也是该行业大气污染物排放的主要来源。

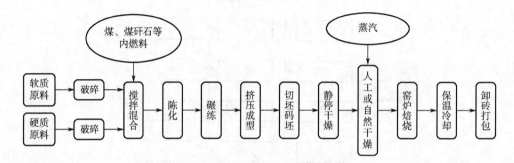

图 3-220　典型烧结砖工艺流程

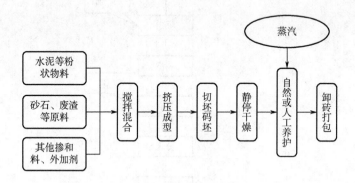

图 3-221　典型非烧结砌块工艺流程

3.16.1.3　玻璃工业

玻璃工业主要排污单位是采用浮法、压延等工艺制造平板玻璃的排污单位。

平板玻璃是浮法工艺或压延工艺的板状硅酸盐玻璃。浮法工艺是将玻璃液漂浮在金属液面上制得平板玻璃的一种方法。它是将玻璃液从池窑连续地流入并漂浮在有还原性气体保护的金属锡液面上，依靠玻璃的表面张力、重力及机械拉引力的综合作用，拉制成不同厚度的玻璃带，经退火、冷却制成平板玻璃。而压延工艺则是将熔窑中的玻璃液经压延辊辊压成型、退火制成的。浮法和压延法工艺流程分别见图 3-222 和图 3-223 所示。

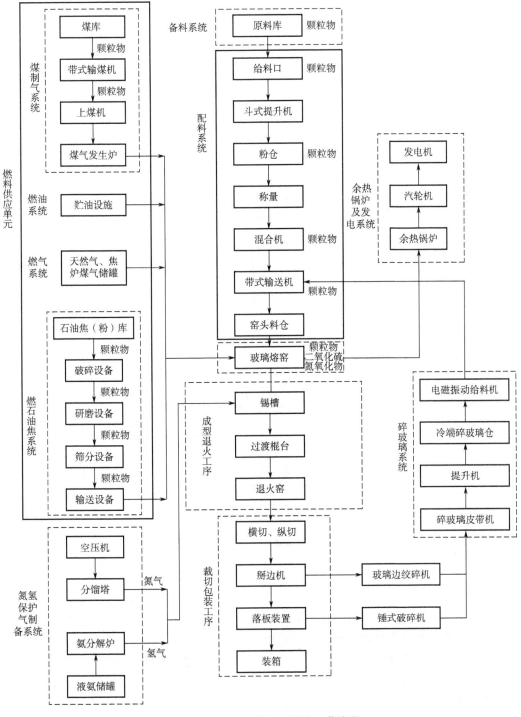

图 3-222 平板玻璃工业浮法工艺流程

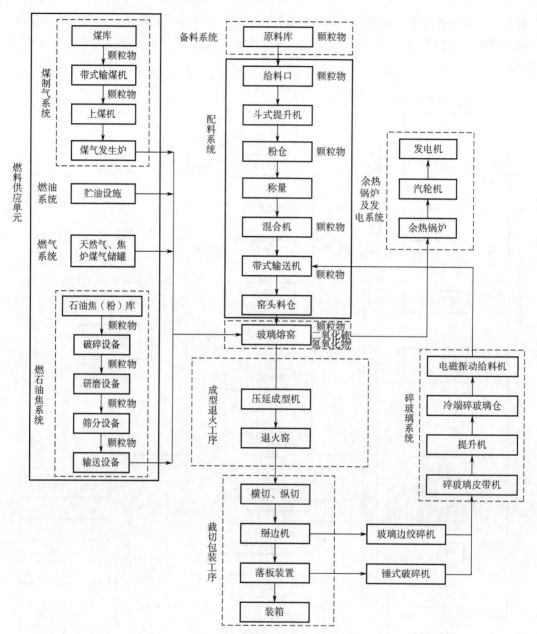

图 3-223　平板玻璃工业压延工艺流程

3.16.1.4　水泥工业

水泥工业是我国国民经济的重要基础行业，也是我国高耗能、高污染的行业之一。

水泥是指加水搅拌后成浆体，能在空气或水中硬化，并能把砂、石等建筑材料牢固地胶结在一起的粉状水硬性无机胶凝材料。其生产工艺通常包含以下生产过程：矿山开采、原料破碎、原/燃料预均化、原料配料、生料粉磨、煤粉制备、生料均化及生料入窑煅烧、熟料冷却、熟料储存与输送、水泥配料、粉磨和储存、水泥成品包装、散装和外运。其生产工艺流程及主要产排污节点见图 3-224。

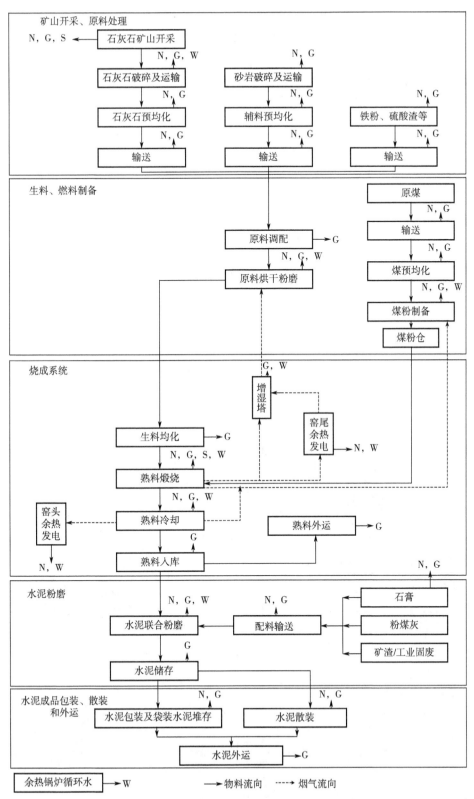

图 3-224　水泥生产工艺流程及主要产排污节点

G—废气；W—废水；S—固废；N—噪声

3.16.2　主要污染物及产污环节分析

3.16.2.1　石墨及其他非金属矿物制品制造业

（1）石墨、碳素制品

① 废气　典型碳素及石墨制品生产工艺流程及产排污节点如图3-225所示。

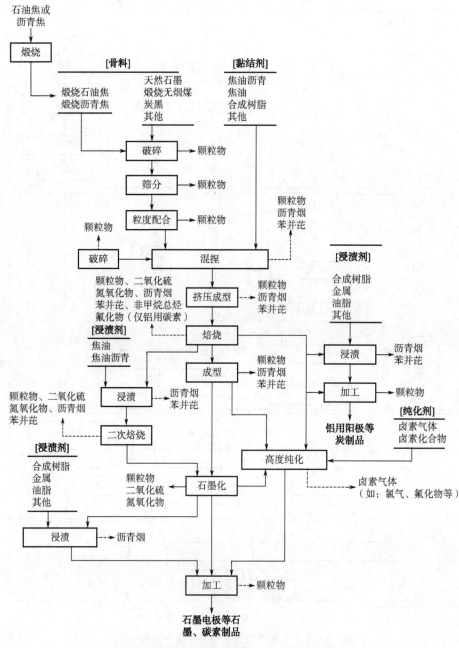

图3-225　碳素及石墨制品生产工艺流程及产排污节点

a. 煅烧　碳素原料在隔绝空气的条件下进行高温（1200～1500℃）热处理的过程称为煅烧，其工序属于生产中预处理过程，原料煅烧炉有罐式煅烧炉、回转炉和电煅烧炉等三种。其生产工艺流程是将项目生产所需的石油焦或沥青焦等通过汽车运输至厂区，再由原料罐下的胶带定量给料机将原料加入到煅烧炉进行煅烧，通过在煅烧炉内生焦中水分、挥发分相继挥发燃烧，部分焦炭在高温下燃烧提供热量，焦炭在高温状态下内部晶相进行调整，生成煅后焦（一般煅烧炉利用原料中挥发分作为燃料，不需外加燃料）。原料焦中的挥发分随着加排料顺序，通过火道中的负压，从位于加料口挥发分溢出口进入挥发分总道，而后再引入火道与空气混合燃烧。煅烧好的石油焦经水套间接冷却，料温低于100℃，再经碎焦机排至全密闭式振动输送机，由密闭式提升机输送到料仓内贮存。

原料煅烧过程中产生的气体污染物主要为颗粒物、二氧化硫、氮氧化物。原料煅烧生产工艺流程及产排污节点见图 3-226。

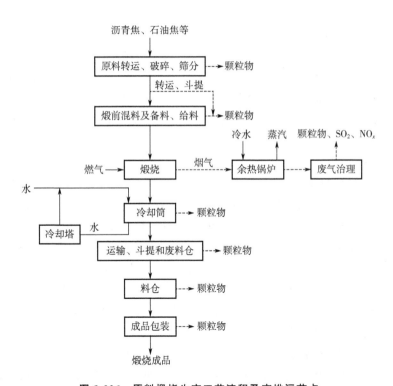

图 3-226　原料煅烧生产工艺流程及产排污节点

b. 混捏成型　是指使骨料的各种组分、各种粒度及黏结剂达到均匀混合得到可塑性糊料的工艺过程。根据被混捏物料的品种不同，将混捏方法分为两大类。

ⅰ. 冷混捏　混捏时不加沥青黏结剂，或者沥青黏结剂以固体粉末状加入。把物料装到容器中，利用容器的翻滚及物料本身的自重进行物料之间的掺和。这种工艺主要用于模压制品。两种密度不同的物料，如石器-金属材料的配料常用此法。冷混捏过程中产生的污染物主要为颗粒物。

ⅱ. 热混捏　由于沥青在常温下为固体，为使沥青以液态与骨料混合，并在骨料表面浸润，通常要在加热情况下进行混合。这种工艺主要用于使用沥青或树脂作为黏结剂的配料，或是物料密度相差不大的物料进行混捏。热混捏过程中产生的污染物有颗粒物、沥青烟、苯并芘、非甲烷总烃。

混捏完成的合格中间品输送至成型工序。其混捏成型过程中产生的污染物主要为颗粒物、低浓度的沥青烟、苯并芘、非甲烷总烃。

c. 焙烧　在隔绝空气和介质保护下，把压制后的生制品按一定升温速度进行加热的热处理过程称为焙烧。经过焙烧，压制后的生制品（用煤沥青作黏结剂）一般排出约10%的挥发分，黏结剂进行炭化，在骨料颗粒间形成焦炭网格，将不同粒度的骨料牢固地黏结成一个整体，从而使焙烧后的制品具有一定强度并获得所需要的物理化学性质。炭制品的性能虽然与原料的品种、配料、混捏和成型有关，但焙烧条件对焙烧后制品的性能有着重要的影响。焙烧工序的调节和控制就是为了使制品具有均匀的结构、正确的几何尺寸和防止内外缺陷（如内外裂纹、制品截面密度不均匀、空洞、气孔等）的生成。

在碳素工业中，焙烧工序常用炉窑有倒焰窑、隧道窑和环式焙烧炉。其中倒焰窑为间歇操作，隧道窑和环式焙烧炉为连续操作。

焙烧过程中产生的主要污染物为颗粒物、二氧化硫、氮氧化物、沥青烟、苯并芘、非甲烷总烃等，若电解铝企业产生的残极作为生产原料时主要污染物同时含有氟化物。高密度、高强度产品是通过浸渍后再次焙烧，而二次焙烧过程中产生的烟气中主要污染物为颗粒物、二氧化硫、氮氧化物、沥青烟、苯并芘、非甲烷总烃等，其中沥青烟、苯并芘、非甲烷总烃来源于浸渍工序。

d. 石墨化　焙烧制品的石墨化是生产人造石墨制品的主要工序，所谓石墨化就是使热力学不稳定的非石墨碳通过热活化作用转变为石墨碳的高温热处理过程，工艺通常采用少灰分的可石墨化碳，如石油焦、沥青焦等的焙烧品作为石墨化原料。焙烧品与石墨制品在结构上的最主要差别在于其碳原子排列的有序程度不同。石墨化就是为了通过改变有序性，从而提高制品的导电性、导热性，提高制品的耐热冲击性和化学稳定性，改善制品的润滑性，排出杂质，提高制品的纯度。焙烧品经石墨化后，电阻率降低70%～80%，真密度提高约10%，导热性提高约10倍，热膨胀系数降低，氧化开始温度提高，而机械强度有所下降。

目前，工业石墨化炉都是电热炉。常见的石墨化炉有艾奇逊石墨化炉和内串石墨化炉。每一台石墨化炉的生产操作由装炉、通电、冷却、卸料、清炉及小修等环节组成，并按此顺序进行循环生产。同一组炉中的各炉分别处于不同的操作状态中。在此过程中产生的主要污染物为颗粒物、二氧化硫、氮氧化物。

② 废水　废水种类包含焙烧循环水、石墨化循环水、空压站循环水、碳块冷却循环水、浸渍冷却循环水、生活污水、初期雨水及综合污水，主要污染物为 pH 值、化学需氧量、悬浮物、五日生化需氧量、氨氮、总磷、石油类，若采用电解铝企业产生的残极为生产原料时主要污染物会含有氟化物。

（2）碳纤维

① 废气　碳纤维生产工艺产污环节及污染物见表 3-42。

表 3-42　碳纤维生产工艺产污环节及污染物

生产单元	主要生产工艺	废气产污环节	污染物项目
预氧化	预氧化	氧化炉	氰化氢、氨、一氧化碳、甲烷
碳化	低温碳化	低温碳化炉	氰化氢、氨、一氧化碳、甲烷
	高温碳化	高温碳化炉	
表面处理	电解	电解槽	氨
废气焚烧系统	焚烧＋碱液喷淋	焚烧炉、喷淋设施	氮氧化物、氰化氢、氨
厂界			氰化氢、氨

②废水　主要废水种类有生产废水、初期雨水、生活污水及综合污水，其主要污染物为 pH 值、悬浮物、五日生化需氧量、化学需氧量、氨氮、总磷、石油类、总氰化合物。

（3）多晶硅棒

①废气　多晶硅棒生产工艺产污环节及污染物见表 3-43。

表 3-43　多晶硅棒生产工艺产污环节及污染物

生产单元	主要生产工艺	废气产污环节	污染物项目
原料制备	配料、供料	供料系统	颗粒物
	三氯氢硅合成反应	合成炉	氯化氢、氯硅烷
	四氯化硅氢化反应	硅粉干燥器、输送系统	颗粒物
		氢化反应罐	氯化氢、氯硅烷
原料提纯	氯硅烷精馏	精馏塔	氯化氢、氯硅烷
		储罐	氯化氢、氯硅烷
	硅烷制备	歧化装置、硅烷精馏塔	氯硅烷
多晶硅制备	三氯氢硅氢还原	还原炉	氯化氢、氯硅烷
	硅烷分解	流化床反应器	颗粒物、硅烷气
过程气体回收	尾气分离	压缩机	氯化氢、氯硅烷
	氢气净化	吸附塔	氯化氢、氯硅烷
产品整理	破碎、分级	人工、破碎机械	颗粒物
	清洗、干燥	清洗机	氮氧化物、氟化物
渣浆处理系统	水解、过滤	水解罐、水解池、板框压滤机	氯化氢
废气处理系统	压缩、冷凝、回收	压缩机、冷凝器	氯化氢
	水喷淋、碱液喷淋	尾气淋洗塔、硅烷气洗涤塔	
厂界			氯化氢、氟化物、氮氧化物

② 废水　多晶硅棒生产过程中会产生酸洗废水、还原清洗废水、脱盐水废水、循环水废水、尾气淋洗废水、渣浆淋洗废水、初期雨水、生活污水以及综合污水。其主要污染物有 pH 值、悬浮物、化学需氧量、五日生化需氧量、氨氮、总磷等，酸洗废水会产生氟化物。

（4）单晶硅棒

废气主要来源于硅料清洗机、真空泵（泵油）、拉晶炉，主要污染物为氮氧化物、氟化物、挥发性有机物、颗粒物等；废水种类包括原料清洗废水、脱盐水废水、循环水废水、生活污水、初期雨水以及综合污水，其主要污染因子为 pH 值、氟化物、悬浮物、化学需氧量、五日生化需氧量、氨氮、总磷等。

（5）沥青混合料

废气主要污染物为颗粒物、二氧化硫、氮氧化物、沥青烟及苯并芘等，其中颗粒物来源于石料堆存、上料、筛选及储存扬尘，沥青烟及苯并芘主要来源于沥青罐及其拌和系统；废水种类包括冲洗废水（地面、车辆等）、生活污水以及初期雨水，主要污染物有 pH 值、悬浮物、石油类、五日生化需氧量、化学需氧量、氨氮、总磷等。

3.16.2.2　陶瓷砖瓦工业

（1）陶瓷工业

陶瓷生产过程中，烧成工序窑炉、烤花工序窑炉和喷雾干燥工序喷雾干燥塔产生烟气污染物；湿法备料和成型工序产生无组织排放；湿法备料、喷雾干燥、后加工等工序产生生产废水；全工艺流程均产生固体废物和噪声。典型生产工艺流程及主要产排污节点如图 3-227～图 3-229 所示。

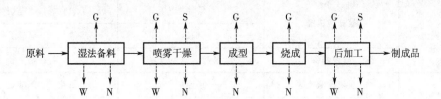

图 3-227　建筑陶瓷典型生产工艺流程及主要产污节点

G—废气；W—废水；S—固体废物；N—噪声

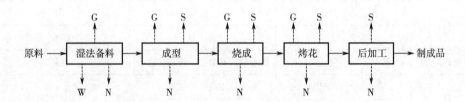

图 3-228　日用及陈设艺术陶瓷典型生产工艺流程及主要产污节点

G—废气；W—废水；S—固体废物；N—噪声

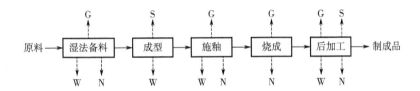

图 3-229　卫生陶瓷典型生产工艺流程及主要产排污节点

G—废气；W—废水；S—固体废物；N—噪声

烧成和烤花过程中辊道窑、隧道窑和梭式窑等陶瓷工业窑炉排放窑炉烟气，产生的大气污染物主要包括颗粒物、二氧化硫、氮氧化物、氯化物、氟化物、铅及其化合物、镉及其化合物和镍及其化合物；建筑陶瓷和特种陶瓷工业喷雾干燥过程中排放喷雾干燥塔烟气，产生的大气污染物主要包括颗粒物、二氧化硫和氮氧化物。无组织排放主要来源包括原料制备和成型工序。采用干成型的建筑陶瓷工业企业的无组织排放主要来源还包括粉料制备工序和干法切割、磨边及表面抛光等后加工工序。

陶瓷生产废水主要包括原料制备工序产生的含泥废水和含釉废水。建筑陶瓷生产废水还包括陶瓷砖后加工废水和脱硫废水，主要污染物包括悬浮物、化学需氧量、五日生化需氧量、氨氮和石油类等。

生产过程产生的一般固体废物主要包括原料制备等工序产生的废泥、废釉料和煤灰渣，成型工序产生的废坯和废石膏模具，烧成工序产生的废耐火材料和废窑具，烧成和后加工工序产生的抛光废渣、废砖和废瓷，以及烟气脱硫设施产生的脱硫固废。危险废物主要包括使用油墨和有机溶剂过程中产生的废物、煤气生产过程中产生的煤焦油和含酚废水。

噪声主要来源于运转的设备设施，包括物料破碎设备、球磨机、窑炉风机和空压机。建筑陶瓷生产过程产生的噪声来源还包括干压成型工序的压机和后加工工序的磨边机和抛光机。

（2）砖瓦工业

砖瓦工业排污单位主要污染物为大气污染物，包括经由排气筒或烟囱排放的有组织排放和跑冒滴漏及原料处理产生的无组织排放两大类。其中，有组织排放污染物包括颗粒物、二氧化硫、氮氧化物、氟化物等，无组织排放主要为原料贮存、粉碎、成型、干燥和烧成等工序扬起和逸散产生的颗粒物。废水包括生产废水和生活污水，排放量较小，且大部分单位可做到废水回用。一般工业固体废物主要是脱硫石膏、废渣和除尘灰。噪声主要来源于破碎机、粉碎机、搅拌机、对辊机等各类生产设备及污染物处理设备。

3.16.2.3　玻璃工业

（1）废气

产生的大气污染物主要包括颗粒物、二氧化硫、氮氧化物、氯化氢、氟化物、锡及其化合物。其中颗粒物主要产生于配料及熔化两个工序；二氧化硫和氮氧化物产生于熔化工序；氯化氢和氟化物主要产生于熔化和在线镀膜两个工序；锡及其化合物主要产生于在线镀膜工序。

（2）废水

包括生产废水、初期雨水和生活污水。生产废水主要包括车间冲洗废水、循环冷却系统排污水和软化水制备系统排污水等，采用重油、煤焦油作燃料的企业会产生含油废水，设有发生炉煤气站的企业会产生含酚废水，设有液氨罐区的企业进行液氨罐年检会产生含氨废水，采用湿法脱硫技术的企业会产生脱硫废水，采用溢流法工艺生产平板显示玻璃的企业会产生研磨、清洗废水。玻璃制造企业产生的水污染因子主要包括 pH、化学需氧量、五日生化需氧量、悬浮物、氨氮、总磷、动植物油和石油类等。

（3）固体废物

产生的一般工业固体废物主要包括除尘器收集的颗粒物、脱硫副产物、废耐火材料、废水生化处理污泥、锡渣、碎玻璃和煤气发生炉产生的炉渣等。危险废物主要包括设备维修时产生的废机油，软化水制备设施产生的失效的离子交换树脂，烟气脱硝过程中产生的废钒钛系催化剂，油罐清理过程产生的废油渣，油/水分离设施产生的废油、油泥及废水处理产生的浮渣和污泥（不包括废水生化处理污泥），发生炉煤气生产过程中产生的煤焦油等。

（4）噪声

主要来源于配料工序的物料破碎、筛分和混合设备，熔化、成型和退火工序的风机，余热锅炉和余热发电汽轮机组，公辅系统的空气压缩机和水泵。

浮法工艺生产平板玻璃工艺流程及产排污节点见图 3-230。

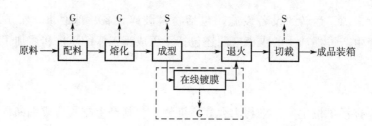

图 3-230　浮法工艺生产平板玻璃工艺流程及产排污节点

G—废气；S—固体废物

3.16.2.4　水泥工业

（1）废气

水泥生产过程中产生的大气污染物主要有颗粒物、氮氧化物、二氧化硫、一氧化碳、氟化物等，还产生少量或微量总有机碳、重金属、二噁英、氯化氢等有害气体。颗粒物产生于水泥生产的破碎、配料、回转窑煅烧、烘干、水泥粉磨、水泥制品加工等工序，其他气体污染物主要产生于水泥熟料生产的水泥窑煅烧工序。水泥生产工艺主要大气污染物及其来源见表 3-44。

表 3-44　水泥生产工艺主要大气污染物及其来源

工序	产污环节	主要污染物	排放方式
矿山开采 （石灰石）	开采、破碎、输送	颗粒物	无/有组织
原料处理 （预均化、调配）	石灰石、辅料、煤预均化堆场	颗粒物	无/有组织
	原料调配站、输送	颗粒物	无/有组织
生料、燃料制备 （包括均化）	原料烘干、粉磨、煤粉制备	颗粒物	有组织
	生料均化、输送	颗粒物	无/有组织
烧成系统 （熟料生产）	水泥窑煅烧（如回转窑等）	颗粒物；氮氧化物、二氧化硫、一氧化碳、氟化物等；少量或微量有害化合物	有组织
	熟料冷却	颗粒物	有组织
	熟料储存、熟料外运	颗粒物	无/有组织
水泥粉磨	水泥添加剂及配送	颗粒物及油污 （水泥添加剂为液体时）	无/有组织
	水泥粉磨	颗粒物；挥发性有机物	有组织
水泥成品包装、 散装和外运	水泥储库、包装、 散装及袋装水泥储存	颗粒物	无/有组织

（2）废水

生产过程中只产生少量设备冷却水以及生活污水，若水泥厂协同处置污泥或生活垃圾，会产生一定量的污泥析出水或垃圾渗滤液。主要污染物包括 pH、悬浮物、化学需氧量、五日生化需氧量、石油类、氟化物、氨氮、总磷、总汞、总镉、总铬、六价铬、总砷、总铅等。

（3）固体废物

产生的固体废物有窑灰、炉渣、废旧耐火砖、废水泥袋、废滤袋、废水泥石块等。

（4）噪声

矿山开采、原料、生料制备、熟料烧成、水泥制成、水泥厂附属设施等环节均存在噪声污染，如磨机、破碎机、物料输送机工作时产生的机械噪声，风机、空压机工作时产生的空气动力噪声，电机工作时产生的电磁噪声等。

3.16.3　相关标准及技术规范

《排污许可证申请与核发技术规范　石墨及其他非金属矿物制品制造》（HJ 1119—2020）

《排污许可证申请与核发技术规范　玻璃工业—平板玻璃》（HJ 856—2017）

《排污许可证申请与核发技术规范　陶瓷砖瓦工业》（HJ 954—2018）

《排污许可证申请与核发技术规范　水泥工业》（HJ 847—2017）

《排污单位自行监测技术指南　砖瓦工业》（HJ 1254—2022）

《排污单位自行监测技术指南　陶瓷工业》（HJ 1255—2022）

《排污单位自行监测技术指南　平板玻璃工业》（HJ 988—2018）

《排污单位自行监测技术指南　水泥工业》（HJ 848—2017）

《玻璃制造业污染防治可行技术指南》（HJ 2305—2018）

《水泥工业污染防治可行技术指南（试行）》（环境保护部公告 2014 年第 81 号）

《陶瓷工业污染防治可行技术指南》（HJ 2304—2018）

《陶瓷工业污染物排放标准》（GB 25464—2010）

《砖瓦工业大气污染物排放标准》（GB 29620—2013）

《水泥工业大气污染物排放标准》（GB 4915—2013）

《平板玻璃工业大气污染物排放标准》（GB 26453—2011）

3.17　黑色金属冶炼和压延加工业

3.17.1　主要生产工艺

3.17.1.1　钢铁工业

钢铁工业排污单位指含有烧结、球团、炼铁、炼钢及轧钢等生产工序的排污单位。根据生产工艺流程，主要生产单元分为原料系统、烧结、球团、炼铁、炼钢、轧钢及公用单元。

（1）原料系统

目前国内钢铁工业原料系统分为机械化原料场、非机械化原料场。

（2）烧结

是按高炉冶炼的要求把准备好的铁矿粉、熔剂、燃料及代用品，按一定比例经配料、混料、加水润湿，再制粒、布料点火，借助风机的作用，使铁矿粉在一定的高温作用下，部分颗粒表面发生软化和熔化，产生一定的液相，并与其他未熔矿石颗粒作用，冷却后，液相将矿粉颗粒粘成块的生产过程。工艺分为带式烧结和步进式烧结，各工艺产生废气污染物的生产设施主要包括配料设施、整粒筛分设施、烧结机、破碎设施、冷却设施等。烧结生产工艺流程及产排污节点见图 3-231。

（3）球团

是一种提炼球团矿的生产过程。球团矿生产就是把细磨铁精矿粉或其他含铁粉料添加少量添加剂混合后，在加水润湿的条件下，通过造球机滚动成球，再经过干燥焙烧，

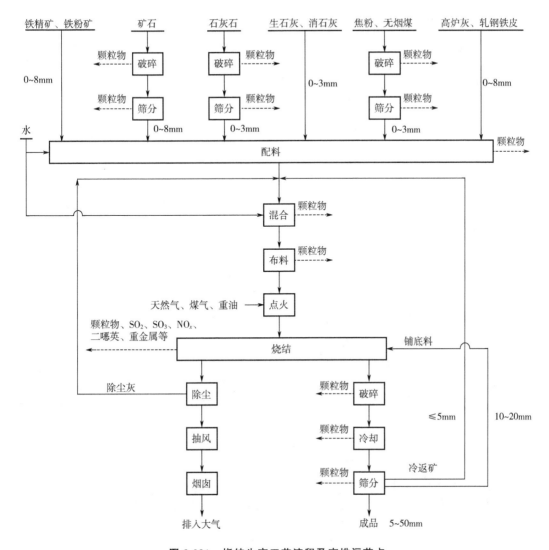

图 3-231　烧结生产工艺流程及产排污节点

固结成为具有一定强度和冶金性能的球型含铁原料。工艺分为竖炉、链箅机-回转窑及带式焙烧机，各工艺产生废气污染物的生产设施主要包括配料设施、焙烧设备、破碎设施、筛分设施、干燥设施等，其中带式焙烧机和链箅机-回转窑球团生产工艺流程及产排污节点分别见图 3-232 和图 3-233。

（4）炼铁

工艺分为高炉炼铁、熔融还原炼铁、直接还原炼铁。

（5）炼钢

是指以铁水或废钢为原料，经高温熔炼、提纯、脱碳、成分调整后得到合格钢水，并浇铸成钢坯的过程。工艺分为转炉炼钢和电炉炼钢，主要包括预处理、转炉或电炉冶炼、炉外精炼及连铸等工序，其中转炉、电炉炼钢工艺流程及产排污节点见图 3-234 和图 3-235。

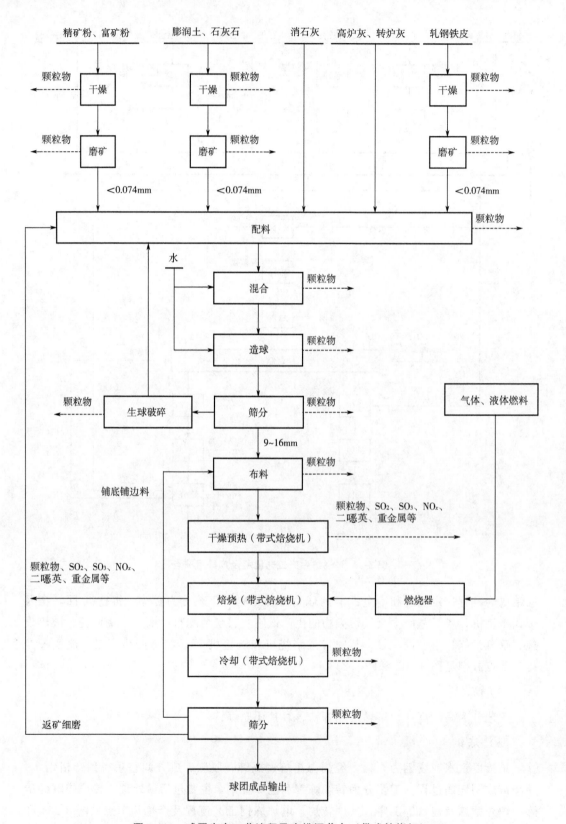

图 3-232　球团生产工艺流程及产排污节点（带式焙烧机）

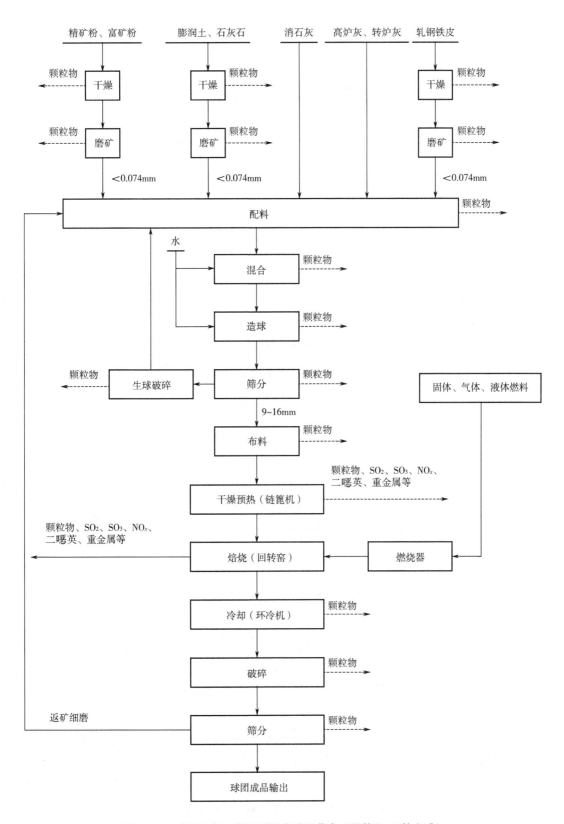

图 3-233 球团生产工艺流程及产排污节点（链箅机-回转窑球）

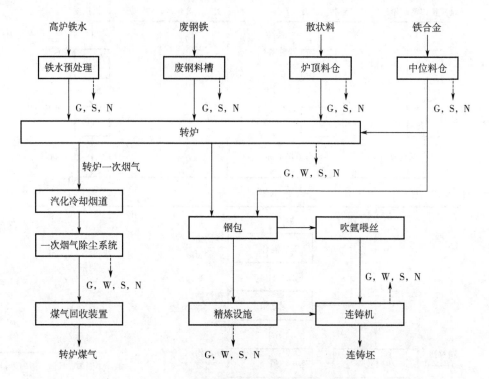

图 3-234　转炉炼钢工艺流程及产排污节点

G—废气；W—废水；S—固体废物；N—噪声

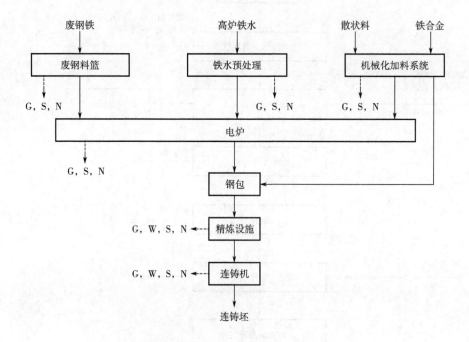

图 3-235　电炉炼钢工艺流程及产排污节点

G—废气；W—废水；S—固体废物；N—噪声

（6）轧钢

轧钢工艺是指以钢坯为原料，经备料、加热、轧制及精整处理，最终加工成成品钢材的生产过程。轧钢工艺主要分为热轧和冷轧，产品包括板带材、棒/线材、型材和管材等。典型的轧钢工艺流程见图 3-236，各主要工序工艺流程及产排污节点见图 3-237。

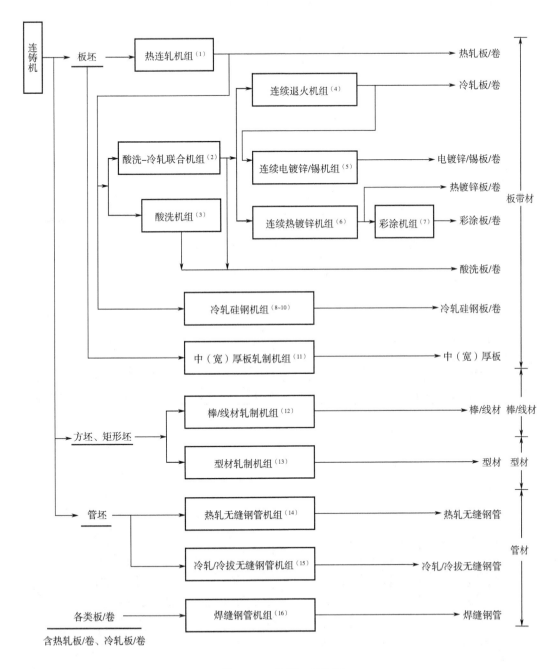

图 3-236　轧钢工艺流程

注：图中所示为碳钢产品生产工艺流程；在不锈钢产品生产中，为获得更好的产品质量，通常还需在轧制前/后进行退火、酸洗（硝酸＋氢氟酸）等处理。

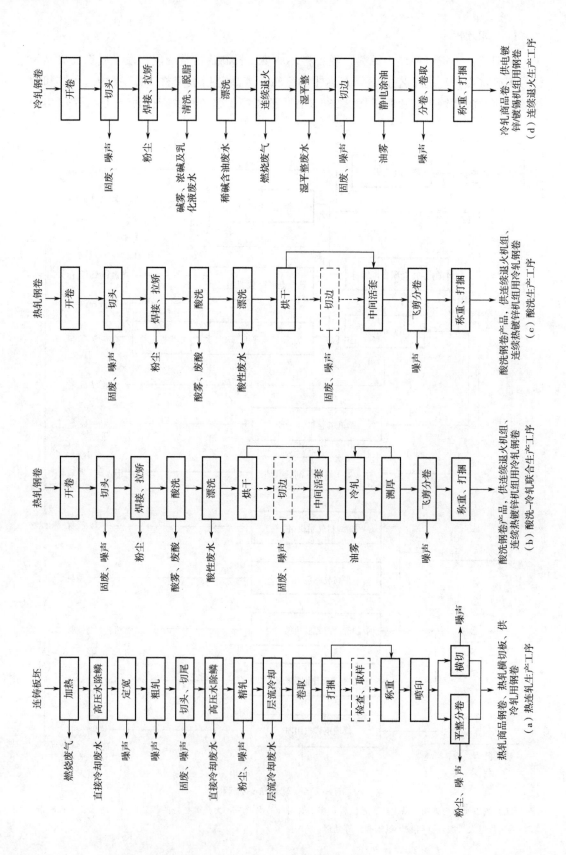

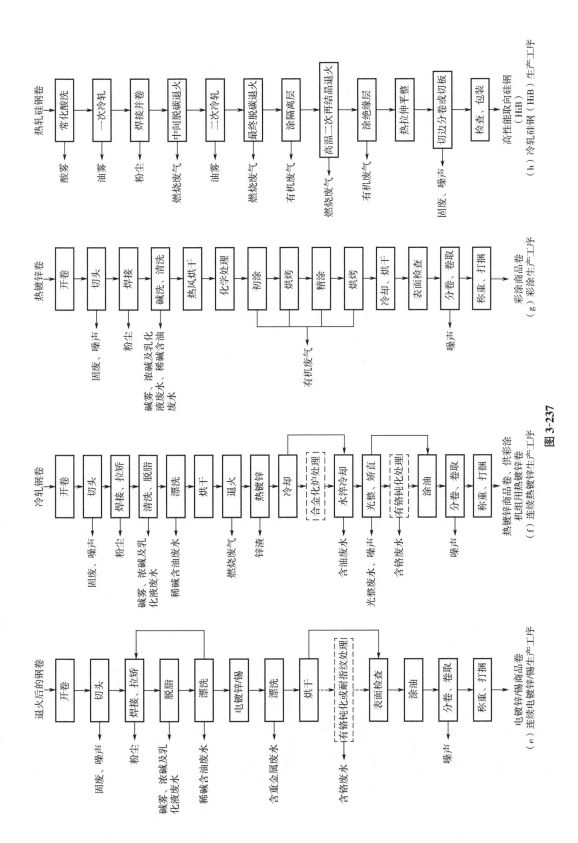

图 3-237

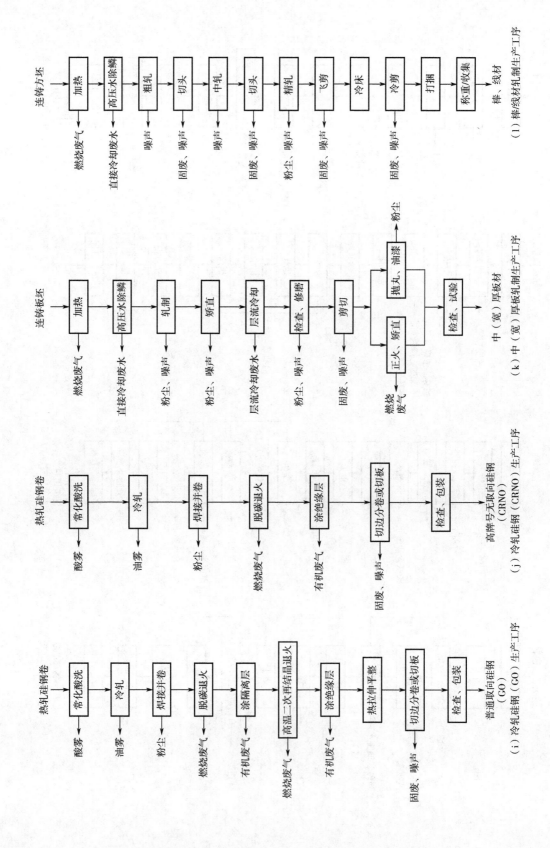

（1）棒、线材轧制生产工序

（k）中（宽）厚板轧制生产工序

（j）冷轧硅钢（CRNO）生产工序 高牌号无取向硅钢（CRNO）

（i）冷轧硅钢（GO）生产工序 普通取向硅钢（GO）

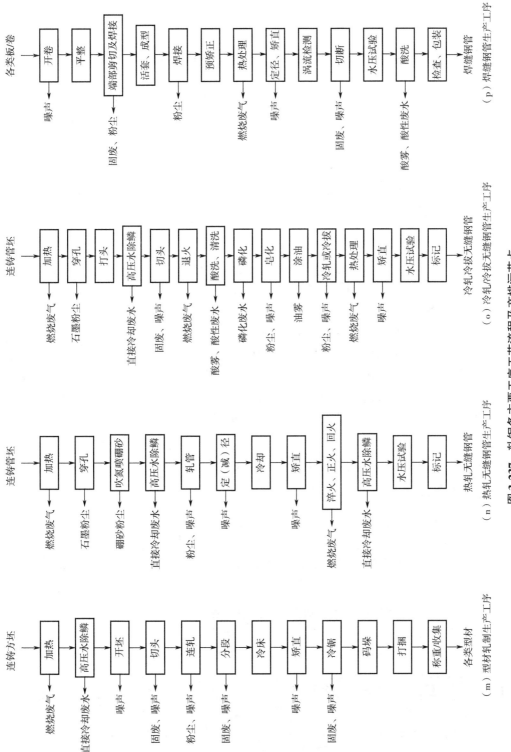

图3-237 轧钢各主要工序工艺流程及产污节点

(m) 型材轧制生产工序

(n) 热轧无缝钢管生产工序

(o) 冷轧冷拔无缝钢管生产工序

(p) 焊缝钢管生产工序

3.17.1.2　铁合金、电解锰工业

（1）铁合金工业

铁合金排污单位是指采用电炉法、高炉法、转炉法、炉外法（金属热法）等生产铁合金的冶炼企业或设施。

铁合金的主要生产工艺是以锰矿、铬矿、红土镍矿、硅石矿、碳质还原剂、石灰石、白云石等为主要原辅材料，经预处理（烘干、烧结）、配料、冶炼（矿热炉、高炉、转炉、金属热法熔炼炉）、浇铸后生产铁合金，生产工艺流程见图3-238。

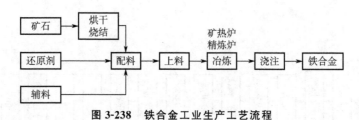

图3-238　铁合金工业生产工艺流程

（2）电解锰工业

电解锰排污单位是指采用电解法生产金属锰的冶炼企业或设施。

主要生产工艺是采用湿法冶金工艺，以碳酸锰矿或经还原后的氧化锰矿为主要原料，经酸浸、净化、电解沉积后生产电解锰。整个工艺过程可分为制液和电解。制液包括浸出、氧化、净化、过滤等工序。电解包括电解、钝化、漂洗、干燥、剥离等工序。电解锰生产工艺流程及主要产排污节点见图3-239。

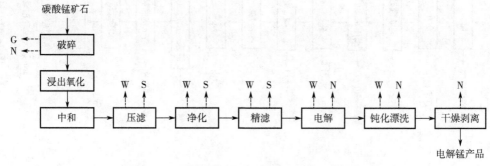

图3-239　电解锰生产工艺流程及主要产排污节点
G—废气；W—废水；S—固体废物；N—噪声

3.17.2　主要污染物及产污环节分析

3.17.2.1　钢铁工业

（1）废气

① 原料系统　产污环节为原料、辅料及燃料在装卸、转运、破碎、混匀、筛分过

程中产生的含尘废气，料堆受自然风力的影响产生的扬尘，污染物种类为颗粒物。

② 烧结 产污环节为物料混合、破碎、冷却、筛分、转运等生产过程中产生的含尘废气，污染物种类为颗粒物。烧结过程产生的烟气，污染物种类为颗粒物、二氧化硫、氮氧化物、氟化物和二噁英。

③ 球团 产污环节为物料研磨烘干、混合、焙烧、冷却、破碎、筛分、储运等生产过程，产生的主要污染物与烧结工艺类似，主要有颗粒物和二氧化硫，以及少量的氮氧化物和二噁英等有害物质。

④ 炼铁 产污环节为：

a. 出铁时开、堵铁口以及出铁口、铁沟、渣沟、撇渣器、摆动流嘴、铁水罐等部位产生的含尘废气，污染物种类为颗粒物；

b. 高炉矿槽槽上胶带卸料机，矿槽下给料机、烧结矿筛、焦炭筛、称量漏斗和胶带运输机等生产时在卸料、给料点等处产生的含尘废气，污染物种类为颗粒物；

c. 高炉炉料采用胶带机或上料小车上料时，炉顶卸料时产生的含尘废气，污染物种类为颗粒物；

d. 高炉喷吹煤粉制备系统生产时产生的含尘废气，污染物种类为颗粒物；

e. 高炉热风炉产生含有烟尘、SO_2 和 NO_x 的燃烧废气。

⑤ 炼钢 炼钢工艺产生的大气污染物主要为颗粒物，还包括少量的一氧化碳、氮氧化物、二氧化硫、氟化物（主要成分为氟化钙）、二噁英、铅、锌等。其主要污染及来源见表 3-45。

表 3-45 炼钢工艺主要大气污染物及其来源

工序	产污环节	主要污染物
铁水预处理	铁水倒罐、前扒渣、后扒渣、清罐、预处理过程等	颗粒物
转炉炼钢	吹氧冶炼（一次烟气）	CO、颗粒物、氟化物（主要成分为 CaF_2）
	兑铁水、加废钢、加辅料、出渣、出钢等（二次烟气）	颗粒物
电炉炼钢	吹氧冶炼（一次烟气）	颗粒物、CO、NO_x、氟化物（主要成分为 CaF_2）、二噁英、铅、锌等
	兑铁水、加废钢、加辅料、出渣、出钢等（二次烟气）	
精炼	钢包精炼炉（LF）、真空循环脱气装置（RH）、真空脱气处理装置（VD）、真空吹氧脱碳装置（VOD）等设施的精炼过程	CO、颗粒物、氟化物（主要成分为 CaF_2）
连铸	中间罐倾翻和修砌、连铸结晶器浇铸及添加保护渣、火焰清理机作业、连铸切割机作业、二冷段铸坯冷却等	颗粒物
其他	原辅料输送、地下料仓、上料系统、钢渣处理等	颗粒物
	中间罐和钢包烘烤	SO_2、NO_x

⑥ 轧钢　热轧工序废气产污环节为加热炉燃烧后产生含颗粒物、SO_2、NO_x 的烟气及轧制过程中产生的粉尘。冷轧工序废气产污环节为：

a. 拉矫机、焊机在生产过程中产生的含尘废气，污染物种类为颗粒物；

b. 酸洗槽、漂洗槽等处产生的氯化氢、硫酸雾、硝酸雾及氟化物；

c. 废酸再生产生的颗粒物、氯化氢、硝酸雾及氟化物；

d. 碱洗槽、刷洗槽、漂洗槽等处产生的碱雾；

e. 轧机、平整机组产生的乳化液油雾；

f. 涂镀层机组产生的铬酸雾；

g. 彩涂产生的含苯、甲苯、二甲苯及非甲烷总烃的有机废气；

h. 退火产生的含颗粒物、SO_2、NO_x 的燃烧废气。

⑦ 公用单元　废气产污环节为自备电厂锅炉产生的含颗粒物、SO_2、NO_x 的烟气。

（2）废水

① 烧结、球团工艺产生的废水主要来自冲洗地坪水和设备冷却水。产生量较少、成分简单，经过冷却、沉淀等简单处理可回用。

② 炼钢工艺产生的废水主要为转炉煤气洗涤废水和连铸废水，主要污染物为悬浮物和石油类污染物，生产废水经处理后循环利用。

③ 轧钢工艺产生的废水分为热轧废水和冷轧废水，其中以冷轧废水为主。热轧废水主要为轧制过程中的直接冷却废水，含有氧化铁皮及石油类污染物等，且温度较高；热轧废水还包括设备间接冷却排水、带钢层流冷却废水，以及热轧无缝钢管生产中产生的石墨废水等。冷轧废水主要包括浓碱及乳化液废水、稀碱含油废水、酸性废水，还包括少量的光整废水、湿平整废水、重金属废水（如含六价铬、锌、锡等）和磷化废水等。

钢铁工业排污单位废水类别及其污染物种类详见表 3-46。

表 3-46　钢铁工业排污单位废水类别及其污染物种类

废水类别	污染物种类
烧结、球团脱硫废水	pH、SS、COD 石油类、总砷
炼铁高炉煤气净化系统废水	pH、SS、COD、氨氮、总氮、石油类、挥发酚、总氰化物、总锌、总铅
炼铁高炉冲渣废水	pH、SS、COD、氨氮、总氮、石油类、挥发酚、总氰化物、总锌、总铅
炼钢转炉煤气湿法净化回收系统废水	pH、SS、COD、石油类、氟化物
炼钢连铸废水	pH、SS、COD、石油类、氟化物
热轧直接冷却废水	pH、SS、COD、氨氮、总氮、总磷、石油类、总氰化物、氟化物、总铁、总锌、总铜、总砷、六价铬、总铬、总镍、总镉、总汞
冷轧酸洗、碱洗废水	
冷轧含油、乳化液废水	
冷轧含铬废水	
生活污水	pH、COD、BOD、悬浮物、氨氮、动植物油、总氮、总磷
其他废水	pH、SS、COD、氨氮、总氮、总磷、石油类、挥发酚、总氰化物、氟化物、总铁、总锌、总铜、总砷、六价铬、总铬、总铅、总镍、总镉、总汞
全厂综合污水处理厂废水	pH、SS、COD、氨氮、总氮、总磷、石油类、挥发酚、总氰化物、氟化物、总铁、总锌、总铜

（3）固体废物

① 烧结、球团工艺产生的固体废物主要为除尘器收集的灰尘和生产工艺中散落的物料。这些灰尘和物料可回收，并作为烧结原料回用。

② 炼钢工艺产生的固体废物主要为钢渣和除尘灰（泥），还包括少量的氧化铁皮、废油、废钢、废耐火材料、脱硫渣等，其中废油属危险废物。

③ 轧钢工艺产生的固体废物主要为冷轧酸洗废液（包括盐酸废液、硫酸废液、硝酸-氢氟酸混酸废液），以及除尘灰、水处理污泥（包括少量含铬污泥、含重金属污泥）、锌渣和废油（含处理含油废水中产生的废滤纸带）等，其中含铬污泥、含重金属污泥、锌渣及废油属危险废物。

（4）噪声

① 烧结、球团工艺的噪声源主要来自高速运转的设备，包括各类风机、破碎机、振动筛、振动给料机等设备。其中较为严重的是风机产生的噪声。

② 炼钢工艺产生的噪声分为机械噪声和空气动力性噪声，主要噪声源包括转炉、电炉、蒸汽放散阀、火焰清理机、火焰切割机、煤气加压机、吹氧阀站、空压机、真空泵、各类风机、水泵等。

③ 轧钢工艺产生的噪声分为机械噪声和空气动力性噪声，主要噪声源包括各类轧机、剪切机、卷取机、矫直机、冷/热锯和鼓风机等。

3.17.2.2 铁合金、电解锰工业

（1）铁合金工业

① 废水 主要是矿热炉冲渣废水、全封闭式矿热炉煤气湿法净化废水、高炉冲渣废水、高炉煤气湿法净化废水以及生活污水等。铁合金废水水质复杂，废水中含有铬等重金属离子。其废水类别及其污染物种类详见表3-47。

表3-47 钢铁工业排污单位废水类别及其污染物种类

废水类别	污染物种类
矿热炉冲渣废水	pH值、悬浮物、化学需氧量、氨氮、总氮、总磷、石油类、挥发酚、总氰化物、总锌、六价铬、总铬
全封闭式矿热炉煤气湿法净化废水	pH值、悬浮物、化学需氧量、氨氮、总氮、总磷、石油类、挥发酚、总氰化物、总锌、六价铬、总铬
高炉冲渣废水	pH值、悬浮物、化学需氧量、氨氮、总氮、石油类、挥发酚、总氰化物、总锌、总铅
高炉煤气湿法净化废水	pH值、悬浮物、化学需氧量、氨氮、总氮、总磷、石油类、挥发酚、总氰化物、氟化物、总铁、总锌、总铜、总砷、六价铬、总铬、总铅、总镍、总镉、总汞
其他废水	pH值、悬浮物、化学需氧量、氨氮、总氮、总磷、石油类、挥发酚、总氰化物、总锌、六价铬、总铬

续表

废水类别	污染物种类
生活污水	pH 值、悬浮物、化学需氧量、氨氮、动植物油、总磷、五日生化需氧量
全厂综合废水	pH 值、悬浮物、化学需氧量、氨氮、总氮、总磷、石油类、挥发酚、总氰化物、总锌、氟化物①、总铁①、总铜①

① 指高炉法生产废水进入全厂综合废水。

② 废气 铁合金生产过程中颗粒物为主要污染物。除颗粒物外，其中干燥工序使用焙烧废气为热源时会产生二氧化硫及氮氧化物；电炉法半封闭式矿热炉废气中会伴有铬及其化合物；高炉法热风炉烟气中会伴有二氧化硫及氮氧化物。

（2）电解锰工业

电解锰生产过程产生的污染物包括废气、废水、固体废物和噪声。

① 废气 电解锰生产过程中的大气污染物主要来源于矿粉加工过程产生的粉尘，浸出工序中产生的硫酸雾以及中和过程中产生的无组织排放的氨气。

② 废水 主要是极板冲洗废水、滤布清洗废水、隔膜布用水、酸雾吸收等工段产生的废水以及渣场渗滤液等。电解锰废水水质复杂，废水 pH 较低，一般在 4.5 左右，呈酸性；废水中含有铬、锰等重金属离子。六价铬通常以铬酸盐和重铬酸钾形式存在，总锰包括二价锰和四价锰，以二价锰为主。此外废水中悬浮物较多，色度较高，氨氮含量高。

③ 固体废物

a. 锰渣主要是由矿石酸浸后固液分离产生的，含有大量的锰、氨氮以及铜、锌、镉等重金属离子。

b. 阳极泥主要成分为二氧化锰，另含有铅（5%）、硒（0.3%）等有害元素。

c. 含铬污泥属于危险废物，主要产生于含铬废水经车间污水处理设施后的污泥。

④ 噪声 生产过程中噪声源主要来源于破碎机、装载机、磨粉机、提升机、压滤机、循环水泵、冷却塔、产品剥离斗、压滤泵及空压机、风机等设备。

3.17.3 相关标准及技术规范

《排污许可证申请与核发技术规范 钢铁工业》（HJ 846—2017）

《排污许可证申请与核发技术规范 铁合金、电解锰工业》（HJ 1117—2020）

《排污单位自行监测技术指南 钢铁工业及炼焦化学工业》（HJ 878—2017）

《钢铁行业炼钢工艺污染防治最佳可行技术指南（试行）》

《钢铁行业轧钢工艺污染防治最佳可行技术指南（试行）》

《钢铁行业烧结、球团工艺污染防治最佳可行技术指南（试行）》

《电解锰行业污染防治可行性技术指南（试行）》

《钢铁工业废水治理及回用工程技术规范》（HJ 2019—2012）

《钢铁烧结、球团工业大气污染物排放标准》（GB 28662—2012）

《炼铁工业大气污染物排放标准》（GB 28663—2012）

《炼钢工业大气污染物排放标准》（GB 28664—2012）

《轧钢工业大气污染物排放标准》（GB 28665—2012）

《钢铁工业水污染物排放标准》（GB 13456—2012）

《铁合金工业污染物排放标准》（GB 28666—2012）

3.18　有色金属冶炼和压延加工业

3.18.1　主要生产工艺

3.18.1.1　有色金属工业—再生金属

再生金属排污单位指所有以废杂有色金属、废杂铜、废杂铝、废杂铅（主要是废铅蓄电池）、废杂锌、含铜污泥、含锌炼钢烟尘等为主要原料，生产再生金属的企业。

（1）再生有色金属

指以废杂有色金属为主要原料，生产有色金属及其合金的再生有色金属。废杂有色金属指金属状态的废料，不含"含铜污泥""含氧化铝烟尘""含铅浸出渣""含锌炼钢烟尘"等其他有色金属二次资源。

（2）再生铜

废杂铜先经预处理（洗涤、分选）然后过火法熔炼产出阳极铜，阳极铜再经电解精炼产出电解铜。其主要生产单元分为原料预处理、熔炼、电解精炼、净化、公用单元等。

① 预处理　湿法洗涤技术、原料分选技术［人工分选、机械化分选（如风选机、涡电流分选机、电选机）］、打包。

② 火法熔炼　阳极炉熔炼技术、倾动式精炼炉熔炼技术、NGL炉熔炼技术、旋转顶吹炉熔炼技术、精炼摇炉熔炼技术、卡尔多炉熔炼技术等。

③ 电解精炼　电解精炼技术。

（3）再生铝

废杂铝先经过预处理（洗涤、分选）后火法熔炼、精炼产出铝合金，铝灰经回转窑处理回收其中的铝。其主要生产单元分为原料预处理、熔炼、精炼、铝灰处理等。

① 预处理　原料分选工艺（包括破碎、筛分、风选、磁选、浮选、涡电流分选、重介质分选等）。

② 熔炼　单室反射炉熔炼技术、双室反射炉熔炼技术、精炼炉精炼技术等。

③ 铝灰处理　回转窑熔炼技术、炒灰机处理技术、冷灰桶处理技术等。

（4）再生铅

再生铅冶炼的原料主要为废铅蓄电池。先将废铅蓄电池通过机械破碎、水力分选等流程后，分解成废塑料、板栅、铅膏、废硫酸等物料，然后将其与还原剂（煤粉）、铁屑、石英石、石灰等辅料一起送入熔炼炉内进行熔炼得到粗铅锭，再将粗铅放入熔铅锅中，通过调节合金配比等手段精炼成精铅锭或者合金铅锭，最后通过电解精炼得到电铅。

① 原料预处理　破碎分选工艺（分为机械化破碎分选技术和自动化破碎分选技术），铅膏预脱硫工艺。

② 火法工艺　熔炼、精炼（分为火法精炼和电解精炼工艺）。

a. 熔炼　分为反射炉熔炼技术、鼓风炉熔炼技术、短窑熔炼技术、富氧熔炼（底吹、侧吹、顶吹）熔炼技术、多室熔炼炉熔炼技术、板栅低温熔炼技术等。

b. 精炼　火法精炼工艺、电解精炼工艺。

③ 湿法工艺　焙解-浸出-电解沉积、固相电解还原等。

（5）再生锌

① 原料预处理　破碎工艺、洗涤工艺、分选工艺。

② 火法工艺　熔炼工艺、熔析工艺、还原挥发工艺等。

③ 湿法工艺　浸出工艺、净化工艺、电解沉积工艺等。

④ 锌灰渣处理工艺

3.18.1.2　有色金属工业—锑冶炼

我国的锑冶炼厂，95％以上采用火法炼锑工艺，即先将硫化锑矿石或精矿挥发焙烧（熔炼）产出三氧化锑，再对其进行还原熔炼和精炼，产出金属锑。不同类型的锑精矿［辉锑矿、混合硫化氧化锑精矿、锑金（砷）精矿、锑铅复合精矿、锑汞］，采用不同的冶炼工艺。辉锑精矿冶炼方法主要为挥发熔炼（焙烧）-还原熔炼。锑金精矿冶炼方法主要为鼓风炉挥发熔炼-选择性氯化提金法；锑铅精矿冶炼方法主要为沸腾炉焙烧-还原熔炼。

锑冶炼行业以锑精矿为原料，包括挥发熔炼（鼓风炉）、挥发焙烧（平炉）、还原熔炼（反射炉）；以铅锑精矿为原料，包括沸腾焙烧炉、烧结炉、还原熔炼（鼓风炉）、吹炼炉、精炼（反射炉）；以锑金精矿为原料，包括挥发熔炼（鼓风炉）、灰吹炉、炼金炉、还原熔炼炉、氯化（氯化浸出槽）；以精锑为原料，包括熔化氧化挥发（锑白炉）等环节。其工艺流程及产排污节点如图3-240所示。

3.18.1.3　有色金属工业—钴冶炼

由于钴大多伴生在其他矿物中，而且成分复杂，所以其冶炼方法繁多，流程复杂，几乎所有的有色金属冶炼方法和新技术都在钴冶金方面得到应用。钴的冶炼工艺是根据其原料、所需的最终产品、技术和经济条件来进行选择的。

（1）火法工艺

主要有电炉熔炼-浸出-萃取-电积工艺、电炉熔炼-浸出-萃取-蒸发结晶工艺、焙烧-浸出-萃取-电积工艺、焙烧-浸出-萃取-沉淀工艺、焙烧-浸出-萃取-蒸发结品工艺。

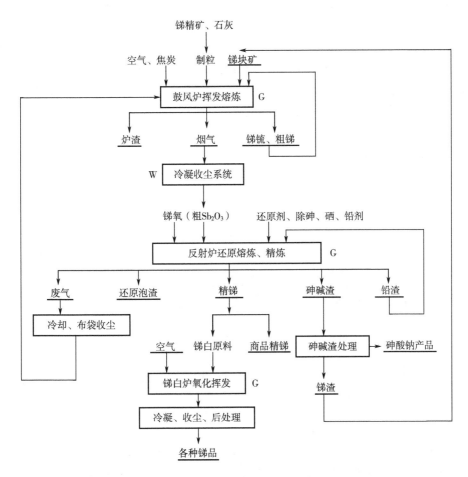

图 3-240　锑冶炼工艺流程及产排污节点
G—废气；W—废水

（2）湿法工艺

钴冶炼主要为湿法工艺，包含浸出-萃取-沉淀工艺、浸出-萃取-蒸发结晶工艺、浸出-萃取-电积工艺，其主要冶炼工艺流程及产排污节点如图 3-241 所示。可归纳为以下几种：

① 以钴硫精矿为原料，采用钴硫精矿的硫酸化焙烧→焙砂的浸出→浸出液的净化→电炉还原熔炼→电解精炼制取氧化钴或电钴的工艺。

② 以砷钴矿为原料，采用焙烧脱砷→浸出→除铁→萃取→草酸沉钴→煅烧制取氧化钴的工艺。

③ 以铜钴矿为原料，采用两段浸出、两段萃取工艺分离铜，含钴溶液再经过净化、萃取、沉淀或电积工艺生产钴盐制品或电钴的工艺。铜钴原矿、钴废杂料经浸出将铜钴金属溶于溶液，其他工序与钴硫精矿的处理大致相同。

④ 以镍系统钴渣为原料，采用还原溶解→黄钠铁矾除铁→二次沉钴→煅烧→还原熔炼成粗钴阳极板→可溶阳极电解生产电钴的工艺。

⑤ 以镍系统钴渣为原料，采用钴渣还原溶解→除铁→萃取除杂质→草酸沉钴→煅烧→制取氧化钴粉萃取液电积生产电钴的工艺。镍电解净液过程得到的钴渣，是提钴的重要原料之一。该方法的主要优点在于生产流程短，劳动强度低，金属回收率高，生产成本低，但也存在着电积过程产生的氯气难以回收利用等问题。

⑥ 以水淬富钴锍为原料，采用水淬富钴硫球磨→加压氧浸→除铁→溶剂萃取分离镍、钴、铜→氯化钴液沉钴→煅烧生产氧化钴的工艺。

⑦ 以锌冶炼钴渣为原料，采用焙烧分解有机物→焙砂经浸出→除铁→萃取提纯生产钴盐的工艺。锌冶炼得到的富钴渣为有机盐，回收钴的过程中包括焙烧分解有机物，焙砂经浸出、除铁、萃取提纯，生产钴盐产品。

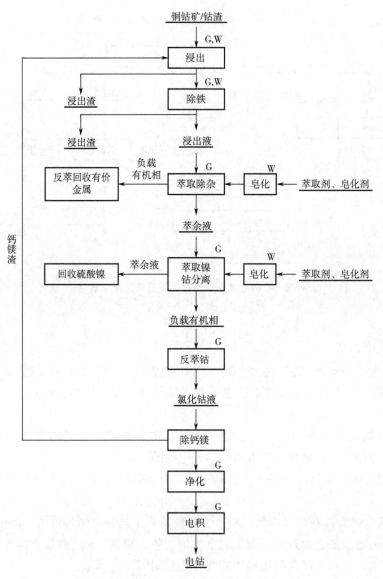

图 3-241　钴湿法冶炼工艺流程及产排污节点

G—废气；W—废水

3.18.1.4 有色金属工业—锡冶炼

生产精锡和焊锡企业以锡精矿、锡中矿等为原料。锡的冶炼方法主要取决于精矿（或矿石）的物质成分及其含量，一般以火法为主、湿法为辅。主要生产过程包括炼前处理、还原熔炼、挥发熔炼以及精炼。炼前处理是为了去除对冶炼有害的杂质，同时将各种有用金属进行回收，其方法包括焙烧和浸出等；还原熔炼主要是使氧化锡还原成粗锡，同时将铁的氧化物还原成氧化铁并与脉石成分造渣；挥发熔炼又称为炼渣，是用烟化炉挥发方法，产出降低废渣含锡量，同时减少铁的循环；精炼一般分为火法精炼和电解精炼，主要是去除铁、铜、砷、锑、铅等杂质，同时综合回收有用金属。其冶炼工艺流程及产排污节点如图 3-242 所示。

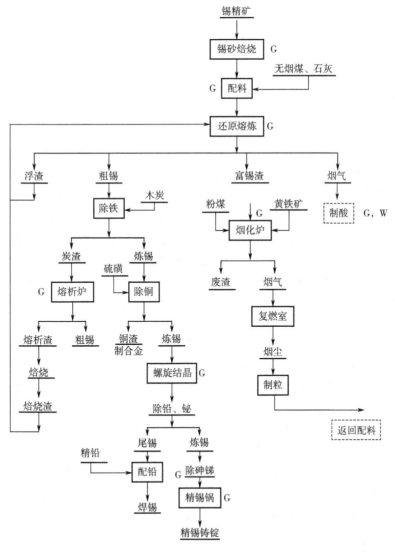

图 3-242 锡冶炼工艺流程及产排污节点

G—废气；W—废水

3.18.1.5　有色金属工业—钛冶炼

（1）钛渣生产工艺

富钛料分为金红石和钛渣，金红石分为天然金红石和人造金红石，天然金红石由天然金红石矿选矿得到，人造金红石是采用钛铁矿通过盐酸浸法、锈蚀法、选择氯化法等富集二氧化钛生产得到。钛渣分为氯化渣和酸溶性渣两种，酸溶渣是硫酸法钛白的原料，氯化渣主要是氯化法钛白和海绵钛的原料。全世界范围内富钛料的供应90％以上为钛渣。

钛渣生产工艺：钛精矿（钛铁矿）与还原剂（无烟煤、兰炭、石油焦）按一定比例加入钛渣熔炼电炉中，在高温下经还原熔炼得到钛渣和生铁。高温电炉烟气经收尘净化后回收利用，用于原料干燥、钛渣烘干、生产蒸汽、烘烤抬包等。钛渣经冷却、破碎、磁选、包装送下一级用户。生铁经铸锭送钢铁企业。

钛渣熔炼过程中还原剂与钛精矿（钛铁矿）中的氧化铁及其他金属氧化物进行还原反应生成CO_2和CO，钛渣电炉的高温烟气中含有粉尘、SO_2等大气污染物，是钛渣熔炼的主要大气污染物。

（2）海绵钛生产工艺

① 四氯化钛制备　钛渣与煅后焦按一定比例配料，连续加入氯化炉中；补充氯和镁电解返回循环氯气通入氯化炉，在高温下与钛渣进行化学反应生成四氯化钛和杂质氯化物，经除尘降温后用四氯化钛淋洗吸收得到粗四氯化钛，粗四氯化钛经除钒、蒸馏和精馏除去杂质，得到合格的精四氯化钛。

四氯化钛制备过程中氯气与富钛料中的二氧化钛在高温下生成四氯化钛，同时与其他金属氧化物生成金属氯化盐，与物料中的水反应生成氯化氢。四氯化钛制备尾气中含有未反应的氯气、氯化氢及部分氯化物，是该工序的主要大气污染物。

② 海绵钛生产　将电解镁工序来的熔融金属镁加入到经密闭的反应器中，连续加入精四氯化钛，经高温还原得到金属钛和氯化镁，还原过程中定期排出氯化镁，氯化镁送镁电解系统。还原反应结束后转入蒸馏作业，将过量的金属镁、残留的氯化镁与金属钛蒸馏分离，金属镁和残留的氯化镁冷凝在另一端反应器中。蒸馏结束后将氩气注入反应器中并冷却至室温；从反应器中取出金属海绵钛坨，送至破碎工序。钛坨经切碎、破碎、筛分达到合格粒度，再经磁选、人工挑选、检验合格后充氩气包装、分级存放。

③ 镁电解系统　镁电解是将还原蒸馏过程中产生的熔融氯化镁注入至镁电解槽中，电解成金属镁和氯气，电解出的熔体镁经精炼后送钛还原蒸馏工序还原四氯化钛；氯气经加压（或液化）送四氯化钛制备。

镁电解系统氯气加压液化过程中存在部分未液化的氯气以及槽的卫生排气中含有氯气，是该镁电解系统的主要大气污染物。

钛冶炼工艺流程及产排污节点见图3-243。

3.18.1.6　有色金属工业—镍冶炼

从目前我国的镍金属生产工艺路线来看，分为两大类型：

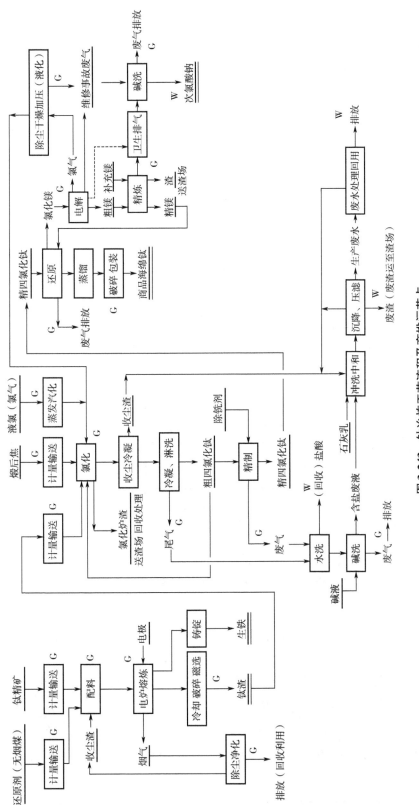

图3-243 钛冶炼工艺流程及产排污节点

G—废气；W—废水

① 利用硫化镍矿资源，采用火法冶炼-电解精炼工艺生产电解镍。硫化镍精矿由于含铜钴及贵金属，大部分用火法冶金工艺炼成低镍锍，再将低镍锍用转炉吹炼成高镍锍，然后用湿法冶炼分离提纯。其基本流程为备料（焙烧）→熔炼→吹炼→精炼（电解）等环节，其主要工艺流程及产排污节点如图 3-244 所示。

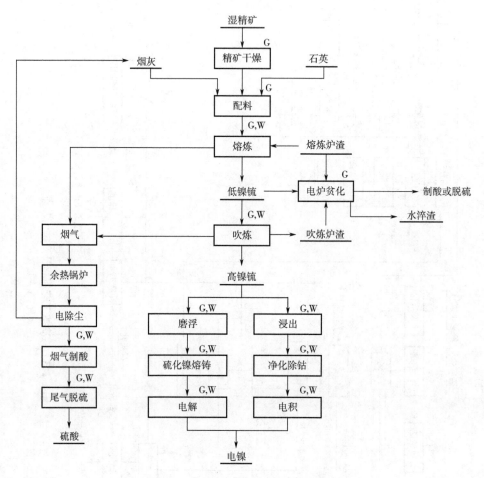

图 3-244　硫化镍冶炼主要工艺流程及产排污节点

G—废气；W—废水

② 利用氧化镍矿，采用湿法冶炼工艺生产电解镍。氧化镍矿主要采用火法冶炼，也可以采用湿法冶炼。火法冶炼既可以生产镍锍再精炼生产电解镍，也可以直接生产镍铁，但其工艺能耗高，金属综合回收效果差，为保证矿石处理的经济性，通常要求在熔炼前，先对风化程度低、品位较低的矿石进行筛除。

（1）火法工艺

熔炼-吹炼-铜镍分离-熔铸-电解、熔炼-吹炼-浸出-电积、焙烧-熔炼-精炼。

（2）湿法工艺

硫酸化焙烧-浸出、氧压浸出-置换。

3.18.1.7　有色金属工业—镁冶炼

金属镁生产工艺有电解法和硅热法。电解法根据原料的不同或制取氯化镁的方式不同又分为菱镁矿颗粒氯化法、菱镁矿成球氯化法、海水白云石法、光卤石脱水电解法、氯化镁熔融氯化脱水电解法、氯化镁在氯化氢气氛下脱水电解法等工艺。硅热法又根据加热方式分为皮江法、马格尼特法和波尔萨诺法。

所有的镁电解工艺都是将各种矿物转变成无水氯化镁进行电解制镁。含氯矿物（如海水、光卤石、卤水等）在制镁过程中，1t镁会附产2.8～2.9t氯气，这类镁厂就必须配套建设能消纳氯气的装置，如生产PVC等。不含氯的矿物（如菱镁矿、蛇纹石、水镁石等）在制镁过程中，需补充氯元素（如氯气、盐酸等）。

硅热法就是以硅铁为还原剂，在高温和高真空条件下将煅白（MgO·CaO）中的镁还原出来。皮江法是将反应物料置于还原罐中通过外加热完成还原反应。马格尼特法也叫半连续法，是在真空直流电弧炉中加热完成还原反应，炉渣定期以熔融态形式从炉内排出。波尔萨诺法是采用内热式电炉，通过与物料接触的铁电阻体发热来完成还原反应。目前在国内的镁生产中还没有后两种工艺。

目前，国内所有的商品镁都是由皮江法工艺生产，其产量占世界镁产量的80%左右。皮江法炼镁就是将白云石煅烧后制得煅白（MgO·CaO），配入硅铁、萤石，经磨粉后压制成团块料，再送入还原炉的还原罐中，抽真空并加热到1200℃左右后发生还原反应，且析出镁蒸气并在结晶器内冷凝得到结晶粗镁，粗镁经重熔精炼净化后浇铸成金属镁锭或将镁水用于其他工序，还原后产生的还原渣送堆场堆存或综合利用。皮江法炼镁工艺流程及产排污节点见图3-245。

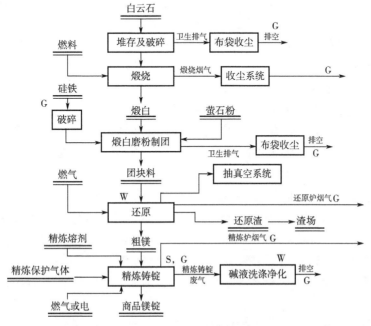

图3-245　皮江法炼镁工艺流程及产排污节点

G—废气；W—废水；S—固废

3.18.1.8　有色金属工业—汞冶炼

我国主要以汞（再生、回收）冶炼行业为主要发展方向，从含汞废物中回收汞将逐渐成为国内精炼汞的重要来源，其主要采用蒸馏-冷凝回收工艺，工艺流程及产排污节点如图 3-246 所示。

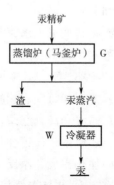

图 3-246　汞冶炼工艺流程及产排污节点

G—废气；W—废水

3.18.1.9　有色金属工业—铅锌冶炼

铅冶炼主要原料为铅精矿，将其熔炼使硫化铅氧化为氧化铅，再利用碳质还原剂在高温下使氧化铅还原为金属铅的过程，其生产工艺流程及主要产排污节点如图 3-247 所示。铅精矿伴生的组分主要有锌、硫、铜、银、金等。中国铅锌资源储量为世界第二位，但仍需大量进口精矿。铅冶炼行业的主要产品为电解铅，主要副产品有硫酸（93%、98%）、次氧化锌，若该企业有贵金属或稀有金属回收工段，副产品还有金锭、银锭等。铅冶炼通常分为粗铅冶炼和精炼两个步骤。粗铅冶炼过程是指铅精矿经过氧化脱硫、还原熔炼、铅渣分离等工序，产出粗铅，粗铅含铅 95%~98%。粗铅中含有铜、锌、镉、砷等多种杂质，再进一步精炼，去除杂质，形成精铅，精铅含铅 99.99% 以上。粗铅精炼分为火法精炼和电解精炼，我国通常采用电解精炼。

铅冶炼生产工艺主要分为四大类：富氧底吹（顶吹、侧吹）熔炼-鼓风炉还原、富氧底吹（顶吹、侧吹）熔炼-液态高铅渣直接还原、闪速熔炼（基夫赛特法、富氧底吹闪速熔炼法）和铅锌密闭鼓风炉熔炼法（ISP 法）。

结合铅锌冶炼工业企业生产工艺特点，铅锌冶炼工艺主要包括如下环节：

① 铅冶炼包括备料、熔炼炉、还原炉、烟化炉、熔铅锅、电铅锅、浮渣反射炉、锅炉烟气、环境集烟、阳极泥处理等环节。湿法炼锌包括备料、沸腾焙烧炉、浸出槽、净化槽、多膛炉、回转窑、电解槽、熔铸、锅炉烟气等。

② 电炉炼锌包括备料、沸腾焙烧炉、电炉、烟化炉（回转窑）、锌精馏、熔铸、锅炉烟气等。

③ 密闭鼓风炉熔炼法（ISP 法）包括备料、烧结机、破碎机、密闭鼓风炉、烟化炉、熔铅锅、电铅锅、锌精馏、熔铸、锅炉烟气等。

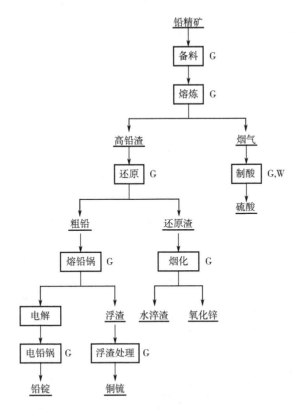

图 3-247 铅冶炼生产工艺流程及主要产排污节点
G—废气；W—废水

3.18.1.10 有色金属工业—铝冶炼

（1）氧化铝生产工艺

从矿石提取氧化铝的生产方法多样，目前在工业上采用的是碱法，主要原料是铝土矿、碱和石灰石，生产方法有烧结法、拜耳法、联合法。各种生产工艺中，拜耳法工艺最简单，没有熟料烧成工序。

① 碱石灰烧结法 铝土矿与石灰、碱粉、无烟煤以及生产返回的硅渣浆及碳分蒸发母液按比例磨制成生料浆。生料浆送烧成窑烧成熟料。熟料破碎后与后面工序返回的调整液按比例加入溶出磨进行磨细、溶出。溶出料浆经沉降进行赤泥分离，赤泥经洗涤后送往赤泥堆场堆存。分离溢流加温、加压处理进行脱硅和钠硅渣分离，钠硅渣及附液返回矿浆磨配料。分离溢液一部分经叶滤后送去种分槽进行种子分解，析出的氢氧化铝结晶经过热水洗涤、过滤后送去焙烧系统，用焙烧得合格的氧化铝，种分母液送溶出系统作调整液。另外一部分加石灰乳深度脱硅，分离出的钙硅渣及附液返回矿浆磨制系统配料，二次精液通入二氧化碳气进行碳酸化分解。分解浆液分离后，氢氧化铝送去洗涤。碳分母液分别送去母液蒸发和溶出系统作调整液，经蒸发的碳分蒸发母液送去矿浆磨制系统配料。烧结法生产工艺流程及产排污节点见图 3-248。

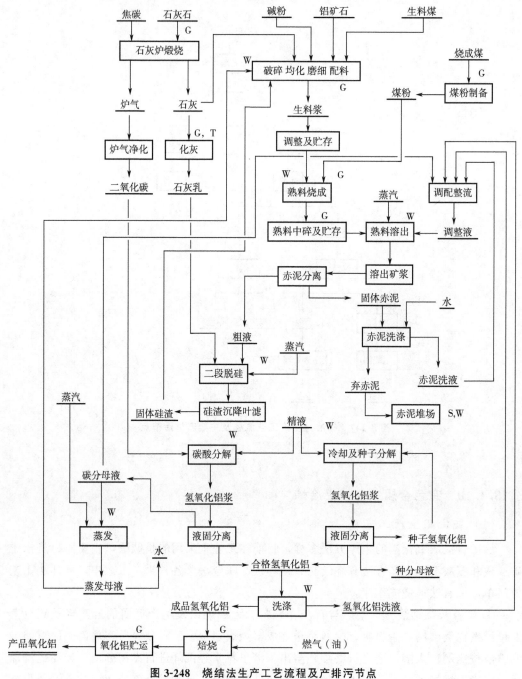

图 3-248   烧结法生产工艺流程及产排污节点

G—废气；W—废水；S—固废；T—二氧化硫

② 拜耳法工艺   铝矿石按比例与蒸发母液及液碱和石灰等，同时送入矿浆磨中，磨制成原矿浆。原矿浆经预脱硅后送至溶出工序，矿石中的氧化铝与碱作用生成铝酸钠转入溶液。溶出后产生的赤泥（残渣）中含矿石中不溶杂质和反应生成的沉淀物。铝酸钠溶液经稀释和赤泥分离后，送叶滤机进一步除去溶液中的残留固体物，所得精液中加入氢氧化铝晶种进行搅拌分解，溶液中的氧化铝呈氢氧化铝结晶析出，溶液与固体分离

后，细粒返回作晶种，粗粒经热水多次洗涤去掉附着碱，然后送氢氧化铝焙烧炉在高温下烧去附着水及结晶水，得成品氧化铝。与氢氧化铝分离的种分母液用蒸汽蒸发浓缩后返回工艺处理下一批矿石。分离的赤泥经洗涤回收附碱后，送赤泥堆场集中堆放。拜耳法生产工艺流程及产排污节点见图 3-249。

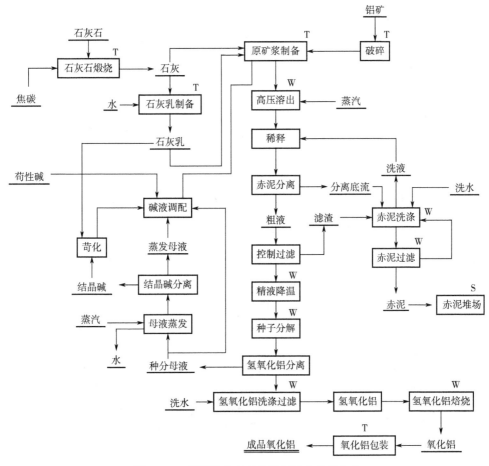

图 3-249　拜耳法生产工艺流程及产排污节点
W—废水；S—固废；T—二氧化硫

③ 联合法　联合法又分串联法、并联法和混联法，联合法由拜耳法和烧结法两部分组成。

串联法工艺中，烧结法系统不使用原矿，而是利用拜耳法产生的固体废物-赤泥作生产原料，提高氧化铝回收率。

并联法可处理高、低两种不同 A/S 的矿石，其拜耳系统和烧结系统各自处理矿石原料，在种分工序后合成同一生产线。

混联法的烧结系统既处理拜耳系统的赤泥，又新加入铝土矿，加入量根据熟料配方中的铝硅比要求确定。因此，混联法组织生产灵活，氧化铝回收率较高，其能耗和大气污染物排放量较烧结法低，是我国氧化铝厂采用较多的工艺方法。联合法生产工艺流程及产排污节点见图 3-250。

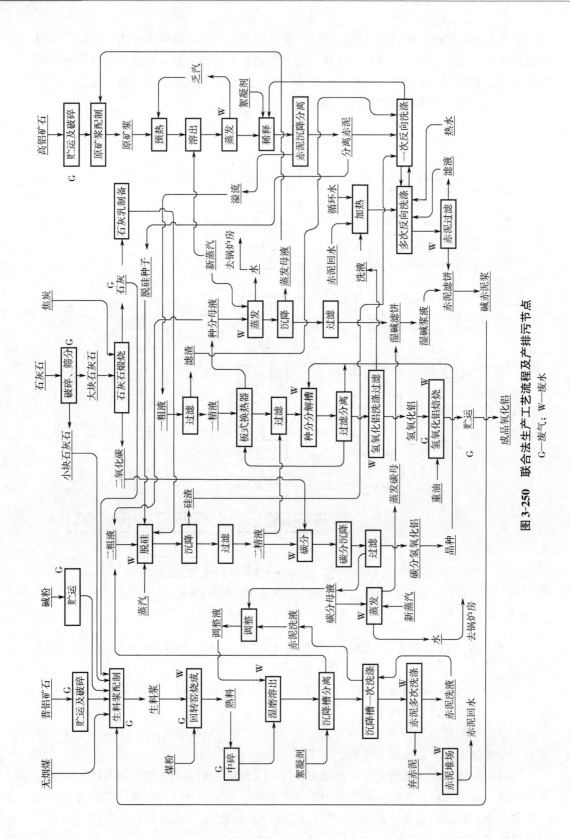

图 3-250　联合法生产工艺流程及产排污节点

G—废气；W—废水

（2）电解铝生产工艺

金属铝生产采用的冰晶石-氧化铝熔盐电解法，是目前工业生产金属铝的唯一方法。金属铝的主要生产原料是氧化铝、氟化盐（冰晶石、氟化铝等）、碳素阳极。

电解槽导入强大直流电，氧化铝、氟化盐在 950℃ 左右高温条件下熔融（电解质），电解质在电解槽内经过复杂的电化学反应，氧化铝被分解，在槽底阴极析出液态金属铝，定期用真空抬包抽出运至铸造部经混合炉除渣后由连续铸造机浇铸成铝锭，冷却、打捆后即为成品。

电解过程中，碳素阳极与氧反应生成 CO_2 和 CO 而不断消耗，通过定期更换阳极块进行补充。电解槽散发的烟气中含有氟化物、粉尘及 SO_2 等大气污染物，是铝厂最主要的大气污染源。

从电解槽上卸下的残极运至阳极组装车间，经装卸站挂到积放式悬挂输送机上，由悬链吊运残极依次通过残极清理、残极压脱、磷铁环压脱、导杆矫直、钢爪清刷、涂石墨、导杆清刷、浇铸磷生铁等流水作业站，组装出新的阳极组。清理下的电解质由破碎系统破碎至 8mm 以下，返回电解槽作为阳极覆盖料使用。经残极压脱机压下的残极炭块返回阳极生产厂作原料用。钢爪上磷铁环压脱后再经清理滚筒清理后返回中频炉使用。

电解铝生产工艺流程及产排污节点见图 3-251。

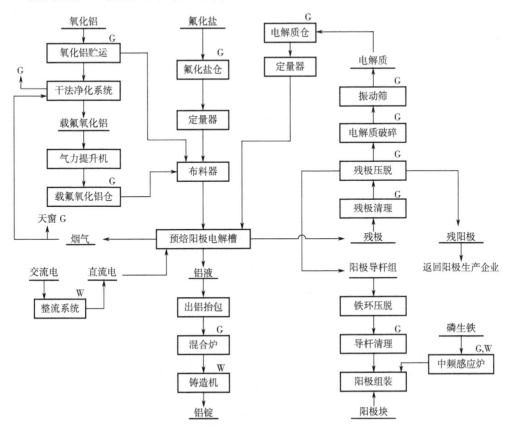

图 3-251　电解铝生产工艺流程及产排污节点

G—废气；W—废水

3.18.1.11　有色金属工业—铜冶炼

铜冶炼是以原生矿为主要原料（原生矿含量占比在 70％以上）通过火法工艺和湿法工艺进行生产，其工艺流程及产排污节点见图 3-252 和图 3-253。

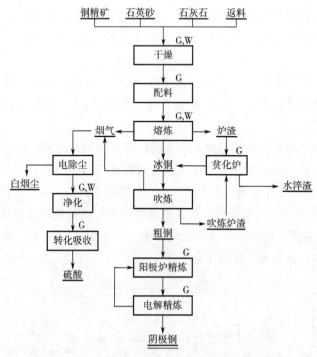

图 3-252　铜冶炼火法生产工艺流程及产排污节点

G—废气；W—废水

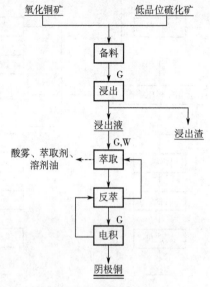

图 3-253　铜冶炼湿法生产工艺流程及产排污节点

G—废气；W—废水

火法工艺生产过程通常由以下几个工序组成：备料、熔炼、吹炼、火法精炼、电解精炼，最终产品为精炼铜（电解铜）；湿法炼铜是在常温常压或高压下，用溶剂或细菌浸出矿石或焙烧矿中的铜，浸出液经过萃取或其他净液方法，使铜和杂质分离，然后用电积法，将溶液中的铜提取出来。氧化矿和自然铜矿通常采用溶剂直接浸出方法；硫化矿通常采用细菌浸出方法。

其中火法铜冶炼熔炼又分为闪速熔炼、富氧底吹、富氧顶吹、富氧侧吹、合成炉熔炼等富氧熔池熔炼或富氧漂浮熔炼工艺；吹炼主要有转炉炼、闪速、顶吹浸没、底吹、侧吹等吹炼工艺；火法精炼主要有回转炉精炼和倾动炉精炼，湿法精炼主要有电解精炼。

3.18.1.12　稀有稀土金属冶炼

（1）钨钼冶炼生产工艺

① 钨冶炼　钨冶炼生产过程包括钨矿物原料分解、高纯钨化合物制备、金属钨粉制取和钨材生产，我国现行主流工艺为高温强化分解—净化转型—蒸发结晶—煅烧还原工艺。钨矿物原料高温强化分解工艺是在高温高压条件下，利用化学试剂与钨精矿作用，破坏其化学结构，使钨由固相转变成钨酸钠溶液相，绝大部分金属离子（如钙、铁、锰等）和大量非金属离子（磷、砷、硅等）进入渣相。经原料分解后得到的钨酸钠溶液采用离子交换法和萃取法净化，再经铵盐转型形成钨酸铵溶液。钨酸铵溶液经除钼、蒸发结晶、烘干等工序制得高纯的仲钨酸铵产品。以仲钨酸铵为原材料，经煅烧生成氧化钨，通过氢还原反应制备钨粉，再经后续深加工生产各类钨材制品。

② 钼冶炼　钼精矿主要采用火法分解，得到的焙烧钼精矿部分直接用于钢铁行业，或通过加工钼铁用于钢铁行业，部分净化提纯钼酸盐，提纯得到的纯氧化钼部分直接用作工业产品，部分用氢还原法制备金属钼粉。钼精矿氧化焙烧生产焙烧钼精矿的主要任务为将硫化钼氧化为氧化钼，工艺包括氧化焙烧、冷却、破碎、筛分等，纯三氧化钼经氢气两段还原获取金属钼粉，金属钼粉经烧结制取致密金属钼（钼制品）。

（2）稀土金属冶炼生产工艺

稀土金属冶炼排污单位生产工艺主要分为分解提取生产工艺，分组、分离生产工艺，金属及合金制取工艺。分解提取生产工艺指以稀土精矿或含稀土的物料为原料，经过焙烧或酸、碱等分解手段生产混合稀土化合物的过程。分组、分离生产工艺指以混合稀土化合物为原料，通过溶剂萃取、离子交换、萃取色层、氧化还原、结晶沉淀等分离提纯手段生产单一稀土化合物或稀土富集物的过程，以及将不溶性稀土盐类化合物经洗涤、煅烧制备稀土氧化物或其他化合物的过程。金属及合金制取工艺指以单一或混合稀土化合物为原料，采用电解法等制得稀土金属及稀土合金的过程。冶炼后的稀土材料加工废料，包括稀土永磁废料、稀土荧光粉废料、稀土抛光粉废料、稀土催化剂废料、稀土储氢废料等，可进行二次资源回收，主要工艺流程为经焙烧、酸溶等分解方式转化为稀土料液，再经萃取分离、沉淀、煅烧得到稀土金属氧化物。

根据原料类型不同，分解提取、分组、分离工艺环节又可分为包头混合型稀土精矿冶炼工艺、氟碳铈稀土精矿冶炼工艺和南方离子吸附型稀土矿冶炼工艺。包头混合型稀土精矿冶炼工艺又分为浓硫酸强化焙烧-萃取分离工艺和碱法分解处理-萃取分离工艺。金属及合金制取工艺目前主要为熔盐电解工艺。

（3）钽铌冶炼生产工艺

钽铌混合精矿通过湿法冶炼得到氧化钽、氧化铌和氟钽酸钾，氧化铌和氟钽酸钾再分别采用火法冶炼得到金属铌和金属钽。我国目前主要采用的湿法冶炼工艺为氢氟酸和硫酸分解-萃取分离，火法冶炼钽粉主要制备工艺为钠还原法，火法冶炼铌粉的主要制备工艺为碳还原法。钽粉和铌粉再经真空垂熔、真空烧结、机械加工等深加工工序生产钽片、钽管、铌锭等下游产品。

3.18.2　主要污染物及产污环节分析

3.18.2.1　有色金属工业—再生金属

（1）废气

① 再生铜　再生铜冶炼主要工艺为废杂铜先经过火法熔炼产出阳极铜，阳极铜再经电解精炼产出电解铜，其工艺流程及产排污节点如图 3-254 所示。

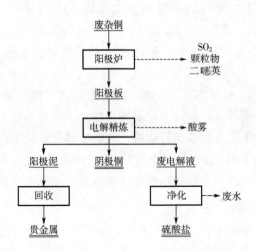

图 3-254　再生铜冶炼工艺流程及产排污节点

一般再生铜冶炼企业主要废气污染物为颗粒物、二氧化硫、二噁英、重金属等，废气污染环节主要有：

a. 原料预处理　具体产污节点为抓斗装卸料、加料设备、原料分选设备、皮带运输、转运过程中产生的扬尘。

b. 熔炼炉　具体产污节点为熔炼炉排放口烟囱。

c. 电解过程　废杂铜经过熔炼过程后浇铸为阳极铜，一般采取电解的工艺将其精炼成阴极铜，由于电解液为一定浓度的硫酸铜酸性溶液，所以在电解过程中会产生酸雾。

d. 锅炉　由于电解精炼过程需要维持电解液温度在 50℃ 左右，一般需要采取锅炉进行加热，所以该过程会有燃料燃烧的大气污染物产生。

e. 环境集烟　具体产污节点为熔炼过程中的无组织排放工段，排放口为环境集烟烟囱。

② 再生铝　再生铝冶炼主要工艺为废杂铝经过火法熔炼、精炼产出铝合金，铝灰经回转窑处理回收其中的铝，工艺流程及产排污节点如图 3-255 所示。

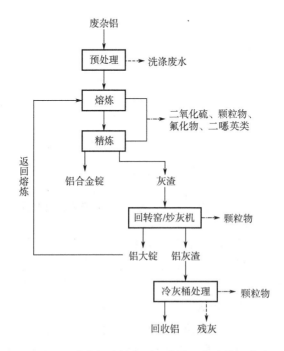

图 3-255　再生铝冶炼主要工艺流程及产排污节点

根据再生铝冶炼企业生产工艺特点，确定废气产污环节为原料预处理、熔炼、铝灰处理，主要废气污染物为颗粒物、二氧化硫、氟化物、氯化氢、二噁英、重金属等。再生铝冶炼企业废气污染环节主要有：

a. 预处理阶段　具体产污节点为抓斗装卸料、加料设备、原料分选设备、皮带运输、转运过程中产生的扬尘。

b. 熔炼阶段　具体产污节点为熔炼炉、静置炉等，排放口为熔炉烟囱；另外还有加料口及出渣口产生的烟尘。

c. 铝灰渣处理阶段　具体产污节点为回转窑、炒灰机和冷灰桶等，排放口为排气筒；另外还有加料口及出渣口产生的烟尘。

d. 环境集烟　具体产污节点为生产过程中的无组织排放工段，排放口为环境集烟烟囱。

③ 再生铅　再生铅冶炼工艺主要为火法熔炼工艺，火法熔炼工艺包括原料破碎预处理、火法熔炼、火法精炼（电解精炼）、公用单元等。工艺流程及产排污节点如图 3-256 所示。

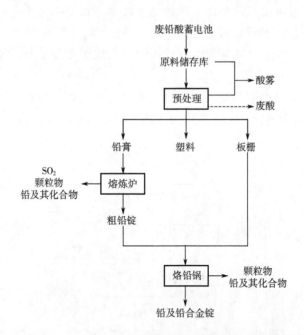

图 3-256　再生铅冶炼主要工艺流程及产排污节点

根据再生铅冶炼企业生产工艺特点，确定废气产污环节为原料预处理、熔炼炉、熔铅锅、电解槽、锅炉、环境集烟，主要污染物为颗粒物、二氧化硫、重金属、硫酸雾、二噁英等。再生铅冶炼企业废气污染环节主要有：

a. 预处理　再生铅冶炼的原料主要为废铅蓄电池。预处理的目的是将废铅蓄电池通过机械破碎-水力分选等流程后，将整个废铅蓄电池分解成废塑料、板栅、铅膏、废硫酸等物料。由于工艺流程的特点，在预处理过程中会有一定量的酸雾产生，具体产污节点为原料破碎预处理过程，排放口为原料预处理排气筒。

b. 火法熔炼过程　主要用于处理铅膏，将其与还原剂（煤粉）、铁屑、石英石、石灰等辅料一起送入熔炼炉内进行熔炼，最终得到粗铅锭。该流程会产生固体颗粒物、铅及其化合物、二氧化硫、二噁英等污染物。

c. 火法精炼过程　火法精炼工序简单、易操作，是目前大多数再生铅冶炼企业采取的精炼铅工艺。该工艺流程主要是将前一熔炼工序得到的粗铅放入熔铅锅中，通过调节合金配比等手段，将粗铅锭精炼成精铅锭或者合金铅锭，该过程会产生颗粒物、铅及其化合物等污染物。具体产污节点为熔炼炉，排放口为脱硫尾气烟囱。

d. 电解精炼过程　在一些由原生铅转型的再生铅冶炼企业中仍然采取传统的电解精炼工艺生产电铅，该工艺的大体流程为，在由硅氟酸铅和硅氟酸配成的电解液中，以粗铅锭为阳极，阴极为铅始极片，在一定的温度下生产电铅。由于电解过程需要一定的温度，而电解液为酸性溶液，所以在电解过程会产生一定量的酸雾。具体产污节点为电解槽，排放口为电解槽排气筒。

e. 锅炉（部分企业）　具体产污节点为锅炉，排放口为锅炉烟囱。

f. 环境集烟　具体产污节点为生产过程中的无组织排放工段，排放口为环境集烟烟囱。

④ 再生锌　根据再生锌冶炼企业的生产工艺特点，确定废气产污环节为原料预处理、熔炼炉（锅）、回转窑（炉）、浸出系统、电解系统、净化系统、锅炉、环境集烟，主要污染物为颗粒物、二氧化硫、重金属、硫酸雾、二噁英等。其产排污节点、排放口及污染因子详见表 3-48。

表 3-48　再生锌冶炼企业产排污节点、排放口及污染因子

产排污节点	排放口	排放口类型	污染因子	备注
熔炼炉	尾气烟囱	主要排放口	二氧化硫、颗粒物、氮氧化物（以 NO_2 计）、砷及其化合物、铅及其化合物、锡及其化合物、镉及其化合物、铬及其化合物、二噁英	火法工艺
熔炼炉环境集烟	环境集烟烟囱	主要排放口		
熔析炉	尾气烟囱	主要排放口		
熔析炉环境集烟	环境集烟烟囱	主要排放口		
锌灰渣处理	尾气烟囱	主要排放口	二氧化硫、颗粒物、氮氧化物（以 NO_2 计）	
回转窑（炉）	尾气烟囱	主要排放口	二氧化硫、颗粒物、氮氧化物（以 NO_2 计）、砷及其化合物、铅及其化合物、锡及其化合物、镉及其化合物、铬及其化合物、二噁英	
回转窑（炉）环境集烟	环境集烟烟囱	主要排放口		
原料预处理系统		一般排放口	颗粒物	湿法工艺
感应电炉	熔铸烟气烟囱	一般排放口	颗粒物	
锅炉	锅炉烟囱	一般排放口	二氧化硫、颗粒物、氮氧化物（以 NO_2 计）、汞及其化合物、烟气黑度（格林曼黑度，级）	
浸出系统		一般排放口	硫酸雾	
净化系统		一般排放口	硫酸雾	
电解系统		一般排放口	硫酸雾	
排污单位边界			硫酸雾、砷及其化合物、铅及其化合物、锡及其化合物、镉及其化合物、铬及其化合物	

（2）废水

再生有色金属工业的生产废水一般包括污酸、酸性废水、一般生产废水和初期雨水，其中污酸、酸性废水、初期雨水的主要污染物为总铅（Pb）、总砷（As）、总镉（Cd）、总汞（Hg）等重金属，一般生产废水主要污染物为盐类。

3.18.2.2　有色金属工业—锑冶炼

废气主要来自鼓风炉熔炼烟气冷凝收尘等环节，其产排污节点、排放口及污染因子见表 3-49；废水主要来自制酸车间、冲洗水以及生活污水等，其产排污节点、排放口及污染因子见表 3-50。

表 3-49 锑冶炼企业废气产排污节点、排放口及污染因子

原料	生产设施	排放口类型	污染因子	备注
锑精矿	配料系统	一般排放口	颗粒物、锡及其化合物、汞及其化合物、镉及其化合物、铅及其化合物、砷及其化合物和锑及其化合物	有组织排放
	挥发熔炼系统（包括前床）	主要排放口	颗粒物、二氧化硫、氮氧化物、锡及其化合物、汞及其化合物、镉及其化合物、铅及其化合物、砷及其化合物和锑及其化合物	
	挥发焙烧系统	主要排放口		
	还原熔炼系统	主要排放口		
	环境集烟（进料、出渣、出锑口等）	一般排放口		
铅锑精矿	沸腾焙烧系统	主要排放口	颗粒物、二氧化硫、氮氧化物、锡及其化合物、汞及其化合物、镉及其化合物、铅及其化合物、砷及其化合物和锑及其化合物	有组织排放
	烧结系统	主要排放口		
	还原熔炼系统	主要排放口		
	精炼系统	主要排放口		
	吹炼系统	主要排放口		
	环境集烟（进料、出渣、出锑口等）	主要排放口		
锑金精矿	配料系统	一般排放口	颗粒物、锡及其化合物、汞及其化合物、镉及其化合物、铅及其化合物、砷及其化合物和锑及其化合物	有组织排放
	挥发熔炼系统（包括前床）	主要排放口	颗粒物、二氧化硫、氮氧化物、锡及其化合物、汞及其化合物、镉及其化合物、铅及其化合物、砷及其化合物和锑及其化合物	
	还原熔炼系统	主要排放口		
	灰吹系统	主要排放口		
	炼金系统	一般排放口		
	环境集烟（进料、出渣、出锑口等）	一般排放口		
精锑	锑白炉	一般排放口	颗粒物、二氧化硫、氮氧化物、锑及其化合物	有组织排放
其他	锅炉	一般排放口	颗粒物、二氧化硫、氮氧化物、汞及其化合物、烟气黑度（林格曼黑度，级）	有组织排放
	厂界	一般排放口	硫酸雾、锡及其化合物、汞及其化合物、镉及其化合物、铅及其化合物、砷及其化合物和锑及其化合物	无组织排放

表 3-50　锑冶炼企业废水产排污节点、排放口及污染因子

排放口	排放口类型	污染因子
车间或生产装置排放口	主要排放口	总汞、总镉、总铅、总砷、六价铬
企业废水总排放口	主要排放口	pH、石油类、悬浮物、化学需氧量、硫化物、氨氮、总磷、总氮、氟化物、总铜、总锌、总锡、总锑、总汞、总镉、总铅、总砷、六价铬

（1）废气

① 以锑精矿为原料，包括配料、挥发熔炼（鼓风炉）、前床、挥发焙烧（平炉）、还原熔炼（反射炉）、环境集烟（进料、出渣、出锑口等）等；

② 以铅锑精矿为原料，包括沸腾焙烧炉、烧结炉、还原熔炼（鼓风炉）、吹炼炉、精炼（反射炉）、环境集烟（配料、进料、出渣、中锑口等）等；

③ 以锑金精矿为原料，包括配料、挥发熔炼（鼓风炉）、前床、灰吹炉、炼金炉、还原熔炼（纯炉）、环境集烟（进料、出渣、出锑口等）等；

④ 以精锑为原料，包括熔化氧化挥发（锑白炉）等。

（2）废水

锑冶炼废水分为生产废水（地面冲洗水、冲渣水、脱硫水、设备冷却水、初期雨水）和生活污水。

3.18.2.3　有色金属工业—钴冶炼

（1）废气

主要产污环节有：

① 原料制备　具体产污节点为干燥、配料等生产运营过程，排放口为原料制备系统烟囱/排气筒。

② 煅烧　具体产污节点为煅烧炉等，排放口为窑炉烟囱。

③ 环境集烟　具体产污节点为生产过程中的无组织排放工段，排放口为环境集烟烟囱。

钴冶炼废气产排污节点、排放口及污染因子见表 3-51。

表 3-51　钴冶炼废气产排污节点、排放口及污染因子

产排污节点		排放口类型	污染因子	备注
钴湿法冶炼	浸出槽	一般排放口	硫酸雾	有组织排放
	除铁槽	一般排放口	硫酸雾、氯气	
	萃取槽	一般排放口	硫酸雾	
	电积槽	一般排放口	硫酸雾、氯气	
	锅炉	一般排放口	颗粒物、二氧化硫、氮氧化物（NO_2计）、汞及其化合物、烟气黑度（林格曼黑度，级）	

续表

产排污节点		排放口类型	污染因子	备注
钴湿法冶炼	厂界	企业周边	二氧化硫、颗粒物、硫酸雾、氯气、氯化氢、氟化物、铅及其化合物、砷及其化合物、镍及其化合物、汞及其化合物	无组织排放
钴火法冶炼	原料制备	主要排放口	颗粒物	有组织排放
	熔炼炉、焙烧炉等	主要排放口	颗粒物、二氧化硫、氮氧化物（NO₂计）、硫酸雾、铅及其化合物、砷及其化合物、镍及其化合物、汞及其化合物、氯气、氯化氢、氟化物	
	炉窑等	主要排放口		
	锅炉	一般排放口	颗粒物、二氧化硫、氮氧化物（NO₂计）、汞及其化合物、烟气黑度（林格曼黑度，级）	
	厂界	企业周边	二氧化硫、颗粒物、硫酸雾、氯气、氯化氢、氟化物、铅及其化合物、砷及其化合物、镍及其化合物、汞及其化合物	无组织排放

（2）废水

废水包括生产废水（皂化废水、电解残液处理废水、碱吸收废液及其他生产废水、冷却水、冲洗水、初期雨水）和生活污水。

钴冶炼废水产排污节点、排放口及污染因子见表3-52。

表3-52　钴冶炼废水产排污节点、排放口及污染因子

排放口	排放口类型	污染因子
车间或生产装置排放口	主要排放口	总铅、总砷、总镉、总汞、总镍、总钴
废水总排放口	主要排放口	pH、悬浮物、化学需氧量、氟化物、氨氮、总磷、总氮、总铜、总锌、石油类、硫化物

3.18.2.4　有色金属工业—锡冶炼

（1）废气

锡冶炼产排污节点包括配料、粉煤制备、炼前处理（沸腾焙烧炉、回转窑）、还原熔炼（奥斯迈特炉、电炉、反射炉）、挥发熔炼（烟化炉）、精炼（熔析炉、精炼氧化锅、合锡锅、离心机、机械结晶机、熔化锅、电解槽、真空炉）、环境集烟、锅炉等。其主要污染物为颗粒物、二氧化硫、氮氧化物、重金属等。

锡冶炼废气产排污节点、排放口及污染因子见表3-53。

（2）废水

废水包括生产废水（污酸废水、地面冲洗水、冲渣水、脱硫水、设备冷却水、初期雨水）和生活污水。其废水产排污节点、排放口及污染因子见表3-54。

表 3-53　锡冶炼废气产排污节点、排放口及污染因子

生产设施	排放口类型	污染因子	备注
炼前处理系统	主要排放口	颗粒物、二氧化硫、氮氧化物、氟化物、锡及其化合物、汞及其化合物、镉及其化合物、铅及其化合物、砷及其化合物和锑及其化合物	有组织排放
还原熔炼系统	主要排放口		
挥发熔炼系统	主要排放口		
环境集烟	主要排放口		
配料系统	一般排放口	颗粒物、锡及其化合物、汞及其化合物、镉及其化合物、铅及其化合物、砷及其化合物和锑及其化合物	
粉煤制备系统	一般排放口	颗粒物	
精炼系统	一般排放口	颗粒物、二氧化硫、氮氧化物、氟化物、锡及其化合物、汞及其化合物、镉及其化合物、铅及其化合物、砷及其化合物和锑及其化合物	
锅炉	一般排放口	颗粒物、二氧化硫、氮氧化物（NO$_2$ 计）、汞及其化合物、烟气黑度（林格曼黑度，级）	
厂界	企业边界	硫酸雾、氟化物、锡及其化合物、汞及其化合物、镉及其化合物、铅及其化合物、砷及其化合物、镍及其化合物	无组织排放

表 3-54　锡冶炼废水产排污节点、排放口及污染因子

排放口	排放口类型	污染因子
车间或生产装置排放口	主要排放口	总铅、总砷、总镉、总汞、六价铬
企业废水总排放口	主要排放口	pH、石油类、悬浮物、化学需氧量、硫化物、氨氮、总磷、总氮、氟化物、总铜、总锌、总锡、总锑、总汞、总镉、总铅、总砷、六价铬

3.18.2.5　有色金属工业—钛冶炼

（1）废气

① 钛渣冶炼废气产污节点主要为物料的存储、堆放、转运、破碎、包装等过程，钛渣熔炼等炉窑等。

② 四氯化钛制备废气产污节点主要为钛渣贮运、氯化精制尾气处理等过程。

③ 海绵钛生产废气产物节点为还原蒸馏废气净化及其他通风生产设备。

④ 镁电解生产废气产污节点为镁电解废气处理净化、氯气加压及氯气液化废气净化等过程。

钛冶炼废气产排污节点、排放口及污染因子见表 3-55。

表 3-55　钛冶炼废气产排污节点、排放口及污染因子

产排污节点	排放口类型	污染因子	备注
原料制备（配料系统、破碎及其他转运通风生产设备）	一般排放口	颗粒物	
钛渣熔炼烟气总和利用（净化）系统（钛渣熔炼电炉）	主要排放口	颗粒物、二氧化硫、氮氧化物（以 NO_2 计）	
钛渣破碎系统（破碎、筛分、干燥设备等）	一般排放口	颗粒物	
原料准备（生产通风设备、原辅料输送设备、料仓和储库等）	一般排放口	颗粒物	有组织排放
四氯化钛制备尾气处理系统（氯化炉、精馏塔等）	一般排放口	氯气、氯化氢	
镁电解系统（镁电解槽、镁精炼炉、氯气压缩、氯气液化、液氯蒸发系统）	一般排放口	颗粒物、氯气、氯化氢	
锅炉	一般排放口	颗粒物、二氧化硫、氮氧化物（NO_2 计）、汞及其化合物、烟气黑度（林格曼黑度，级）	
厂界	企业边界	二氧化硫、总悬浮颗粒物、氯气、氯化氢	无组织排放

（2）废水

钛冶炼工艺过程大部分在酸性条件下进行，废水有四氯化钛生产过程中的冲洗收尘渣废水、尾气洗涤酸性废水、维修冲洗水等，污染物为酸及悬浮物等，以及各种炉窑和设备循环冷却系统排污水、辅助生产废水（化验废水及地面冲洗废水），同时还有生活污水。其废水产排污节点、排放口及污染因子见表 3-56。

表 3-56　钛冶炼废水产排污节点、排放口及污染因子

废水排放口	排放口类型	污染因子
车间或生产装置排放口	一般排放口	总铬、六价铬
废水总排放口	主要排放口	化学需氧量、氨氮、总氮、总磷、pH、悬浮物、石油类、总铜

3.18.2.6　有色金属工业—镍冶炼

（1）废气

镍冶炼过程中废气主要排放口为制酸尾气烟囱、脱硫系统烟囱、制酸尾气烟囱/脱硫系统烟囱、环境集烟烟囱。废气的一般排放口为原料制备系统烟囱/排气筒、吸收塔排气口、锅炉烟囱。其中产生的大气污染物主要为颗粒物、二氧化硫、硫酸雾。镍冶炼

废气产排污节点、排放口及污染因子见表 3-57。

表 3-57　镍冶炼废气产排污节点、排放口及污染因子

产排污节点	排放口类型	污染因子	备注
原料制备	一般排放口	颗粒物	
熔炼炉、吹炼炉、贫化炉等	主要排放口	二氧化硫、氮氧化物（NO_2 计）、颗粒物、硫酸雾、铅及其化合物、砷及其化合物、镍及其化合物、汞及其化合物、氯气、氯化氢、氟化物	有组织排放
炉窑等	主要排放口		
净化槽、电解槽	一般排放口	硫酸雾、氯气	
浸出槽、电积槽	一般排放口	硫酸雾	
锅炉	一般排放口	颗粒物、二氧化硫、氮氧化物（NO_2 计）、汞及其化合物、烟气黑度（林格曼黑度，级）	
厂界	企业周边	二氧化硫、颗粒物、硫酸雾、氯气、氯化氢、氟化物、铅及其化合物、砷及其化合物、镍及其化合物、汞及其化合物	无组织排放

（2）废水

废水类别包括工艺废水（车间废水、酸性废水）、冷却水、冲洗水、初期雨水、污酸、生活污水、碱性废液、浓盐水、皂化废水、电解残液处理废水。其废水产排污节点、排放口及污染因子详见表 3-58。

表 3-58　镍冶炼废水产排污节点、排放口及污染因子

废水排放口	排放口类型	污染因子
车间或生产装置排放口	主要排放口	总铅、总砷、总镉、总汞、总镍、总铬
废水总排放口	主要排放口	pH、悬浮物、化学需氧量、氟化物、氨氮、总磷、总氮、总铜、总锌、石油类、硫化物

（3）固体废物

镍冶炼排放的固体废物主要包括冶炼水碎渣、污水处理渣、脱硫副产物、湿法炼镍浸出渣、沉铁铝渣等。

（4）噪声

镍冶炼过程产生的噪声分为机械噪声和空气动力性噪声，主要噪声源包括熔炼炉、吹炼炉、余热锅炉、鼓风机、空压机、氧压机、二氧化硫风机、除尘风机、各种泵类等。

3.18.2.7　有色金属工业—镁冶炼

（1）废气

镁冶炼生产过程中废气的主要产污环节包括：

① 原料堆场及破碎　包括白云石破碎、筛分、输送及其他通风生产设备等。

② 煅烧　包括白云石煅烧窑炉及窑尾余热利用系统、冷却机、煤磨及其他通风生产设备。

③ 煅白磨粉制团　包括硅铁破碎机、球磨机、压球机及其他通风生产设备等。

④ 还原　还原炉、真空机组、装料机、扒渣机及其他通风生产设备等。

⑤ 精炼铸锭　精炼炉、静置炉、铸锭机及其他通风生产设备等。

⑥ 公用辅助单元　空压机、工（中）频炉、离心铸管机及其他通风生产设备等。

镁冶炼废气产排污节点、排放口及污染因子见表 3-59。

表 3-59　镁冶炼废气产排污节点、排放口及污染因子

产排污节点	排放口类型	污染因子	备注
矿石破碎机	一般排放口	颗粒物	
白云石煅烧窑炉	主要排放口	颗粒物、二氧化硫、氮氧化物（NO_2 计）	
煤磨	一般排放口	颗粒物	
硅铁破碎机	一般排放口	颗粒物	
球磨机	一般排放口	颗粒物	
压球机	一般排放口	颗粒物	有组织排放
还原炉	主要排放口	颗粒物、二氧化硫、氮氧化物（NO_2 计）	
精炼炉	主要排放口	颗粒物、二氧化硫、氮氧化物（NO_2 计）	
精煤坩埚和铸锭机	一般排放口	颗粒物、二氧化硫	
锅炉	一般排放口	颗粒物、二氧化硫、氮氧化物（NO_2 计）、汞及其化合物、烟气黑度（林格曼黑度，级）	
厂界	企业边界	二氧化硫、总悬浮颗粒物	无组织排放

（2）废水

镁冶炼行业废水主要包括循环冷却系统排水、辅助生产废水（化验废水及化水制备废水）、废气净化装置排污水、生活污水。其废水产排污节点、排放口及污染因子见表 3-60。

表 3-60　镁冶炼废水产排污节点、排放口及污染因子

废水排放口	排放口类型	污染因子
车间或生产装置排放口	主要排放口	总铬、六价铬
废水总排放口	主要排放口	pH、悬浮物、化学需氧量、石油类、氨氮、总磷、总氮、总铜、总锌、总铬、六价铬

3.18.2.8　有色金属工业—汞冶炼

（1）废气

汞冶炼企业大气污染主要产污环节集中在蒸馏炉或马釜炉和公共锅炉。其废气产排污节点、排放口及污染因子见表3-61。

表3-61　汞冶炼废气产排污节点、排放口及污染因子

产排污节点	排放口类型	污染因子	备注
蒸馏炉	主要排放口	颗粒物、二氧化硫、氮氧化物（NO_2 计）、锑及其化合物、汞及其化合物、铅及其化合物	有组织排放
马釜炉	主要排放口		
锅炉	一般排放口	颗粒物、二氧化硫、氮氧化物（NO_2 计）、汞及其化合物、烟气黑度（林格曼黑度，级）	
厂界	企业周边	硫酸雾、汞及其化合物、铅及其化合物	无组织排放

（2）废水

汞冶炼废水类别主要包括生产废水（地面冲洗水、脱硫水、设备冷却水、汞氽水封水、初期雨水）和生活污水。其废水产排污节点、排放口及污染因子见表3-62。

表3-62　汞冶炼废水产排污节点、排放口及污染因子

废水排放口	排放口类型	污染因子
车间或生产装置排放口	主要排放口	总汞、总镉、总铅、总砷、六价铬
废水总排放口	主要排放口	pH、石油类、悬浮物、化学需氧量、硫化物、氨氮、总磷、总氮、氟化物、总铜、总锌、总锑、总汞、总镉、总铬、总砷、六价铬

3.18.2.9　有色金属工业—铅锌冶炼

（1）废气

铅冶炼、湿法炼锌、电炉炼锌、竖罐炼锌、密闭鼓风炉熔炼法（ISP法）废气的产排污节点、排放口及污染因子如表3-63。

表3-63　铅锌冶炼废气产排污节点、排放口及污染因子

产排污节点		排放口类型	污染因子	备注
铅冶炼废气有组织排放	制酸系统（熔炼炉烟气）	主要排放口	颗粒物、二氧化硫、硫酸雾、铅及其化合物、汞及其化合物、氮氧化物（NO_2计）	

续表

产排污节点		排放口类型	污染因子	备注
铅冶炼废气有组织排放	还原炉＋烟化炉	主要排放口	颗粒物、二氧化硫、铅及其化合物、汞及其化合物、氮氧化物（NO$_2$计）	部分排污单位还原炉烟气送制酸
	熔炼炉、还原炉、烟化炉环境集烟	主要排放口		
	熔铅（电铅）锅	一般排放口	颗粒物、铅及其化合物	
	浮渣反射炉	一般排放口	颗粒物、二氧化硫、铅及其化合物、汞及其化合物、氮氧化物（NO$_2$计）	
	锅炉	一般排放口	颗粒物、二氧化硫、氮氧化物（NO$_2$计）、汞及其化合物、烟气黑度（林格曼黑度，级）	
锌冶炼废气有组织排放	备料系统	一般排放口	颗粒物	湿法炼锌
	制酸系统（沸腾炉烟气）	主要排放口	颗粒物、二氧化硫、硫酸雾、铅及其化合物、汞及其化合物、氮氧化物（NO$_2$计）	
	浸出槽	一般排放口	硫酸雾	
	净化槽	一般排放口	硫酸雾	
	感应电炉	一般排放口	颗粒物	
	回转窑（烟气炉）	主要排放口	颗粒物、二氧化硫、铅及其化合物、汞及其化合物、氮氧化物（NO$_2$计）	
	多膛炉	一般排放口		
	锅炉	一般排放口	颗粒物、二氧化硫、氮氧化物（NO$_2$计）、汞及其化合物、烟气黑度（林格曼黑度，级）	
	备料系统	一般排放口	颗粒物	电炉炼锌
	制酸系统（沸腾炉烟气）	主要排放口	颗粒物、二氧化硫、硫酸雾、铅及其化合物、汞及其化合物、氮氧化物（NO$_2$计）	
	电炉环境集烟	主要排放口	颗粒物、二氧化硫、铅及其化合物、汞及其化合物、氮氧化物（NO$_2$计）	
	回转窑（烟气炉）	主要排放口		
	锌精馏系统	一般排放口		
	锅炉	一般排放口	颗粒物、二氧化硫、氮氧化物（NO$_2$计）、汞及其化合物、烟气黑度（林格曼黑度，级）	

续表

产排污节点		排放口类型	污染因子	备注
	备料系统	一般排放口	颗粒物	竖罐炼锌
	制酸系统（沸腾炉烟气）	主要排放口	颗粒物、二氧化硫、硫酸雾、铅及其化合物、汞及其化合物、氮氧化物（NO_2计）	
	焦结蒸馏系统	主要排放口	颗粒物、二氧化硫、铅及其化合物、汞及其化合物、氮氧化物（NO_2计）	
	漩涡炉	主要排放口		
	锌精馏系统	一般排放口		
	锅炉	一般排放口	颗粒物、二氧化硫、氮氧化物（NO_2计）、汞及其化合物、烟气黑度（林格曼黑度，级）	
锌冶炼废气有组织排放	烧结备料系统	一般排放口	颗粒物	ISP法
	烧结机头	主要排放口	颗粒物、二氧化硫、氮氧化物（NO_2计）、铅及其化合物、汞及其化合物	
	制酸系统（烧结烟气）	主要排放口	颗粒物、二氧化硫、硫酸雾、氮氧化物（NO_2计）、铅及其化合物、汞及其化合物	
	烧结料破碎系统	一般排放口	颗粒物	
	熔炼备料系统	一般排放口	颗粒物	
	密闭鼓风炉环境集烟	主要排放口	颗粒物、二氧化硫、氮氧化物（NO_2计）、铅及其化合物、汞及其化合物	
	烟化炉	主要排放口		
	熔铅（电铅）锅	一般排放口	颗粒物、铅及其化合物	
	浮渣反射炉	一般排放口	颗粒物、二氧化硫、氮氧化物（NO_2计）、铅及其化合物、汞及其化合物	
	锌精馏系统	一般排放口		
	锅炉	一般排放口	颗粒物、二氧化硫、氮氧化物（NO_2计）、汞及其化合物、烟气黑度（林格曼黑度，级）	
铅锌冶炼废气无组织排放	厂界	企业周边	二氧化硫、颗粒物、硫酸雾、铅及其化合物、汞及其化合物	

① 铅冶炼包括备料、制酸系统（熔炼炉烟气）、还原炉、烟化炉、熔铅锅、电铅锅、反射炉、锅炉、环境集烟等。

② 湿法炼锌包括备料、制酸系统（沸腾焙烧炉烟气）、浸出槽、净化槽、多膛炉、回转窑、锌熔铸、锅炉等。

③ 电炉炼锌包括备料、制酸系统（沸腾焙烧炉烟气）、电炉、烟化炉（回转窑）、

锌精馏系统、锅炉、环境集烟等。

④ 竖罐炼锌包括备料、制酸系统（沸腾焙烧炉烟气）、焦结炉、竖罐蒸馏炉、漩涡炉、锌精馏系统、锅炉等。

⑤ 密闭鼓风炉熔炼法（ISP法）包括备料、制酸系统（烧结机烟气）、烧结机头、破碎机、密闭鼓风炉、烟化炉、熔铅锅、电铅锅、反射炉、锌精馏系统、锅炉、环境集烟等。

（2）废水

铅锌冶炼过程中产生的废水包括炉窑设备冷却水、冲渣废水、高盐水、冲洗废水、烟气净化废水等，主要污染物有盐类、固体悬浮物、重金属等。其废水产排污节点、排放口及污染因子见表3-64。

表3-64 产排污节点、排放口及污染因子

废水排放口	排放口类型	污染因子
车间或生产装置排放口	主要排放口	总汞、总镉、总铅、总砷、总镍
废水总排放口	主要排放口	pH、悬浮物、化学需氧量、硫化物、氨氮、总磷、总氮、氟化物、总铜、总锌、总铅、总汞、总镉、总铬、总砷、总镍

（3）固体废物

铅冶炼过程中产生的固体废物主要包括烟化炉渣、浮渣处理炉渣、含砷废渣、脱硫石膏渣及废触媒。

（4）噪声

铅冶炼过程中产生的噪声分为机械噪声和空气动力性噪声，主要噪声源包括鼓风机、烟气净化系统风机、余热锅炉排气管及氧气站的空气压缩机等。

3.18.2.10 有色金属工业—铝冶炼

3.18.2.10.1 氧化铝

（1）废气

氧化铝的废气污染产污环节主要包括：

① 熟料烧成窑是氧化铝的联合法、烧结法生产最主要的废气污染源；

② 氢氧化铝焙烧均采用流态化焙烧炉，为主要废气产污环节；

③ 石灰炉（窑）采用气体燃料、熔盐加热炉采用煤或气体燃料为燃料，也是废气主要产污环节；

④ 其他的产污节点为各类原辅燃料的转运及均化，物料的破碎、筛分、粉磨，石灰乳制备，氧化铝贮运及包装等生产过程。

其废气产排污节点、排放口及污染因子见表3-65。

（2）废水

废水主要来源于生产废水（洗涤、过滤、蒸发等环节）以及生活污水，其产排污节点、排放口及污染因子见表3-66。

表 3-65　氧化铝废气产排污节点、排放口及污染因子

产排污节点	排放口类型	污染因子	备注
原料系统	一般排放口	颗粒物	
熟料中碎系统	一般排放口	颗粒物	
氧化铝贮运系统	一般排放口	颗粒物	
熟料烧成窑	主要排放口	颗粒物、二氧化硫、氮氧化物（NO_2 计）	有组织排放
氢氧化铝焙烧炉	主要排放口	颗粒物、二氧化硫、氮氧化物（NO_2 计）	
熔盐加热炉	一般排放口	颗粒物、二氧化硫、氮氧化物（NO_2 计）	
石灰炉（窑）	主要排放口	颗粒物	
锅炉	主要排放口	颗粒物、二氧化硫、氮氧化物（NO_2 计）、汞及其化合物、烟气黑度（林格曼黑度，级）	
厂界	企业周边	二氧化硫、颗粒物	无组织排放

表 3-66　氧化铝废水产排污节点、排放口及污染因子

废水排放口	排放口类型	污染因子
废水总排放口	主要排放口	pH、悬浮物、化学需氧量、硫化物、氨氮、总磷、总氮、氟化物、石油类、总氰化物、硫化物、挥发酚

3.18.2.10.2　电解铝

（1）废气

电解铝企业废气产污节点主要为电解槽，以及混合炉、氧化铝和氟化盐贮运、电解质破碎、阳极组装系统的残极抛丸清理、残极破碎、残极压脱、电解质清理、钢爪抛丸清理、磷铁环压脱、导杆清理、残极处理、中（工）频感应炉等过程。其废气产排污节点、排放口及污染因子见表 3-67。

表 3-67　电解铝废气产排污节点、排放口及污染因子

产排污节点	排放口类型	污染因子	备注
原料系统	一般排放口	颗粒物	
电解质破碎系统	一般排放口	颗粒物	
阳极组装机残极处理系统	一般排放口	颗粒物	有组织排放
铸造系统	一般排放口	颗粒物	
电解槽	主要排放口	颗粒物、二氧化硫、氟化物	
锅炉	主要排放口	颗粒物、二氧化硫、氮氧化物（NO_2 计）、汞及其化合物、烟气黑度（林格曼黑度，级）	
厂界	企业周边	二氧化硫、颗粒物、氟化物	无组织排放

（2）废水

电解铝的废水主要包括生产工艺废水和生活污水。主要产生于铸造机和中频感应炉等环节。主要污染物有 pH、悬浮物、化学需氧量、氨氮、总磷、总氮、氟化物、石油类、总氰化物、硫化物、挥发酚等。

3.18.2.11　有色金属工业—铜冶炼

（1）废气

根据铜冶炼工业企业的生产工艺特点，确定废气产污环节为原料制备、熔炼、吹炼、精炼、阳极泥处理、环境集烟六大部分，主要污染物为颗粒物、二氧化硫、氮氧化物、重金属、硫酸雾等。

铜冶炼过程中主要大气污染物及来源见表 3-68。

表 3-68　铜冶炼大气污染物及来源

工序		污染源	主要污染物
火法炼铜	干燥	干燥窑	颗粒物（含重金属 Cu、Pb、Zn、Cd 及 As）、SO$_2$
		精矿上料、精矿出料、转运	颗粒物（含重金属 Cu、Pb、Zn、Cd 及 As）
	配料	抓斗卸料、定量给料设备、皮带运输设备转运过程中扬尘	颗粒物（含重金属 Cu、Pb、Zn、Cd 及 As）
	熔炼	熔炼炉	颗粒物（含重金属 Cu、Pb、Zn、Cd 及 As）、SO$_2$
		加料口、锍放出口、渣放出口、喷枪孔、溜槽、包子房等处泄漏	颗粒物（含重金属 Cu、Pb、Zn、Cd 及 As）、SO$_2$
	精炼	精炼炉	颗粒物（含重金属 Cu、Pb、Zn、Cd 及 As）、SO$_2$
		加料口、出渣口	颗粒物、SO$_2$
	烟气制酸	制酸尾气	SO$_2$、硫酸雾
	渣贫化	炉窑	颗粒物、SO$_2$
		加料口、锍放出口、渣放出口、电极孔、溜槽、包子房等处泄漏	颗粒物、SO$_2$
		渣水碎	颗粒物、SO$_2$
	渣选矿	备料工序	颗粒物
		选矿工序	酸雾
	电解	电解槽	硫酸雾
		电解液循环环等	硫酸雾

续表

工序		污染源	主要污染物
火法炼铜	电积	电积槽及其他槽罐	硫酸雾
	净液	真空蒸发器	硫酸雾
		脱铜电积槽	硫酸雾
	阳极泥处理器	回转窑	颗粒物（含重金属 Pb 及 As）
		回转窑上料、出料系统	颗粒物（含重金属 Pb 及 As）
		硒吸收塔	SO_2
		卡尔多炉	颗粒物（含重金属 Pb 及 As）
		贵铅炉	颗粒物（含重金属 Pb 及 As）
		分银炉	颗粒物（含重金属 Pb 及 As）
		中频炉	颗粒物
		反应槽	酸雾
		水溶液氯化槽	微量 Cl_2
		银电解造液槽	NO_x
		银电解槽、干燥器	HNO_3、NO_x
湿法炼铜	备料	破碎机等	颗粒物
	浸出	搅拌浸出槽等	酸雾
		堆浸	酸雾
	萃取	萃取槽等	酸雾、萃取剂、溶剂油
	电积	电积槽	酸雾

（2）废水

火法炼铜产生的废水主要为制酸系统污酸及酸性污水，硫酸场地初期雨水及生产厂区其他场地初期雨水，湿法车间、中心化验室排出的含酸废水，工业冷却循环水的排污水，余热锅炉化学水处理车间排出的酸碱废水，余热锅炉排污水。其主要污染物有酸、Zn^{2+}、Cu^{2+}、Pb^{2+}、Cd^{2+}、Ni^{2+}、As^{3+}、Co^{2+}、F^+、Hg^{2+}、盐类、固体颗粒物、悬浮物等。

湿法炼铜堆浸场地、溶液池及尾矿池渗漏液，或上述场地由于大暴雨或溃坝事故引起的泄漏液，主要污染物有酸性废水、Zn^{2+}、Cu^{2+}、Pb^{2+}、Cd^{2+}、Ni^{2+}、As^{3+}、Co^{2+}、酸、油污等。

（3）固体废物

火法炼铜排放的固体废物主要有渣贫化水碎渣、渣选矿尾矿、污水处理渣、脱硫副产物等；湿法炼铜排放的固体废物主要为浸出渣。其中渣贫化水碎渣、渣选矿尾矿为一般固废，污水处理渣、湿法炼铜浸出渣、脱硫副产物的属性需经过鉴别，再根据其性质类别进行处理处置。

（4）噪声

铜冶炼过程产生的噪声分为机械噪声和空气动力性噪声，主要噪声源包括熔炼炉、吹炼炉、精炼炉、余热锅炉、鼓风机、空压机、氧压机、SO_2 风机、除尘风机、各种泵类等。

3.18.2.12　稀有稀土金属冶炼

（1）废气

钨冶炼排污单位的工艺废气主要包括：解吸废气主要污染物为氨，萃取废气主要污染物为非甲烷总烃，除钼废气主要污染物为硫化氢、氨，结晶废气主要污染物为氨、颗粒物，煅烧废气主要污染物为氨、颗粒物，还原、烧结废气主要污染物为颗粒物。

钼冶炼排污单位的工艺废气包括：氧化焙烧废气主要污染物为颗粒物、二氧化硫，还原、烧结废气主要污染物为颗粒物。

稀土金属冶炼排污单位废气根据原料来源和分解提取工艺不同，分解提取工序产生的工艺废气污染物也存在差异。包头混合型稀土精矿浓硫酸强化焙烧废气的主要污染物为二氧化硫、颗粒物、氮氧化物、硫酸雾、氟化物，碱法分解处理酸洗酸溶废气的主要污染物为氯化氢；氟碳铈稀土精矿氧化焙烧废气的主要污染物为二氧化硫、颗粒物、氮氧化物、氟化物，浸出废气的主要污染物为氯化氢、氯气；南方离子吸附型稀土矿酸溶废气的主要污染物为氯化氢；因该行业主要采用盐酸进行提取、溶解等，配酸废气的主要污染物为氯化氢。后续萃取分离工序工艺环节相似，工艺废气的主要污染物为氯化氢。稀土化合物煅烧制备稀土氧化物时，煅烧废气的主要污染物为颗粒物、二氧化硫、氮氧化物。采用熔盐电解法制备稀土金属及稀土合金时，电解废气的主要污染物为颗粒物、氟化物。稀土二次资源回收焙烧或煅烧工序的主要污染物为颗粒物、二氧化硫、氮氧化物，其余主要工序的主要污染物均为氯化氢。

钽铌冶炼排污单位的工艺废气的主要包括：分解废气的主要污染物为颗粒物、氟化物，中和沉淀废气的主要污染物为氨，煅烧废气的主要污染物为颗粒物、二氧化硫、氨，混料和还原废气的主要污染物为颗粒物。

除此之外，其他废气主要包括炉窑加料口和出料口、储罐、分解槽、萃取槽、净化槽等无组织排放的废气。

（2）废水

钨冶炼排污单位的工业废水主要包括：分解工序过滤洗涤废水的主要污染物为重金属、总磷、悬浮物，净化工序离子交换废水或萃取废水的主要污染物为总磷、化学需氧量、氨氮、重金属，结晶废水的主要污染物为氨氮。

钼冶炼排污单位的工艺废水主要为氧化焙烧废气处理设施排水，主要污染物为氨氮、重金属、氟化物。

稀土金属冶炼排污单位的工艺废水根据原料来源和分解提取工艺不同，分解提取工序产生的工艺废水污染物也存在差异，包头混合型稀土精矿浓硫酸强化焙烧尾气喷淋处理废水的主要污染物为氟化物，转型废水的主要污染物为氟化物、硫酸盐、氨氮、石油类、化学需氧量、总磷，碱法分解处理酸洗和水洗废水的主要污染物为氟化物；氟碳铈稀土精矿碱法分解碱转废水的主要污染物为氟化物。后续萃取分离工序工艺环节相似，萃取废水的主要污染物为氨氮、化学需氧量、石油类、重金属、总磷，沉淀废水的主要污染物为化学需氧量、氨氮。

钽铌冶炼排污单位的工艺废水主要有萃取废水、中和沉淀废水、洗涤废水、结晶废水等，主要污染物为氟化物、氨氮。

除了主体生产装置产生的废水外，还包括一般性生产废水（车间地面冲洗水、锅炉房排水等），以及生活污水、初期雨水等。

（3）固体废物

稀有稀土金属冶炼排污单位产生的固体废物分为一般固体废物和危险废物。一般固体废物主要为锅炉渣、钨冶炼盐煮渣（钨渣）、老化熔盐、废旧电极、熔炼炉渣、废水处理中和沉淀渣、废气处理收尘渣和中和渣等；危险废物主要为钨冶炼排污单位仲钨酸铵生产过程的碱煮渣（钨渣）、净化过滤磷砷渣、除钼过程中产生的除钼渣、废水处理污泥等。

（4）噪声

噪声源主要有两类：各类生产及配套工程噪声源，如磨机、炉窑系统、输送泵、压滤机、鼓风机、冷却塔、循环水系统等；环保处理设施的噪声源，如风机、水泵、污泥脱水设备等。

3.18.3　相关标准及技术规范

《排污许可证申请与核发技术规范　有色金属工业—再生金属》（HJ 863.4—2018）
《排污许可证申请与核发技术规范　有色金属工业—锑冶炼》（HJ 938—2017）
《排污许可证申请与核发技术规范　有色金属工业—钴冶炼》（HJ 937—2017）
《排污许可证申请与核发技术规范　有色金属工业—锡冶炼》（HJ 936—2017）
《排污许可证申请与核发技术规范　有色金属工业—钛冶炼》（HJ 935—2017）
《排污许可证申请与核发技术规范　有色金属工业—镍冶炼》（HJ 934—2017）
《排污许可证申请与核发技术规范　有色金属工业—镁冶炼》（HJ 933—2017）
《排污许可证申请与核发技术规范　有色金属工业—汞冶炼》（HJ 931—2017）
《排污许可证申请与核发技术规范　有色金属工业—铅锌冶炼》（HJ 863.1—2017）
《排污许可证申请与核发技术规范　有色金属工业—铝冶炼》（HJ 863.2—2017）
《排污许可证申请与核发技术规范　有色金属工业—铜冶炼》（HJ 863.3—2017）
《排污许可证申请与核发技术规范　有色金属工业—稀有稀土金属冶炼》（HJ 1125—2020）
《排污单位自行监测技术指南　有色金属工业》（HJ 989—2018）
《再生铜、铝、铅、锌工业污染物排放标准》（GB 31574—2015）

《再生铅冶炼污染防治可行技术指南》（环境保护部公告 2015 年第 11 号）

《钴冶炼污染防治可行技术指南（试行）》（环境保护部公告 2015 年第 24 号）

《镍冶炼污染防治可行技术指南（试行）》（环境保护部公告 2015 年第 24 号）

《铜冶炼污染防治可行技术指南（试行）》（环境保护部公告 2015 年第 24 号）

《铅冶炼污染防治最佳可行技术指南（试行）》

《稀土工业污染物排放标准》（GB 26451—2011）

《锡、锑、汞工业污染物排放标准》（GB 30770—2014 ）

《铜、镍、钴工业污染物排放标准》（GB 25467—2010）

《镁、钛工业污染物排放标准》（GB 25468—2010）

《铅、锌工业污染物排放标准》（GB 25466—2010）

《铝工业污染物排放标准》（GB 25465—2010）

《铅冶炼废气治理工程技术规范》（HJ 2049—2015）

《废铅蓄电池处理污染控制技术规范》（HJ 519—2020）

3.19　金属制品业

3.19.1　主要生产工艺

铸造是装备制造业的基础，也是国民经济的基础产业，从汽车、机床，到航空、航天、国防以及人们的日常生活都需要铸件。铸造生产工艺主要分为砂型铸造和特种铸造，这两大类别又可细分为多种不同铸造工艺。

砂型铸造工艺包括黏土砂工艺、树脂自硬砂型工艺、水玻璃自硬砂型工艺等。

特种铸造工艺包括离心铸造、熔模铸造（精密铸造）、压铸（高压铸造）、低压铸造、金属型铸造（含金属型覆砂）、消失模铸造、V 法铸造、连续铸造、挤压铸造、差压铸造、石墨型铸造、陶瓷型铸造、石膏型铸造等。其中消失模铸造和 V 法铸造因存在砂处理工序，常称为"特种砂型铸造工艺"。

上述不同铸造工艺又由多个不同生产工序构成，其中金属熔炼、炉前处理、浇注、清理和后处理是两大类别各种不同铸造工艺共有的基本工序。砂型、非砂型以及典型铸件企业生产工艺流程如图 3-257～图 3-259 所示。

3.19.2　主要污染物及产污环节分析

依据《固定污染源排污许可分类管理名录（2019）》所述分类，金属制品业是指结构性金属制品制造，金属工具制造，集装箱及金属包装容器制造，金属丝绳及其制品制造，建筑、安全用金属制品制造，搪瓷制品制造，金属制日用品制造，铸造及其他金属制品制造（除黑色金属铸造、有色金属铸造）。本节内容按照《排污许可证申请与核发技术规范　金属铸造工业》（HJ 1115—2020）对金属铸造工业进行描述。

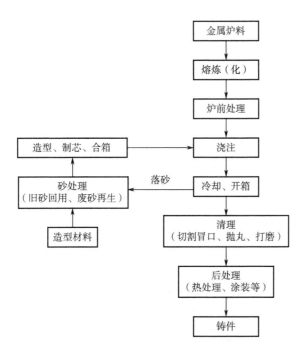

图 3-257　砂型铸造生产工艺流程

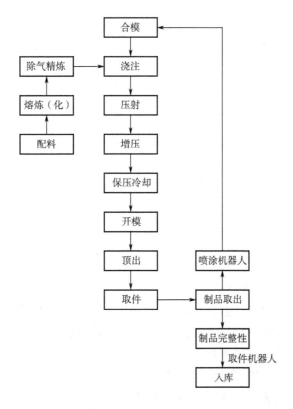

图 3-258　非砂型铸造生产工艺流程（以高压铸造为例）

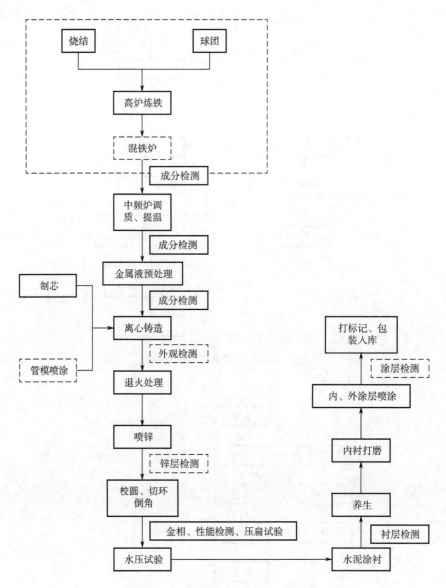

图 3-259　典型铸件企业生产工艺流程

（1）废气

金属铸造工业的污染物排放与所使用的原料、辅料高度相关。铸造生产中炉料（主要是金属原料、精炼剂、孕育剂、除渣剂等）、型/芯砂（主要是原砂、黏结剂、添加剂、旧砂等）的运输、混砂、造型/制芯、烘烤、熔化、浇注、冷却、落砂、清理等工序都会有废气排放，其污染物排放以颗粒物为主，排放点多且分散，不易收集。

铸造生产的大气污染主要有以下特点：

① 颗粒物是最主要的污染物。颗粒物产生量较大，包括粉尘、烟尘及厂区扬尘等。其成分含有来自型砂的无机非金属颗粒以及来自熔炼和浇注环节高温金属产生的金属颗粒。

② 以 VOCs 为代表的有机气体污染物普遍存在。VOCs 产生量少,主要是由于使用原料、辅料中含有一定量的有机物,在高温或加热条件下产生一些有机废气。此外,有些铸造企业存在涂装工序,会产生大量 VOCs(使用符合国家低 VOCs 含量的原料除外)。

③ 大多数的铸造企业都是间歇式生产,颗粒物和 VOCs 的排放不稳定,其排放浓度差别很大。例如消失模和实型铸造,只有在浇注的十几秒到几分钟的时间内 VOCs 排放浓度较大,其他的时间排放浓度很小。

金属铸造工业废气产排污节点、排放口及污染因子见表 3-69。

表 3-69 金属铸造工业废气产排污节点、排放口及污染因子

产排污节点		排放口类型	污染因子	备注
金属熔炼(化)	冲天炉	主要排放口	颗粒物、二氧化硫、氮氧化物	有组织排放
	燃气炉	主要排放口	铅及其化合物、颗粒物、二氧化硫、氮氧化物	
	感应电炉、其他熔炼(化)设备	主要排放口	铅及其化合物、颗粒物	
制芯	冷芯盒制芯设备	一般排放口	三乙胺、颗粒物	
	其他制芯设备	一般排放口	颗粒物	
造型、清理、砂处理	造型、清理、砂处理设备	一般排放口	颗粒物	
浇注	消失模、实型浇注设备	一般排放口	颗粒物	
	其他工艺浇注设备	一般排放口	非甲烷总烃、颗粒物	
旧砂再生	干法再生设备	一般排放口	颗粒物	
	热法再生设备	一般排放口	颗粒物、二氧化硫、氮氧化物	
涂装	静电喷涂、空气喷涂、其他	一般排放口	苯、非甲烷总烃、总挥发性有机物、苯系物	
热处理	燃气热处理炉	一般排放口	颗粒物、二氧化硫、氮氧化物	
厂界			颗粒物、铅及其化合物	无组织排放
厂区			颗粒物、非甲烷总烃	

(2) 废水

金属铸造工业的生产废水主要在某些铸造工艺的特定工序和使用湿法处理废气的过程中产生。主要包括:

① 高压压铸生产产生的脱模剂废液,消失模铸造工艺发泡、真空水环系统产生的废水,熔模铸造脱蜡产生的废水;

② 铸件清洗、湿法砂再生等产生的清洗废水,以及湿式净化器自身所排放的废水;

③ 采用湿法脱硫技术的企业会产生脱硫废水,冷芯盒制芯使用酸碱中和处理三乙

胺尾气的磷酸盐废水，采用喷淋塔处理废气产生的废水；

④ 循环冷却系统用水等。

其主要污染因子为 pH 值、色度值、色度悬浮物、化学需氧量、五日生化需氧量、氨氮氧量、氨氮、总磷、总氮等。

（3）工业固体废物

主要分为：

① 一般工业固体废物，如各生产单元产生的废包装物、废砂、废渣、除尘灰（不含铅及其化合物除尘灰）、废手套、废磨片、废砂轮、废泡沫等；

② 危险废物，包括生产设备维修保养的废矿物油、废润滑油、废液压油等，表面涂装单元的废有机溶剂、油性漆漆渣、油漆容器等，废气、废水处理设施的含铅除尘灰、废活性炭、废过滤棉、废沸石、含油污泥、表面处理污泥、废催化剂、废紫外灯管等。

（4）噪声

主要分为：

① 各类生产及配套工程噪声源，如添加炉料、中频感应电炉、电弧炉、振动落砂机、砂处理及砂再生系统、压铸机、离心机、抛丸、喷丸、打磨、空调机组、空压机、冷却塔等；

② 污水处理设施的噪声源，如曝气设备、风机、水泵、污泥脱水设备等。

3.19.3　相关标准及技术规范

《排污许可证申请与核发技术规范　金属铸造工业》（HJ 1115—2020）

《排污单位自行监测技术指南　金属铸造工业》（HJ 1251—2022）

《铸造工业大气污染物排放标准》（GB 39726—2020）

3.20　汽车制造业

3.20.1　主要生产工艺

结合汽车制造业的生产工艺特点及产污特点，将汽车制造业的生产组成划分为下料（其他去除成型中的气割）、机械加工（简称"机加"，即切削加工）、锻造、铸造、冲压、焊接、铆接、粉末冶金、粘接、树脂纤维加工（非金属材料成型等）、热处理、预处理（即表面处理，包括机械预处理、化学预处理等）、电镀、转化膜处理、涂装、装配、检测试验（试验与检验）及其他等 16 个生产单元。此外还有通用工业炉窑、公用单元，共计 18 个生产单元。产品分类和主要生产单元见表 3-70，其主要生产工艺流程图及产排污节点如图 3-260 所示。

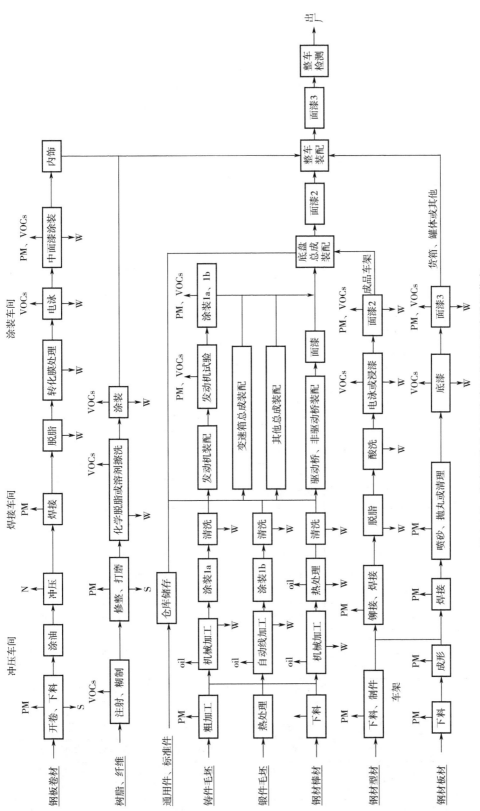

图 3-260　汽车制造业主要生产工艺流程及产排污节点

PM—颗粒物；N—噪声；W—废水；oil—油雾；S—固体废物；VOCs—挥发性有机物
注：工序带编号的，指可以相互替代，只取其一即可。

表 3-70 汽车制造业产品分类和主要生产单元

行业类别		产品类别	主要生产单元
汽车整车 361	汽柴油车整车 3611	汽柴油乘用车	下料、冲压、焊接、预处理、转化膜处理、涂装、装配、检测试验
		客车	下料、机加、冲压、焊接、铆接、粘接、预处理、转化膜处理、树脂纤维加工、涂装、装配、检测试验
		卸货汽车	下料、机加、冲压、焊接、铆接、预处理、转化膜处理、涂装、装配、检测试验
		汽车底盘	
	新能源车整车 3612	新能源车整车	下料、机加、冲压、焊接、铆接、预处理、转化膜处理、涂装、装配（电池组装）、检测试验
汽车用发动机 362		汽柴油发动机	机加、热处理、预处理、装配、检测试验、涂装
		新能源发动机	
改装汽车 363		石油专用工程车辆	下料、机加、热处理、冲压、焊接、预处理、涂装、装配
		智能交通事故现场勘察车	
		改装卸货汽车	下料、机加、焊接、预处理、涂装、装配
		改装运动型多用途乘用车	
		改装自卸汽车	下料、机加、焊接、预处理、涂装、装配、检测试验
		改装牵引汽车	下料、机加、冲压、焊接、铆接、热处理、预处理涂装、装配、检测试验
		改装客车	下料、冲压、焊接、铆接、粘接、树脂纤维加工、涂装、装配、检测试验
		改装厢式汽车	下料、机加、冲压、焊接、热处理、预处理、涂装、装配、检测试验
		改装罐式汽车	下料、机加、焊接、预处理、涂装、装配、检测试验
		改装仓栅式汽车	
		改装特种结构汽车	下料、机加、冲压、焊接、预处理、涂装、装配、检测试验
低速汽车 364		三轮载货汽车	下料、机加、冲压、焊接、预处理、转化膜处理、涂装、装配
电车 365		有轨电车、无轨电车	
汽车车身与挂车 366		汽车车身	冲压、焊接、粘接、树脂纤维加工、预处理、转化膜处理、涂装
		客车车身	下料、冲压、焊接、铆接、树脂纤维加工、预处理、转化膜处理、涂装
		挂车	下料、机加、冲压、焊接、预处理、涂装、装配、检测试验
		特型挂车	下料、机加、冲压、焊接、铆接、预处理、涂装、装配、检测试验
		载客用挂车	下料、机加、冲压、焊接、树脂纤维加工、预处理、涂装、装配

续表

行业类别		产品类别	主要生产单元
零部件及配件	发动机零件362	总成类零件（如油泵）	铸造、锻造、机加、热处理、预处理、电镀、涂装、装配、检测试验
		结构类零件（如飞轮）	铸造、锻造、机加
		热处理类零件（如轴齿）	铸造、锻造、机加、粉末冶金、热处理
		涂装类零件（如缸体）	铸造、机加（初加工）、热处理、预处理、涂装、机加（精加工）
		电镀类零件（如气缸套）	铸造、机加、预处理、电镀
		复合类零件（如轴瓦）	铸造、机加、热处理、预处理、电镀
	挂车零件366		铸造、机加、热处理、预处理、涂装、装配
	汽车零部件及配件367	底盘车架	下料、机加、冲压、铆接、预处理、转化膜处理、涂装
		货箱	下料、机加、冲压、焊接、预处理、涂装
		变速器总成	铸造、下料、机加、锻造、热处理、涂装、装配、检测试验
		车桥总成	铸造、下料、机加、锻造、热处理、冲压、焊接、涂装、装配、检测试验
		机动车车轮总成	铸造、下料、冲压、焊接、机加、预处理、电镀、转化膜处理、涂装、检测试验
		离合器总成	铸造、下料、机加、热处理、预处理、涂装、装配、检测试验
		车用控制装置总成	下料、机加、装配、检测试验
		机动车制动系统	下料、机加、粉末冶金、热处理、预处理、涂装、装配、检测试验
		机动车缓冲器	下料、机加、预处理、转化膜处理、涂装、装配、检测试验
		机动车悬挂减震器	下料、机加、热处理、预处理、电镀、装配
		保险杠（钢材板材）	下料、机加、焊接、预处理、转化膜处理、涂装
		仪表台、顶棚、保险杠	树脂纤维加工、预处理、涂装、装配
		机动车辆散热器	下料、冲压、预处理、电镀、焊接、检测试验、涂装、装配
		消声器及其零件	下料、机加、焊接、涂装、装配
		座椅安全带	下料、树脂纤维加工、装配
		车窗玻璃升降器	下料、机加、涂装、装配
		机动车车窗	下料、冲压、预处理、电镀

汽车制造涉及生产单元分述如下。

① 下料　使用钢板卷材时，需要开卷、校平。板材下料包括涂油脂、剪切、矫直、落料等。型材下料包括锯切、砂轮切割、气割、等离子切割等以及简单的工件制作（也

称备料）等。

其中砂轮切割产生颗粒物；气割、等离子切割产生含尘烟气，主要污染物是颗粒物、氮氧化物。

② 机械加工　指采取车床、铣床、刨床、磨床、镗床、钳床、钻床及加工中心、数控中心等设备进行的去除成型加工。按污染物产生特点可分为干式加工、湿式加工及工件清洗三种形式。

铸铁件初加工一般采用干式加工，加工过程产生颗粒物；铸钢件和钢件的加工、铸铁件的精加工通常采用湿式加工，加工过程产生油雾（废气污染物，属于挥发性有机物）、废切削液（危险废物）或含油废水。此外，工件清洗也产生废水污染物石油类。

③ 锻造　指工件加热后在加压设备及工（模）具的作用下，使坯料、铸锭产生局部或全部的塑性变形，以获得具有一定形状、尺寸和质量的锻件的工艺过程。锻造结束后，工件通常还需要退火热处理（消除应力）和表面清理等。

汽车锻件一般由专业厂生产完成，其锻造生产过程中产生噪声，清理过程会产生颗粒物。

④ 冲压　冲压是靠压力机和模具对板材、带材、管材和型材等施加外力，使之产生塑性变形或分离，从而获得所需形状和尺寸的工件（冲压件）的成型加工方法。冲压生产包括拉延、冲孔、翻边、冲裁、整形等工艺。

模具需要定期清洗，包括采用干冰的干式清洗和采用清洗剂的湿式清洗两种形式，其中湿式清洗产生含油废水。

⑤ 焊接　用于组件焊接、部件焊接和总成焊接，常用的焊接设备有弧焊、钎焊、固相焊接、螺柱焊接、气焊及打磨等。

使用弧焊机焊接或砂轮机等打磨时产生的污染物主要是颗粒物。

⑥ 铆接　主要用于车架生产，不产生废气、废水污染物。

⑦ 粉末冶金　粉末冶金通常用于汽车发动机、变速箱的配套件的生产。指以制取金属或用金属粉末（或金属粉末与非金属粉末的混合物）作为原料，经过成型和烧结，制造金属材料、复合材料以及各种类型制品等。生产过程包括粉末制取、压制成型、烧结和后处理等。后处理有精压、滚压、挤压、淬火、浸油及熔渗等。

其中制粉及粉状物料输送过程的污染物主要是颗粒物；淬火、浸油过程中的污染主要是油雾（烟）。

⑧ 粘接　主要用于复合材料车身部件的制作，也用于装配车间玻璃的安装，产生挥发性有机物。

⑨ 树脂纤维加工　高分子材料树脂成型主要有注射成型、吹塑成型和发泡成型，纤维材料成型主要有糊制成型、拉挤成型、缠绕成型、模压成型、编织成型等，织物成型则通过剪裁缝制成型。

其中高分子材料、复合材料成型产生少量工艺废气，主要污染物是非甲烷总烃。纤维材料成型由于使用树脂和黏合剂，会产生一定的挥发性有机物。

⑩ 热处理　有淬火、回火、正火、退火、渗硫、碳氮共渗、渗氮、渗碳、渗铬及调质等工艺，也分为感应加热淬火、盐浴加热淬火、真空热处理等。

热处理产生的污染物与所用的热处理介质有关。如：淬火油槽工艺废气中的主要污染物是油雾；渗碳工艺废气中的主要污染物是一氧化碳；渗硫或硫氮共渗工艺废气中的主要污染物是二氧化硫；液体渗碳、碳氮共渗工艺废气中的主要污染物是氰化氢及碱金属氰化物。同时热处理过程也产生含油废水。

⑪ 预处理　分为机械预处理和化学预处理。机械预处理有机械抛丸、打磨、喷砂、清理，产生颗粒物；化学预处理工艺形式有溶剂擦洗、酸洗除锈、擦洗除锈和化学脱脂等。

溶剂擦洗的主要污染物均是挥发性有机物，采用稀酸擦洗除锈或酸洗除锈，产生少量的酸洗废气，主要污染物成分与所用辅料成分有关，如硝酸雾（二氧化氮）、硫酸雾等。

化学脱脂采用碱性脱脂剂，液体介质蒸发产生碱性工艺废气，主要污染物涉及少量的碱性物质等。化学脱脂包括预脱脂和脱脂，均产生脱脂废液，工件清洗产生含油废水，污染物是石油类、COD、pH 等。化学预处理后通常对工件表面的 pH 值进行调整，其溶液为钛盐缓冲溶液，需要定期更换且污染因子是 pH 值。

⑫ 转化膜处理　转化膜处理工艺多用于汽车车身、车身零部件及其他钢制零部件的涂装之前，主要目的是改变材料的表面结构形态，为后续工序电泳提供良好的基体。常见的转化膜工艺有磷化、钝化、锆化、硅烷化等。

磷化工序产生磷化废水（液）污染物主要是总锌、总锰、pH、磷酸盐及第一类污染物总镍。磷化后，如还采用含铬钝化时，则其废水（液）中还含有总铬和六价铬。而以锆化、硅烷化工艺代替含镍磷化工艺，处理过程不产生第一类重金属污染物，其废水主要污染物是 pH 及氟化物。

⑬ 涂装　包括底漆、中涂、色漆和面漆（含罩光漆）等涂层施工。

a. 底漆有浸漆、电泳、喷涂等工艺形式，采用喷涂进行底漆作业的列入喷涂范畴。电泳是在电场作用下，使电泳漆附着在阴极工件表面的施工方法。工件及电泳、清洗、烘干，在工件表面形成稳定的电泳漆涂层。

电泳槽定期清洗产生高浓度清洗废水（简称电泳废液），电泳工件清洗产生电泳废水，主要污染物是 COD、SS 等。电泳烘干是涂装车间主要的挥发性有机物产生源之一，电泳烘干废气温度为 150～180℃。

b. 涂密封胶指在底漆与中涂作业之间，需要在焊缝处涂覆密封胶，在车底涂覆防震涂料，对折边涂覆保护胶。密封胶烘干也是涂装生产单元主要的挥发性有机物产生源之一。

c. 溶剂擦洗指对树脂类材质的保险杠、碳纤维车身等不需电泳的工件采用以溶剂擦洗的方式进行脱脂，所用溶剂有汽油、丙酮或其他溶剂，主要污染物是挥发性有机物。

d. 喷涂是指汽车车身及其零部件的喷涂涂层有底涂（不电泳的工件，底漆采用喷涂）、中涂、色漆、面漆、罩光漆或喷粉等多道涂层。

对于乘用车来讲，喷涂前要对车身或零部件进行刮腻子、打磨或活化处理，其工序产生少量的颗粒物。底涂（底漆喷涂）、中涂、色漆、面漆（含罩光漆）等各涂层作业均有准备、喷涂、流平（或闪干）和烘干等工艺环节，主要污染物是挥发性有机物和未附着在工件表面的过喷的涂料（即漆雾）。修补室产生喷涂和烘烤废气，主要污染物是少量的漆雾和甲苯、二甲苯等挥发性有机物。

e. 烘干按工艺形式分为自然晾干、直接热风（以燃料燃烧烟气和空气的混合气体直接进入烘干室）烘干、间接热风（以燃料燃烧烟气通过热交换器对拟进入烘干室内的空气进行加热）烘干、闪干（用于水性中涂、色漆、面漆等）、辐射烘干和强冷工艺等，采用的热源有电、天然气、轻柴油、蒸汽等。其污染物均为挥发性有机物，在采用油性漆时还有甲苯、二甲苯等。

⑭ 装配　装配分为物流分拣配送、组装和总装。其中发动机装配工件清洗产生含油废水，整车装配后需要检查车辆的密闭性进行淋雨试验，淋雨试验定期排放少量含油废水。

⑮ 检测检验　分为产品出厂检测和产品性能检测。其中汽车尾气产生的主要污染物是颗粒物、氮氧化物和烃基化合物等。

发动机产品出厂前也需要进行检测试验，其污染物主要有氮氧化物、挥发性有机物、颗粒物、一氧化碳等。

⑯ 工业窑炉　工业炉窑采用燃料燃烧进行工件直接加热，涂装烘干室采用燃油（气）加热装置为其提供热量。

燃料（天然气、柴油、轻柴油、燃煤）燃烧的污染物主要是颗粒物、二氧化硫和氮氧化物等。

⑰ 公用设施　分为水、热水与蒸汽供应、压缩空气供应、电力供应及工业炉窑、工艺烘干室、污水处理设施、固废暂存设施等。燃用天然气、柴油、轻柴油等的锅炉，其主要污染物是氮氧化物、颗粒物、二氧化硫和烟气黑度。

（1）乘用车生产工艺

乘用车生产过程包括下料、冲压、焊接、粘接、预处理、转化膜处理、涂装、装配和检测试验等工序。下料包括钢板卷材开卷、校平和板材下料；焊接主要采用弧焊、激光焊和打磨等工艺；预处理一般采用化学脱脂工艺；转化膜处理可采用磷化、磷化＋钝化、硅烷处理或锆化处理等工艺，磷化前采用表调剂处理使工件表面活化；涂装包括底漆电泳及烘干，涂胶（焊缝密封胶、车底涂料、阻尼涂料和裙边胶等），中涂、色漆喷涂、流平（溶剂型涂料）/热流平（水性涂料）、清漆喷涂、流平及烘干，车身涂层精饰精整、车身空腔发泡、注保护蜡和漆膜修补等过程；检测试验主要是车身密闭性试验，燃料汽车还包括尾气排放合规性检测。总装车间所需要的电池包由外购电池单体组装而成。汽、柴油等大宗产品加注液体在厂区设储罐贮存，由管道泵送总装车间加注机；小宗产品加注液体采用桶装，直供总装车间加注工位。

（2）汽车底盘生产工艺

汽车底盘即非完整车辆，主要有二类汽车底盘（有驾驶室、无货箱）和三类汽车底盘（无驾驶室、无车身或货厢）。汽车底盘生产过程包括车架生产和底盘装配。车架生产包括下料、冲压、机械加工、焊接、铆接、预处理、转化膜处理、涂装和装配等工序，预处理一般采用化学脱脂工艺，涂装包括底漆电泳及烘干、面漆喷涂及烘干过程。底盘装配包括车架组装，在车架上依次安装发动机、变速箱、车桥、操纵机构、轮胎总成等传动、行驶、转向和制动装置等，整机调试和检测试验等内容。

（3）载货汽车生产工艺

载货汽车由汽车底盘、驾驶室、车厢或货箱等装配而成。轻型载货汽车及中重型载货汽车驾驶室与乘用车生产工艺基本相同，仅涂装生产的喷涂体系有所不同。车厢生产过程包括型材与内、外蒙皮薄板下料、冲压、焊接、粘接、树脂纤维加工、涂装和装配等工序。货箱生产过程包括下料、机械加工、焊接、预处理、涂装和装配等工序。预处理可采用机械预处理或化学预处理，机械预处理有抛丸清理、喷砂清理和砂轮打磨等形式。树脂纤维加工主要采用发泡工艺，用于车身保温、隔热层的施工。涂装包括底漆和面漆喷涂、流平/热流平与烘干等过程。车厢采用成品板材时，涂装主要包括面漆、彩条漆喷涂和烘干过程。

（4）客车和电车生产工艺

客车和电车生产过程包括车架、车身生产和整车装配、检测试验等。车身生产过程包括内、外蒙皮薄板下料、冲压、与车架装配、预处理、转化膜处理和涂装等工序。预处理一般采用化学脱脂工艺。涂装包括底漆电泳或底漆喷涂、烘干，发泡，刮涂腻子，中涂漆、色漆、清漆和彩条漆的喷涂、流平/热流平及烘干等过程。整车装配包括在车身基础上，依次安装发动机、变速箱（或电机、电池）、车桥、座椅和内饰等。

（5）专用汽车与专用挂车生产工艺

专用汽车与专用挂车的生产过程包括车厢、罐体、货箱、仓笼、栅栏、桁架、平板（台）等主要部件、专用作业装置、液压和举升机构等的生产及与汽车底盘或牵引车的装配和调试等。罐体生产过程包括板材下料、焊接、预处理、树脂纤维加工、涂装和装配等工序。仓笼、栅栏、桁架、平板（台）生产过程包括下料、焊接、预处理和涂装等工序。液压机构生产过程包括下料、机械加工、热处理、装配和涂装等工序。预处理采用机械预处理。热处理主要有淬火、退火、回火和正火等工艺形式。树脂纤维加工包括罐体内壁树脂纤维糊制和衬胶等防腐层的施工等。涂装包括底漆喷涂及烘干、面漆喷涂及烘干过程。

（6）汽车用发动机生产工艺

发动机生产过程包括机械加工、热处理、装配、检测试验、预处理和涂装等工序。机械加工生产内容包括将缸体、缸盖、曲轴、凸轮轴和连杆等铸锻件毛坯或半成品零件加工成为成品零件，生产工艺包括干式机械加工、半干式机械加工和湿式机械加工及零件清洗等。热处理主要采用淬火、退火、回火、正火、渗碳、渗氮和碳氮共渗等工艺，淬火热处理采用的介质主要有淬火油、水（水溶液）和热浴（包括盐浴和碱浴）。产品性能检测试验有冷态试验和热态试验等形式。发动机缸体采用黑色金属铸件时需要涂装，预处理采用溶剂擦洗工艺，涂装包括面漆喷涂和烘干过程。

（7）零部件及配件生产工艺

总成类部件主要由壳体件和内部运动部件组装而成，生产过程包括下料、锻造、铸造、冲压、机械加工、焊接、装配、预处理、转化膜处理、涂装和检测试验等工序。铆焊类部件生产过程包括型板带材下料、冲压、机械加工、铆接、焊接、预处理、转化膜处理、涂装和装配等工序。壳芯类部件主要由壳体和芯体组装而成，生产过程包括下料、冲压、焊接、预处理、涂装和装配等工序。预处理采用溶剂擦洗或化学脱脂工艺，涂装包括底漆电泳或喷涂、面漆喷涂、流平和烘干等过程。锻造主要采用胎模锻、模锻和平锻等工艺。

钎焊类部件生产过程主要包括铝（铜）带（板、管）材下料、冲压、焊接、预处理、装配和检测试验等工序。焊接主要采用钎焊工艺，预处理采用化学脱脂工艺，检测试验主要是密封性检测。

树脂类零部件生产过程包括树脂纤维加工、粘接、预处理、涂装和装配等工序。树脂纤维加工包括注射、挤压、发泡、拉挤和糊制等工艺。预处理采用化学脱脂或溶剂擦洗工艺。车身外观零部件涂装包括底漆、色漆和清漆的喷涂、流平/热流平和烘干等过程；内饰件涂装包括面漆喷涂和烘干过程。

粉末冶金类零件生产过程包括下料、冲压、粉末冶金、机械加工和热处理等工序。下料即金属或合金的粉末制取，常用的工艺有机械法和物理化学法。冲压采用模压工艺。热处理主要采用熔渗处理工艺。

其他类零件主要包括机械加工、热处理和电镀类零件。生产过程主要包括下料、锻造、铸造、机械加工、热处理和电镀等工序。

3.20.2　主要污染物及产污环节分析

（1）废气

汽车制造生产过程中废气污染因子包括二氧化硫、氮氧化物、颗粒物、烟气黑度、挥发性有机物、甲苯、二甲苯、氨、氰化氢、氯化氢、硫酸雾共11项。其中挥发性有机物以非甲烷总烃表征，主要产生于汽车制造业涂装生产过程，是汽车制造业排放量最大的污染物；甲苯、二甲苯也产生于汽车制造业涂装生产过程；油雾（烟）为机械加工过程和热处理淬火（采用油类介质）过程的特征污染物；除工业锅炉、工业炉窑常规燃料燃烧产生氮氧化物外，发动机制造排污单位柴油发动机的出厂检测试验过程也产生氮氧化物；氨、氰化氢、氯化氢、硫酸雾则来自热处理、酸洗等生产过程。

（2）废水

废水种类包括生产废水（工艺生产废水、湿法除尘系统排水、废气净化排水、空调系统冷凝水、循环冷却水排污水、化学水制水排污水、锅炉排污水等所有直接生产和间接生产排水）和生活污水。污染物包括总镍、六价铬、总铬、pH、化学需氧量、氨氮、石油类、磷酸盐、悬浮物、五日生化需氧量、氰化物、氟化物、阴离子表面活性剂等。其中转化膜处理（含镍磷化、含铬钝化）过程产生总镍、六价铬、总铬。石油类、阴离子表面活性剂是机械制造行业主要污染物之一。磷酸盐、氟化物是汽车制造业前处理及转化膜工序的特征污染物之一。

汽车制造排污单位废水产排污节点、排放口及污染因子见表3-71。

表 3-71 汽车制造排污单位废水产排污节点、排放口及污染因子

废水类别或废水来源	排放口类型	污染因子
涂装车间转化膜（含镍、铬）处理生产废水	主要排放口	总镍[①]、六价铬[②]、总铬[②]
电镀车间含一类污染物生产废水	主要排放口	总镍、总铅、总镉、总银、六价铬等一类污染物
机加生产单元废切削液、废清洗液	—	石油类
其他生产单元的生产废液	—	pH、悬浮物、化学需氧量
涂装车间转化膜（含镍、铬）处理生产废水处理设施排水	—	硫酸盐（以磷计，以下同）、总锌、总锰
涂装车间其他生产废水	—	pH、化学需氧量、石油类、悬浮物、氟化物[③]、阴离子表面活性剂、五日生化需氧量、磷酸盐
生活污水[④]	—	化学需氧量、五日生化需氧量、悬浮物、氨氮、总磷
涂装废水处理设施排水	—	pH、化学需氧量、石油类、悬浮物、氟化物[③]、阴离子表面活性剂、五日生化需氧量、磷酸盐
其他车间含一类污染物生产废水处理设施排水	—	pH、总铜、总锌等
废切削液处理设施排水	—	化学需氧量、石油类、悬浮物、五日生化需氧量
其他废液预处理设施排水	—	石油类、酸、碱、化学需氧量、悬浮物
其他车间生产废水	—	pH、化学需氧量、石油类、悬浮物、阴离子表面活性剂、五日生化需氧量
公用单元排水	—	pH、化学需氧量、悬浮物
生活污水	一般排放口	化学需氧量、五日生化需氧量、悬浮物、氨氮、总磷
排污单位综合废水处理设施排水	主要排放口	pH、化学需氧量、石油类、悬浮物、氟化物[③]、阴离子表面活性剂、五日生化需氧量、磷酸盐

① 具有转化膜（含镍磷化工艺）处理生产单元的污染物类别。

② 具有转化膜（含铬钝化工艺）处理生产单元的污染物类别。

③ 具有转化膜（锆化、硅烷工艺）处理生产单元的污染物类别。

④ 排污单位的部分生活污水排入涂装生产废水处理设施或全厂生产废水处理设施，目的是提高涂装废水的可生化性。

（3）固体废物

① 下料与冲压工序产生金属废料。干式机械加工产生干金属切屑，湿式机械加工产生湿金属切屑（自然堆存时有切削液渗出）及废切削液，切削液过滤系统产生含切削液的废过滤材料，零件清洗产生湿金属切屑。湿金属切屑脱水产生废切削液和脱水金属切屑（经压榨、压滤、过滤除油达到静置无滴漏的金属切屑）。

② 冲压、机械加工、装配等工序工件擦洗产生含矿物油废物（含油抹布和手套等）。淬油热处理产生废矿物油。珩磨、研磨、打磨过程产生废矿物油、油泥。化学脱脂槽液过滤系统产生废矿物油及含矿物油的废过滤材料。机械设备定期维护保养及维修

产生废溶剂油、废防锈油、废机油、废润滑油、废液压油和含矿物油的擦料等。

③ 弧焊焊接产生废焊丝、焊料，钎焊焊接产生废钎焊材料。焊接、涂装、装配工序粘接、密封等工艺产生废胶黏剂。树脂纤维加工工序使用酸、碱或有机溶剂清洗容器设备产生剥离的树脂状、黏稠杂物，糊制过程产生废树脂。

④ 热处理工序使用氰化物进行金属热处理时，产生淬火池残渣、淬火废水处理污泥，含氰热处理炉维修过程产生废内衬，热处理渗碳炉产生热处理渗碳氰渣，金属热处理工艺盐浴槽（釜）清洗产生含氰残渣和含氰废液，氰化物热处理和退火作业过程产生含氰残渣。

⑤ 转化膜处理工序磷化工艺管道清洗产生废酸。含镍磷化槽液过滤系统产生磷化渣和含镍废过滤材料。锆化、硅烷处理产生少量含氟废渣。

⑥ 涂装工序工件擦洗、输漆管路及喷枪清洗、设备保洁产生废溶剂。调漆与喷涂产生废涂料、废稀释剂。喷漆室保洁作业、喷漆室循环风系统过滤单元、含 VOCs 废气漆雾高效过滤装置等产生含涂料废物。喷漆室漆雾治理系统产生漆渣、废石灰石粉、废过滤材料，VOCs 污染治理系统产生含 VOCs 的废活性炭、废分子筛和废陶瓷蓄热材料。涂装工序采用含汞荧光灯管和其他含汞电光源时产生含汞废物。车身腔体注保护蜡产生废石蜡。

⑦ 装配工序电池组装产生废电路板、废电子插件。装配工序及公用工程产生废电池单体、废电池包及废铅蓄电池。

⑧ 车辆制动器衬片生产过程产生含石棉废物。各工序除尘系统产生除尘灰，袋式除尘系统及各车间的集中空调系统产生废滤料（滤袋、滤筒）。锻造、热处理等工序工件加热炉烟气脱硝、发动机试验及产品研发尾气脱硝等产生废催化剂。燃煤工业炉窑产生煤灰渣。

⑨ 公用工程纯水、软化水制备和废水处理产生废离子交换树脂。含镍废水处理产生含镍污泥，含铬废水处理产生含铬污泥，含氟废水处理产生含氟污泥，含油废水处理产生含油浮渣和污泥。生产废水物化处理产生物化处理污泥、活性炭，综合废水生化处理产生生化处理污泥、深度处理产生废活性炭。废切削液超滤产生废浓缩液（主要成分是矿物油）。漆渣与含涂料废物热解处置产生残渣和飞灰。原料、化学品包装运输产生废包装材料。

（4）噪声

汽车工业生产过程的噪声主要产生于生产设备（如下料、机械加工、冲压、焊接、涂装、装配和检测试验设备等）和辅助生产设备（如输送机械、泵和风机）的运行过程。

3.20.3 相关标准及技术规范

《排污许可证申请与核发技术规范 汽车制造业》（HJ 971—2018）

《汽车工业污染防治可行技术指南》（HJ 1181—2021）

《汽车维修业水污染物排放标准》（GB 26877—2011）

《排污单位自行监测技术指南 涂装》（HJ 1086—2020）

3.21 电气机械和器材制造业

依据《固定污染源排污许可分类管理名录（2019）》所述分类，电气机械和器械制造业的是指从事电机制造，输配电及控制设备制造，电线、电缆、光缆及电工器材制造，家用电力器具制造，非电力家用器具制造，照明器具制造，其他电气机械及器材制造以及电池制造业。本节内容按照《排污许可证申请与核发技术规范 电池工业》（HJ 1031—2019）只对电池工业进行描述。

3.21.1 主要生产工艺

电池包括化学电池和物理电池，其中化学电池又分为一次电池和二次电池，如图 3-261 所示。化学电池主要有锌锰电池、锌空气电池、锌银电池、锂电池、铅蓄电池、镉镍电池、氢镍电池、锂离子电池，而太阳电池属于物理电池。

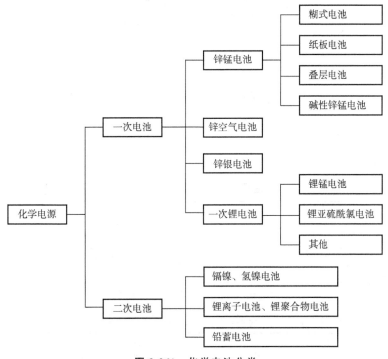

图 3-261 化学电池分类

（1）铅蓄电池

根据铅蓄电池结构与用途区别，铅蓄电池分为五大类：起动用铅蓄电池；动力用铅蓄电池；固定型阀控密封式铅蓄电池；先进铅蓄电池，如卷绕式电池、胶体电池、铅碳电池、起停电池等；其他类，包括小型阀控密封式铅蓄电池，矿灯用铅蓄电池等。

铅蓄电池的正极活性物质是 PbO_2，负极活性物质是海绵状 Pb，电解液是 H_2SO_4 水溶液。在电化学中该体系表示为：

(一)Pb/ H$_2$SO$_4$/ PbO$_2$(+)

生产过程主要分为三大部分：正极和负极极板的制备（包括铅粉、铅膏配制、板栅制造等）、电池组装以及电池的化成或充电活化。在生产中，按极板的化成方式不同，生产工艺流程有所区别。由生极板直接装配成电池，再加入电解液充电化成的工艺叫做"内化成"，内化成工艺省去了极板先化成再用大量水清洗、干燥的工序，可避免产生大量含铅废水和含铅气体；另一种工艺是将生极板先化成为熟极板，再组装成电池，经灌酸活化充电，这种工艺称为"外化成"。铅蓄电池内化成以及外化成工艺流程见图3-262和图3-263。

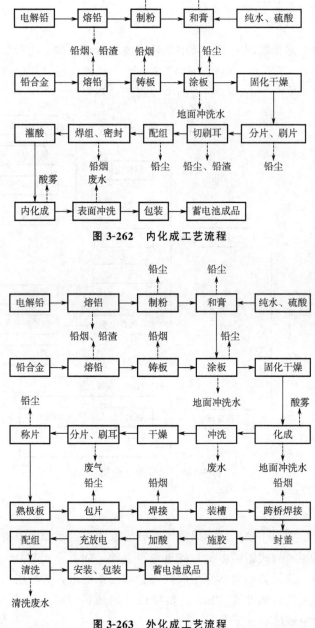

图 3-262　内化成工艺流程

图 3-263　外化成工艺流程

（2）镉镍/氢镍电池

镉镍（Cd-NiOOH）电池的负极活性物质为海绵状金属镉，正极活性物质为羟基氧化镍，电解质溶液为氢氧化钾或氢氧化钠水溶液，属于碱性电池，生产工艺流程如图3-264所示。

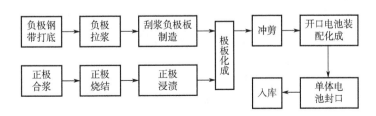

图 3-264　镉镍电池生产工艺流程

氢镍电池与镉镍电池比较，二者的结构相同，只是使用的负极不同，氢镍电池使用储氢合金作为负极材料，生产工艺流程如图 3-265 所示。

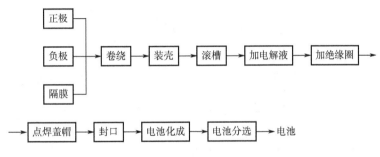

图 3-265　氢镍电池生产工艺流程

（3）锌锰/锌银/锌空气电池

按形状来分，锌锰电池、锌银电池等主要包括圆筒形电池和扣式电池。扣式锌银电池是目前生产数量最大、应用最广泛的锌银电池，其结构如图 3-266 所示。锌锰电池最为常见的是圆筒形，也有纽扣式的结构，如图 3-267 所示。生产工艺与锌银电池基本一致。

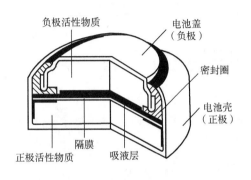

图 3-266　扣式锌银电池

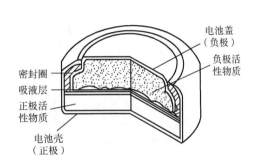

图 3-267　扣式锌锰电池

① 锌锰电池　在锌锰电池系列中，最先问世的就是糊式电池，其隔离层采用了以淀粉和面粉加入电解液所形成的浆糊层，其生产工艺见图 3-268。以糊式电池为基础，用浆层纸代替糊式电池中的浆糊层作为隔离层，所形成的纸板电池使得电池的性能大为提高，其生产工艺如图 3-269 所示。

碱性锌锰电池是在中性锌锰电池的基础上发展起来的，其生产工艺见图 3-270。它是以多孔锌电极为负极，二氧化锰为正极、电解液为 KOH 的水溶液的碱性电池。由于它性能优异于糊式电池以及纸板电池，因此将其替代。

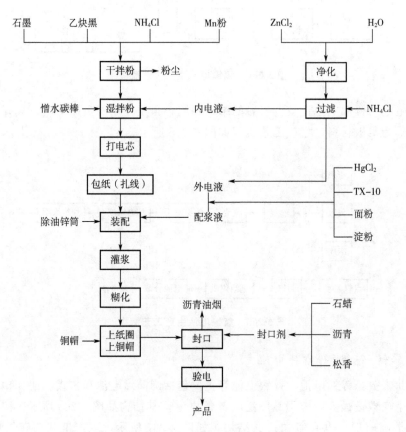

图 3-268　糊式锌锰电池生产工艺

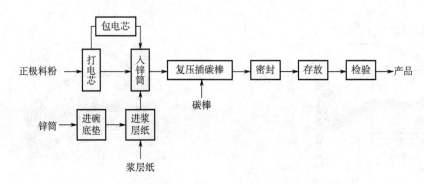

图 3-269　纸板锌锰电池生产工艺

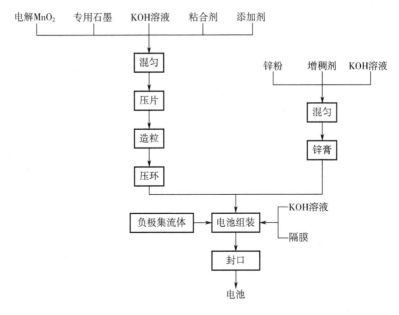

图 3-270　碱性锌锰电池生产工艺

② 锌银电池　锌银电池是一种高能电池，它质量轻、体积小，是人造卫星、宇宙火箭、空间电视转播站等的电源。其中锌负极制备方法包括压成式、涂膏式以及电沉积式，银电极制造包括烧结式和压成式。其生产工艺见表 3-72。

表 3-72　锌银电池生产工艺

电极	制备方式	工艺说明
锌负极制造	压成式	将 ZnO 粉、Zn 粉、添加剂按比例混合均匀，再加入适量黏结剂，调成膏状，涂于银网骨架上，模压成型
	涂膏式	将电解锌粉与质量分数为 1%～2% 的 HgO 及质量分数为 1% 的聚乙烯醇粉混合均匀，在磨具内放入耐碱绵纸及导电网，然后将一定量混合锌粉放入磨具，在 40～50MPa 下压制成型
	电沉积式	在电解槽中，将锌沉积到金属骨架上，然后将得到的极板干燥、滚压，达到所要求的厚度和密度
银电极制造	烧结式	将 AgNO₃ 溶液滴入 KOH 溶液，形成 Ag₂O 沉淀，经过滤、洗涤、烘干、研磨后过 40 目筛。在高温炉中加热，还原为 Ag。在高温炉中煅烧，冷却后，可用于装配电池
	压成式	用 AgO 粉末和黏结剂按比例混合均匀，干燥后，过 40 目筛。称取一定量的混合粉，放入磨具中，以银网为骨架，在 30～40MPa 压力下直接压制成型

③ 锌空气电池　锌空气电池是用活性炭吸附空气中的氧或纯氧作为正极活性物质，以锌为负极，以氯化铵或苛性碱溶液为电解质的一种原电池。结构与锌锰圆筒形电池类

同，也采用氯化铵与氯化锌为电解质，只是在炭包中以活性炭代替了二氧化锰，并在盖上或周围留有通气孔，在使用时打开。

（4）锂电池/锂离子电池

锂离子电池为全球公认的"绿色环保"电池产品，在密闭条件下生产，其产生的废水、废气量小。主要生产单元为极片制造、电解液制备、电池装配、后处理、老化、检测、包装等，生产工艺流程如图 3-271 所示。

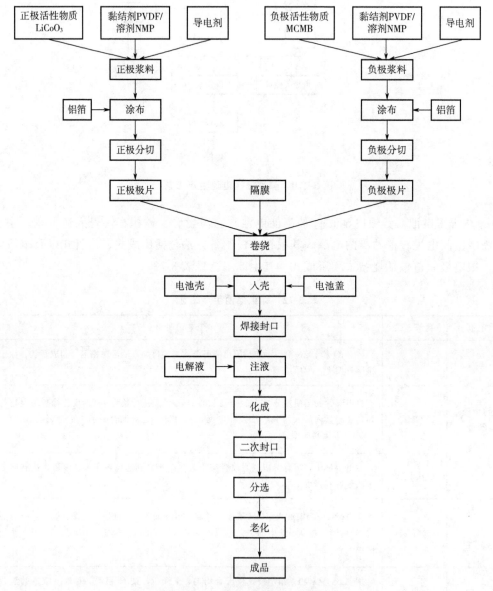

图 3-271　锂离子电池生产工艺流程

（5）太阳电池

太阳电池分为晶硅太阳电池和薄膜太阳电池。

① 晶硅太阳电池　目前，我国晶体硅电池占光伏市场份额约 85％。相对较新的技术，薄膜光伏效率较低，但价格便宜。

晶硅太阳电池分为单晶硅太阳电池和多晶硅太阳电池。晶硅太阳电池主要生产单元包括硅片切割清洗、制绒、磷扩散、硼扩散、刻蚀、镀膜、印刷、烧结等。其生产工艺流程及产排污节点如图 3-272 和图 3-273 所示。

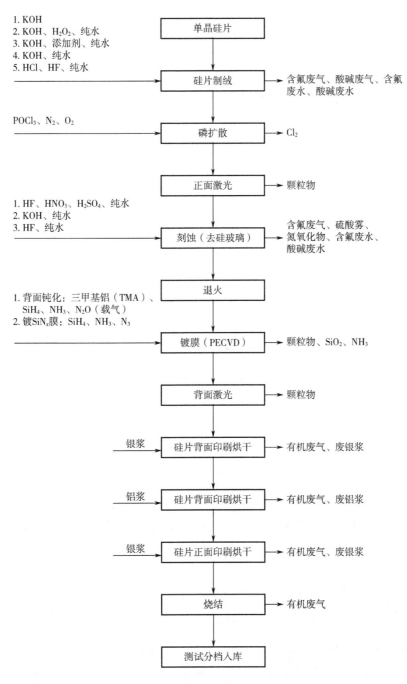

图 3-272　单晶硅太阳电池生产工艺流程及产排污节点

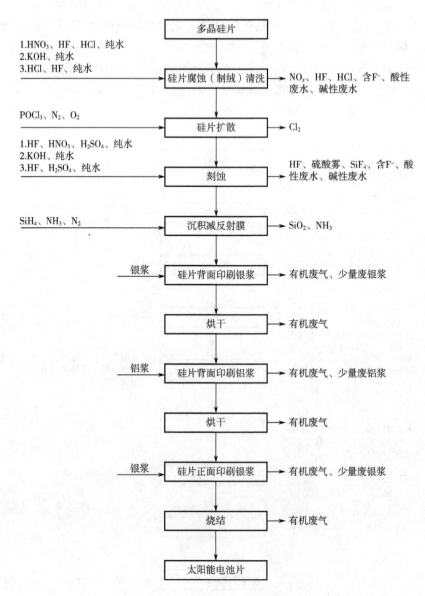

图 3-273　多晶硅太阳电池生产工艺流程及产排污节点

② 薄膜太阳电池　根据所用半导体的类型，薄膜太阳电池主要有硅基太阳电池、碲化镉太阳电池、铜铟镓硒太阳电池、砷化镓太阳电池。其生产工艺流程及产排污节点如图 3-274 和图 3-275 所示。

3.21.2　主要污染物及产污环节分析

（1）废气

① 铅蓄电池　铅蓄电池生产工艺过程废气排放的铅约占总排铅量的 90％，铅尘、铅烟的主要产生节点为熔铅造粒工序、铅粉制造工序、和膏工序、极板铸造工序、分片刷片工序、包片称片工序、焊接工序，其废气产排污点、排放口及污染因子见表 3-73。

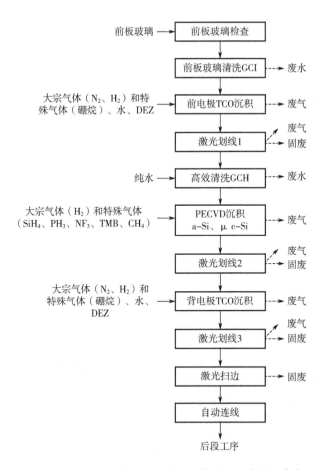

图 3-274　薄膜太阳电池前段生产工艺流程及产排污节点

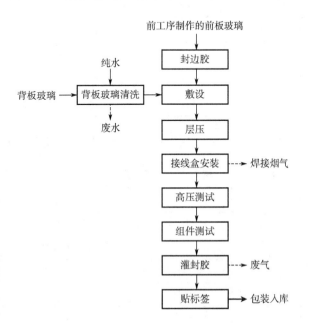

图 3-275　薄膜太阳电池后段生产工艺流程及产排污节点

表 3-73　铅蓄电池生产废气产排污节点、排放口及污染因子

产排污节点	排放口类型	污染因子	备注
卸料、运输	—	颗粒物	无组织排放
熔炼炉	主要排放口	铅及其化合物	有组织排放
球磨机制粉	主要排放口		
和膏机	主要排放口		
板栅铸造（熔铅锅、浇铸机）	主要排放口		
灌粉（管式电极）	主要排放口		
外化成充放电机	一般排放口	硫酸雾	
分片、刷片	主要排放口	铅及其化合物	
称片	主要排放口		
包片	主要排放口		
焊接	主要排放口		

② 镉镍/氢镍电池　镉电极材料的配制、搅拌，镉电极的拉浆、烘干、剪裁以及卷绕等工序，都会伴随镉粉的溅落、洒落、掉落，其主要产生环节为负极拉浆工序、极板成型工序，其废气产排污节点、排放口及污染因子见表 3-74。

表 3-74　镉镍/氢镍电池生产废气产排污节点、排放口及污染因子

产排污节点	排放口类型	污染因子	备注
卸料、运输	一般排放口	颗粒物	无组织排放
合浆、拉浆	一般排放口	镍及其化合物、镉及其化合物	有组织排放
合粉、包粉	一般排放口	颗粒物	
极片成型	一般排放口	镍及其化合物、镉及其化合物	
装配	一般排放口	颗粒物	

③ 锌锰/锌银/锌空气电池　其废气产排污节点、排放口及污染因子见表 3-75。

表 3-75　锌锰/锌银/锌空气电池生产废气产排污节点、排放口及污染因子

产排污节点		排放口类型	污染因子	备注
糊式锌锰电池	正极拌粉	一般排放口	颗粒物	有组织/无组织排放
	糊化	—	汞及其化合物	无组织排放
	封口	一般排放口	沥青烟	有组织排放
纸板锌锰电池	正极拌粉	一般排放口	颗粒物	有组织/无组织排放
	浆层纸切纸	—	汞及其化合物	无组织排放
	封口	一般排放口	挥发性有机物特征污染因子	有组织排放

续表

产排污节点		排放口类型	污染因子	备注
碱性锌锰电池	正极拌粉	一般排放口	颗粒物	有组织/无组织排放
	负极锌膏配置	一般排放口	颗粒物或汞及其化合物	
	封口	一般排放口	挥发性有机物特征污染因子	有组织排放
锌银电池	正极拌粉	一般排放口	颗粒物	有组织/无组织排放
	负极锌粉配置	一般排放口	汞及其化合物	
	封口	一般排放口	挥发性有机物特征污染因子	有组织排放
锌空气电池	负极锌粉配置	一般排放口	汞及其化合物	有组织/无组织排放
	封口	一般排放口	挥发性有机物特征污染因子	有组织排放

④ 锂离子电池　锂离子电池生产过程中，正负极活性材料在称重、烘干、投加等工序转移过程中会产生少量粉尘。正极片制备烘干工序由于利用电热循环热风烘干正极片使 NMP（甲基吡咯烷酮）溶剂完全挥发，会有 NMP 溶剂废气产生。抽气封口工序主要产生电解液有机废气。其废气产排污节点、排放口及污染因子见表 3-76。

表 3-76　锂离子电池生产废气产排污节点、排放口及污染因子

产排污节点		排放口类型	污染因子	备注
锂锰电池	二氧化锰配粉制粒	一般排放口	颗粒物	无组织排放
	封口	一般排放口	非甲烷总烃	无组织排放
	注液	一般排放口		有组织排放
	电池抹防锈油	—		无组织排放
锂亚硫酰氯电池	注液	一般排放口	氯化氢、硫酸雾	有组织排放
锂离子电池	原料系统	—	颗粒物	无组织排放
	涂布、烘烤	一般排放口	非甲烷总烃	有组织排放
	注液	一般排放口		

⑤ 太阳电池　其废气产排污节点、排放口及污染因子见表 3-77。

表 3-77　太阳电池生产废气产排污节点、排放口及污染因子

产排污节点		排放口类型	污染因子	备注
多晶硅太阳电池片生产线	制绒	一般排放口	氟化物、氯化氢、氮氧化物	有组织排放
	磷扩散		氯气	
	湿法刻蚀		氟化物、氮氧化物	
	沉积		氨气、颗粒物	

续表

产排污节点		排放口类型	污染因子	备注
单晶硅太阳电池片生产线	制绒	一般排放口	氟化物、氯化氢	有组织排放
	磷扩散		氯气	
	湿法刻蚀		氟化物、氯化氢	
	硼扩散		颗粒物	
	边缘绝缘和化学清洗		氟化物	
	沉积		氨气、颗粒物	
薄膜太阳电池	镀膜（沉积）	一般排放口	氟化氢、磷化氢、硼化氢、硅烷、氨气、其他	有组织排放
	刻划	一般排放口	颗粒物	有组织/无组织排放
	制绒	—	氟化物、氯化氢、氮氧化物	有组织排放
	汇流条制作	一般排放口	颗粒物	有组织/无组织排放
	焊接引线		颗粒物	
	接线盒安装		颗粒物	

（2）废水

① 铅蓄电池　含铅废水产生环节主要为和膏工序废水、电池清洗废水及生产车间地面清洗废水等。

② 镉镍/氢镍电池　含镉废水产生环节为负极拉浆、正极极板浸渍、极板化成及车间地面冲洗环节。

③ 锌锰/锌银/锌空气电池　锌锰电池生产废水主要包括电解液制备生产废水、生产设备清洗废水、电池清洗废水、车间地面清洗废水。

④ 锂离子电池　其废水主要来源包括设备清洗废水、电池清洗废水、车间地面清洗废水等。

⑤ 太阳电池　从生产工艺流程看，晶硅太阳电池生产过程中废水主要来源于制绒工序、刻蚀工序等；薄膜太阳电池生产废水主要包括工艺清洗废水、含氟废水、抛磨废水、沉积废水、刻蚀废水、酸碱废水、地面清洗废水等。

电池工业排污单位废水产排污点节、排放口及污染因子见表 3-78。

表 3-78　电池工业排污单位废水产排污节点、排放口及污染因子

废水类别		排放口类型	污染因子
车间生产废水	铅蓄电池	主要排放口	总铅
	锌锰电池	一般排放口	总汞
	锌银电池	一般排放口	总银、总汞
	锌空气电池	一般排放口	总汞

续表

废水类别		排放口类型	污染因子
车间生产废水	镉镍电池	主要排放口	总镉、总镍
	氢镍电池	一般排放口	总镍
	锂离子电池	一般排放口	总钴
	晶硅太阳电池	—	氟化物、化学需氧量
	薄膜太阳电池	一般排放口	氟化物、总镉、砷化物、氨水
初期雨水		—	总铅①、pH、悬浮物
车间或车间污水处理设施出水		—	总锌、总锰
厂内生产废水处理设施出水		—	总锌、总锰、总铜、氟化物②③、氨③
生活污水		—	pH、悬浮物、化学需氧量、氨氮、总氮、总磷、五日生化需氧量②
厂内综合污水处理设施出水		一般排放口	pH、悬浮物、化学需氧量、氨氮、总氮、总磷、总铅、总锌、总钴、总镍、总银、总锰、总铜、氟化物②③、砷化物③
		主要排放口④	

① 铅蓄电池排污单位初期雨水污染物含总铅。
② 晶硅太阳电池排污单位主要污染物。
③ 薄膜太阳电池排污单位主要污染物。
④ 铅蓄电池排污单位排放口要求。

（3）固体废物

产生的一般固体废物有废硅片、NMP回收液、不含重金属的废零部件、边角料和废包材、有机废水污泥、废树脂等。

危险废物有：

① 含重金属的废极板、零部件、边角料或不合格电池；

② 废铅粉、铅膏、铅渣、废锌浆、含汞废锌膏、镉渣、镍渣；

③ 废化学品；

④ 废矿物油；

⑤ 废含重金属劳动保护用品；

⑥ 废密封胶、废有机溶剂、废酸碱液、废沉积液、废催化剂；

⑦ 沾染化学品的包装材料等；

⑧ 含重金属废滤料、废滤筒、废布袋、废活性炭等；

⑨ 废气处理收尘等；

⑩ 含重金属废水处理污泥、废树脂等。

（4）噪声

电池工业排污单位的噪声源主要有两类。

① 各类生产机械 包括球磨机、熔铅炉、和膏机、灌粉机、分片机、刷片机、称片机、包片机、充放电机、铸焊机、拌粉机、封口机、合粉机、包粉机、合浆锅、分条

机、裁片机、卷绕机、造粒机、注液机、涂布机、烘烤箱、制绒机、扩散机、刻蚀机、沉积机、刻划机、清洗机等。

② 各类辅助系统设施 包括空气压缩机、变电站、纯水等制备设备、水循环泵、冷却塔等；废水处理产生的噪声有废水处理的风机、水泵、曝气设备，污泥脱水设备等。

3.21.3 相关标准及技术规范

《排污许可证申请与核发技术规范 电池工业》（HJ 967—2018）
《排污单位自行监测技术指南 电池工业》（HJ 1204—2021）
《电池工业污染物排放标准》（GB 30484—2013）

3.22 计算机、通信和其他电子设备制造业

依据《固定污染源排污许可分类管理名录（2019）》所述分类，计算机、通信和其他电子设备制造业是指计算机制造、电子器件制造、电子元件及电子专用材料制造、其他电子设备制造、通信设备制造、广播电视设备制造、雷达及配套设备制造、非专业视听设备制造、智能消费设备制造。本节内容按照《排污许可证申请与核发技术规范 电子工业》（HJ 1031—2019）对电子工业进行描述。

3.22.1 主要生产工艺

电子工业涉及产品类别众多，产业链结构大体上可分为上游、中游、下游三个层次，下游为电子终端整机产品（电子设备），包括计算机及其他电子设备等；中游是成百上千种的电子元器件，包括半导体器件、光电子器件、显示器件、电子电路等，它们经过组合装配便形成了各种电子终端产品；上游是电子工业生产所专用的材料，电子专用材料。

（1）计算机制造及其他电子设备

计算机及其他电子设备制造属于电子工业行业下游终端产业。主要生产工艺以组装为主，较为简单。

（2）电子器件

电子器件主要包括电子真空器件、半导体分立器件、集成电路、半导体照明器件、光电子器件、显示器件等。

① 电子真空器件 电子真空器件指借助电子在真空或者气体中与电磁场发生相互作用，将一种形式电磁能量转换为另一种形式电磁能量的器件。此类器件产品种类众多，包括高频电子管、微波电子管、X 射线管、真空开关管、显像管（阴极射线

管）等。

真空电子器件的制造工艺随器件的种类不同而有所区别，但就其共同的特点而言，大体上包括零件处理、部件制造与测试、总装、排气等工艺。有些器件，如摄像管和显像管，还采用某些特殊的制造工艺，如充气工艺、镀膜工艺、离子蚀刻和荧光屏涂敷工艺等。

a. 零件处理　在装配、制造器件前首先对零件进行处理，目的在于使零件本身清洁、含气量少，并消除内应力。主要处理工艺有清洗、退货、表面涂覆。

b. 制造与测试　为保证器件各电极能按设计要求，准确、可靠地装配起来，预先制成几个部件和组件。对部分组件须进行电气参数的测试（亦称冷测），构成管壳的组件则须经过气密性检验，合格后才能总装。主要制造工艺有装架、封接、焊接和测试等。

c. 总装　经检验合格的部件用高频集中焊、钎焊或氩弧焊等方法装配成整管后即可进行排气。

d. 排气　将总装好的器件内部气体抽出，使压强达到 $10^5\,Pa$ 以下的过程称排气。

e. 老炼　对排气后的器件进行电气处理以获得稳定的电气性能的工艺称为老炼。

f. 测试　器件经老炼后需要测试性能，主要参数应达到预定的指标。这种测试亦称"热测"。为使用可靠，还须抽样进行动态特性试验、寿命试验、耐冲击试验、耐震试验及冷热循环等例行试验。

g. 充气工艺　有些器件，如稳压管、闸流管和离子显示器件等，内部须充有一定的特种气体（如氢、氦、氖、氩等）。

h. 镀膜工艺　在现代真空电子器件制造过程中，镀膜工艺应用很广。镀膜工艺包括真空蒸发、溅射、离子涂敷及化学气相沉积等。在制作摄像管、光电倍增管时，各类透明导电膜、光电阴极和光导靶面材料采用真空蒸涂的方法制成。显像管荧光膜内表面常蒸铝膜以防止荧光膜灼伤，也可提高管子的亮度和对比度。现代镀膜工艺也被用来改变某些材料的表面状态，制作阴极以及使陶瓷或其他介质表面低温金属化和实现高频低损耗的封接等。

i. 离子刻蚀　这是用离子能量将固体原子或分子从表面层上逐渐剥离的一种新型微细加工方法。使用掩膜可以制出精密图形。这种工艺可用于器件零部件的表面薄层剥离、有机膜的去除以及对摄像管晶体靶面进行清洁处理或制作靶面的精细网格等。

j. 荧光屏涂敷　显像管和示波管屏面内表面须涂敷一层均匀的荧光物质。涂屏方法主要有沉淀法、粉浆法和干法。

② 半导体分立器件、集成电路、半导体照明器件、光电子器件　半导体分立器件指单个的半导体晶体管构成的一个电子器件的制造，产品主要包括二极管和三极管；半导体集成电路是将晶体管、二极管等有源元件和电阻器、电容器等无源元件，按照一定的电路互联，"集成"在一块半导体单晶片上，从而完成特定的电路或者系统功能。

两种产品主要工艺相似，以更复杂的集成电路为例进行分析。其生产工艺主要包括光掩膜设计、硅片制造、芯片制备、芯片封装、芯片测试五大部分。污染物的产生主要集中在芯片制造和芯片封装过程中。

光电子器件是利用半导体光-电子（或电-光子）转换效应制成的各种功能器件，包括：半导体照明器件；半导体光电器件中的光电转换器、光电探测器等；激光器件中的气体激光器件、半导体激光器件、固体激光器件、静电感应器件等；光通信电路及其他器件等。

大部分光电子器件的生产工艺并不复杂，大致可划分为机械加工、光学加工、装配检测等，不涉及酸洗、喷涂等工序。

③ 显示器件　显示器件是基于电子手段呈现信息供视觉感受的器件。包括薄膜晶体管液晶显示器件（TN/STN-LCD、TFT-LCD）、低温多晶硅薄膜晶体管液晶显示器件（LTPS-TFT-LCD）、有机发光二极管显示器件（OLED）、真空荧光显示器件（VFD）、场发射显示器件（FED）、等离子显示器件（PDP）、曲面显示器件以及柔性显示器件等。主要生产工艺有阵列工艺、OLED工艺、模组工艺等。

（3）电子元件

电子元件是指电子电路中可对电压和电流进行控制、变换和传输等具有独立功能的单元。包括电阻器、电容器、电子变压器、电感器、压电晶体元器件、电子敏感元器件与传感器、电接插元件、控制继电器、微特电机与组件、电声器件等产品。

① 电阻电容电感元件、敏感元件及传感器、电声器件

a. 开料、修编、机砂　对原材料进行剪切、矫直、修正等。

b. 焊接　对引脚、引线进行焊接固定。

c. 表面涂覆　在基片表面盖上一层材料，如用浸渍、喷涂或旋涂等方法在基片表面覆盖一层膜。

d. 印刷　将按一定比例调制成的浆料涂覆在陶硅基体上，主要用于玻璃釉电阻制造。

e. 烘干烧结：在不完全熔化的条件下烧结成块的过程。

f. 清洗　通过有机溶剂的溶解作用去除材料表面的有机杂质。

g. 光刻　包含显影以及刻蚀，显影是指用碳酸钠将未曝光的蚀刻掩模去除，暴露需蚀刻的铜表面；刻蚀指用碱性或酸性蚀刻剂（氨铜或氯化铜）将暴露的铜表面去除。

h. 研磨　用于去除元件损伤层，改善元件表面微粗糙程度。

i. 点胶　使零部件黏结固定。

j. 成型　将热塑性塑料或热固性料制成各种形状。

② 电子电路　电子电路是指在绝缘基材上，按预定设计形成印制元件、印制线路或两者结合的导电图形的印制电路或印制线路成品板。包括刚性板与挠性板，单面印制电路板、双面印制电路板、多层印制电路板，以及刚挠结合印制电路板和高密度互连印制电路板等。其典型生产工艺流程及产排污节点如图3-276所示。

（4）电子专用材料

电子专用材料是指具有特定要求且只用于电子产品的材料。根据其作用与用途，可分为电子功能材料、互联与封装材料以及工艺与辅助材料。电子功能材料生产工艺主要

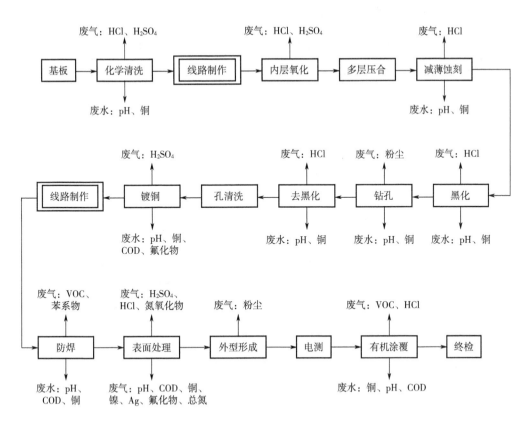

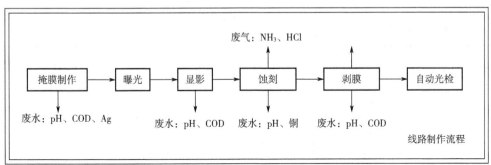

图 3-276 电子电路制造典型生产工艺流程及产排污节点

有刻蚀、电蚀、抛光、清洗工艺；互联与封装材料生产工艺主要有合成与配置、上胶、烘干、溶铜、清洗以及去离子工艺；工艺与辅助材料主要生产工艺有配料、熔化、粉碎以及研磨。

3.22.2 主要污染物及产污环节分析

（1）废气

电子工业各排污单位废气产污来源及其主要污染物种类分别详见表 3-79～表 3-82。

① 计算机制造及其他电子设备

表 3-79　计算机及其他电子设备制造产污环节分析

生产单元	典型工艺流程	产污节点	污染物
SMT 生产线	PCB、焊膏、红胶→印刷→器件贴片→回流焊→检验	回流焊炉波峰、焊炉手工焊	锡和锡化合物、铅和铅化合物
THT 生产线	器件成型→插装→波峰焊→超声波清洗→检测		
PCBA 混装生产线	PCB→SMT→THT→检修→在线测试→功能测试→老化→机架装配		
电路板三防喷漆生产线	PCBA→酒精清洗→预烘→保护→驱潮→喷涂清漆→固化→检验	超声波清洗机、涂覆机、固化炉	VOCs（乙醇、异丙醇、丙酮等）
机箱/机壳喷漆生产线	保护隔离→喷底漆→烘干→打磨→烘干→喷面漆→烘干→成品	焊接、脱脂、磷化、喷漆室、烘干室	VOCs（二甲苯、甲苯、苯、酯类、酮类、醇类等）
机箱喷塑生产线	装挂上线→静电喷粉→高温固化→冷却→下线→成品	喷粉室、固化室	含热废气
注塑生产线	注塑	注塑机	VOCs（二甲苯、甲苯等）
化学镀生产线	机械粗化→化学除油→水洗→化学粗化→水洗→敏化→水洗→活化→水洗→解胶→水洗→化学镀→水洗→干燥→镀层后处理	化学除油、水洗、敏化、活化、解胶、化学镀	甲醛、甲醇、氯化氢、铬酸雾、硫酸雾、氨等

② 电子器件

表 3-80　电子器件生产单位产排污节点及污染因子

产排污节点			污染因子	备注
电子真空器	有机溶剂清洗、有机涂覆		挥发性有机物	有组织排放
	电镀		硫酸雾、氰化氢等	
半导体分立器件、集成电路、半导体照明器件、光电子器件	有机溶剂清洗、光刻、塑封＋烘烤		挥发性有机物	
	硝酸清洗、湿法刻蚀、化学气相沉积		氮氧化物	
	酸洗、碱洗、化学气相沉积、干法刻蚀、引脚电镀		氟化物、氯化氢、氨、硫酸雾、氰化氢等	
显示器件	阵列、彩膜、成盒、模组、蒸镀	有机溶剂清洗、光刻、玻璃、掩膜版清洗	挥发性有机物	
		硝酸清洗、湿法刻蚀、化学气相沉积	氮氧化物	
	阵列	化学气相沉积、湿法刻蚀	氟化物、氯化氢、氨、硫酸雾等	

③ 电子元件

表 3-81 电子元件生产单位产排污节点及污染因子

	产排污节点	污染因子	备注
电阻电容电感元件、敏感元件及传感器、电声器件	开料、修边	颗粒物	有/无组织排放
	电镀	氯化氢、氨等	有组织排放
	混合、成型、印刷、有机溶剂清洗、烘干/烧成、表面涂覆、点胶	挥发性有机物、甲苯	
电子电路	开料、钻孔、成型	颗粒物	有/无组织排放
	镀铜/镀锡、退锡、沉铜、刻蚀	氮氧化物、氯化氢、氨、硫酸雾、甲醛、氰化氢等	有组织排放
	有机溶剂清洗、涂胶、防焊印刷、有机涂覆	挥发性有机物、苯	

④ 电子专用材料

表 3-82 电子专用材料生产单位产排污节点及污染因子

产排污节点	污染因子	备注
刻蚀、铝箔腐蚀	氮氧化物、氟化物、氯化氢、硫酸雾等	有组织排放
树脂合成与胶液配置、上胶、烘干、有机涂覆	挥发性有机物	
酸液清洗	氮氧化物、硫酸雾等	
投料、混合、粉碎	颗粒物	有/无组织排放
研磨	挥发性有机物	

（2）废水

电子工业排污单位排放的废水种类包括含氰废水、金属废水、含氨废水、含氟废水、含磷废水、酸碱废水、有机废水、含铜废水、生活污水等，其废水类别及污染因子见表 3-83。

表 3-83 电子工业排污单位废水类别及污染因子

废水类别		污染因子
含重金属生产废水		六价铬、总铬、总镉、总镍、总银、总铅
其他生产废水	含氰废水	总氰化物
	含铜废水	总铜
	含锌废水	总锌

续表

废水类别		污染因子
其他生产废水	络合铜废水	络合铜、硝态氮、化学需氧量
	铜氨废水	总铜、氨氮
	含氨废水	氨氮、氟化物
	含氟废水	氟化物
	有机废水	化学需氧量、氨氮
	含磷废水	总磷
生活污水		化学需氧量、氨氮等

（3）固体废物

电子工业排污单位固体废物产排污节点及名称见表 3-84。

表 3-84　电子工业排污单位固体废物产排污节点及名称

生产单元	产排污节点	废物名称	主要成分
计算机及其他电子设备制造	通孔插装PCB混装生产线	废弃电子元器件	废弃电子元器件
		废线路板	废线路板
	喷涂	废涂料、废溶液、油性漆漆渣	废涂料、废溶液、油性漆漆渣等
电子器件制造	湿法刻蚀	氢氟酸废液	废氢氟酸
		废刻蚀液	刻蚀液
	光刻（涂布、曝光）	废有机溶剂	异丙醇、丙酮、废光刻胶及稀释剂、废显影液
	显影	废显影液	显影液
	铜制程	废硫酸铜溶液	硫酸铜
	剥离	废剥离液	剥离液
	废水处理设施	含氟污泥	氟化钙、磷酸钙
		含磷污泥	磷酸钙
		彩膜污泥	无机物
		有机污泥	有机物
		含铜污泥	铜
		废离子交换树脂	镍、锡、其他金属
	废气处理设施	废吸附剂	砷、磷、硼
		废活性炭	废活性炭

续表

生产单元	产排污节点	废物名称	主要成分
电子元件	裁剪、切边、钻孔、成型	边角料	含铜和树脂粉末
	湿法刻蚀	氢氟酸废液	废氢氟酸
		废刻蚀液	刻蚀液
	阻焊	废油墨	油墨
	干膜防焊	废底片	报废底片
	层压	棕（黑）化废液	铜硫酸、硫酸、缓蚀剂
	电镀	电镀废液	电镀废液
	字符	废菲林	菲林渣
	热风整平	锡渣	含废锡合金
电子元件	裁剪、切边、钻孔、成型	边角料	含铜和树脂粉末
	检测、包装	废线路板	树脂、铜、镍、金、银、锡等
		其他废电子元件产品	其他废电子元件产品
	污水处理	污泥	含铜、镍、铬等
	废气处理	废活性炭	活性炭、有机物等

3.22.3　相关标准及技术规范

《排污许可证申请与核发技术规范　电子工业》（HJ 1031—2019）
《电子工业水污染物排放标准》（GB 39731—2020）

3.23　废弃资源综合利用业

依据《固定污染源排污许可分类管理名录（2019）》所述分类，废气资源综合利用业是指金属废料和碎屑加工处理和非金属废料和碎屑加工处理。本节内容按照《排污许可证申请与核发技术规范　废弃资源加工工业》（HJ 1034—2019）对废弃资源加工工业进行描述。

3.23.1　主要生产工艺

（1）废弃电器电子产品加工生产工艺

废弃电器电子产品加工主要以人工拆解为主，并通过破碎分选等方式回收金属、塑料等可再生废料。工艺流程如图 3-277～图 3-283 所示。

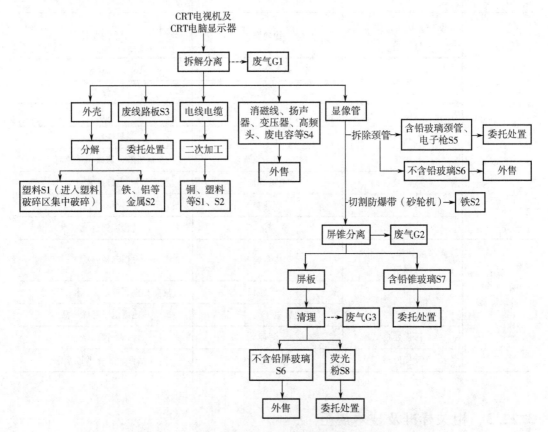

图 3-277　CRT 电视机及 CRT 电脑显示器拆解工艺流程

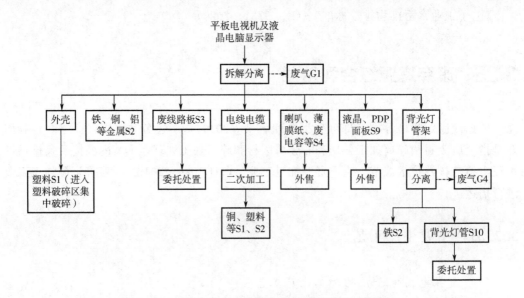

图 3-278　平板电视机及液晶电脑显示器拆解工艺流程

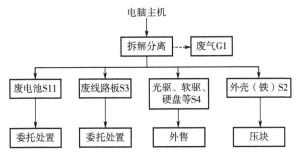

图 3-279 电脑主机拆解工艺流程

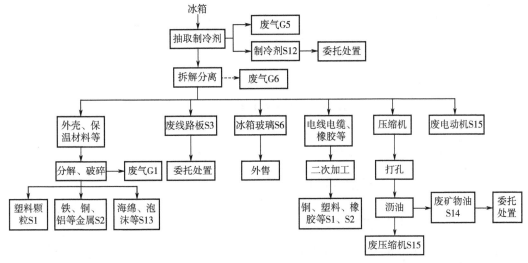

图 3-280 冰箱拆解工艺流程

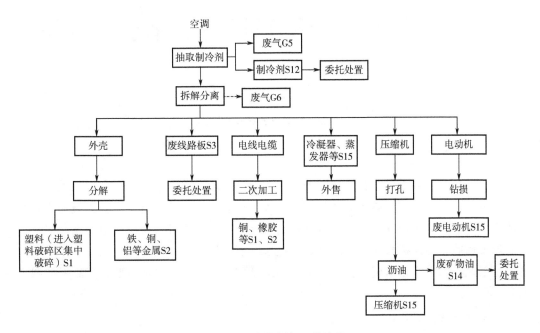

图 3-281 空调拆解工艺流程

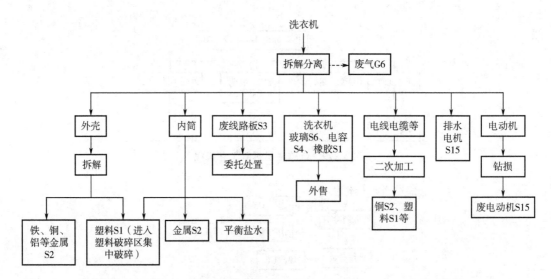

图 3-282　洗衣机拆解工艺流程

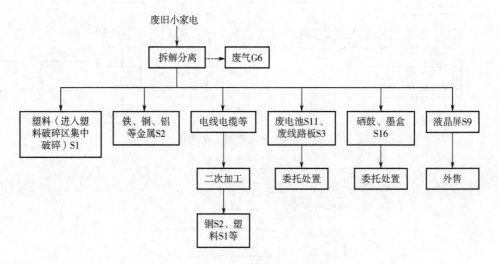

图 3-283　小家电等拆解工艺流程

（2）废电池加工

废电池加工主要工序包括废电池预处理、浸出、除杂质、萃取等，其中预处理工序包括拆解、放电、热解、破碎分选等工序。预处理后，以化学浸出方法将正极活性物质中的金属组分转移至溶液中，再通过萃取、沉淀、吸附等手段，将溶液中的金属以化合物的形式回收，生产硫酸镍、硫酸钴、硫酸锰、氯化钴、氯化锰等。废电池加工采用湿法处理工艺，该类企业水资源消耗较大，污水排放量相对较大。其典型工艺流程如图3-284 所示。

（3）废机动车加工

废机动车拆解典型工艺流程如图 3-285 所示。

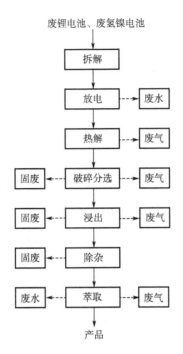

图 3-284　废电池加工典型工艺流程

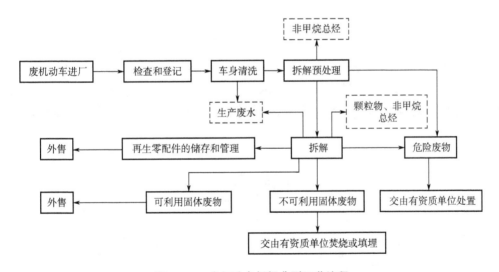

图 3-285　废机动车拆解典型工艺流程

（4）废电机、废五金加工

废电机、废五金加工主要以人工、机械拆解为主，并通过破碎分选等方式回收金属、塑料等可再生原料，具体可分为废五金拆解、废电线电缆拆解、废电机拆解三类。

废五金首先通过挑选分类，将金属（如不锈钢、铜、铁）、废电机及电线电缆挑选出来，随后将挑选后的废五金进行外壳拆解及手工筛选，获得拆解产物下脚料、废线缆金属件及废压缩机，如图 3-286 所示。

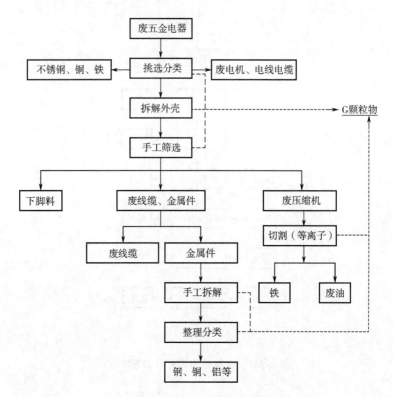

图 3-286　废五金拆解工艺流程

　　废电线电缆的处理工艺比较简单，首先通过人工分拣将电线电缆按照直径分开，直径 4mm 以上的废电线电缆通过剥离机或人工剥离的方式，获得金属和塑料；其他直径的废电线电缆通过铜米机进行处理，经过破碎、分选获得金属和塑料，如图 3-287 所示。

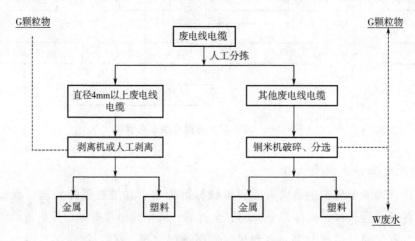

图 3-287　废电线电缆拆解工艺流程

　　废电机处理过程主要根据废电机的类型，采取不同的加工方式，获取铁、铜、铝等金属，如图 3-288 所示。

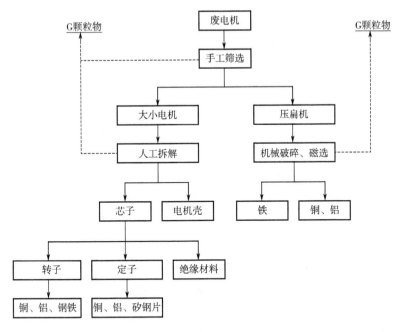

图 3-288 废电机拆解工艺流程

由于废电机中的某些拆解部件（如芯子、转子、定子）含有漆包线，部分企业采用热解工艺，将漆包线有机物热解后，再进行拆解处理，如图 3-289 所示。

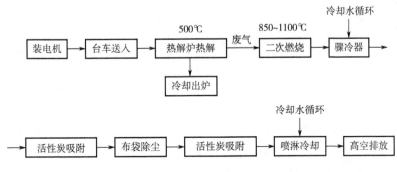

图 3-289 废电机热解及尾气治理工艺流程

（5）废塑料加工

废塑料加工的主要工序包括原料预处理（分选、湿法破碎、干法破碎、有水清洗、无水清洗）、干燥、混料、直接或者改性造粒（熔融挤出）。

废塑料品种较多，主要是热塑性废塑料，包括聚乙烯（PE）、聚丙烯（PP）、聚氯乙烯（PVC）、聚对甲苯二甲酯（PET）、聚苯乙烯（PS）、聚丙烯腈-丁二烯-苯乙烯塑料（ABS）、尼龙（PA）、聚碳酸酯（PC）、聚苯乙烯泡沫（EPS）等。废塑料加工工艺相对单一，根据原料和企业经营方式的差异，选用不同的工序组合。目前，企业普遍选取的工艺流程如图 3-290 所示。

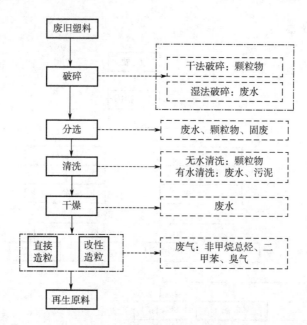

图 3-290　废塑料加工工艺流程

（6）废矿物油加工

废矿物油加工的主要工艺流程为沉降预处理、蒸馏前处理、精制后处理三种工序的组合，上述三种工序也可以组合形成多种再生工艺。釜式蒸馏和酸碱精制工艺属于淘汰落后工艺，不符合产业要求，故不列入生产工艺范畴，具体工艺流程如图 3-291 所示。

① 沉降预处理工艺　由于废润滑油中存在大量的固体颗粒物，如磨损下来的金属微粒、燃烧生成的炭粒、灰尘及其他来源的机械杂质等，须对废润滑油进行预处理。行业内通常采用的方式是加热进行自然沉降脱水、脱杂，也有采用加入一定量的絮凝剂进行除杂的方法。

② 蒸馏前处理　蒸馏前处理技术较多，有减压蒸馏、分子蒸馏、薄膜蒸发等。减压蒸馏是石油化工行业较为经典的工艺技术，但是对于物料特性完全不同于原油的废矿物油物料来说，采用减压蒸馏工艺技术，易出现加热炉温度过高、炉管结焦、产品收率低、质量差等实际问题。分子蒸馏是近年来开发出的新技术，来源于医药精细加工，具有操作温度低、操作真空度高、受热时间短等特点。但由于投资成本相对较高，操作条件难度较大，一般采用该工艺的废矿物油加工利用企业规模不大。薄膜蒸发通常采用熔盐或导热油加热，高温停留时间短，不易产生二次反应，但操作要求高，工艺条件不好控制。

③ 精制后处理　精制后处理工艺是废矿物油的精制，在外观上主要解决颜色和气味，但实际上是提高油品抗氧化性、破乳化性等内在质量指标。行业内常用的工艺有酸碱精制、溶剂精制、吸附精制和加氢精制。

a. 酸碱精制是指利用浓硫酸的强氧化性，在一定条件下和油品中的含氧、含硫、含氮化合物发生硫化、氧化、酯化和溶解作用，形成酸渣沉淀后去除的精制工艺。

b. 溶剂精制是指利用溶剂对废矿物油中的理想组分和非理想组分选择性的不同，除去废矿物油中的非理想组分。

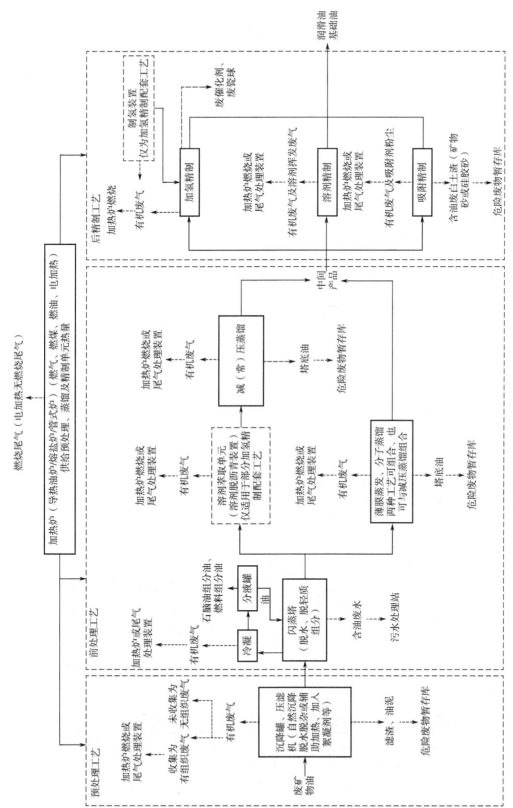

图3-291 废矿物油加工和再利用工艺

c. 吸附精制是采用白土、矿物砂或硅胶砂等吸附剂吸附废矿物油中的非理想组分的过程。其中，白土精制占废矿物油吸附精制的绝大多数。吸附剂能够脱除废矿物油中存在的胶质、酸类、脂类、含氮化合物等不理想的组分，降低油品的色度并脱臭。

d. 加氢精制是指在一定的压力、温度、氢气和催化剂等条件下，将废矿物油中的氮、氧、硫等转变为氨、水以及硫化氢等物质除去，同时使烯烃、二烯烃、部分芳烃加氢达到饱和，形成品质较好的润滑油基础油的精制工艺。

（7）废船加工

常见的废船加工工艺有滩涂拆船、码头拆解、船坞拆船等。由于滩涂拆船工艺将含油废水直接排放、废油泄漏在滩涂和海水中，石棉、重金属、多氯联苯等危险废物也直接废弃在滩涂上，中国国家发展改革委公布的《产业结构调整指导目录（2011年本）（修正）》中已将冲滩拆解工艺列为淘汰类工艺。

码头拆解指将船停靠在码头前沿水域、简易码头前沿水域、泥坞式船槽、水中锚泊等进行拆船作业的工艺，如图 3-292 所示。

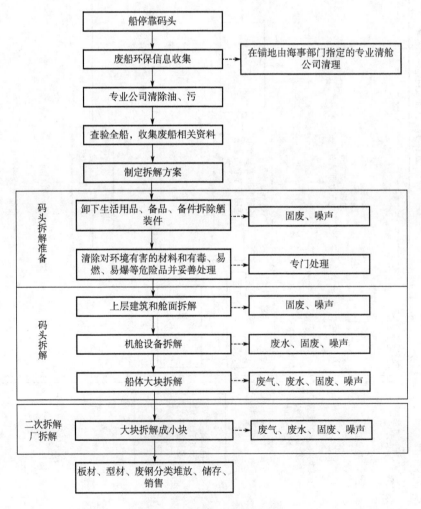

图 3-292　典型码头拆解工艺

船坞拆解指将废船开进或拖进船坞内进行拆解的方式，如图 3-293 所示。

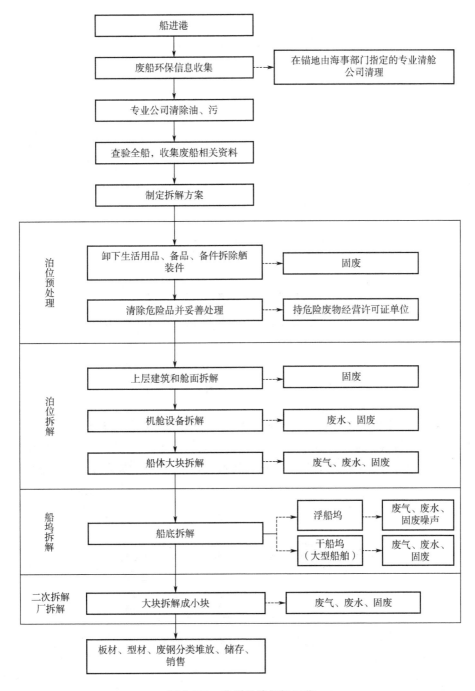

图 3-293 典型船坞拆解工艺

（8）**废轮胎加工**

① **废轮胎制胶粉** 废轮胎通过机械粗碎、细碎，经振动筛分和磁选分离去除钢丝等杂质，得到粉末状胶粉。其典型工艺流程如图 3-294 所示。

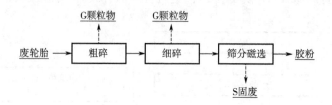

图 3-294　废轮胎制胶粉工艺流程

② 废轮胎制再生橡胶　在再生橡胶制作过程中，废轮胎经过机械粉碎、加热、机械与化学处理等物理化学过程，使其从弹性状况变成具有一定塑性和黏性的、能够加工再硫化的橡胶，其中，解交联和炼胶环节可采用传统的动态脱硫＋捏炼＋精炼工艺，也可采用新型的螺杆挤出工艺。其典型工艺流程如图 3-295 所示。

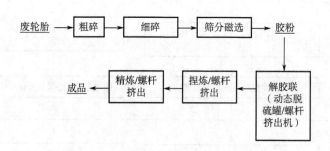

图 3-295　废轮胎制再生橡胶工艺流程

③ 废轮胎热裂解　废轮胎热裂解指将破碎的废轮胎利用外部加热打开化学链，使有机物分解成燃料气、富含芳烃的油以及炭黑等有价值的化工产品，分为胶粉热裂解和整胎热裂解两种工艺。整胎热裂解不需进行轮胎破碎，需在裂解完成后将炭黑钢丝进一步分离。根据热裂解温度，分为低温热裂解（温度≤500℃）和高温热裂解（温度＞500℃）。典型工艺流程如图 3-296 和图 3-297 所示。

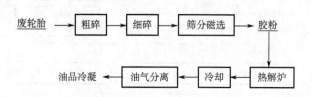

图 3-296　废轮胎胶粉热裂解工艺流程

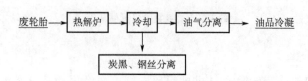

图 3-297　废轮胎整胎热裂解工艺流程

3.23.2 主要污染物及产污环节分析

（1）废弃电器电子产品加工

① 废气 废弃电器电子产品加工的大气污染物以颗粒物为主，CRT或液晶屏拆解也会产生铅或汞及其化合物。

② 废水 该排污单位废水主要为生活污水、初期雨水等，废水中主要污染因子为化学需氧量、氨氮等。

③ 固体废物 在各电器电子产品拆解工艺过程中，产生的危险废物交由有相应资质的经营单位进行利用和处置；废塑料、废金属等有价值的一般工业固体废物送有关企业进行综合利用；不可利用废物送一般工业固体废物处置企业进行处置；生活垃圾交由生活垃圾处理处置单位进行处理处置。

表3-85为典型废弃电器电子产品加工企业产污环节及污染因子汇总情况。

表3-85 典型废弃电器电子产品加工企业产污环节及污染因子汇总

类别	编号	产污环节	污染因子	
废气	G1	电视机电脑拆接线	粉尘（颗粒物）	
	G2	CRT（显像管）屏锥分离拆解	粉尘（荧光粉，含铅）	
	G3	屏玻璃荧光粉清理	荧光粉（含铅）	
	G4	液晶显示器背投灯管拆除	汞及其化合物	
	G5	冰箱、空调制冷剂抽取	含氟废气（氟利昂、环戊烷等）	
	G6	冰箱、空调、洗衣机及废家电拆解	粉尘（颗粒物）	
废水	W1	生活污水	化学需氧量、氨氮	
	W2	初期雨水	化学需氧量、石油类	
危险废物	S3	家电拆解	废线路板	HW49/900-045-49
	S5	CRT拆管颈管	含铅玻璃颈管	HW49/900-044-49
	S7	屏锥分离	含铅玻璃	HW49/900-044-49
	S8	除尘设备手机	荧光粉	HW49/900-044-49
	S10	家电拆解	背光灯管	HW49/900-023-29
	S11	家电拆解	废电池	HW49/900-044-49
	S14	压缩机废油回收	废矿物油	HW49/900-219-08
	S16	打印机、复印机拆解	硒鼓、墨盒	HW49/900-041-49
	S18	废气处理系统	废滤芯、废活性炭	HW49/900-041-49
一般固废	S1	家电拆解	塑料	
	S2	家电拆解	铁、铝、铜等金属	

类别	编号	产污环节	污染因子
一般固废	S4	家电拆解	消磁线、扬声器、变压器、喇叭、废电容、光驱等
	S6	家电拆解	普通玻璃（不含铅）
	S9	家电拆解	液晶、PDP 面板
	S12	制冷机回收系统	制冷剂
	S13	冰箱拆解	海绵、泡沫等
	S15	家电拆解	废电动机、压缩机、冷凝器、蒸发器等
	S19	废气处理系统	一般粉尘

（2）废电池加工

① 废气　主要来源于废电池预处理单元产生的热解废气、粉碎分选废气，酸浸处理单元产生的酸浸废气，萃取单元产生的萃取废气及无组织排放废气。

a. 热解废气在预处理单元的热解环节产生，主要污染物为烟尘、二氧化硫、氟化氢、镍及其化合物等。

b. 粉碎分选废气在预处理单元的破碎、筛分环节产生，主要污染物为粉尘、镍及其化合物。

c. 酸浸废气在还原浸出过程产生，主要污染物为硫酸雾或氯化氢。

d. 萃取废气在萃取过程产生，主要污染物为硫酸雾或氯化氢、非甲烷总烃，先采用碱液喷淋去除酸性气体。

e. 无组织排放废气产生环节包括酸浸单元未收集到的酸雾、萃取处理单元逸散的非甲烷总烃、储罐呼吸废气、厂界的颗粒物等。

② 废水　废电池行业的废水主要为萃取工序产生的萃取废水（生产废水）、热解废气经碱液喷淋后产生的处理废水、废电池预处理前必须经过放电处理的放电液、生活污水和初期雨水等，主要污染因子为 pH 值、化学需氧量、悬浮物、氨氮等。

a. 萃取废水含有镍、锰、铜、钴等重金属。

b. 热解废气经碱液喷淋后产生的废水，废喷淋液含有大量氟化物。

c. 废电池预处理前必须经过放电处理，放电液含有盐分、悬浮物等。

③ 固体废物　固体废物主要为拆解环节产生的废电路板、钢壳、废电池包冷却液，粉碎分选环节产生的金属铁、铝、铜渣；酸浸环节产生的炭黑渣；除杂质环节产生的铁（铝）矾渣等；废水处理站运行过程中产生的污泥。其中废电路板为危险废物，拆解环节产生的废冷却液、酸浸环节产生的含有重金属的炭黑渣以及废水处理污泥需经危险废物鉴别，其他固体废物为一般工业固体废物。

（3）废机动车加工

① 废气　主要来源于拆解、气割、破碎环节产生的颗粒物、非甲烷总烃，一般为无组织排放。

② 废水　废水主要为生产废水、初期雨水和生活污水。主要污染因子为 pH 值、化学需氧量、悬浮物、氨氮、石油类等。

③ 固体废物　固体废物主要为废铅蓄电池、废三元催化器、废矿物油、废塑料、废金属、废橡胶、废玻璃等，其中废铅蓄电池、废三元催化器、废矿物油等为危险废物；废塑料、废金属、废橡胶、废玻璃等为一般工业固体废物。

（4）废电机、废五金加工

① 废气　废电机、废五金加工废气产生环节包括破碎、气割、干式铜米机分选、热解。其中，气割环节主要产生颗粒物、非甲烷总烃等污染物；破碎、干式铜米机分选环节产生的污染物主要是颗粒物；热解环节产生的污染物种类较多，包括颗粒物、氮氧化物、重金属、二噁英等。

② 废水　废电机、废五金拆解行业主要产生的废水有生产废水、初期雨水和生活污水，主要污染因子为 pH 值、化学需氧量、悬浮物、氨氮、石油类等。其中生产废水主要来自小铜芯的机械破碎、部分废电线电缆的机械破碎、球磨机分选、浮选机分选和搅拌机清洗过程；初期雨水主要为生产区露天地面（主要为道路、过道等）前 15min 雨水；生活污水主要为日常生活中产生的污水。

③ 固体废物　废电机、废五金加工过程中产生的固体废物主要是没有利用价值的垃圾、塑料、废线路板、废矿物油、沉淀污泥等。其中，废线路板、废电池、废变压器油、废润滑油、热解残渣、污泥等为危险废物；废塑料、废金属、废橡胶、废玻璃等为一般工业固体废物。

（5）废塑料加工

① 废气

a. 有组织废气　有组织废气排放工序有分选、干法破碎、无水清洗、混料工序、熔融挤出工序以及废水治理设施。其中干法破碎、无水清洗中产生的颗粒物以及熔融挤出造粒过程中产生的非甲烷总烃、二甲苯和颗粒物是废气中的主要污染物。

b. 无组织废气　无组织排放重点为装卸、运输、分选以及塑料回收再生等工艺环节。废塑料的装卸、储运过程中易产生颗粒物无组织排放。在废塑料通过分选、清洗、破碎及熔融造粒等一个或多个工序使废塑料转化为可再生利用原料的过程中，更易产生颗粒物的无组织排放，是重要的无组织排放源。

② 废水　废塑料加工工业排污单位废水类别主要为清洗废水、循环冷却废水、设备及地面冲洗水、生产废水、初期雨水、生活污水等。清洗和湿法破碎工序产生的生产废水中主要含有悬浮物、化学需氧量、硫化物、石油类、氨氮，废水 pH 值偏高。

③ 固体废物　固体废物主要包括废塑料分选过程中产生的不可利用杂质、熔融废渣、造粒过程产生的废筛网、废气处理设施定期更换的废活性炭等吸附材料、除尘灰渣、污水处理池定期清捞的砂渣以及废水处理产生的污泥、废包装袋等。其中废活性炭等为危险废物，占比较高的固体废物为造粒过程中更换的废筛网。

（6）废矿物油加工

① 废气　废矿物油加工过程中产生的有组织废气为各工艺段的有机废气，其主要

成分为石油烃类物质。加氢精制工艺会产生硫化氢、氨，其配套工序溶剂脱沥青装置产生石油烃、甲醇制氢装置产生甲醇。无组织废气生产单元主要有储罐区呼吸气、生产车间、反应装置、装卸及管线输送装置产生的废气以及污水处理站产生的恶臭。

② 废水　废矿物油加工工业排污单位的废水类别主要为工艺废水、设备及地面冲洗废水、生活污水、初期雨水、软水制备废水、循环冷却弃水等。生产废水中主要污染因子为化学需氧量、氨氮、石油类、硫化物及悬浮物等。

③ 固体废物　废矿物油加工工业排污单位的危险废物类别主要为预处理环节沉降罐（槽）、压滤、离心等工序产生的含油废渣；蒸馏环节蒸馏塔底部产生的含胶质、沥青质的塔底油、废填料；吸附精制环节产生的含油废白土渣（矿物砂或硅胶砂）；溶剂精制环节产生的抽出油；加氢精制（包括制备氢气）环节产生的废催化剂、废瓷球；导热油炉检修环节产生的废导热油；废气处理过程中产生的废碱液、废活性炭、废脱硝催化剂等；废水处理环节产生的浮渣、含油废渣和污泥；实验室化验环节产生的实验室废液等；软水制备环节产生的废阳离子交换树脂。一般工业固体废物类别主要为废气处理环节产生的脱硫石膏等。

（7）废船加工

① 废气　废船加工过程中产生的废气为无组织排放，主要为切割废气、石棉飘尘、非甲烷总烃。钢板涂有含铜、铅、锌、镍等重金属的涂料，在切割船体时，若不进行预处理直接进行热切割作业，涂料经高温燃烧会产生铅及其化合物等含重金属气体。

其中船上的石棉材料主要有：

a. 机舱壁的防火墙、耐火墙及隔热材料；

b. 生活区的隔热、隔声墙及天花板和防火材料；

c. 升烟道、排尘道以及其他管道的隔热材料；

d. 蒸汽、水、烟气管理边缘衬垫；

e. 甲板衬垫物；

f. 电缆材料及电线、阀门、电子舱壁渗透层的包装物；

g. 焊接防护用具和燃烧覆盖物以及其他防火衣物或装置；

h. 船用物品（如塑模产品：电闸手柄、离合器外壳），电路断路器中的石棉弧形斜槽，管道支架插入物等。

废船靠泊码头后，燃料舱、燃料油输送管道中会残留部分燃料油，为了降低油舱内的油气浓度、二氧化碳浓度，在拆解前，必须对船舱进行排气处理，通常采用自然通风或通风设备强排等方法，以创造安全的作业环境，防止中毒、爆炸、窒息等意外事故发生。在开舱排气、松开管道过程中会有油气（主要为非甲烷总烃）排放到大气中。

② 废水　废船加工工业排污单位产生的废水主要分为生产废水和生活污水两类。其中生产废水包括机舱拆解油污水、含油部件处理场废水、场地初期雨水、冲洗废水等，主要含有化学需氧量、悬浮物、石油类等污染物；生活污水主要来自办公及生活区域的废水，主要含有悬浮物、化学需氧量、氨氮等。

③ 固体废物　废船加工过程中产生的危险废物有废矿物油、油泥、含多氯（溴）

联苯废物、石棉、废荧光灯管、废铅蓄电池、废油漆等。另外由于企业废水处理方式不同产生的污水处理站污泥性质不同，企业需通过鉴别判定其是否为危险废物。

（8）废轮胎加工

① 废气

a. 有组织排放　废轮胎加工过程中，制胶粉环节主要产生颗粒物。

废轮胎制再生橡胶工艺中解交联＋炼胶环节的废气中会产生颗粒物、硫化氢、苯系物及非甲烷总烃等污染物。

废轮胎热裂解（≤500℃）环节的废气中主要产生颗粒物、二氧化硫、硫化氢、氮氧化物、苯系物和非甲烷总烃等污染物；高温热裂解（>500℃）除了产生颗粒物、二氧化硫、硫化氢、氮氧化物、苯系物和非甲烷总烃外，还会产生二噁英。

此外，公用单元中的导热油炉、熔盐炉等加热过程需外部供热，燃料燃烧加热时会产生颗粒物、二氧化硫、氮氧化物等废气。

b. 无组织排放　目前，废轮胎加工企业对无组织废气的排放控制还不够规范。产污环节为：胶粉制备过程中的运输、包装环节；动态脱硫罐出胶冷却过程；间歇式热解炉进料；油罐存储区；炭黑出料，钢丝和炭黑分离设备。

② 废水　废轮胎加工企业生产中产生的废水主要是动态脱硫罐冷凝水、炼胶设备冷却水、喷淋净化塔洗涤废水、热裂解气体冷却水、热解油水分离废水、炭黑池冲渣水、炭黑堆场水及地面冲洗废水。主要污染因子为 pH 值、化学需氧量、石油类、氨氮、悬浮物等。

③ 固体废物　在废轮胎破碎过程中，产生钢丝、胶毛，且一般被综合利用；在热解、机械保养维修、尾气处理过程中，产生热解残渣、废有机溶剂、废矿物油、碱法喷淋废液、碱法喷淋污泥、UV 光解废灯管、废活性炭等为危险废物。

3.23.3　相关标准及技术规范

《排污许可证申请与核发技术规范　废弃资源加工工业》（HJ 1034—2019）
《废矿物油回收利用污染控制技术规范》（HJ 607—2011）
《废塑料污染控制技术规范》（HJ 364—2022）
《废弃电器电子产品处理污染控制技术规范》（HJ 527—2010）
《报废机动车拆解企业污染控制技术规范》（HJ 348—2022）

3.24　电力、热力生产和供应业

依据《固定污染源排污许可分类管理名录（2019）》所述分类，电力、热力生产和供应业是指电力生产、热力生产和供应。本节内容按照《排污许可证申请与核发技术规范　火电》（征求意见稿）对火电进行描述。

3.24.1　主要生产工艺

（1）火电

我国火电厂多数为燃煤机组，此外还有少量燃气、燃油机组及农林生物质机组。火力发电的主要产品为电力和热力，主要由燃烧装置、汽轮机和发电机组成，因为燃料不同生产工艺也有所差异，以下主要介绍燃煤、燃气电厂工艺。

① 燃煤电厂　常见的燃煤电厂的典型生产工艺流程为：原煤运至电厂后破碎、输进锅炉炉膛，水在锅炉内被加热成高温高压蒸汽，推动汽轮机运转，汽轮机带动发电机发电。燃煤电厂的主要生产设施分为燃料贮运系统、燃烧及制粉系统、汽轮发电系统、化学水处理系统、冷却系统、脱硫系统、脱硝系统、除灰渣系统及公用系统（给排水、电气、暖通等）。

② 燃气电厂　我国燃气电厂绝大多数为燃气蒸汽联合循环电厂，其工艺流程为：燃气首先进入燃气调（增）压站，然后通过厂区管道输送至天然气前置模块。经过处理后通过管道，输送至天然气系统。燃气轮机通过进气系统从外部环境吸入空气，通过与燃气透平同轴转动的压气机将其进行压缩，被压缩的空气温度也随着升高。经过压缩之后达到一定压力和温度的空气进入燃烧室与喷入的燃料混合燃烧，燃烧产生的高温燃气再进入透平内做功，同时驱动燃气轮发电机产生电能。经过在燃气透平膨胀做功后的高温烟气沿着燃机排烟通道进入余热锅炉，与余热锅炉系统的给水进行换热，最终产生的过热蒸汽进入蒸汽轮机做功，从而构成了一套完整的燃气-蒸汽联合循环。

（2）生活垃圾焚烧（发电）

生活垃圾焚烧（发电）的主要设备包括焚烧炉、余热锅炉和汽轮发电机组，主要由垃圾储运、锅炉燃烧、烟气处理、汽轮机发电4部分组成。

垃圾焚烧发电工程的主要流程：生活垃圾由专用车辆运至厂区内，经计量后卸至垃圾仓贮存间，贮存一定时间以降低垃圾含水率后，用专用垃圾抓斗送至垃圾焚烧炉内进行燃烧。垃圾燃烧产生的高温烟气进入余热锅炉，产生的过热蒸汽送至汽轮机发电，烟气经烟气脱酸、吸附净化、布袋除尘器等处理后经烟囱排入大气。焚烧炉内燃烧后产生的高温炉渣进入除渣机冷却，输送至储渣池，再运至厂外综合利用或送填埋区安全处置。产生的飞灰送至有资质的单位安全处置，或经处理满足相关标准后送至生活垃圾填埋场填埋，或利用水泥窑协同处置。典型垃圾焚烧发电厂的工艺流程和产污节点如图3-298和图3-299所示。

焚烧炉是垃圾焚烧的核心，其工艺合理性和设计优劣决定着垃圾处理的效果和运行的经济性，也对后续烟气处理有直接影响，垃圾在焚烧炉中经充分燃烧后才可达到无害化和减量化目标。目前，焚烧炉形式主要为机械炉排焚烧炉、流化床焚烧炉、回转窑焚烧炉。

（3）危险废物焚烧（发电）

典型的危废焚烧系统通常由废物预处理、焚烧、热能回收及尾气和废水的净化四个基本过程组成。

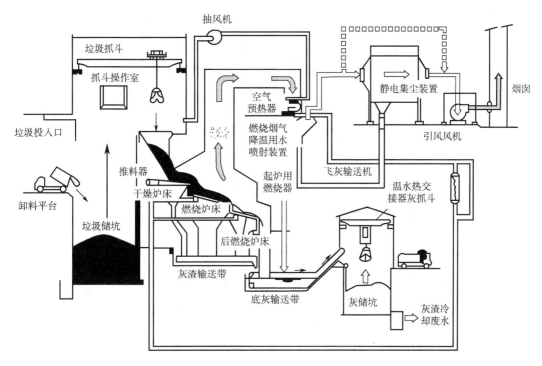

图 3-298　垃圾焚烧发电工艺流程

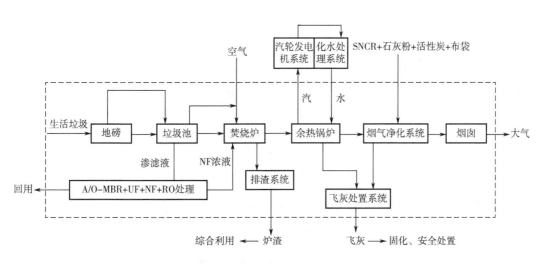

图 3-299　垃圾焚烧发电工艺产污节点

① 废物预处理是液体、泥状固体和装在容器中的固体废物被处理，按其产生热值、是否含卤化物、含水量和轻重组分比例等指标混合，有控制地投入焚烧装置。

② 焚烧是指有害废物被燃烧，最大限度地消除有机化合物和所产生的灰分及气体残余物。一个焚烧装置一般包括两个燃烧室，即气化、分解和燃烧大部分有机物质的初级燃烧室和之后氧化所有的有机物质和可燃气体的二级燃烧室。为使可燃物质充分氧化，目前少部分企业配置了三燃室。

③ 热能回收是指通过与燃烧气体的热交换，作为产生蒸汽和电的一种资源。

④ 尾气和废水的净化，其中尾气净化是指排放气体通过特殊的设备被冷却、净化和监测，然后经过排汽机和管道排入大气。废水净化是指废水被处理和分析并满足排放标准，按照焚烧设施操作许可的规定，排入下水系统。

典型危险废物焚烧处置工艺流程见图 3-300。

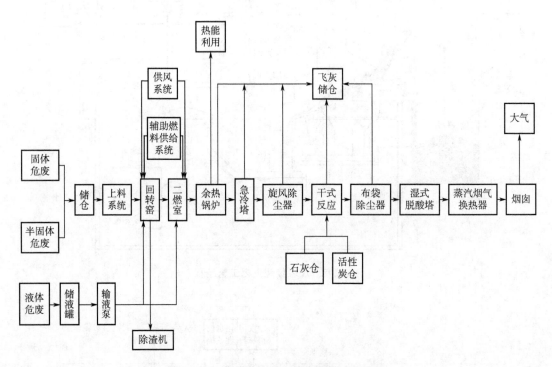

图 3-300　典型危险废物焚烧处置工艺流程

3.24.2　主要污染物及产污环节分析

（1）火电

① 燃煤电厂　燃煤电厂典型工艺流程和产排污节点如图 3-301 所示。

a. 废气　燃煤电厂废气产污环节及污染因子见表 3-86。

表 3-86　燃煤电厂废气产污环节及污染因子

生产过程	产污环节	污染因子
燃料存贮及输送	输煤系统	TSP
燃料燃烧	燃煤破碎	TSP
	锅炉燃烧	SO_2、NO_x、烟尘（颗粒物）、汞及其化合物
脱硝	脱硝设备	NH_3
除灰渣及贮灰	除灰渣设备、贮灰场	TSP

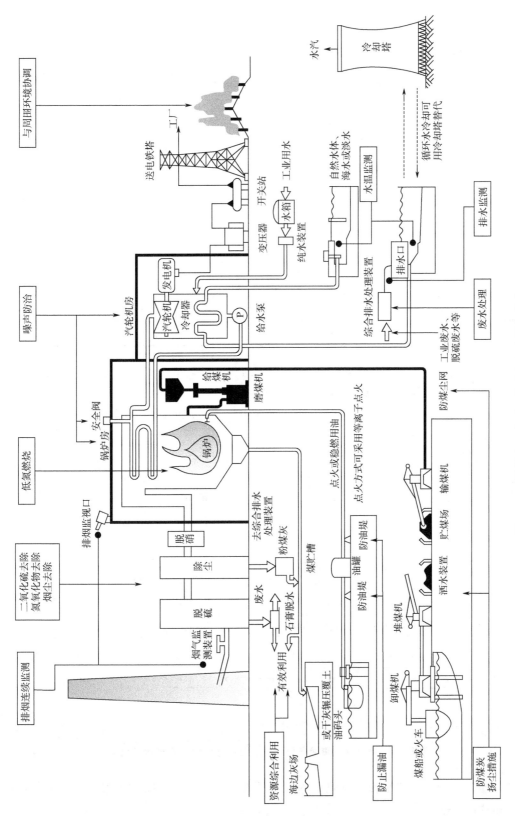

图 3-301　燃煤电厂典型工艺流程和产排污节点

　　b. 废水　废水主要来源于输煤系统冲洗废水、锅炉酸洗废水、汽轮发电厂房冲洗废水、冷却污水、油罐排水含油污水、化学水处理过程排水、灰渣淋溶水以及生活污水。其废水产污环节及污染因子见表3-87。

表 3-87　燃煤电厂废水产污环节及污染因子

生产过程	产污环节	污染因子
燃料存贮及输送	输煤系统冲洗	pH、SS 等
燃料燃烧	锅炉酸洗	
汽轮发电	主厂房冲洗	SS、石油类等
	冷却过程	余氯
燃油存贮及装卸	油罐排水	石油类
化学水处理	化学水处理排水	pH、COD、SS、溶解性总固体（全盐量）
脱硫	脱硫系统排水	pH、SS、溶解性盐、重金属
除灰渣及贮灰	灰渣淋溶	pH、SS、F^-、As 等
公用系统	生活污水	COD、BOD_5、氨氮、总磷等

　　c. 固体废物　主要有锅炉燃烧过程中产生的灰渣、化学水处理过程中产生的污泥以及脱硫脱硝过程中产生的副产物和废催化剂等。

　　d. 噪声　产生的噪声主要来源于生产过程中燃煤破碎、风机、泵、汽轮发电等设备和废水处理设备等。

　　② 燃气电厂　燃气蒸汽联合循环电站典型工艺流程及产排污节点如图 3-302 所示。

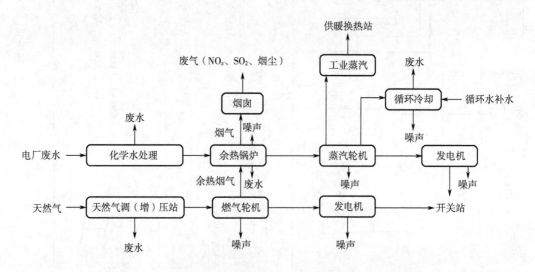

图 3-302　燃气蒸汽联合循环电站典型工艺流程及产排污节点

　　a. 废气　废气主要来源于燃烧过程产生的烟气，其主要污染物为 SO_2、NO_x、烟尘（颗粒物）等。

b. 废水 废水主要来源于燃气调（增）压过程分离器和过滤器排水、锅炉排污水、冲洗废水、化学水处理排水以及生活污水。主要污染物为 pH、COD、BOD_5、SS、烃类、石油类、氨氮、总磷等。

c. 固体废物 主要有化学水处理过程中产生的污泥以及脱硝过程中产生的废催化剂等。

d. 噪声 产生的噪声主要来源于生产过程中风机、泵、汽轮发电、变压器等设备和废水处理设备等。

（2）生活垃圾焚烧（发电）

典型垃圾焚烧发电企业生产工艺流程及产排污节点如图 3-303 所示。

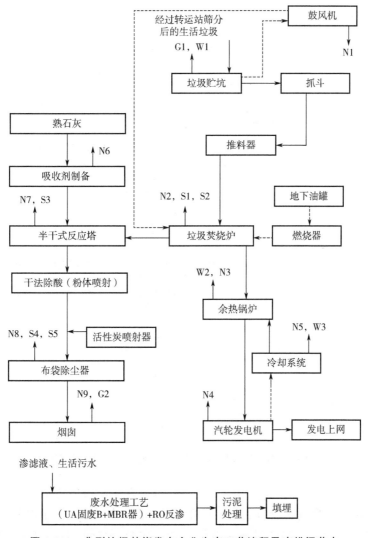

图 3-303 典型垃圾焚烧发电企业生产工艺流程及产排污节点

G—废气；W—废水；S—固废；N—噪声

① 废气 生活垃圾焚烧发电厂产生的废气主要污染物有恶臭、颗粒物、氯化氢、

二氧化硫、氮氧化物、一氧化碳、重金属、二噁英等。

废气产排污环节主要包括垃圾焚烧炉燃烧过程产生烟气，垃圾运输通道中车辆抛洒滴漏、卸料大厅卸车、垃圾库中垃圾存贮发酵产生恶臭气体，炉渣池、飞灰仓、脱酸剂仓、活性炭仓、水泥仓在作业过程中产生的粉尘等，脱硝剂在装卸和贮存过程中由于跑冒滴漏逸出的少量 NH_3 等，渗滤液处理中调节池、生化处理产生恶臭气体。

② 废水　生活垃圾焚烧发电厂产生的主要废水为垃圾渗滤液、循环水排水、冲洗水及生活污水。垃圾渗滤液是垃圾焚烧发电厂的最主要废水，其主要污染物为 BOD_5、COD_{Cr}、$NH_4^+\text{-}N$、SS、TP、TN、重金属等。循环水排水主要来自冷却水系统。冲洗水主要包括垃圾卸车平台冲洗、垃圾车和栈桥、进场道路冲洗。生活污水主要来自厂区职工生活、食堂和办公区。

（3）危险废物焚烧（发电）

典型危险废物焚烧（发电）企业生产工艺流程及产排污节点见图 3-304。

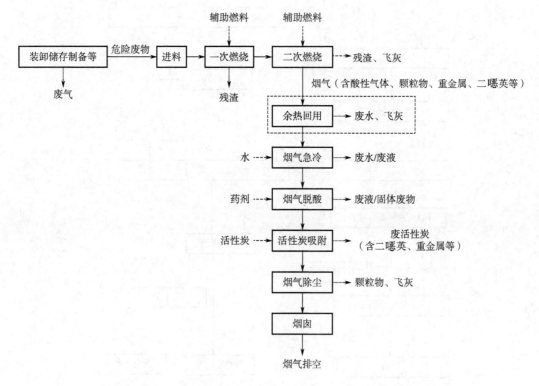

图 3-304　典型危险废物焚烧（发电）企业生产工艺流程及产排污节点

① 废气　危险废物进入焚烧炉后，大部分可燃性物质被转化成气态物质，从而实现废物减容目的。这些气态物质从焚烧炉排出时往往夹杂着飞灰、飘尘等固态物质。废气中所含污染物质的成分和含量与所焚烧废物的成分、焚烧效率、焚烧炉型、焚烧条件、废物进料方式有密切关系，主要由以下污染物质组成：

a. 不完全燃烧产物　废物中烃基化合物燃烧后主要的产物为无害的水蒸气和二氧化碳，可以直接排入大气中，但由于缺氧或停留时间不足等原因，造成部分烃基化合物不能按设计要求达到完全燃烧，从而生成不完全燃烧产物，包括一氧化碳、有机酸以及聚合物等。

b. 烟尘　燃烧过程中由于助燃空气的鼓入以及扰动等影响，致使部分粒度较小的固体物质（如灰分、无机盐类颗粒、可凝结的气态污染物质、炭黑等）随烟气一起进入后续烟气处理设施。

c. 金属粒子及其化合物　焚烧炉的高温条件致使部分重金属［如铅（Pb）、汞（Hg）、铬（Cr）、镉（Cd）、砷（As）等］的元素态、氧化物等蒸发进入烟气中，遇到烟道的较冷部分结凝成一种亚微米颗粒的悬浮物。

d. 酸性气体　在燃烧过程中废物所含的卤素、硫等物质发生氧化还原反应生成相应的酸性气体，包括卤化氢、硫氧化物、氮氧化物等；同时，助燃空气中的氮气和氧气在适当的热力条件下也可以生成酸性气体。

e. 二噁英类有机物　含有有机物的废物进行燃烧时都有生成二噁英类毒性物质的可能，特别是燃烧废物含有PCBs、氯乙烯等物质以及含有铜、铁等化合物的催化作用下，生成二噁英类物质的可能性大大增高。

② 废水　危险废物焚烧（发电）排污单位产生的废水主要包括生产废水（主要有湿法脱酸废水、烟气净化碱洗废水、湿法除渣废水、冲洗废水、冷却系统废水、余热锅炉废水、软化水制备废水等）、初期雨水、生活污水等。

废水主要污染物包括pH、悬浮物、五日生化需氧量、化学需氧量、石油类、总氮、氨氮、氟化物、总磷、粪大肠菌群数、总余氯、溶解性总固体（全盐量）、汞、总镉、总铬、六价铬、总砷、总铅等。

③ 固体废物　危险废物焚烧（发电）排污单位产生的固体废物主要包括焚烧炉渣（处理不同危险废物产生的炉渣性质不同）、飞灰（危险废物）、废耐火材料（视鉴定结果）、废活性炭（不同用途性质不同）、废水处理污泥（视鉴定结果）、盐泥（危险废物）、废布袋、废离子交换树脂、废催化剂、废药剂、废矿物油等。

3.24.3　相关标准及技术规范

《排污许可证申请与核发技术规范　火电》（征求意见稿）

《排污单位自行监测技术指南　火力发电及锅炉》（HJ 820—2017）

《火电厂污染防治可行技术指南》（HJ 2301—2017）

《火电厂大气污染物排放标准》（GB 13223—2011）

《生活垃圾填埋场污染控制标准》（GB 16889—2008）

《危险废物焚烧污染控制标准》（GB 18484—2020）

《生活垃圾焚烧污染控制标准》（GB 18485—2014）

《危险废物贮存污染控制标准》（GB 18597—2023）

《危险废物填埋污染控制标准》（GB 18598—2019）

《危险废物（含医疗废物）焚烧处置设施二噁英排放监测技术规范》（HJ/T 365—2007）

《火电厂污染防治可行技术指南》（HJ 2301—2017 ）

3.25　水上运输业

依据《固定污染源排污许可分类管理名录（2019）》所述分类，水上运输业是指水上运输辅助活动。本节内容按照《排污许可证申请与核发技术规范　码头》（HJ 1107—2020）对码头进行描述。

3.25.1　主要生产工艺

干散货码头按照用途分为两类，即专业化干散货码头和通用散货码头。根据我国现阶段转运工艺特点，干散货码头作业大致分为装卸船、装卸车、输运、堆取料以及堆场堆存五个转运环节。

（1）装卸船环节

对于专业干散货码头，一般采用装卸船机对到港船舶实施装卸作业，大机与码头前沿皮带机相连接，实现不间断式装船与卸船作业；对于通用散货码头，装卸船大都为非连续式作业，如卸船作业首先通过桥式抓斗卸船机将散货由船舱转移至码头前沿堆场，再采用装载机装车汽运至后方堆场存储。该工艺环节涉及的设施设备主要包括散货连续装船机、卸船机（桥式、链斗式、螺旋式）、装载机、自卸汽车等。

（2）装卸车环节

该环节主要分为火车装卸车与汽车装卸车，专业化煤炭码头一般采用翻车机卸车系统对到港火车实施卸车作业，通过基坑皮带机将散货输运至堆场，火车装车也采用效率较高的大型机械实施装车作业；对于通用散货码头，大都采用大型流动机械实施火车装卸车，部分老旧海港码头和内河小规模码头同时辅以汽车装卸与输运。该工艺环节涉及的设施设备主要包括翻车机、螺旋卸车机、固定式装车楼、移动式火车装车机、装载机、抓斗式起重机、自卸汽车等。

（3）输运环节

对于专业干散货码头，一般采用带式输送机对散货物料实施输运作业，转运效率较高；对于多数通用散货码头，主要依托汽车输运，主要体现在以下方面：

① 通过汽运将码头前沿卸船散货转运至堆场；

② 散货堆场内部的倒垛作业以及将取料机无法取到的地面部分散货归集至其他垛位等；

③ 少数的散货码头也存在通过汽运将火车卸料转运至堆场；

④ 通过汽运将散货运至距离码头较近的散货需求企业。

该工艺环节涉及的设施设备主要包括带式输送机、转接塔、装载机、自卸汽车等。

（4）堆取料环节

对于专业化干散货码头，经皮带机流程输运至堆场存储的散货经过堆料机卸至堆场堆存，采用斗轮取料机实施取料作业；对于多数通用散货码头，经汽车输运至堆场的散货通过装载机将物料堆高，依托汽运的散货码头取料采用装载机实施取料作业。该工艺环节涉及的设施设备主要包括堆料机、取料机、堆取料机、装载机、自卸汽车等。

（5）堆场堆存环节

现阶段我国干散货码头主要采取露天方式堆存，仅有少部分采用了全封闭或半封闭式堆存。

3.25.2　主要污染物及产污环节分析

（1）废气

由于干散货货类特性以及码头转运工艺特点，粉尘颗粒物是主要污染物。干散货码头（煤炭、矿石）的装卸与输运都采用现代化大型设备作业，效率较高，干散货在港区范围内的周转次数较少，起尘环节也相对较少；通用散货码头需要兼顾杂件的装卸作业，其干散货装卸与输运水平与能力一般较低，主要依托流动机械（装载机、自卸汽车等），直接导致干散货周转次数增多，起尘环节也较多。其工艺流程及产排污节点如图3-305和图3-306。

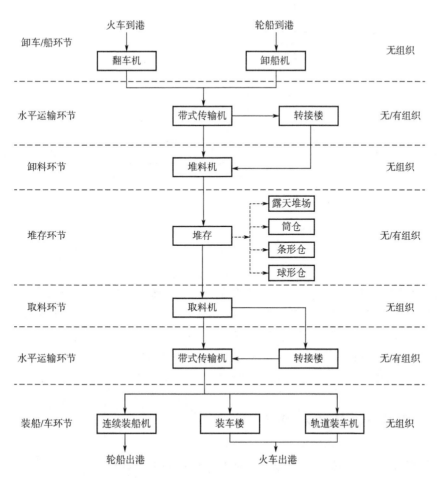

图 3-305　干散货码头（煤炭、矿石）工艺流程及产排污节点

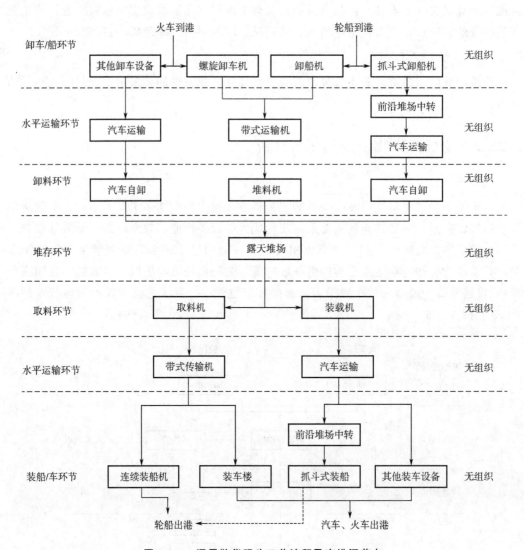

图 3-306 通用散货码头工艺流程及产排污节点

（2）废水

干散货码头（煤炭、矿石）、通用散货码头排放的废水主要为含尘污水、生活污水以及少量的机修含油污水（一般处理后纳入生活污水）。含尘污水主要是码头面、带式输送机廊道、转运站、道路等处地面冲洗水和初期雨水；生活污水主要是由港区工作人员洗手、冲厕、餐饮产生；含油污水主要是流动机械冲洗水或机修车间产生的含油污水。其中主要污染物包括 pH 值、化学需氧量、悬浮物、氨氮、磷酸盐（总磷）。

3.25.3 相关标准及技术规范

《排污许可证申请与核发技术规范　码头》（HJ 1107—2020）

《储油库大气污染物排放标准》（GB 20950—2020）

3.26 装卸搬运和仓储业

依据《固定污染源排污许可分类管理名录（2019）》所述分类，装卸搬运和仓储业是指危险品仓储。本节内容按照《排污许可证申请与核发技术规范 储油库、加油站》（HJ 1118—2020）对储油库、加油站进行描述。

3.26.1 主要生产工艺

石油液体经由源头开采，通过油船、管道、铁路罐车运送到炼油厂，炼油厂以同样的方式运送到储油库或石油化工行业，储油库再由油罐汽车运送到加油站、地方储油库等。石油制品炼制和分配系统流程见图 3-307。

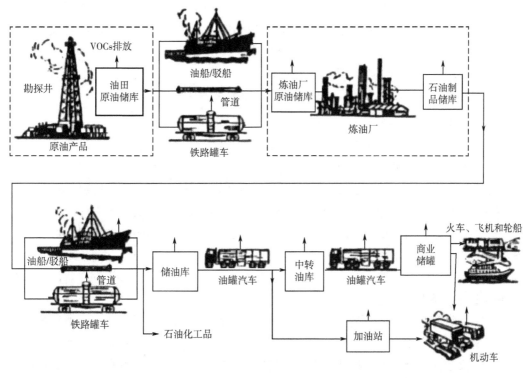

图 3-307 石油制品炼制和分配系统流程

（1）储油库

储油库由储油罐组成并通过油罐汽车、铁路罐车、船舶或管道等方式收发（含储存）原油、成品油等油品。一般储存汽油应采用浮顶罐储油。新、改、扩建的内浮顶罐，浮盘与罐壁之间应采用液体镶嵌式、机械式鞋形、双封式等高效密封方式；新、改、扩建的外浮顶罐，浮盘与罐壁之间应采用双封式密封，且初级密封采用液体镶嵌式、机械式鞋形等高效密封方式。

（2）加油站

加油站排污单位指由储油罐、加油机及油枪等组成，为机动车添加成品油的排污单位。其主体工程包含储罐区和加油区。

3.26.2　主要污染物及产污环节分析

（1）储油库

① 废气　储油库排污主体分为储罐区、装卸区和公共设施（即污水处理设施），包括挥发性有机液体储罐呼吸、挥发性有机液体装载损耗、挥发性有机物流经设备与管线组件密封点泄漏，以及污水收集、处理、处置设施逸散等。

油品储存和运输主要的蒸发损失环节有装载操作、运输操作和压舱操作。油品储存所使用的内浮顶罐、外浮顶罐、卧式储罐或压力罐的呼吸损失（蒸发）是储油库油气排放的主要来源，运输损失与之相似，油气排放主要为油品呼吸损失和运输过程中油气泄漏。装载损失是铁路罐车、油罐汽车和油船作业中蒸发排放最主要的来源，装载时油品进入油罐（货舱），罐（舱）内的烃蒸汽被置换排入大气环境中。

② 废水　主要来源于生产废水、污染雨水和生活污水等。主要污染物为pH、化学需氧量、悬浮物、氨氮、石油类、总有机碳、挥发酚、总氰化物等。

（2）加油站

加油站的油气排放来源主要是地下油罐和汽车油箱的"大呼吸"和"小呼吸"。

地下油罐"大呼吸"，即在加油站卸油过程中，随着液相的油进入地下油罐，油罐内液体体积的增加，将气相的油蒸气置换，并使油蒸气排放到大气中导致的油气排放。"小呼吸"则是因昼夜气温升降变化，地下储罐中的油品液体体积和油气气体体积随气温变化热胀冷缩，当体积胀大时，将油蒸气排挤出油罐。即使油罐发完油、油船仓和槽车罐卸完油、汽车油箱内的油使用完，容器内油蒸气仍然存在，因为在油液减少、空气补进的过程中，油分子继续在蒸发，浓度逐渐饱和。在下一次进油时，空容器内的油蒸气还会重复"呼出"而进入大气环境。

汽车油箱的"大呼吸"是在加油站加油时，随着液相的汽油进入油箱，油箱内液体体积的增加，将气相的油气置换排放到大气中。"小呼吸"是在环境温度和大气压发生变化时，汽油油箱会产生一种呼吸作用，当环境温度升高或大气压下降时，汽油箱中的汽油蒸气通过通大气口排出汽油箱（如油箱盖上的通风口、化油器上的外平衡口）；当环境温度下降或大气压升高，或汽油被使用掉时，汽油箱中会形成真空，外界空气通过通大气口进入油箱，释放油箱中的真空。在这种呼吸过程中，烃基化合物（HC）被排到空气中、形成大气污染和能源的浪费。

一般来说，不论是地下油罐还是汽车油箱，"大呼吸"排放量远远超过"小呼吸"的排放量。

加油站VOCs排放环节与控制技术见图3-308。

此外，加油站的油气VOCs排放来源还包括油枪滴油和胶管渗透等。

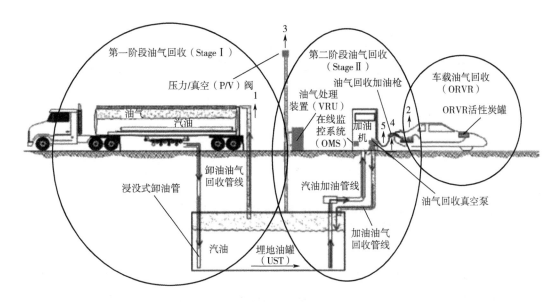

图 3-308　加油站 VOCs 排放环节与控制技术

VOCs 排放环节：1—卸油排放；2—加油排放；3—呼吸排放；4—加油枪滴油；5—胶管渗透

3.26.3　相关标准及技术规范

《排污许可证申请与核发技术规范　储油库、加油站》（HJ 1118—2020）

《储油库大气污染物排放标准》（GB 20950—2020）

《加油站大气污染物排放标准》（GB 20952—2020）

《加油站地下水污染防治技术指南（试行）》（环办水体函〔2017〕323 号）

3.27　生态保护和环境治理业

3.27.1　主要生产工艺

3.27.1.1　生活垃圾焚烧

生活垃圾焚烧处理系统主要可分为四个子系统，按工艺流程顺序依次为进料系统、焚烧系统、供风系统和尾气净化系统，其主要工艺流程如图 3-309 所示。

（1）进料系统

进料系统的作用是使废物能在安全、稳定且可控的情况下进料，避免影响焚烧炉正常燃烧工况。采用抓斗将贮存坑中的垃圾投入垃圾焚烧炉中，在进料装置的往复作用下进入垃圾焚烧炉中。

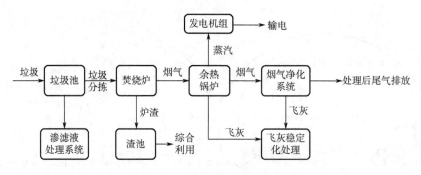

图 3-309   生活垃圾焚烧工艺流程

贮存坑中的垃圾在堆存过程中发生厌氧发酵作用，会产生氨气、硫化氢、硫醇等恶臭气体。为防止恶臭外溢扩散，垃圾贮存坑应微负压运行，将贮存坑中的空气引入到焚烧炉中进行氧化焚烧。

（2）焚烧系统

垃圾经进料系统进入主燃室后，借助机械炉排推进缓缓移动，推进系统开始进入干燥段吸热至燃点，再进入燃烧段焚烧，灰渣落入出灰螺旋输送系统，送出炉外。

主燃室产生的烟气进入第二燃烧室，第二燃烧室分燃烧段与停留段，烟气在燃烧机喷入柴油助燃下燃烧，经停留段确保完全燃烧，停留时间＞2s，进入后续尾气净化系统。

（3）供风系统

焚烧炉供风系统由鼓风机、供气风门、脉冲电磁碟阀、压力监测组件组成。鼓风机通过空气输送管及风门的调控，在脉冲电磁碟阀控制下，脉冲式向炉内强制送风，将适量助燃空气送入主燃烧室，同时吹动翻转炉排上的垃圾，使之燃尽。二燃室供风则无需脉冲碟阀控制，而根据需氧量调节风门。

（4）尾气净化系统

为保证焚烧炉燃烧后产生废气中的各项指标达标排放，需对尾气进行净化处理后方可排放。焚烧炉尾气中的主要污染物有灰尘、酸性气体、氮氧化物、重金属、二噁英等，尾气净化系统由去除这些污染物的各部分组成。

3.27.1.2   危险废物焚烧

危险废物的焚烧处置技术在现阶段主要用于处理危险废物、医疗废物和 PCBs 等可在高温下分解的无机危险废物。危险废物的种类繁多，性质和成分各异，适合焚烧处置的危险废物也多种多样，如有机性污泥、含氰化物废物、含汞废物、含酚废物、含多环芳烃废物、废油、油乳化液和油混合物、油脂和蜡废物、废塑料、废橡胶和乳胶废物、废溶剂、含农药废物、制药废物、精炼废物（如酸焦油、焦油渣和底物）、含卤素、硫磷、PCBs 及二噁英废物、医院临床废物、被有害化学物质污染的固体物质（如含油土壤和 PCBs 电容器等）和受有害化学物污染的高浓度有机废水等。

目前常用的危险废物焚烧设备包括回转窑、液体喷射炉、固定床和流化床。无论选用何种焚烧设备，废物的化学和热动力学性质决定了燃烧室的尺寸、运行条件（温度、过量空气、流速）、后续的烟气处理系统和灰渣处理系统。危险废物焚烧处置通用工艺流程及污染控制措施见图 3-310。

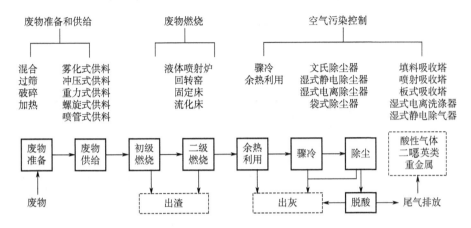

图 3-310　危险废物焚烧处置通用工艺流程及污染控制措施

注：有的工艺除尘和脱酸在同一工艺环节完成。

3.27.1.3　工业固体废物和危险废物治理

（1）一般工业固体废物贮存、处置

一般工业固体废物贮存、处置排污单位的主要生产单元分为预处理、贮存处置与公用单元。

① 预处理单元主要为压滤机脱水工艺；

② 贮存处置单元主要包含贮存及处置，渗滤液收集导排系统，填埋气体导排系统和防渗系统；

③ 公用单元主要包含污水处理工艺、废气处理工艺以及自身产生的固体废物治理工艺。

（2）危险废物利用

危险废物利用排污单位的主要生产单元分为贮存、分析与鉴别、有机物回收、废活性炭再生、废催化剂再生、废包装容器清洗、废线路板回收与公用单元。其主要生产单元、工艺及设施一览表见表 3-88。

表 3-88　危险废物（不含医疗废物）利用排污单位的主要生产单元、工艺及设施

主要生产单元	主要工艺	生产设施
贮存单元	废物贮存	仓库式贮存设施
		固定顶储罐、浮顶储罐
		泄漏液体收集装置
		防渗层

续表

主要生产单元	主要工艺	生产设施
分析与鉴别单元	分析鉴别	化验室
有机物回收单元	加热	加热炉
	蒸馏	蒸馏釜（精馏釜）
		冷凝器
	萃取	萃取釜
废活性炭再生单元	洗涤	洗涤釜
	压滤	压滤机
	干燥	干燥机
	筛分	筛分机
	热再生	流化床、移动床、固定床和旋转炉等浸渍池
	出炭	出炭机
	化学洗涤	酸洗槽、碱洗槽、水洗槽
	余热回收	余热锅炉
废催化剂再生单元	吹扫清灰	吸尘器、空压机
	筛分	筛分机
	清洗	超声波清洗池、水洗池、酸洗池等
	浸渍活化	浸渍池
	烧炭	网带窑、转炉、加热炉等
	氧化更新	活化炉
	还原	还原装置
	热处理	干燥炉、锻造炉等
废包装容器清洗单元	倒残	残液收集设备
	破碎	破碎机
	分选	分选机
	浸泡	浸泡槽
	清洗	清洗设备
	烘干/吹干	烘干/吹干设备
	补漆	喷漆设备
废线路板回收单元	破碎	破碎机
	分选	分选机

续表

主要生产单元	主要工艺	生产设施
	污水处理	污水处理设施
	废气处理	废气处理设施
公用单元	自身产生的固体废物治理	贮存设施
		自行利用设施
		自处置设施

（3）危险废物处置

危险废物处置排污单位的主要生产单元分为贮存、分析与鉴别、物化处理、固化/稳定化、安全填埋处置、热脱附、超临界水氧化处置、铬渣干法解毒、安全气囊爆破与公用单元。其主要生产单元、工艺及设施一览表见表 3-89。

表 3-89　危险废物（不含医疗废物）处置排污单位的主要生产单元、工艺及设施

主要生产单元	主要工艺	生产设施
		仓库式贮存设施
贮存单元	废物贮存	固定顶储罐、浮顶储罐
		泄漏液体收集装置
		防渗层
分析与鉴别单元	分析鉴别	化验室
物化处理单元	压实、破碎	压实机、破碎机
	混凝沉淀	混凝沉淀池
	氧化还原	化学氧化槽、化学还原槽
	化学沉淀	化学沉淀槽
	酸碱中和	酸碱中和反应槽
	破乳	破乳设备
	气浮	气浮设备、隔油槽等
	汽提、吹脱	汽提塔、吹脱塔
	离心	离心机
	过滤	压滤机等
	蒸馏	蒸馏釜
	蒸发	单效蒸发系统、多效蒸发系统
	反渗透、电渗析、离子交换	反渗透装置、电渗析器、离子交换柱

续表

主要生产单元	主要工艺	生产设施		
物化处理单元	吸附	活性炭吸附装置、其他吸附装置		
	萃取	单级萃取设备、多级萃取设备、回转盘、回转槽等		
	电解	电解槽、水洗槽、酸洗槽等		
固化/稳定化单元	输送系统	输送机、给料机		
	破碎、筛分	破碎机、筛选机		
	固化/稳定化	固化/稳定化搅拌机		
安全填埋处置单元	安全填埋	柔性填埋场	安全填埋单元	
			双人工复合衬层防渗透系统	
		刚性填埋场	安全填埋单元	
	渗滤液和废水处理系统	渗滤液调节池		
	填埋气体导排系统	风机		
热脱附单元	热脱附处置	配伍装置		
		上料装置		
		熔融炉		
		二燃室		
		余热锅炉		
超临界水氧化处置单元	超临界水氧化处置	调浆罐		
		超临界水氧化装置		
		降压分离罐		
铬渣干法解毒单元	原燃料制备单元	破碎机、筛分机		
		烘干设备		
	进料单元	输送机、进料机		
		球磨机		
	还原煅烧单元	回转窑、立窑、辊道窑		
	冷却单元	冷却设备		
安全气囊爆破单元	爆破	安全气囊爆破系统		
公用单元	污水处理	污水处理设施		
	废气处理	废气处置设备		
	自身产生的固体废物治理	贮存设施		
		自行利用设施		
		自行住址设施		

（4）医疗废物处置

① 医疗废物焚烧处置技术　采用高温热处理方式，使医疗废物中的有机成分发生氧化/分解反应，实现无害化和减量化。该技术主要包括热解焚烧技术和回转窑焚烧技术，热解焚烧技术又分为连续热解焚烧技术和间歇热解焚烧技术。

该技术工艺流程通常包括进料、一次燃烧、二次燃烧、余热回用、残渣收集、烟气净化、废水处理、自动控制等工艺单元，工艺流程及产排污节点如图3-311所示。

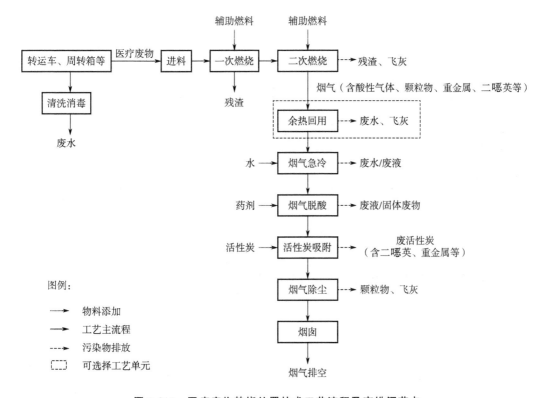

图 3-311　医疗废物焚烧处置技术工艺流程及产排污节点

② 医疗废物非焚烧处理技术

a. 高温蒸汽处理技术　利用水蒸气释放出的潜热使病原微生物发生蛋白质变性和凝固，对医疗废物进行消毒处理。该技术主要包括先蒸汽处理后破碎和蒸汽处理与破碎同时进行两种工艺形式。

先蒸汽处理后破碎的工艺流程包括进料、预排气、蒸汽供给、消毒、排气泄压、干燥、破碎等工艺单元；蒸汽处理与破碎同时进行的工艺流程包括进料、蒸汽供给、搅拌破碎及消毒、排气泄压、干燥等工艺单元。其工艺流程及产排污节点分别如图3-312和图3-313所示。

b. 化学处理技术　利用化学消毒剂对传染性病菌的灭活作用，对医疗废物进行消毒处理。

医疗废物化学处理工艺流程包括进料、药剂投加、化学消毒、破碎、出料等工艺单元。其工艺流程及产排污节点如图3-314所示。

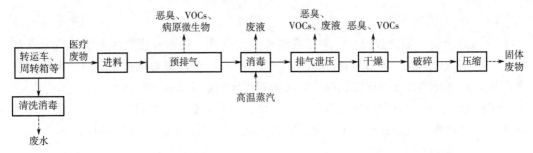

图 3-312　医疗废物高温蒸汽技术先蒸汽处理后破碎工艺流程及产排污节点

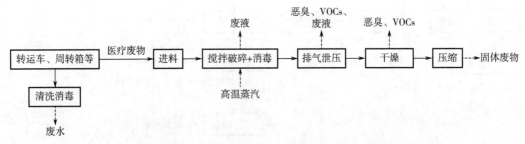

图 3-313　医疗废物高温蒸汽技术蒸汽处理与破碎同时进行工艺流程及产排污节点

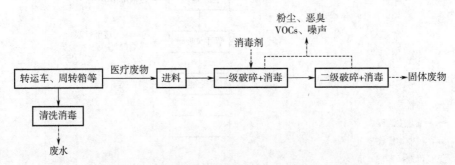

图 3-314　医疗废物化学处理技术工艺流程及产排污节点

　　c. 微波处理技术　通过微波振动水分子产生的热量实现对传染性病菌的灭活，对医疗废物进行消毒处理。

　　医疗废物微波处理技术或微波与高温蒸汽组合技术的工艺流程通常包括进料、破碎、微波（微波＋高温蒸汽）消毒、脱水等工艺单元。其工艺流程及产排污节点如图 3-315 和图 3-316 所示。

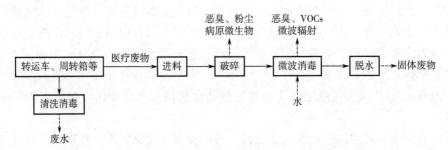

图 3-315　医疗废物微波处理技术工艺流程及产排污节点

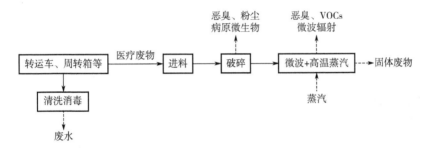

图 3-316　医疗废物微波＋高温蒸汽组合处理技术工艺流程及产排污节点

3.27.2　主要污染物及产污环节分析

3.27.2.1　生活垃圾焚烧

（1）废气

生活垃圾焚烧废气产排污节点、排放口及污染因子见表 3-90。

表 3-90　生活垃圾焚烧废气产排污节点、排放口及污染因子

产排污节点	排放口类型	污染因子	备注
焚烧烟气	主要排放口	颗粒物、氮氧化物、二氧化硫、氯化氢、一氧化碳、汞及其化合物、镉及其化合物、铊及其化合物、锑及其化合物、砷及其化合物、铅及其化合物、铬及其化合物、铜及其化合物、锰及其化合物、镍及其化合物、二噁英类	有组织排放
运输、卸料、贮存	—	硫化氢、氨、臭气浓度	无组织排放
预处理	一般排放口（一）	硫化氢、氨、臭气浓度、颗粒物	有组织排放（无组织排放）
燃煤贮存、装卸	—	颗粒物	无组织排放
炉渣池装卸、贮存	一般排放口（一）	颗粒物	有组织排放（无组织排放）
飞灰仓、脱酸中和剂储罐（仓）、活性炭仓、水泥仓装卸、贮存			
脱硝剂储罐装卸、贮存	—	氨	无组织排放
渗滤液调节、生化处理等	一般排放口（一）	硫化氢、氨、臭气浓度	有组织排放（无组织排放）

（2）废水

废水类别包括化学水处理系统废水、锅炉排污水、垃圾渗滤液、湿法脱酸废水、生

活污水及循环冷却水等，其废水产排污节点、排放口及污染因子见表 3-91。

表 3-91　生活垃圾焚烧废水产排污节点、排放口及污染因子

产排污节点	排放口类型	污染因子
工业废水（包括化学水处理系统废水、锅炉排污水）	一般排放口	pH、悬浮物、化学需氧量、石油类
垃圾渗滤液		色度、化学需氧量、五日生化需氧量、悬浮物、总氮、氨氮、总磷、粪大肠菌群、总汞、总镉、总铬、六价铬、总砷、总铅
湿法脱酸废水		pH、悬浮物、化学需氧量、硫化物、氟化物、总汞、总镉、总铬、六价铬、总砷、总铅
生活污水		色度、化学需氧量、五日生化需氧量、悬浮物、总氮、氨氮、总磷、粪大肠菌群、总汞、总镉、总铬、六价铬、总砷、总铅
循环冷却水		pH、化学需氧量、总磷、氨氮

3.27.2.2　危险废物焚烧

（1）废气

在焚烧过程中，危险废物被转变成简单成分的气体、烟粉尘、焚烧副产物和燃烧残渣。产生的气体主要含有 CO_2、水蒸气和过量的空气，而有害元素则转变为 NO_x、SO_x、HCl 以及可挥发的金属及其化合物，同时也可能含有极少量的未燃成分，并且烟粉尘也混杂在排放物中。燃烧副产物主要是毒性极强的二噁英副产物。危险废物焚烧废气产排污节点、排放口及污染因子见表 3-92。

表 3-92　危险废物焚烧废气产排污节点、排放口及污染因子

产排污节点		排放口类型	污染因子	备注
焚烧烟气		主要排放口	烟气黑度、烟尘（颗粒物）、氮氧化物、二氧化硫、氟化氢、氯化氢、一氧化碳、汞及其化合物、镉及其化合物、铊及其化合物、锑及其化合物、砷及其化合物、铅及其化合物、铬及其化合物、铜及其化合物、锰及其化合物、镍及其化合物、二噁英类	有组织排放
分析化验室	通风废气	一般排放口	挥发性有机物、颗粒物、氯化氢、氟化物、氨、硫化氢、臭气浓度	有组织排放（无组织排放）
危废贮存库	贮存废气			
预处理	预处理废气			
配料坑	进料废气			
独立危废贮存罐		一般排放口	挥发性有机物、氯化氢、氟化物、氨、硫化氢、臭气浓度	有组织排放（无组织排放）

续表

产排污节点	排放口类型	污染因子	备注
燃油储罐或其他燃料贮存设施	—	挥发性有机物	无组织排放
脱酸剂贮存罐（仓）	—	颗粒物	无组织排放
脱硝剂贮存罐（仓）（氨水贮存罐、液氨贮存罐、尿素贮存仓）	—	氨	无组织排放
飞灰、焚烧残渣贮存库	一般排放口	颗粒物、氨、硫化氢、臭气浓度	有组织排放（无组织排放）
污水处理设施	—	氨、硫化氢、臭气浓度	无组织排放

（2）废水

排污单位废水种类主要有初期雨水、厂区内生活污水和焚烧厂内综合污水处理站收集的废水（其中含有湿法脱酸废水、烟气净化化学清洗废水、湿法除渣废水、冲洗废水、冷却系统废水、余热锅炉废水及软化水制备废水等）。废水污染物种类有 pH、悬浮物、五日生化需氧量、化学需氧量、石油类、氨氮、氟化物、磷酸盐、粪大肠菌群数、总余氯、总汞、总镉、总铬、六价铬、总砷、总铅。

（3）固体废物

燃烧残渣主要是灰分、金属氧化物和未燃物，法规要求燃烧残渣经危险废物特性鉴别后为危险废物的，按照危险废物进行安全填埋处置，不属于危险废物的按照一般废物进行处置。

3.27.2.3 工业固体废物和危险废物治理

（1）一般工业固体废物

① 废气 一般工业固体废物贮存、处置排污单位废气排放分为有组织排放或无组织排放。贮存、处置单元产生的污染物种类有颗粒物和二氧化硫，其中公用单元的污水处理设施，污染物的种类有硫化氢、氨、臭气浓度，且排放形式既含有组织排放又含有无组织排放。

② 废水 排污单位废水主要来源于渗滤液、冲洗废水、生活污水、厂内综合污水处理设施排水以及单独收集的生活污水，其污染物种类有 pH 值、悬浮物、化学需氧量、五日生化需氧量、氨氮、总磷等。

③ 固体废物 排污单位固体废物产生来源于污水处理过程中产生的污泥。

（2）危险废物（不含医疗废物）利用

① 废气 危险废物（不含医疗废物）利用排污单位的废气排放分为有组织排放或无组织排放。

对于有组织排放：

  a. 有机物回收单元产污环节有加热炉热处理工序和冷凝工序，主要污染物有颗粒物、二氧化硫、氮氧化物、非甲烷总烃等。

  b. 废活性炭再生单元产污来源于干燥、筛分、热处理、出炭、酸洗工序，主要污染物有颗粒物、二氧化硫等。

  c. 废催化剂再生单元主要产污节点有清灰、筛分、烧炭、氯化更新、干燥、煅烧六个工序，主要污染物有颗粒物、二氧化硫、氯化氢等。

  d. 废包装容器清洗单元主要污染环节有破碎、分选、清洗、烘干/吹干、补漆工序，其主要污染物有颗粒物、非甲烷总烃等。

  e. 废线路板产污环节有破碎和分选，其主要污染为颗粒物等。

  f. 公用单元的产污来自废水处理设施，主要污染物有硫化氢、氨、臭气浓度。

  无组织排放主要来自贮存、化验、各生产单元废水处理、筛分、破碎等工序，其主要污染物有硫化氢、氨、非甲烷总烃、颗粒物、臭气浓度等。

  ② 废水　排污单位废水主要来源于生产废水、冲洗废水、生活污水、厂内综合污水处理设施排水以及单独收集的生活污水，其污染物种类有 pH 值、悬浮物、化学需氧量、五日生化需氧量、氨氮、总磷等。

  ③ 固体废物　排污单位废水主要来源于贮存、分析与鉴别、有机物回收、废活性炭再生、废催化剂再生、废包装容器清洗、废线路板回收与公用单元，其固体废物产排污节点及污染因子见表 3-93。

表 3-93　固体废物产排污节点及污染因子

产排污节点		主要废物
贮存单元	拆包	废包装物
分析与鉴别单元	实验分析	实验室废液、实验室废物
有机物回收单元	蒸馏、精馏	蒸馏残渣
废活性炭再生单元	筛分	筛分出的废活性炭
废催化剂再生单元	筛分	筛分出的废催化剂
废包装容器清洗单元	倒残	倒残废液
	清洗	废溶剂、清洗残渣
	分拣、破碎	无法再生的废包装容器
废线路板回收单元	破碎、分选	废树脂粉
公用单元	除尘	除尘灰、废布袋
	脱硫	废脱硫石膏
	脱硝	废脱硝催化剂
	其他废气处理	废活性炭
	污水处理	污泥、废滤芯

（3）危险废物（不含医疗废物）处置

① 废气　危险废物（不含医疗废物）处置排污单位的废气排放分为有组织排放或无组织排放。

a. 有组织排放　根据环境影响评价文件及其审批、审核意见等相关环境管理规定以及危险废物特性，针对各工序从相应排放标准中选取废气污染项目。

b. 无组织排放　无组织排放主要来自贮存、化验、各生产单元废水处理、固化、爆破、填埋等工序，其主要污染物有硫化氢、氨、非甲烷总烃、颗粒物、臭气浓度等。

② 废水　排污单位废水主要来源于填埋场渗滤液、生产废水、冲洗废水、生活污水、厂内综合污水处理设施排水以及单独收集的生活污水，其污染物种类有重金属、pH值、悬浮物、化学需氧量、五日生化需氧量、氨氮、总磷、磷酸盐等。

③ 固体废物　危险废物处置排污单位的主要生产单元分为接收与贮存、分析与鉴别、物化处理、熔融处置、热脱附处置、超临界水氧化处置、铬渣干法解毒、安全气囊爆破与公用单元。其固体废物产排污节点及主要废物见表3-94。

表3-94　危险废物处置单位固体废物产排污节点及主要废物

产排污节点		主要废物
接收与贮存单元	拆包	废包装物
分析与鉴别单元	实验分析	实验室废液
物化处理单元	酸碱中和、混凝沉淀、氧化还原、过滤、隔油等	污泥、废渣
熔融处理单元	熔融反应	熔融渣
热脱附处置单元	热脱附反应	热脱附处置后的废物
超临界水氧化处置单元	超临界水氧化	超临界水氧化残渣
铬渣干法解毒单元	解毒反应	解毒后的铬渣
安全气囊爆破单元	爆破	废塑料、废尼龙布
公用单元	除尘设施	除尘灰、废布袋
	脱硫	废脱硫石膏
	脱硝	废脱硝催化剂
	其他废气处理	废活性炭、其他
	污水处理	污泥、废滤芯

（4）医疗废物处置

① 医疗废物焚烧处置技术　医疗废物焚烧处置过程中会产生废气、废水、固体废物和噪声等污染，其中大气污染（酸性气体、重金属和二噁英等）是主要环境问题。

大气污染物主要为医疗废物焚烧过程中产生的烟气，通常含颗粒物、二氧化硫、氮氧化物、氯化氢、氟化氢、重金属（铅、汞、砷、六价铬、镉等）和二噁英等。

水污染物主要来源于转运车辆消毒冲洗废水、周转箱消毒冲洗废水、烟气净化系统废水、卸车场地暂存场所和冷藏贮存间等场地冲洗废水等，通常含有机污染物、氨氮、悬浮性污染物、传染性微生物和病原体，各类污染物浓度均较低。

固体废物主要为焚烧残渣、飞灰和烟气净化装置产生的其他固态物质。

噪声污染主要来源于厂房和辅助车间的各类机械设备和动力设施，如鼓风机、引风机、发电机组、各类泵体、空压机和锅炉安全阀等。

② 医疗废物非焚烧处置技术

a. 高温蒸汽处理技术　医疗废物高温蒸汽处理过程中主要产生废气，以及少量废水、固体废物和噪声等。

大气污染物主要为预排气和高温蒸汽处理过程中产生的挥发性有机污染物和恶臭。

水污染物主要来源于转运车和周转箱的冲洗废水、卸车场地暂存场所和冷藏贮存间等场地冲洗废水以及高温蒸汽处理过程排出的废液等。

固体废物为医疗废物经高温蒸汽消毒处理后产生的废物。

噪声污染主要来源于锅炉房、高温蒸汽处理设施和破碎设施等。

b. 化学处理技术　医疗废物化学消毒过程中主要产生废气，以及少量废水、固体废物和噪声等。

大气污染物主要为进料和破碎过程中产生的挥发性有机污染物、恶臭和病原微生物。

水污染物主要来源于转运车和周转箱的冲洗废水、卸车场地暂存场所和冷藏贮存间等场地冲洗废水以及少量化学消毒处理过程排出的废液等。

固体废物为医疗废物经化学消毒处理后产生的废物。

噪声污染主要来源于化学消毒处理设施和破碎设施等。

c. 微波处理技术　医疗废物微波处理过程中主要产生废气，以及少量废水、固体废物、噪声和微波辐射等。

大气污染物主要为破碎和微波消毒处理过程中产生的挥发性有机污染物、恶臭和病原微生物。

水污染物主要来源于转运车和周转箱的冲洗废水、卸车场地暂存场所和冷藏贮存间等场地冲洗废水以及微波消毒后脱水干燥产生的废水等。

固体废物为医疗废物经微波消毒处理后产生的废物。

噪声污染主要来源于提升设备、锅炉风机和破碎设施等。

3.27.3　相关标准及技术规范

《排污许可证申请与核发技术规范　生活垃圾焚烧》（HJ 1039—2019）

《排污许可证申请与核发技术规范　危险废物焚烧》（HJ 1038—2019）

《排污许可证申请与核发技术规范　工业固体废物和危险废物治理》（HJ 1033—2019）

《排污许可证申请与核发技术规范　工业固体废物（试行）》（HJ 1200—2021）

《医疗废物处理处置污染防治最佳可行性技术指南（试行）》（环境保护部 2011 年12月）

《危险废物焚烧污染控制标准》（GB 18484—2020）

《生活垃圾焚烧污染控制标准》（GB 18485—2014）

《医疗机构水污染物排放标准》（GB 18466—2005）

《危险废物贮存污染控制标准》（GB 18597—2023）

《危险废物填埋污染控制标准》（GB 18598—2019）

《一般工业固体废物贮存和填埋污染控制标准》（GB 18599—2020）

《生活垃圾焚烧厂运行维护与安全技术标准》（CJJ 128—2017）

第 4 章

排污企业环保规范化管理措施要点

4.1 企业环保管理体系

4.1.1 制订环保目标

根据现行环保法律法规、标准和行业规范，以及污染防治攻坚要求，制订企业环保工作目标和计划，明确责任、具体任务、指标和考核方式，并将计划进行细化分解，落实到生产管理、技术管理、污染防治等各个方面和环节。制订企业环境保护总体目标和年度目标时，应结合企业生产经营实际和环境保护管理基础，要可量化，并予以文件化。

4.1.2 设置环保机构

企业依法设置生态环境保护机构或专（兼）职人员。企业环保技术人员全面负责本企业环境保护管理工作，改善企业环境状况，减少企业对周围环境的污染，并协调企业与政府环保部门的工作。企业环境保护机构应配备必需的环保专业技术人员，并保持相对稳定，定期召开企业环保情况报告会和专题会议，负责做好本企业的环境保护工作。

列入国家、省、市重点污染源、重点监管企业及高污染高风险行业企业，应设置独立环境保护管理机构并配置专职环保管理人员。其他企业按《统计上大中小微型企业划分办法》分类，大型企业应当设置独立环境保护管理机构并配置专职环保管理人员，中型企业应当设置独立或综合环境保护管理机构、配置专职或兼职环保管理人员，小型（含微型）企业应当设置有环境保护专职或兼职管理岗位。专职环境保护管理岗位应配备具有专业知识技能并经过相关培训的人员。

4.1.3　建立环保管理制度

企业建立健全生态环境保护管理制度，定期对制度的适用性、有效性和执行情况进行评估，并依据评估结果及时修订完善。

（1）岗位责任制和操作规程管理制度

建立完善的岗位责任制，逐级逐岗明确环保职责，配备与生态环境保护和污染治理相匹配的岗位管理人员和岗位操作人员。企业应结合自身生产工艺、污染物种类与治理要求，编制适用的环境管理岗位操作规程，并严格执行。操作规程包括：污染治理设施操作、运行和维修规程，现场应急处置方案，固体废物收集与贮存作业指导书，化验岗位作业指导书，污染（废水、废气、废渣、噪声、放射源等）治理设施运行作业指导书等。

（2）污染治理设施运行台账管理制度

各项污染治理设施建立运行台账，台账保存 3 年以上，台账内容包括：设备名称、型号、规格、安装运行情况、主要参数变化趋势、原辅料使用情况、日常维护保养、自动监控设备校准校验和标准物质更换情况等。

（3）污染治理巡查制度

按要求开展巡查，并做好巡查记录，巡查记录保存 3 年以上。巡查内容包括环保岗位人员在岗工作状态、各项环保规章制度落实、污染物排放、污染治理设施运行、环境安全隐患排查、危险废物管理、排污管网跑冒滴漏、污染治理设施计量器运行情况等。

（4）污染治理设施标志管理制度

制作统一规范的污染治理设施标志，主要内容包括：设施名称、类型、作用、使用有效期，并标明该设施运行管理责任部门与责任人，以及设施维护部门与维护负责人。标志需标识于污染治理设施现场显著位置，便于识别和警示。

（5）突发环境事件应急管理制度

建立环境应急管理机构或指定专人负责环境应急管理工作，并在开展环境风险评估和应急资源调查的基础上，编制突发环境事件应急预案并执行备案规定。

（6）环境信息公开制度

企业根据《中华人民共和国环境保护法》《企业事业单位环境信息公开办法》等有关规定，及时、如实公开企业环境信息。公开方式可采取以下一种或者几种：公告或者公开发行的信息专刊；广播、电视等新闻媒体；信息公开服务、监督热线电话；本单位的资料索取点、信息公开栏、信息亭、电子屏幕、电子触摸屏等场所或者设施；其他便于公众及时、准确获得信息的方式。

此外，企业环保制度还包括：环保考核奖惩制度；法律法规标准规范更新管理；环保投入管理；环保相关认证管理；建设项目环境管理；排污许可证申报与执行管理；自行监测管理；清洁生产与资源综合利用管理；环保设备设施建设、验收、运营、变更与报废管理；危险废物管理；辐射源管理；环境风险评估和控制管理等。

4.1.4 环保许可管理

（1）建设项目环境影响评价

企业新建、改建、扩建项目执行《中华人民共和国环境保护法》《中华人民共和国环境影响评价法》《建设项目环境保护管理条例》等相关规定，履行相关审批手续，并严格落实环评文件及批复要求的生态环境保护和污染防治措施。

（2）建设项目环保"三同时"

企业应执行建设项目环境保护"三同时"管理制度，确保建设项目配套的污染防治设施及风险防范措施与主体工程同时设计、同时施工、同时投产使用。

应注意：

① 现有排污企业应在生态环境部门规定的时间前申请并取得排污许可证或完成排污登记。

② 新建排污企业应在启动生产设施或者在实际排污之前申请取得排污许可证，或进行排污登记。

③ 建设项目在投入正式生产前，建设单位应自主完成环境保护设施竣工验收等相关程序。

（3）排污许可证申领与执行

企业按照生态环境主管部门的规定，依法申领排污许可证及登记排污信息。排污情况发生变化时，及时变更并上报当地生态环境主管部门备案。排污企业落实排污许可管理各项规定，做好台账记录、执行报告、自行监测、信息公开等事项，按照排污许可证核定的污染物种类、控制指标和规定的方式排放污染物。严禁无证排污和不按证排污。

① 企业应按照生态环境部门的要求完成排污登记工作，提供必要资料，并保证所提供各类环境信息真实有效，不得瞒报或谎报。

② 排污企业应按照规定申请领取排污许可证，并确保排污许可证在有效期内。企业排污必须按照许可证核定的污染物种类、控制指标和规定的方式排放污染物。

③ 排污企业在申请排污许可证时，应按照《排污许可管理条例》等文件规定，编制自行监测方案、环境管理台账及季度、年度执行报告。

为确保排污许可证副本中的规定得到有效执行，企业应注意以下几点：

① 排污企业应按照排污许可证规定，开展自行监测，保存原始监测记录。实施排污许可重点管理的排污单位，应当按照排污许可证规定安装自动监测设备，并与环境保护主管部门的监控设备联网。

② 排污单位应按照排污许可证中关于环境管理台账记录的要求，根据生产特点和污染物排放特点，按照排污口或者无组织排放源进行记录，台账记录保存期限不少于5 年。

③ 排污单位应按照排污许可证规定的关于执行报告内容和频次的要求，编制排污许可证执行报告。

④ 重点排污单位应及时如实公开有关环境信息，自觉接受公众监督。

⑤ 在排污许可证有效期内，法律法规规定的与排污单位有关的事项发生变化的，排污单位应当在规定时间内向核发生态环境部门提出变更排污许可证的申请。

⑥ 排污单位需要延续依法取得的排污许可证的有效期的，应当在排污许可证有效期届满60日前向原核发的生态环境部门提出申请。

⑦ 排污单位变更名称、住所、法定代表人或者主要负责人的，应当自变更之日起30日内，向审批部门申请办理排污许可证变更手续。

（4）环境保护税缴纳

企业应按照《中华人民共和国环境保护税法实施条例》的规定，及时、足额缴纳环境保护税，并明确责任部门和人员。企业应当知晓缴纳环境保护税不免除其防治污染、赔偿污染损害的责任和法律、行政法规规定的其他责任。

4.1.5　污染防治管理

4.1.5.1　污染物排放及处置控制

（1）废水

企业应按照《中华人民共和国水污染防治法》要求，采取有效措施，收集和处理产生的全部工业废水，防止污染环境。

建立废水管理制度，明确废水管理的部门与责任人。根据排污许可证许可及实际生产经营情况，设定废水排放的目标指标，建立废水排放清单，加强废水处理设施的现场管理，确保雨污分流、规范收集、达标排放，定期监测废水排放情况，对照相关排放标准做合规性评价，并将相关评价过程和结果文件存档。化工等行业还应根据相关要求实现生产废水、生活污水、清下水、雨水"四水"分开。

① 废水收集　厂区内生产废水、生活污水、清下水、雨水分开、规范收集。对含一类污染物的废水进行分类收集。排放含重金属、涉及有毒有害物质的企业，按规定建设初期雨水收集设施。排污管网无跑冒滴漏现象。

② 治理设施　各项废水污染治理设施完好、正常运行，污染治理设施与生产能力相匹配。按照生态环境主管部门规定，安装自动监控设备和视频监控设备，并联网。

③ 污泥处理和贮存　污泥压滤场所设置围堰，并作防腐防渗处理，保证污泥压滤水和渗滤液妥善收集，回流再处理。脱水后的污泥，存放在具有防雨淋、防渗、防扬散、防流失的场所。

④ 废水排放　企业各独立厂区只允许设一个工业废水排放口；生活污水若单独处理排放的或通过市政污水管网进入污水处理厂处理的只允许设一个独立的生活污水排放口。污水排放口采样点满足采样要求。废水污染物稳定达标排放，无偷排、漏排现象。

（2）废气

企业按照《中华人民共和国大气污染防治法》要求，向大气排放污染物的，应当符合大气污染物排放标准。建立废气管理制度，明确废气管理的部门与责任人。根据排污许可证许可及实际生产经营情况，设定废气排放的目标指标，建立废气排放全过程管理清单，对各类废气排放源分别采取措施进行治理，实现达标排放。定期监测废气排放情况，对照相关排放标准做合规性评价，并将相关评价过程和结果文件存档。

① 有组织排放

a. 废气收集　生产车间各生产线产生废气的环节设置独立的废气收集装置，同类型废气进行集中收集处置，废气收集管网无破损，无堵塞。车间内无强烈刺激性气味。

b. 治理设施　各项废气污染治理设施完好、正常运行，污染治理设施与生产能力相匹配。按照生态环境主管部门有关规定，安装自动监控设备和视频监控设备，并联网。

c. 废气排放　排气筒高度、个数满足环境管理要求，废气采样位置、采样孔大小满足采样要求。废气污染物稳定达标排放，无偷排、漏排现象。

② 无组织排放　工业企业应采取密闭、围挡、遮盖、清扫、洒水等措施，减少内部物料堆存、传输、装卸等环节产生的粉尘和气态污染物的排放；易产生扬尘的物料应密闭存放，不能密闭的设置不低于堆放物高度的围挡，并采取有效覆盖措施防止扬尘污染。企业应采用先进工艺技术减少无组织排放，产生含挥发性有机物废气的生产环节，在密闭空间或设备中进行；生产和使用有机溶剂的企业，应采取措施对管道、设备进行日常维护，减少物料泄漏，对泄漏的物料及时收集处理；有毒、有害、恶臭气体集中收集和处理。

（3）噪声

企业应按照《中华人民共和国噪声环境污染防治法》要求，建立噪声管理制度，明确噪声管理的部门与责任人，根据企业生产布局、安排和设备设施情况，设定噪声排放的限值。采取有效措施，减轻噪声对周围生活环境的影响，对主要噪声源采取隔声、降噪、减震措施，高噪声源设置警示标识牌，定期监测噪声排放情况，厂界噪声应达到《工业企业厂界环境噪声排放标准》（GB 12348—2008）的要求。定期监测噪声排放情况，对照国家标准做合规性评价，并将相关评价过程和结果文件存档。

（4）一般工业固体废物

企业应遵照《中华人民共和国固体废物污染环境防治法》等法律法规的要求，建立一般工业固体废物管理制度，明确一般工业固体废物管理的部门与责任人。设定一般工业固体废物综合利用的目标指标，一般固废的贮存和处置应符合《一般工业固体废物贮存和填埋污染控制标准》（GB 18599—2020）的规定，根据产废实际、工业固体废物类型，建设符合规范且满足需求的贮存场所，做到分类收集，分开贮存。委托外单位利用处置的，与具有相应利用处置能力的单位签订合同，并保存好相关销售、利用凭证；跨省处置的依法取得移出地和接受地省级生态环境主管部门同意。

企业建立工业固体废物种类、产生量、贮存、处置等有关资料的台账，按年度向所在地县级以上地方人民政府生态环境主管部门申报登记。申报登记事项发生种类、数量等改变超过20%的，应当在发生改变之日起十个工作日内向原登记机关申报。依据减量化、资源化、无害化原则对工业固体废物实施管理，优先对其实施综合利用。

（5）危险废物

企业应明确危险废物管理的部门与责任人，建立目视化的标识制度并开展日常维护，做好日常培训工作；制订危险废弃物的管理计划，按照减量化和危害降低的原则开展管理，规范危险废物的储存、利用、处置和变更。

企业危险废物贮存场所应符合国家《危险废物贮存污染控制标准》（GB 18597—2001）、《危险废物收集、贮存、运输技术规范》（HJ 2025—2012）等有关标准的规定。危险废物利用、处置须委托有相应资质的单位，填写"危险废物转移联单"并存档，跨省转移危险废物的须办理危险废物转移审批。自行利用、处置危险废物的须有环评手续且通过审批，有内部管理原始台账和相应的监测报告，做到稳定达标排放，次生危废得到安全处置。焚烧处置的安装烟气自动监控设备，与生态环境主管部门联网，并定期开展二噁英监测。

（6）土壤及地下水

重点企业应按照《中华人民共和国环境保护法》《中华人民共和国土壤污染防治法》《工矿用地土壤环境管理办法（试行）》等相关规定，建立土壤及地下水污染防治管理制度，定期对重点区域、重点设施开展隐患排查，发现问题及时整改。按照相关规定制订自行监测方案，落实定期监测，并保存监测记录。在隐患排查、监测等活动中发现工矿用地土壤和地下水存在污染迹象的，及时开展土壤和地下水环境调查与风险评估，根据调查与风险评估结果采取风险管控或者治理与修复等措施。重点单位新、改、扩建项目，应当在开展建设项目环境影响评价时，按照国家有关技术规范开展工矿用地土壤和地下水环境现状调查，编制调查报告。终止生产经营活动前，开展土壤和地下水环境初步调查，编制调查报告，及时上传全国污染地块土壤环境管理信息系统。

（7）核与辐射

企业应按照《中华人民共和国放射性污染防治法》的相关要求，建立辐射管理制度，明确辐射管理的责任部门与责任人。严格辐射源及放射性废物管理，规范从购置到报废处置各环节的管理流程。

核技术利用企业按照从事的辐射种类和范围取得相应的辐射安全许可证；严格放射源管理，规范购买、使用、转让、返回或送贮各个环节；配备与从事的辐射活动相适应的辐射安全和防护设施及用品，以及必要的安全联锁装置、监控报警设备、监测设备等；从事辐射工作的人员通过辐射安全和防护专业知识及相关法律法规的培训和考核，持证上岗；产生放射性废气、废液、固体废物的，还应依法具有确保放射性废气、废液、固体废物达标排放的处理能力或者可行的处理方案；定期对辐射工作场所进行监测，对照国家标准做合规性评价，并对本单位辐射安全和防护状况进行年度评估；根据可能发生的辐射事故风险，制订本单位辐射事故应急预案并演练，做好应急准备。

（8）移动源

使用移动源的企业严格移动源使用管理，建立移动源使用管理台账，规范移动源油品使用、车用尿素使用、排放检测、车辆维护保养等各个环节，确保使用的车（机）符合排放阶段相关要求并达标排放。签订绿色运输承诺书，逐步提高清洁运输比例。制订重污染天气运输车辆应急响应方案。

（9）其他污染物

企业全面梳理污染物种类，针对其他类型（热污染、光污染等）污染物提出包括源头预防、工艺改进、管理提升、末端治理等污染治理和排放控制措施。

4.1.5.2　污染治理设施建设运行管理

（1）建设管理

应明确相关职责，确保污染治理设施可研、设计、建设、验收各环节得到有效管理，符合环境影响评价文件和环保部门相关要求。

污染治理设施设计和施工单位应有相应资质，污染治理设施投入运行后，企业应根据现行法规要求，自行组织验收或申请验收，进行备案并取得生态环境行政主管部门出具的验收批准文件。

（2）运行管理

建立环境保护设施的检修、维护、保养、变更及报废管理制度，并建立环境保护设备设施运行台账，对设施运行情况、原辅料使用情况、设备维护等情况进行记录，制订检（维）修计划。

污染治理设施不得擅自拆除或者闲置，暂停运转、闲置或者拆除、改造、更新治理设施，必须在工程实施前以文件形式上报生态环境行政主管部门，并根据当地管理要求在相关部门备案或得到许可。

建设和运行污水集中处理设施、固体废物处置设施，应当依照法律法规和相关标准的要求，采取措施防止土壤和地下水污染。

企业应配备必要的技术管理人员、运行操作人员和监测设备，也可委托有污染治理设施运营资质的第三方，开展对企业污染治理设施的专业化、社会化运营，提高企业污染治理设施的运营与管理水平。

（3）规范化排污口

企业按照环评文件及批复要求，遵循"环保标志明显、排放口设置合理，污染物排放去向合理、便于采集样品、便于监测计量、便于公众参与监督管理"的原则规范化建设排污口。已建设排污口的企业按照《排污口规范化整治技术要求（试行）》（环监〔1996〕470号），对排污口进行规范化整治。企业各类排放口需规范设置图形标志牌，标志牌的设置参考生态环境部《环境保护图形标志　排放口（源）》（GB 15562.1—1995）和《〈环境保护图形标志〉实施细则》的有关规定。

（4）自动监控设备

企业按照生态环境主管部门要求建设安装污染源在线监控设备，并应对相关设备进行有效管理，建立设备基础信息档案，提出对监控设备运行管理要求、信息传输检查要求等内容，以保证监控设备稳定运行，监测数据有效传输。具体包括：

① 规范建设在线监测站房，确保在线监控设备正常运行和维护；

② 建立和完善监控设备操作、使用和维护规章；

③ 对符合要求的第三方运营单位日常运维情况进行监督；

④ 提出在线设备故障时手工监测数据上报的管理要求；

⑤ 对监控数据传输情况进行跟踪管理，发现异常数据及时报告、查找原因、实施整改。

4.1.6 环保宣传教育培训

企业利用讲座、公告栏、目视化标识标牌、多媒体等多种方式，开展环保宣传、人员教育与培训活动，内容包括：环保法律法规、标准和行业规范，污染防治攻坚，重污染天气应急管控，突发环境事件应急响应有关规定，企业环保规章制度和操作规程等。

4.2 企业环保档案管理

企业应建立环境管理文件和档案管理制度，明确责任部门、人员、流程、形式、权限及各类环境管理档案保存要求等，确保企业环境管理规章制度和操作规程编制、使用、评审、修订符合有关要求。

规范的企业档案包括静态管理档案和动态管理档案，一般应包括以下几项内容。

（1）静态管理档案

包括但不限于以下文件资料：

① 企业基本情况介绍、企业营业执照复印件；

② 环保审批文件，包括所有建设项目清单，各项目环评报告书（表）及审批意见、登记表备案文书；

③ 排污许可证正、副本；

④ 污染防治设施设计及验收文件；

⑤ 项目竣工验收监测报告、意见及结论等文件资料；

⑥ 在线监测（监控）设备验收意见；

⑦ 工业固废及危险废物收运合同；

⑧ 危险废物转移审批表；

⑨ 清洁生产审核报告及专家评估验收意见；

⑩ 排污口规范化登记表；

⑪ 生产废水、生活污水、回用水、清下水管道和生产废水、生活污水、清下水排放口平面图；

⑫ 固定污染源排污登记表；

⑬ 环境污染事故应急处理预案；

⑭ 重污染天气应急预案及相关资料；

⑮ 生态环境部门的其他相关批复文件等。

（2）动态管理档案

包括但不限于以下文件资料：

① 各类污染防治设施的运行记录及相关台账；

② 原辅材料管理台账；

③ 在线监测（监控）系统运行台账；

④ 年度自行监测计划及监测报告；

⑤ 排污许可证管理制度要求建立的排污单位基本信息记录、生产设施运行管理信息记录、监测信息记录等各种台账记录及排污月报、季报和年度报告等执行报告；

⑥ 危险废物年度管理计划、转移计划、管理台账和转移联单；

⑦ 突发环境事件应急演练记录；

⑧ 环境执法现场检查记录、检查笔录及调查询问笔录；

⑨ 行政命令、行政处罚、限期整改等相关文书及相关整改凭证等。

环保档案资料的保存应完整、连续、规范并建立备份。参照《环境保护档案管理办法》的要求开展档案管理，环评、验收、登记备案、处罚等行政和法律类资料，及环保类技术报告、建设施工图纸等具备长期应用和查考价值的档案资料应永久保存；环保设施运行记录等在较长时间内具有查考价值的档案纸质原件保存期限应不低于 15 年；其他在一定时期内具有查考利用价值的档案资料纸质原件保存期限应不低于 10 年。纸质档案销毁时应建立电子档案留存并建立销毁清册。

环保档案资料的更新应及时、规范且与台账更新同步。

环保档案资料的调用应有明确记录并确保归档。

4.3　建立环境管理台账

环境管理台账是结合排污许可证申请、核发、执行、监管工作需要，规定排污许可体系中台账管理应记录的内容，包括企业基本情况、生产设施、污染治理设施运行情况、监测情况等，并确定环境管理台账是排污单位自证守法的主要原始依据。

《排污单位环境管理台账及排污许可证执行报告技术规范　总则（试行）》（HJ 944—2018）中列出了企业编制环境管理台账的一般性原则、主要内容和相关要求，具体企业在编制环境管理台账时，还应参考其所属行业排污许可证申请与核发技术规范、排污许可证副本等相关要求予以细化。

由于一般工业固体废物涉及量大面广，《一般工业固体废物管理台账制定指南（试行）》（生态环境部 2021 年第 82 号）中对一般工业固体废物管理台账编制工作也有规范化要求。同时，为指导产生危险废物的单位制定危险废物管理计划和管理台账，生态环境部于 2022 年 6 月 2 日发布了《危险废物管理计划和管理台账制定技术导则》（HJ 1259—2022），自 2022 年 10 月 1 日起实施。企业在建立固体废物管理台账时，应参考相关文件进行规范化管理。

4.3.1　记录内容

台账包括基本信息、生产设施运行管理信息、污染防治设施运行管理信息、监测记录信息及其他环境管理信息等。

4.3.1.1　基本信息

包括排污单位生产设施基本信息、污染防治设施基本信息。

① 生产设施基本信息　主要技术参数及设计值等。

② 污染防治设施基本信息　主要技术参数及设计值；对于防渗漏、防泄漏等污染防治措施，还应记录落实情况及问题整改情况等。

4.3.1.2　生产设施运行管理信息

包括主体工程、公用工程、辅助工程、储运工程等单元的生产设施运行管理信息。

（1）正常工况

运行状态、生产负荷、主要产品产量、原辅料及燃料等。

① 运行状态　是否正常运行，主要参数名称及数值。

② 生产负荷　主要产品产量与设计生产能力之比。

③ 主要产品产量　名称、产量。

④ 原辅料　名称、用量、硫元素占比、有毒有害物质及成分占比（如有）。

⑤ 燃料　名称、用量、硫元素占比、热值等。

⑥ 其他　用电量等。

（2）非正常工况

起止时间、产品产量、原辅料及燃料消耗量、事件原因、应对措施、是否报告等。

对于无实际产品、燃料消耗，非正常工况的辅助工程及储运工程的相关生产设施，仅记录正常工况下的运行状态和生产负荷信息。

4.3.1.3　污染防治设施运行管理信息

（1）正常情况

运行情况、主要药剂添加情况等。

① 运行情况　是否正常运行；治理效率、副产物产生量等。

② 主要药剂（吸附剂）添加情况　添加（更换）时间、添加量等。

③ DCS曲线图　涉及DCS系统的，还应记录DCS曲线图。DCS曲线图应按不同污染物分别记录，至少包括烟气量、污染物进出口浓度等。

（2）异常情况

起止时间、污染物排放浓度、异常原因、应对措施、是否报告等。

4.3.1.4　监测记录信息

按照《排污单位自行监测技术指南　总则》（HJ 819—2017）及各行业自行监测技术指南规定执行。

监测质量控制按照《固定污染源监测质量保证与质量控制技术规范（试行）》（HJ/T 373—2007）和《排污单位自行监测技术指南　总则》（HJ 819—2017）等规定执行。

4.3.1.5　其他环境管理信息

① 无组织废气污染防治措施管理维护信息　管理维护时间及主要内容等。

② 特殊时段环境管理信息　具体管理要求及其执行情况。

③ 其他信息　法律法规、标准规范确定的其他信息，企业自主记录的环境管理信息。

4.3.2　记录频次

4.3.2.1　基本信息

对于未发生变化的基本信息，按年记录，1次/年；对于发生变化的基本信息，在发生变化时记录1次。

4.3.2.2　生产设施运行管理信息

（1）正常工况

① 运行状态　一般按日或批次记录，1次/日或批次。

② 生产负荷　一般按日或批次记录，1次/日或批次。

③ 产品产量　连续生产的，按日记录，1次/日。非连续生产的，按照生产周期记录，1次/周期；周期小于1天的，按日记录，1次/日。

④ 原辅料　按照采购批次记录，1次/批。

⑤ 燃料　按照采购批次记录，1次/批。

（2）非正常工况

按照工况期记录，1次/工况期。

4.3.2.3　污染防治设施运行管理信息

（1）正常情况

① 运行情况　按日记录，1次/日。

② 主要药剂添加情况　按日或批次记录，1次/日或批次。

③ DCS曲线图　按月记录，1次/月。

（2）异常情况

按照异常情况期记录，1次/异常情况期。

4.3.2.4 监测记录信息

按照《排污单位自行监测技术指南 总则》（HJ 819—2017）及各行业自行监测技术指南规定执行。

4.3.2.5 其他环境管理信息

① 废气无组织污染防治措施管理信息 按日记录，1次/日。

② 特殊时段环境管理信息 按照上述4.3.2.1～4.3.2.4规定的频次记录；对于停产或错峰生产的，原则上仅对停产或错峰生产的起止日期各记录1次。

③ 其他信息 依据法律法规、标准规范或实际生产运行规律等确定记录频次。

4.3.3 记录存储及保存

台账的记录形式包括电子台账和纸质台账两种形式。

① 纸质存储 应将纸质台账存放于保护袋、卷夹或保护盒等保存介质中；由专人签字、定点保存；应采取防光、防热、防潮、防细菌及防污染等措施；如有破损应及时修补，并留存备查；保存时间原则上不低于3年。

② 电子化存储 应存放于电子存储介质中，并进行数据备份；可在排污许可管理信息平台填报并保存；由专人定期维护管理；保存时间原则上不低于3年。

4.4 企业自行监测

为确保全面掌握企业排污状况，企业应根据法律法规要求，制订自行监测方案，并按方案内容组织实施，必要时制订应急监测措施。

监测内容和频次应符合《排污单位自行监测技术指南 总则》（HJ 819—2017）等相关文件规定的要求，还应符合相关行业规范和标准中对特征污染物的管理要求。被认定为重点行业企业的还应对土壤和地下水开展定期监测。

企业应保留自行监测相关原始监测记录，确保监测记录的可追溯性，参照相关管理规定保存6年以上。排污单位对其自行监测结果及信息公开内容的真实性、准确性、完整性负责，应积极配合并接受环境保护行政主管部门的日常监督管理。监测结果按相应要求进行信息公开或备案，其中对于发证企业还应当在全国污染源监测信息管理与共享平台进行数据联网和信息公开。

自行监测可以依托企业自有人员、设施，也可委托有资质的监测机构进行。自有监测人员应接受过相应技术培训，自有监测设备应通过计量认证，质量保证及质量控制内容应符合《排污单位自行监测技术指南 总则》（HJ 819—2017）要求。

本节内容仅根据《排污单位自行监测技术指南 总则》（HJ 819—2017）列出企业开展自行监测的主要内容和相关要求，具体企业在开展自行监测时，还应参考其所属行业排污许可证申请与核发技术规范、行业自行监测指南、排污许可证副本及自行监测方案等相关要求予以细化。

4.4.1　监测方案及自行监测

排污单位应查清所有污染源，确定主要污染源及主要监测指标，制订监测方案。监测方案内容包括：单位基本情况、监测点位及示意图、监测指标、执行标准及其限值、监测频次、采样和样品保存方法、监测分析方法和仪器、质量保证与质量控制等。

新建排污单位应当在投入生产或使用并产生实际排污行为之前完成自行监测方案的编制及相关准备工作。

4.4.1.1　监测内容

① 污染物排放监测　包括废气污染物（以有组织或无组织形式排入环境）、废水污染物（直接排入环境或排入公共污水处理系统）及噪声污染等。

② 周边环境质量影响监测　污染物排放标准、环境影响评价文件及其批复或其他环境管理有明确要求的，排污单位应按照要求对其周边相应的空气、地表水、地下水、土壤等环境质量开展监测；其他排污单位根据实际情况确定是否开展周边环境质量影响监测。

③ 关键工艺参数监测　在某些情况下，可以通过对与污染物产生和排放密切相关的关键工艺参数进行测试，以补充污染物排放监测。

④ 污染治理设施处理效果监测　若污染物排放标准等环境管理文件对污染治理设施有特别要求的，或排污单位认为有必要的，应对污染治理设施处理效果进行监测。

4.4.1.2　废气排放监测

（1）有组织排放监测

① 确定主要污染源和主要排放口　符合以下条件的废气污染源为主要污染源：

a. 单台出力 14MW 或 20t/h 及以上的各种燃料的锅炉和燃气轮机组；

b. 重点行业的工业炉窑（水泥窑、炼焦炉、熔炼炉、焚烧炉、熔化炉、铁矿烧结炉、加热炉、热处理炉、石灰窑等）；

c. 化工类生产工序的反应设备（化学反应器/塔、蒸馏/蒸发/萃取设备等）；

d. 其他与上述所列相当的污染源。

符合以下条件的废气排放口为主要排放口：

a. 主要污染源的废气排放口；

b. "排污许可证申请与核发技术规范"确定的主要排放口；

c. 对于多个污染源共用一个排放口的，凡涉主要污染源的排放口均为主要排放口。

② 监测点位

a. 外排口监测点位　点位设置应满足《固定污染源排气中颗粒物测定与气态污染物采样方法》（GB/T 16157—1996）、《固定污染源烟气（SO_2、NO_x、颗粒物）排放连续监测技术规范》（HJ 75—2017）等技术规范的要求。净烟气与原烟气混合排放的，应在排气筒或烟气汇合后的混合烟道上设置监测点位；净烟气直接排放的，应在净烟气烟道上设置监测点位，有旁路的旁路烟道也应设置监测点位。

b. 内部监测点位设置　当污染物排放标准中有污染物处理效果要求时，应在进入相应污染物处理设施单元的进出口设置监测点位。当环境管理文件有要求，或排污单位认为有必要的，可设置开展相应监测内容的内部监测点位。

③ 监测指标　各外排口监测点位的监测指标应至少包括所执行的国家或地方污染物排放（控制）标准、环境影响评价文件及其批复、排污许可证等相关管理规定明确要求的污染物指标。排污单位还应根据生产过程的原辅用料、生产工艺、中间及最终产品，确定是否排放纳入相关有毒有害或优先控制污染物名录中的污染物指标，或其他有毒污染物指标，这些指标也应纳入监测指标。

对于主要排放口监测点位的监测指标，符合以下条件的为主要监测指标：

a. 二氧化硫、氮氧化物、颗粒物（或烟尘/粉尘）、挥发性有机物中排放量较大的污染物指标；

b. 能在环境或动植物体内积蓄，对人类产生长远不良影响的有毒污染物指标（存在有毒有害或优先控制污染物相关名录的，以名录中的污染物指标为准）；

c. 排污单位所在区域环境质量超标的污染物指标。

内部监测点位的监测指标根据点位设置的主要目的确定。

④ 监测频次

排污单位应在满足本标准要求的基础上，遵循以下原则确定各监测点位不同监测指标的监测频次：

a. 不应低于国家或地方发布的标准、规范性文件、规划、环境影响评价文件及其批复等明确规定的监测频次；

b. 主要排放口的监测频次高于非主要排放口；

c. 主要监测指标的监测频次高于其他监测指标；

d. 排向敏感地区的应适当增加监测频次；

e. 排放状况波动大的，应适当增加监测频次；

f. 历史稳定达标状况较差的需增加监测频次，达标状况良好的可以适当降低监测频次；

g. 监测成本应与排污企业自身能力相一致，尽量避免重复监测。

原则上，外排口监测点位最低监测频次按照表 4-1 执行。废气烟气参数和污染物浓度应同步监测。

表 4-1　废气监测指标的最低监测频次

排污单位级别	主要排放口		其他排放口的监测指标
	主要监测指标	其他监测指标	
重点排污单位	月—季度	半年—年	半年—年
非重点排污单位	半年—年	年	年

注：为最低监测频次的范围，分行业排污单位自行监测技术指南中依据此原则确定各监测指标的最低监测频次。

内部监测点位的监测频次根据该监测点位设置目的、结果评价的需要、补充监测结果的需要等进行确定。

⑤ 监测技术　监测技术包括手工监测、自动监测两种，排污单位可根据监测成本、监测指标以及监测频次等内容，合理选择适当的监测技术。

对于相关管理规定要求采用自动监测的指标，应采用自动监测技术；对于监测频次高、自动监测技术成熟的监测指标，应优先选用自动监测技术；其他监测指标，可选用手工监测技术。

⑥ 采样方法　废气手工采样方法的选择参照相关污染物排放标准及《固定污染源排气中颗粒物测定与气态污染物采样方法》（GB/T 16157—1996）、《固定源废气监测技术规范》（HJ/T 397—2007）等执行。废气自动监测参照《固定污染源烟气（SO_2、NO_x、颗粒物）排放连续监测技术规范》（HJ 75—2017）、《固定污染源烟气（SO_2、NO_x、颗粒物）排放连续监测系统技术要求及检测方法》（HJ 76—2017）执行。

⑦ 监测分析方法　监测分析方法的选用应充分考虑相关排放标准的规定、排污单位的排放特点、污染物排放浓度的高低、所采用监测分析方法的检出限和干扰等因素。

监测分析方法应优先选用所执行的排放标准中规定的方法。选用其他国家、行业标准方法的，方法的主要特性参数（包括检出下限、精密度、准确度、干扰消除等）需符合标准要求。尚无国家和行业标准分析方法的，或采用国家和行业标准方法不能得到合格测定数据的，可选用其他方法，但必须做方法验证和对比实验，证明该方法主要特性参数的可靠性。

（2）无组织排放监测

存在废气无组织排放源的，应设置无组织排放监测点位，具体要求按相关污染物排放标准及《大气污染物无组织排放监测技术导则》（HJ/T 55—2000）、《泄漏和敞开液面排放的挥发性有机物检测技术导则》（HJ 733—2014）等执行。

钢铁、水泥、焦化、石油加工、有色金属冶炼、采矿业等无组织废气排放较重的污染源，无组织废气每季度至少开展一次监测；其他涉无组织废气排放的污染源每年至少开展一次监测。

4.4.1.3　废水排放监测

（1）监测点位

包括外排口监测点位和内部监测点位。外排口监测点位是指在污染物排放标准规定的监控位置设置监测点位。内部监测点位是指当污染物排放标准中有污染物处理效果要求时，应在进入相应污染物处理设施单元的进出口设置监测点位。当环境管理文件有要求，或排污单位认为有必要的，可设置开展相应监测内容的内部监测点位。

（2）监测指标

符合以下条件的为各废水外排口监测点位的主要监测指标：

① 化学需氧量、五日生化需氧量、氨氮、总磷、总氮、悬浮物、石油类中排放量

较大的污染物指标；

②　污染物排放标准中规定的监控位置为车间或生产设施废水排放口的污染物指标，以及有毒有害或优先控制污染物相关名录中的污染物指标；

③　排污单位所在流域环境质量超标的污染物指标；

④　其他要求参照废气排放监测的相关内容执行。

（3）监测频次

不应低于国家或地方发布的标准、规范性文件、规划、环境影响评价文件及其批复等明确规定的监测频次。原则上，外排口监测点位最低监测频次按照表4-2执行。各排放口废水流量和污染物浓度同步监测。

表4-2　废水监测指标的最低监测频次

排污单位级别	主要监测指标	其他监测指标
重点排污单位	月—季度	半年—年
非重点排污单位	半年—年	年

注：为最低监测频次的范围，在行业排污单位自行监测技术指南中依据此原则确定各监测指标的最低监测频次。

内部监测点位的监测频次根据该监测点位设置目的、结果评价的需要、补充监测结果的需要等进行确定。

（4）监测技术

监测技术包括手工监测、自动监测两种，排污单位可根据监测成本、监测指标以及监测频次等内容，合理选择适当的监测技术。

对于相关管理规定要求采用自动监测的指标，应采用自动监测技术；对于监测频次高、自动监测技术成熟的监测指标，应优先选用自动监测技术；其他监测指标，可选用手工监测技术。

（5）采样方法

废水手工采样方法的选择参照相关污染物排放标准及《污水监测技术规范》（HJ 91.1—2019）、《水污染物排放总量监测技术规范》（HJ/T 92—2002）、《水质采样　样品的保存和管理技术规定》（HJ 493—2009）、《水质　采样技术指导》（HJ 494—2009）、《水质　采样方案设计技术规定》（HJ 495—2009）等执行，根据监测指标的特点确定采样方法为混合采样方法或瞬时采样的方法，单次监测采样频次按相关污染物排放标准和HJ/T 91执行。污水自动监测采样方法参照《水污染源在线监测系统（COD$_{Cr}$、NH$_3$-N等）安装技术规范》（HJ 353—2019）、《水污染源在线监测系统（COD$_{Cr}$、NH$_3$-N等）验收技术规范》（HJ/T 354—2019）、《水污染源在线监测系统（COD$_{Cr}$、NH$_3$-N等）运行技术规范》（HJ/T 355—2019）、《水污染源在线监测系统（COD$_{Cr}$、NH$_3$-N等）数据有效性判别技术规范》（HJ 356—2019）执行。

（6）监测分析方法

监测分析方法的选用应充分考虑相关排放标准的规定、排污单位的排放特点、污染物排放浓度的高低、所采用监测分析方法的检出限和干扰等因素。

监测分析方法应优先选用所执行的排放标准中规定的方法。选用其他国家、行业标准方法的，方法的主要特性参数（包括检出下限、精密度、准确度、干扰消除等）需符合标准要求。尚无国家和行业标准分析方法的，或采用国家和行业标准方法不能得到合格测定数据的，可选用其他方法，但必须做方法验证和对比实验，证明该方法主要特性参数的可靠性。

4.4.1.4　厂界环境噪声监测

（1）监测点位

厂界环境噪声的监测点位置具体要求按《工业企业厂界环境噪声排放标准》（GB 12348—2008）执行。噪声布点应遵循以下原则：

① 根据厂内主要噪声源距厂界位置布点；

② 根据厂界周围敏感目标布点；

③ "厂中厂"是否需要监测根据内部和外围排污单位协商确定；

④ 面临海洋、大江、大河的厂界原则上不布点；

⑤ 厂界紧邻交通干线不布点；

⑥ 厂界紧邻另一排污单位的，在临近另一排污单位侧是否布点由排污单位协商确定。

（2）监测频次

厂界环境噪声每季度至少开展一次监测，夜间生产的要监测夜间噪声。

4.4.1.5　周边环境质量影响监测

（1）监测点位

排污单位厂界周边的土壤、地表水、地下水、大气等环境质量影响监测点位参照排污单位环境影响评价文件及其批复和其他环境管理要求设置。

如环境影响评价文件及其批复和其他文件中均未作出要求，排污单位需要开展周边环境质量影响监测的，环境质量影响监测点位设置的原则和方法参照《建设项目环境影响评价技术导则　总纲》（HJ 2.1—2016）、《环境影响评价技术导则　大气环境》（HJ 2.2—2018）、《环境影响评价技术导则　地表水环境》（HJ 2.3—2018）、《环境影响评价技术导则　声环境》（HJ 2.4—2021）、《环境影响评价技术导则　地下水环境》（HJ 610—2016）等规定。各类环境影响监测点位设置按照《污水监测技术规范》（HJ 91.1—2019）、《地下水环境监测技术规范》（HJ 164—2020）、《环境空气质量手工监测技术规范》（HJ 194—2017）、《土壤环境监测技术规范》（HJ/T 166—2004）等执行。

（2）监测指标

周边环境质量影响监测点位监测指标参照排污单位环境影响评价文件及其批复等管理文件的要求执行，或根据排放的污染物对环境的影响确定。

（3）监测频次

若环境影响评价文件及其批复等管理文件有明确要求的，排污单位周边环境质量监测频次按照要求执行。

否则，涉水重点排污单位地表水每年丰、平、枯水期至少各监测一次，涉气重点排污单位的空气质量每半年至少监测一次，涉重金属、难降解类有机污染物等重点排污单位的土壤、地下水每年至少监测一次。发生突发环境事故对周边环境质量造成明显影响的，或周边环境质量相关污染物超标的，应适当增加监测频次。

（4）监测技术

监测技术包括手工监测、自动监测两种，排污单位可根据监测成本、监测指标以及监测频次等内容，合理选择适当的监测技术。

对于相关管理规定要求采用自动监测的指标，应采用自动监测技术；对于监测频次高、自动监测技术成熟的监测指标，应优先选用自动监测技术；其他监测指标，可选用手工监测技术。

（5）采样方法

周边水环境质量监测点采样方法参照《污水监测技术规范》（HJ 91.1—2019）、《地下水环境监测技术规范》（HJ 164—2020）等执行。

周边大气环境质量监测点采样方法参照《环境空气质量手工监测技术规范》（HJ 194—2017）等执行。

周边土壤环境质量监测点采样方法参照《土壤环境监测技术规范》（HJ/T 166—2004）等执行。

（6）监测分析方法

监测分析方法的选用应充分考虑相关排放标准的规定、排污单位的排放特点、污染物排放浓度的高低、所采用监测分析方法的检出限和干扰等因素。

监测分析方法应优先选用所执行的排放标准中规定的方法。选用其他国家、行业标准方法的，方法的主要特性参数（包括检出下限、精密度、准确度、干扰消除等）需符合标准要求。尚无国家和行业标准分析方法的，或采用国家和行业标准方法不能得到合格测定数据的，可选用其他方法，但必须做方法验证和对比实验，证明该方法主要特性参数的可靠性。

4.4.1.6　监测方案的描述

（1）监测点位的描述

所有监测点位均应在监测方案中通过语言描述、图形示意等形式明确体现。描述内容包括监测点位的平面位置及污染物的排放去向等。废水监测点需明确其所在废水排放口、对应的废水处理工艺，废气排放监测点位需明确其在排放烟道的位置分布、对应的污染源及处理设施。

（2）监测指标的描述

所有监测指标采用表格、语言描述等形式明确体现。监测指标应与监测点位相对应，监测指标内容包括每个监测点位应监测的指标名称、排放限值、排放限值的来源（如标准名称、编号）等。

国家或地方污染物排放（控制）标准、环境影响评价文件及其批复、排污许可证中的污染物，如排污单位确认未排放，监测方案中应明确注明。

（3）监测频次的描述

监测频次应与监测点位、监测指标相对应，每个监测点位的每项监测指标的监测频次都应详细注明。

（4）采用方法的描述

对每项监测指标都应注明其选用的采样方法。废水采集混合样品的，应注明混合样采样个数。废气非连续采样的，应注明每次采集的样品个数。废气颗粒物采样，应注明每个监测点位设置的采样孔和采样点个数。

（5）监测分析方法的描述

对每项监测指标都应注明其选用的监测分析方法名称、来源依据、检出限等内容。

4.4.1.7　监测方案的变更

当有执行的排放标准发生变化，排放口位置、监测点位、监测指标、监测频次、监测技术任一项内容发生变化，污染源、生产工艺或处理设施发生变化情况发生时，应变更监测方案。

4.4.2　监测质量保证与质量控制

排污单位应建立并实施质量保证与控制措施方案，以自证自行监测数据的质量。

（1）建立质量体系

排污单位应根据本单位自行监测的工作需求，设置监测机构，梳理监测方案制订、样品采集、样品分析、监测结果报出、样品留存、相关记录的保存等监测的各个环节中，为保证监测工作质量应制订的工作流程、管理措施与监督措施，建立自行监测质量体系。

质量体系应包括对以下内容的具体描述：监测机构，人员，出具监测数据所需仪器设备，监测辅助设施和实验室环境，监测方法技术能力验证，监测活动质量控制与质量保证等。

委托其他有资质的检（监）测机构代其开展自行监测的，排污单位不用建立监测质量体系，但应对检（监）测机构的资质进行确认。

（2）监测机构

监测机构应具有与监测任务相适应的技术人员、仪器设备和实验室环境，明确监测人员和管理人员的职责、权限和相互关系，有适当的措施和程序保证监测结果准确可靠。

（3）监测人员

应配备数量充足、技术水平满足工作要求的技术人员，规范监测人员录用、培训教育和能力确认/考核等活动，建立人员档案，并对监测人员实施监督和管理，规避人员因素对监测数据正确性和可靠性的影响。

（4）监测设施和环境

根据仪器使用说明书、监测方法和规范等的要求，配备必要的辅助设施（如除湿机、空调、干湿度温度计等），以使监测工作场所条件得到有效控制。

（5）监测仪器设备和实验试剂

应配备数量充足、技术指标符合相关监测方法要求的各类监测仪器设备、标准物质和实验试剂。

监测仪器性能应符合相应方法标准或技术规范要求，根据仪器性能实施自校准或者检定/校准、运行和维护、定期检查。

标准物质、试剂、耗材的购买和使用情况应建立台账予以记录。

（6）监测方法技术能力验证

应组织监测人员按照其所承担的监测指标的方法步骤开展实验活动。测试方法的检出浓度、校准（工作）曲线的相关性、精密度和准确度等指标，实验结果满足方法相应的规定以后，方可确认该人员实际操作技能满足工作需求，能够承担测试工作。

（7）监测质量控制

编制监测工作质量控制计划，选择与监测活动类型和工作量相适应的质控方法，包括使用标准物质、采用空白试验、平行样测定、加标回收率测定等，定期进行质控数据分析。

（8）监测质量保证

按照监测方法和技术规范的要求开展监测活动，若存在相关标准规定不明确但又影响监测数据质量的活动，可编写《作业指导书》予以明确。

编制工作流程等相关技术规定，规定任务下达和实施，分析用仪器设备购买、验收、维护和维修，监测结果的审核签发、监测结果录入发布等工作的责任人和完成时限，确保监测各环节无缝衔接。

设计记录表格，对监测过程的关键信息予以记录并存档。

定期对自行监测工作开展的时效性、自行监测数据的代表性和准确性、管理部门检查结论和公众对自行监测数据的反馈等情况进行评估，识别自行监测存在的问题，及时采取纠正措施。管理部门执法监测与排污单位自行监测数据不一致的，以管理部门执法监测结果为准，作为判断污染物排放是否达标、自动监测设施是否正常运行的依据。

4.4.3　监测信息记录和报告

4.4.3.1　监测信息记录

（1）手工监测的记录

① 采样记录　采样日期、采样时间、采样点位、混合取样的样品数量、采样器名称、采样人姓名等。

② 样品保存和交接　样品保存方式、样品传输交接记录。

③ 样品分析记录　分析日期、样品处理方式、分析方法、质控措施、分析结果、分析人姓名等。

④ 质控记录　质控结果报告单。

（2）自动监测运维记录

包括自动监测系统运行状况、系统辅助设备运行状况、系统校准、校验工作等；仪器说明书及相关标准规范中规定的其他检查项目；校准、维护保养、维修记录等。

（3）生产和污染治理设施运行状况

记录监测期间企业及各主要生产设施（至少涵盖废气主要污染源相关生产设施）运行状况（包括停机、启动情况）、产品产量、主要原辅料使用量、取水量、主要燃料消耗量、燃料主要成分、污染治理设施主要运行状态参数、污染治理主要药剂消耗情况等。日常生产中上述信息也需整理成台账保存备查。

（4）固体废物（危险废物）产生与处理状况

记录监测期间各类固体废物和危险废物的产生量、综合利用量、处置量、贮存量、倾倒丢弃量，危险废物还应详细记录其具体去向。

4.4.3.2　自行监测报告

排污单位应编写自行监测年度报告，年度报告至少应包含以下内容：

① 监测方案的调整变化情况及变更原因；

② 企业及各主要生产设施（至少涵盖废气主要污染源相关生产设施）全年运行天数，各监测点、各监测指标全年监测次数、超标情况、浓度分布情况；

③ 按要求开展的周边环境质量影响状况监测结果；

④ 自行监测开展的其他情况说明；

⑤ 排污单位实现达标排放所采取的主要措施。

4.4.3.3　应急报告

监测结果出现超标的，排污单位应加密监测，并检查超标原因。短期内无法实现稳定达标排放的，应向环境保护主管部门提交事故分析报告，说明事故发生的原因，采取减轻或防止污染的措施，以及今后的预防及改进措施等；若因发生事故或者其他突发事件，排放的污水可能危及城镇排水与污水处理设施安全运行的，应当立即采取措施消除危害，并及时向城镇排水主管部门和环境保护主管部门等有关部门报告。

4.4.3.4　信息公开

排污单位自行监测信息公开内容及方式按照《企业事业单位环境信息公开办法》（环境保护部令第 31 号）及《国家重点监控企业自行监测及信息公开办法（试行）》（环发〔2013〕81 号）执行。非重点排污单位的信息公开要求由地方环境保护主管部门确定。

4.5　排污许可证执行报告

执行报告是结合排污许可证核发、执行、监管工作需要，规定了执行报告上报内容，包括生产信息、污染防治设施运行情况、按证排污情况等，并确定执行报告是排污许可管理过程中自证守法的主要载体。

排污单位应对提交的排污许可证执行报告中各项内容和数据的真实性、有效性负责，并自愿承担相应法律责任；应自觉接受环境保护主管部门监管和社会公众监督，如提交的内容和数据与实际情况不符，应积极配合调查，并依法接受处罚。排污单位应对上述要求作出承诺，并将承诺书纳入执行报告中。

本节内容仅根据国家相关规范列出企业编制排污许可证执行报告的一般性原则、主要内容和相关要求，具体企业在编制排污许可证执行报告时，还应参考其所属行业排污许可证申请与核发技术规范、排污许可证副本等相关要求予以细化。

4.5.1　编制流程

排污许可年度执行报告编制流程如图 4-1 所示，其包括资料收集与分析、编制、质量控制、提交四个阶段。

① 第一阶段（资料收集与分析阶段）　收集排污许可证及申请材料、历史排污许可证执行报告、环境管理台账等相关资料，全面梳理排污单位在报告周期内的执行情况。

② 第二阶段（编制阶段）　针对排污许可证执行情况，汇总梳理依证排污的依据，分析违证排污的情形及原因，提出整改计划，在全国排污许可证管理信息平台填报相关内容。

③ 第三阶段（质量控制阶段）　开展报告质量审核，确保执行报告内容真实、有效，并经排污单位技术负责人签字确认。

④ 第四阶段（提交阶段）　排污单位在全国排污许可证管理信息平台提交电子版执行报告，同时向有排污许可证核发权的环境保护主管部门提交通过平台印制的经排污单位法定代表人或实际负责人签字并加盖公章的书面执行报告。电子版执行报告与书面执行报告应保持一致。

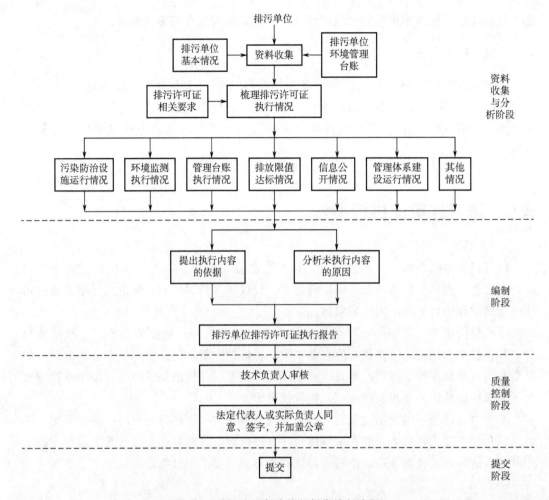

图 4-1　排污许可年度执行报告编制流程

4.5.2　编制内容

4.5.2.1　年度执行报告

包括排污单位基本情况、污染防治设施运行情况、自行监测执行情况、环境管理台账执行情况、实际排放情况及合规判定分析、信息公开情况、排污单位内部环境管理体系建设与运行情况、其他排污许可证规定的内容执行情况、其他需要说明的问题、结论、附图、附件等。

对于排污单位信息有变化和违证排污等情形，应分析与排污许可证内容的差异，并说明原因。

（1）排污单位基本情况

① 说明排污许可证执行情况，包括排污单位基本信息、产排污节点、污染物及污染防治设施、环境管理要求等。

② 按照生产单元或主要工艺，分析排污单位的生产状况，说明平均生产负荷、原辅料及燃料使用等情况；说明取水及排水情况；对于报告期内有污染防治投资的，还应说明防治设施建成运行时间、计划总投资、报告周期内累计完成投资等。

③ 说明排放口规范性整改情况（如有）。

④ 新（改、扩）建项目环境影响评价及其批复、竣工环境保护验收等情况。

⑤ 其他需要说明的情况，包括排污许可证变更情况，以及执行过程中遇到的困难、问题等。

（2）污染防治设施运行情况

① 正常情况说明。分别说明有组织废气、无组织废气、废水等污染防治设施的处理效率、药剂添加、催化剂更换、固废产生、副产物产生、运行费用等情况，以及防治设施运行维护情况。

② 异常情况说明。排污单位拆除、停运污染防治设施，应说明实施拆除、停运的原因、起止日期等情况，并提供环境保护主管部门同意文件；因故障等紧急情况停运污染防治设施，或污染防治设施运行异常的，排污单位应说明故障原因、废水废气等污染物排放情况、报告提交情况及采取的应急措施。

③ 如发生污染事故，排污单位应说明发生事故次数、事故等级、事故发生时采取的措施、污染物排放、处理情况等信息。

（3）自行监测执行情况

① 说明自行监测要求执行情况，并附监测布点图。

② 对于自动监测，说明是否满足《固定污染源烟气（SO_2、NO_x、颗粒物）排放连续监测技术规范》（HJ 75—2017）、《固定污染源烟气（SO_2、NO_x、颗粒物）排放连续监测系统技术要求及检测方法》（HJ 76—2017）、《水污染源在线监测系统（COD_{Cr}、NH_3-N 等）安装技术规范》（HJ 353—2019）、《水污染源在线监测系统（COD_{Cr}、NH_3-N 等）验收技术规范》（HJ 354—2019）、《水污染源在线监测系统（COD_{Cr}、NH_3-N 等）运行技术规范》（HJ 355—2019）、《水污染源在线监测系统（COD_{Cr}、NH_3-N 等）数据有效性判别技术规范》（HJ 356—2019）、《固定污染源监测质量保证与质量控制技术规范（试行）》（HJ/T 373—2007）等相关规范要求。说明自动监测系统发生故障时，向环境保护主管部门提交补充监测和事故分析报告的情况。

③ 对于手工监测，说明是否满足《固定污染源排气中颗粒物测定与气态污染物采样方法》（GB/T 16157—1996）、《大气污染物无组织排放监测技术导则》（HJ/T 55—2000）、《污水监测技术规范》（HJ 91.1—2019）、《固定污染源监测质量保证与质量控制技术规范（试行）》（HJ/T 373—2007）、《固定源废气监测技术规范》（HJ/T 397—2007）等相关标准与规范要求。

④ 对于非正常工况，说明废气有效监测数据数量、监测结果等是否满足要求。

⑤ 对于特殊时段，说明废气有效监测数据数量、监测结果等是否满足要求。

⑥ 对于有周边环境质量监测要求的，说明监测点位、指标、时间、频次、有效监测数据数量、监测结果等内容，并附监测布点图。

⑦ 对于未开展自行监测、自行监测方案与排污许可证要求不符、监测数据无效等情形，说明原因及措施。

（4）环境管理台账执行情况

说明是否按排污许可证要求记录环境管理台账的情况。

（5）实际排放情况及合规判定分析

① 以自行监测数据为基础，说明各排放口的实际排放浓度范围、有效数据数量等内容。

② 按照排污许可证申请与核发技术规范，核算排污单位实际排放量，给出计算方法、所用的参数依据来源和计算过程，并与许可排放量进行对比分析。

③ 对于非正常工况，说明发生的原因、次数、起止时间、防治措施等。

④ 对于特殊时段，说明各污染物的排放浓度及达标情况等。

⑤ 对于废气污染物超标排放，应逐时说明；对于废水污染物超标排放，应逐日说明；说明内容包括排放口、污染物、超标时段、实际排放浓度、超标原因等，以及向环境保护主管部门报告及接受处罚的情况。

⑥ 说明实际排放量与生产负荷之间的关系。

（6）信息公开情况

说明信息公开的方式、内容、频率及时间节点等信息。

（7）排污单位内部环境管理体系建设与运行情况

① 说明环境管理机构及人员设置情况、环境管理制度建立情况、排污单位环境保护规划、环保措施整改计划等。

② 说明环境管理体系的实施、相关责任的落实情况。

（8）其他排污许可证规定的内容执行情况

说明排污许可证中规定的其他内容执行情况。

（9）其他需要说明的问题

对于违证排污的情况，提出相应整改计划。

（10）结论

总结排污单位在报告周期内排污许可证执行情况，说明执行过程中存在的问题，以及下一步需进行整改的内容。

（11）附图附件

① 附图包括自行监测布点图等。执行报告附图应清晰、要点明确。

② 附件包括污染物实际排放量计算过程、非正常工况证明材料，以及支持排污许可证执行报告的其他材料。

4.5.2.2　季度/月度执行报告

至少包括污染物实际排放浓度和排放量、合规判定分析、超标排放或污染防治设施异常情况说明等内容。其中,季度执行报告还应包括各月度生产小时数、主要产品及其产量、主要原料及其消耗量、新水用量及废水排放量、主要污染物排放量等信息。

4.5.2.3　简化管理要求

实行简化管理的排污单位,应提交年度执行报告与季度执行报告,其中年度执行报告内容应至少包括排污单位基本情况、污染防治设施运行情况、自行监测执行情况、环境管理台账执行情况、实际排放情况及合规判定分析、结论等;季度执行报告至少包括污染物实际排放浓度和排放量、合规判定分析、超标排放或污染防治设施异常情况说明等内容。

(1) 排污单位基本情况

① 说明排污许可证执行情况,包括排污单位基本信息、产排污节点、污染物及污染防治设施、环境管理要求等。

② 说明排放口规范性整改情况(如有)。

(2) 污染防治设施运行情况

① 正常情况说明。分别说明有组织废气、无组织废气、废水等污染防治设施的运行时间、污水处理量、脱硫脱硝剂用量、运行费用等情况。

② 异常情况说明,同年度执行报告。

③ 如发生污染事故,同年度执行报告。

(3) 自行监测执行情况同年度执行报告

具体要求与4.5.2.1年度执行报告中的要求相同。

(4) 环境管理台账执行情况同年度执行报告

具体要求与4.5.2.1年度执行报告中的要求相同。

(5) 实际排放情况及合规判定分析同年度执行报告

具体要求与4.5.2.1年度执行报告中的要求相同。

(6) 结论

总结排污单位在报告周期内排污许可证执行情况,说明执行过程中存在的问题,以及下一步需进行整改的内容。

4.5.3　报告周期

执行报告按报告周期分为年度执行报告、季度执行报告和月度执行报告。

排污单位按照排污许可证规定的时间提交执行报告,应每年提交一次排污许可证年度执行报告;同时,还应依据法律法规、标准等文件的要求,提交季度执行报告或月度执行报告。

① 年度执行报告　对于持证时间超过三个月的年度,报告周期为当年全年(自然年);对于持证时间不足三个月的年度,当年可不提交年度执行报告,排污许可证执行

情况纳入下一年度执行报告。

② 季度执行报告　对于持证时间超过一个月的季度，报告周期为当季全季（自然季度）；对于持证时间不足一个月的季度，该报告周期内可不提交季度执行报告，排污许可证执行情况纳入下一季度执行报告。

③ 月度执行报告　对于持证时间超过十日的月份，报告周期为当月全月（自然月）；对于持证时间不足十日的月份，该报告周期内可不提交月度执行报告，排污许可证执行情况纳入下一月度执行报告。

4.6　编制环保应急预案

按照《中华人民共和国环境保护法》《中华人民共和国突发事件应对法》《国家突发环境事件应急预案》《企业突发环境事件隐患排查和治理工作指南（试行）》《企业事业单位突发环境事件应急预案备案管理办法（试行）》（环发〔2015〕4号）等相关规定，需要开展突发环境事件风险评估、编制突发环境事件应急预案的企业，应按相关规定编制突发环境事件应急预案并备案，建立健全环境隐患排查治理制度，开展环境隐患排查治理工作。企业应落实各项突发环境事件风险防控措施，建设必要的环境应急设施，储备必要的环境应急装备和物资，落实定期检查维护保养制度；定期开展突发环境事件应急培训及演练，保留培训及演练记录。

4.6.1　突发环境事件隐患排查和治理

企业突发环境事件隐患排查的范围包括所有与企业生产经营相关的场所、环境、人员、设备设施等。通过排查对隐患进行评估，确定环境风险等级，根据隐患排查和分级结果，制订隐患治理方案，并按照有关规定分别开展隐患治理。

从环境应急管理和突发环境事件风险防控措施两大方面排查可能直接导致或次生突发环境事件的隐患。

4.6.1.1　企业突发环境事件应急管理

企业在开展环境风险评估和应急资源调查的基础上，编制突发环境事件应急预案并执行备案规定，根据实际情况变化及时修订应急预案。按照应急预案的要求，落实各项风险防控措施，对应急设施、装备和物资进行检查、维护、保养，确保其完好可靠。制订应急预案演练计划，定期组织应急预案演练，并对应急演练的效果进行评估、总结。在发生突发环境事件时，企业立即启动应急响应程序，依照应急预案开展事故处理，及时通报可能受到危害的单位和居民，并向生态环境主管部门和有关部门报告。

主要内容为：

① 按规定开展突发环境事件风险评估，确定风险等级情况。

② 按规定制订突发环境事件应急预案并备案情况。

③ 按规定建立健全隐患排查治理制度，开展隐患排查治理工作和建立档案情况。

④ 按规定开展突发环境事件应急培训，如实记录培训情况。

⑤ 按规定储备必要的环境应急装备和物资情况。

⑥ 按规定公开突发环境事件应急预案及演练情况。

4.6.1.2 企业突发环境事件风险防控措施

（1）突发水环境事件风险防控措施

从以下几方面排查突发水环境事件风险防范措施：

① 是否设置中间事故缓冲设施、事故应急水池或事故存液池等各类应急池；应急池容积是否满足环评文件及批复等相关文件要求；应急池位置是否合理，是否能确保所有受污染的雨水、消防水和泄漏物等通过排水系统接入应急池或全部收集；是否通过厂区内部管线或协议单位，将所收集的废（污）水送至污水处理设施处理。

② 正常情况下厂区内涉危险化学品或其他有毒有害物质的各个生产装置、罐区、装卸区、作业场所和危险废物贮存设施（场所）的排水管道（如围堰、防火堤、装卸区污水收集池）接入雨水或清净下水系统的阀（闸）是否关闭，通向应急池或废水处理系统的阀（闸）是否打开；受污染的冷却水和上述场所的墙壁、地面冲洗水和受污染的雨水（初期雨水）、消防水等是否都能排入生产废水处理系统或独立的处理系统；有排洪沟（排洪涵洞）或河道穿过厂区时，排洪沟（排洪涵洞）是否与渗漏观察井、生产废水、清净下水排放管道连通。

③ 雨水系统、清净下水系统、生产废（污）水系统的总排放口是否设置监视及关闭闸（阀），是否设专人负责在紧急情况下关闭总排口，确保受污染的雨水、消防水和泄漏物等全部收集。

（2）突发大气环境事件风险防控措施

从以下几方面排查突发大气环境事件风险防控措施：

① 企业与周边重要环境风险受体的各类防护距离是否符合环境影响评价文件及批复的要求。

② 涉有毒有害大气污染物名录的企业是否在厂界建设针对有毒有害特征污染物的环境风险预警体系。

③ 涉有毒有害大气污染物名录的企业是否定期监测或委托监测有毒有害大气特征污染物。

④ 突发环境事件信息通报机制建立情况，是否能在突发环境事件发生后及时通报可能受到污染危害的单位和居民。

4.6.2 加强宣传培训和演练

企业应当定期就企业突发环境事件应急管理制度、突发环境事件风险防控措施的操作要求、隐患排查治理案例等开展宣传和培训，并通过演练检验各项突发环境事件风险防控措施的可操作性，提高从业人员隐患排查治理能力和风险防范水平。如实记录培训、演练的时间、内容、参加人员以及考核结果等情况，并将培训情况备案存档。

4.6.3　建立档案

及时建立隐患排查治理档案。隐患排查治理档案包括企业隐患分级标准、隐患排查治理制度、年度隐患排查治理计划、隐患排查表、隐患报告单、重大隐患治理方案、重大隐患治理验收报告、培训和演练记录以及相关会议纪要、书面报告等隐患排查治理过程中形成的各种书面材料。隐患排查治理档案应至少留存五年，以备环境保护主管部门抽查。

4.7　日常环保自查自纠

企业通过自我检查、自我纠正和自我完善，不断查找环境保护工作差距，落实企业环境保护主体责任，完善环境管理机制，规范污染治理行为，防范环境风险和消除环境安全隐患，实现污染物排放稳定达标，不断提高企业环境管理水平。

企业可通过建立环境规范化管理绩效评定制度，每年至少进行一次环境规范化管理自评，验证各项环境管理要求的适宜性、充分性和有效性，发现问题提出纠正和预防措施，并纳入下一周期的环境管理提升计划中。

企业自查包括以下内容。

4.7.1　环保许可合规性

① 是否符合国家产业政策和地方行业准入条件，符合淘汰落后产能的相关要求。

② 是否依法办理排污许可证，并依照许可内容排污，进行相应的证后管理。

③ 环保验收手续是否齐全。

④ 企业建设项目是否依法履行环评手续及"三同时"。

⑤ 环评文件及环评批复是否齐全。

⑥ 企业现场情况是否与环评文件内容保持一致：重点核对项目的性质、生产规模、地点、采用的生产工艺、污染治理设施等是否与环评及批复文件一致。

⑦ 环评批复 5 年后项目才开工建设的，是否重新报批环评。

建设项目竣工环境保护验收主要是对环评文件及批复中提出的污染防治设施落实情况进行验收。因此对于部分建设项目（如生态影响类建设项目），如在环评文件及批复中未要求建设固体废物污染防治设施（不含施工期临时设施），则不需要开展固体废物污染防治设施的竣工环境保护验收。建设单位在自主验收的验收报告中予以相应的说明即可。

① 水、气污染物环境保护设施验收：建设项目水、大气污染物环境保护设施由建设单位自行开展验收。

②噪声污染防治设施验收：建设项目在投入生产或者使用之前，其环境噪声污染防治设施必须按照国家规定的标准和程序进行验收；达不到国家规定要求的，该建设项目不得投入生产或者使用。

③固废污染防治设施验收：2020年4月29日，《中华人民共和国固体废物污染环境防治法》第二次修订（自2020年9月1日起施行）通过，建设项目需要配套固体废物污染防治设施的，项目竣工后均需由建设单位自主开展环境保护验收，不再需要向环境保护行政主管部门申请验收。

4.7.2　涉废气企业自查整改

检查废气处理设施的运行状态、历史运行情况、处理能力及处理量。

（1）废气检查

①检查企业连续产生有机废气的处理工艺是否合理。

②检查锅炉燃烧设备的审验手续及性能指标、检查燃烧设备的运行状况、检查二氧化硫的控制、检查氮氧化物的控制。

③检查工艺废气、粉尘和恶臭污染源。

④检查废气、粉尘和恶臭排放是否符合相关污染物排放标准的要求。

⑤检查可燃性气体的回收利用情况。

⑥检查可散发有毒、有害气体和粉尘的运输、装卸、贮存的环保防护措施。

（2）大气污染防治设施

①除尘、脱硫、脱硝、其他气态污染物净化系统。

②废气排放口。

③检查是否在禁止设置新建排气筒的区域内新建排气筒。

④检查排气筒高度是否符合国家或地方污染物排放标准的规定。

⑤检查废气排气筒道上是否设置采样孔和采样监测平台。

⑥检查排气口是否按要求规范设置（高度、采样口、标志牌等），有要求的废气是否按照环保部门的规定安装和使用在线监控设施。

（3）无组织排放源

①对于无组织排放有毒有害气体、粉尘、烟尘的排放点，有条件做到有组织排放的，检查排污单位是否进行了整治，实行有组织排放。

②检查煤场、料场、货物的扬尘和建筑生产过程中的扬尘，是否按要求采取了防治扬尘污染的措施或设置防扬尘设备。

③在企业边界进行监测，检查无组织排放是否符合相关环保标准的要求。

（4）废气收集、输送

①废气收集应遵循"应收尽收、分质收集"的原则。废气收集系统应根据气体性质、流量等因素综合设计，确保废气收集效果。

②对产生逸散粉尘或有害气体的设备，应采取密闭、隔离和负压操作措施。

③ 废气应尽可能利用生产设备本身的集气系统进行收集，逸散的气体采用集气罩收集时应尽可能包围或靠近污染源，减少吸气范围，便于捕集和控制污染物。

④ 废水收集系统和处理设施单元（原水池、调节池、厌氧池、曝气池、污泥池等）产生的废气应密闭收集，并采取有效措施处理后排放。

⑤ 含有易挥发有机物料或异味明显的固废（危废）贮存场所需封闭设计，废气经收集处理后排放。

⑥ 集气罩收集的污染气体应通过管道输送至净化装置。管道布置应结合生产工艺，力求简单、紧凑、管线短、占地空间少。

（5）废气治理

① 各生产企业应根据废气的产生量、污染物的组分和性质、温度、压力等因素进行综合分析后选择成熟可靠的废气治理工艺路线。

② 对于高浓度有机废气，应先采用冷凝（深冷）回收技术、变压吸附回收技术等对废气中的有机化合物回收利用，然后辅以其他治理技术实现达标排放。

③ 对于中等浓度有机废气，应采用吸附技术回收有机溶剂或热力焚烧技术净化后达标排放。

④ 对于低浓度有机废气，有回收价值时，应采用吸附技术；无回收价值时，宜采用吸附浓缩燃烧技术、蓄热式热力焚烧技术、生物净化技术或等离子技术等。

⑤ 恶臭气体可采用微生物净化技术、低温等离子技术、吸附或吸收技术、热力焚烧技术等净化后达标排放，同时不对周边敏感保护目标产生影响。

⑥ 连续生产的化工企业原则上应对可燃性有机废气采取回收利用或焚烧方式处理，间歇生产的化工企业宜采用焚烧、吸附或组合工艺处理。

⑦ 粉尘类废气应采用布袋除尘、静电除尘或以布袋除尘为核心的组合工艺处理。工业锅炉和工业炉窑废气优先采取清洁能源和高效净化工艺，并满足主要污染物减排要求。

⑧ 提高废气处理的自动化程度。喷淋处理设施可采用液位自控仪、pH 自控仪和 ORP 自控仪等，加药槽配备液位报警装置，加药方式宜采用自动加药。

⑨ 排气筒高度应按规范要求设置。排气筒高度不低于 15m，氰化氢、氯气、光气排气筒高度不低于 25m。末端治理的进出口要设置采样口并配备便于采样的设施。严格控制企业排气筒数量，同类废气排气筒宜合并。

4.7.3　涉废水企业自查整改

（1）污水设施检查

① 污水处理设施的运行状态、历史运行情况、处理能力及处理水量、废水的分质管理、处理效果、污泥处理处置。

② 是否建立废水设施运营台账（污水处理设施开停时间、每日的废水进出水量、水质，加药及维修记录）。

③ 检查排污企业的事故废水应急处置设施是否完备，是否可以保障对发生环境污染事故时产生的废水实施截留、贮存及处理。

（2）污水排放口检查

① 检查污水排放口的位置是否符合规定，检查排污者的污水排放口数量是否符合相关规定，检查是否按照相关污染物排放标准、规定设置了监测采样点，检查是否设置了规范的便于测量流量、流速的测流段。

② 总排污口是否设置环保标志牌。是否按要求设置在线监控、监测设备。

（3）排水量、水质检查

① 有流量计和污染源监控设备的，检查运行记录。

② 检查排放废水水质是否达到国家或地方污染物排放标准的要求。

③ 检查监测仪器、仪表、设备的型号和规格以及检定、校验情况。

④ 检查采用的监测分析方法和水质监测记录。如有必要可进行现场监测或采样。

⑤ 检查雨污、污污分流情况，检查排污单位是否实行清污分流、雨污分流。

（4）实行雨污分流

① 按规范设置初期雨水收集池，满足初期雨量的容积要求。

② 有废水产生的车间分别建立废水收集池，收集后的污水再用泵通过密闭管道送入相关废水处理设施。

③ 冷却水通过密闭管道循环使用。

④ 雨水收集系统采用明沟。所有沟、池采用混凝土浇筑，有防渗或防腐措施。

（5）生产废水和初期雨水的处置

① 废水自行处理、排放的企业要建立与生产能力和污染物种类配套的废水处理设施，废水处理设施正常运行，能够稳定达标排放。

② 废水接管的企业要建立与生产能力和污染物种类配套的预处理设施，预处理设施正常运行，能够稳定达到接管标准。

③ 废水委托处置的企业，要与有资质单位签订协议，审批、转移手续齐全，并建立委托处置台账。

④ 具备接管条件的企业，生活污水必须接管进污水厂处理。

（6）排放口设置

① 每个企业原则上只允许设置一个污水排放口和一个雨水排放口，并设置采样监控井和标志牌。

② 污水排放口要符合规范化整治要求，做到"一明显、二合理、三便于"，即环保标志明显，排污口设置合理、排污去向合理，便于采集样品、便于监测计量、便于公众参与和监督管理。

③ 雨水排放口要采用规则明沟，安装应急阀门。

4.7.4　涉固废企业自查整改及危险废物管理

（1）具备危险废物处置合规四要素

① 危险废物管理计划　企业依据生产计划和产废特征，编制危险废物管理计划，

指导全年危险废物管理并向当地环保局备案。

② 危险废物转移计划 根据当地管理部门的要求，编制危险废物转移计划。

③ 危险废物转移联单 根据要求规范填写联单相关信息。

④ 危险废物管理台账根据法规和当地管理部门的要求，以及企业危险废物管理的需要，如实填写危险废物产生、收集、贮存、转移、处置的全过程信息。

（2）健全危险废物环境管理制度

① 建立环境保护责任制度 企业应当建立环境保护责任制度，明确单位负责人和相关人员的责任。

② 遵守申报登记制度 企业必须按照国家有关规定制订危险废物管理计划、申报事项或者危险废物管理计划内容有重大改变的，应当及时申报。

③ 制订意外事故的防范措施和应急预案 企业应当制订意外事故的防范措施和应急预案，并向所在地县级以上地方人民政府环境保护行政主管部门备案。

④ 组织专门培训 企业应当对本单位工作人员进行培训，提高全体人员对危险废物管理的认识。

（3）严格遵守收集、贮存要求

① 应具备专门危险废物贮存设施和容器 企业应建造专用的危险废物贮存设施，也可利用原有构筑物改建成危险废物贮存设施。设施选址和设计必须符合《危险废物贮存污染控制标准》（GB 18597，2013 修订）的规定。除常温常压下不水解、不挥发的固体危险废物之外，企业必须将危险废物装入符合标准的容器。

② 收集、贮存的方式和时间应符合要求 企业必须按照危险废物特性分类进行收集和贮存，也必须采取防止污染环境的措施。禁止混合收集、贮存性质不相容而未经安全性处置的危险废物，也禁止将危险废物混入非危险废物中贮存。容器、包装物和贮存场所均需按相关国家标准和《〈环境保护图形标志〉实施细则（试行）》设置危险废物识别标识，包括粘贴标签或设置警示标志等。贮存危险废物的期限通常不得超过一年，延长贮存期限的需报经环保部门批准。

（4）严格遵守运输要求

① 使用专用运输车辆和专业人员 企业需遵守国家有关危险货物运输管理的规定，禁止将危险废物与旅客在同一运输工具上载运。运输工具和相关从业人员的资质需符合《道路危险货物运输管理规定》《危险化学品安全管理条例》等法律规范的有关规定。道路危险货物运输经营需获得《道路运输经营许可证》，非经营性道路危险货物运输需获得《道路危险货物运输许可证》。

② 采取污染防治和安全措施 企业运输危险废物必须采取防止污染环境的措施，并对运输危险废物的设施、设备和场所加强管理和维护。运输危险废物的设施、场所必须设置危险废物识别标志。禁止混合运输性质不相容而未经安全性处置的危险废物。

③ 危险废物道路运输车辆应配置符合规定的标志 车辆车厢、底板等硬件设施应具有密封性同时又便于清洗；车辆应配备相应的捆扎、防水、防渗和防散失等用具和与

运输类项相适应的消防器材；车辆应容貌整洁、外观完整、标志齐全，车辆车窗、挡风玻璃无浮尘、无污迹。车辆车牌号应清晰无污迹。

（5）严格遵守转移要求

① 报批危险废物转移计划　企业在向危险废物移出地环境保护行政主管部门申领危险废物转移联单之前，须先按照国家有关规定报批危险废物转移计划。

② 遵守危险废物转移联单制度　企业转移危险废物必须按照国家有关规定填写危险废物转移联单，并向危险废物移出地设区的市级以上地方人民政府环境保护行政主管部门提出申请。联单保存期限通常为五年；贮存危险废物的，联单保存期限与危险废物贮存期限相同；或根据环保行政执管部门的要求，延期保存联单。

③ 未经核准不得跨省转移贮存、处置　按照《中华人民共和国固体废物污染环境防治法》第二十三条，转移固体废物出省、自治区、直辖市行政区域贮存、处置的，应当向固体废物移出地的省、自治区、直辖市人民政府环境保护行政主管部门提出申请。移出地的省、自治区、直辖市人民政府环境保护行政主管部门应当商经接受地的省、自治区、直辖市人民政府环境保护行政主管部门同意后，方可批准转移该固体废物出省、自治区、直辖市行政区域。未经批准的，不得转移。

（6）合法处置产生的危险废物

① 自行利用、处置时，应依法进行环评并严格遵守国家标准　企业自行利用、处置产生的危险废物时，应对利用、处置危险废物的项目依法进行环评，并定期对处置设施污染物排放进行环境监测。其中，对焚烧设施二噁英排放情况，企业每年至少监测一次。处置还应符合《危险废物填埋污染控制标准》（GB 18598—2019）、《危险废物焚烧污染控制标准》（GB 18484—2020）等相关标准的要求。

② 委托第三方处置时，应核查第三方资质　企业不得将危险废物提供或者委托给无经营许可证的单位从事收集、贮存、利用、处置的经营活动。危险废物经营许可证按照经营方式，分为危险废物收集、贮存、处置综合经营许可证和危险废物收集经营许可证。企业需核查第三方处置单位具有的危险废物经营许可证类别以及许可证所记载的危险废物经营方式、处置危险废物类别、年经营规模、有效期限等信息，确认第三方处置单位具有处置资质和能力。

4.7.5　企业厂区、车间环境管理

① 厂区必须全面实施"两化"，即道路场地硬化、其他区域绿化。根据实际情况，生产车间地面采取相应的防渗、防漏和防腐措施，车间实施干湿分离，车间内地面无油污、干净整洁，安装防漏层或硬化（地面硬化一般为水泥地面并上防渗漏涂料，有条件的在水泥地面下添加防漏层）。

② 厂区内路面硬化，厂区内视线范围地面和墙面内无油污、无杂物，尤其是废油桶必须进入危险废物暂存间暂存。

③ 旧设备、包装箱、废品等杂物不允许零散存放，需要归并一起存放（干净整洁）。

④ 生产现场无跑冒滴漏现象，环境整洁、管理有序。

⑤ 罐区和一般废物收集场所的地面应做硬化、防渗处理，四周建围堰。

⑥ 厂区各类管线设置清晰，管道布置应明装，并沿墙或柱集中成行或列，平行架空敷设。

⑦ 车间内生产区、安装区、半成品区及成品区要划分明确。

第 5 章

排污企业环保规范化管理典型案例

5.1 废气/废水偷排等逃避监管

5.1.1 案例一：废水偷排案

某主营地瓜生产淀粉公司为该地区重点排污单位，2018 年 10 月，有群众实名举报该公司偷排污水。结合淀粉企业生产时间和废水排放较为集中的特点，市生态环境保护综合执法支队立即赶赴现场进行调查，但现场未发现可疑管道。执法人员随即调阅了淀粉的生产记录，根据物料衡算，发现其废水产生量远大于污水处理设施的处理量。考虑到该企业的污水处理设施位于半山腰，车辆进出困难，偷排的方式应该是铺设暗管。执法人员开始了地毯式排查，最终，在距离企业污水处理设施 1km 外的荒山上发现了暗管，且周围山坳中遍布白色废水。证据面前，企业负责人承认了生产废水未经处理，私设暗管直接外排的违法事实。经检测，该企业偷排废水 COD 超标 175.7 倍，氨氮超标 2.37 倍。原县环境保护局对其处 15 万元罚款，并移送公安机关拘留相关责任人。

2019 年 10 月，执法支队在巡查中再次发现其偷排废水。经检测，COD 超标 337.3 倍，氨氮超标 3.37 倍。因其一年内再次违法，行为恶劣，且主观故意明显，市生态环境局对其处 60 万元罚款，并移送公安机关拘留相关责任人。

5.1.2 案例二：干扰在线监测设施采样、偷排废气涉嫌犯罪案

2020 年 3 月，某市生态环境保护综合执法支队执法人员在网上巡查时，发现某医用包装材料公司外排废气在线数据异常，氧含量接近 21%，二氧化硫、氮氧化物浓度均接近零，类似停产数据。执法人员调阅了该企业 2019 年以来的在线监测历史数据，经综合分析，判定该公司疑似在线监测造假。根据该线索，执法人员赴现场检查，发现

该公司在线监测采样管线被人为断开，在线监测设施采集的是空气，经人工监测，该公司外排废气二氧化硫浓度为 $579mg/m^3$、氮氧化物浓度为 $2652mg/m^3$，分别超出地标 4.79 倍、12.26 倍。

市生态环境部门及时启动联动机制，配合公安部门第一时间固定相关证据，控制涉案人员，目前已刑事立案，该企业因环境违法失信行为，未被纳入监督执法正面清单。

5.2　未安装或不正常运行污染防治设施

5.2.1　案例一：违法排放大气污染物环境违法案

2020 年 3 月某日上午 7 时，某市环境空气质量监测点二氧化硫监测数据异常偏高。市生态环境局立即利用空气质量监测微站、无人机探测等科技手段对辖区企业污染物排放情况进行排查。

上午 9 时，市生态环境局执法人员利用无人机在对该路以东企业排查过程中发现，某铅锌冶炼厂厂区东侧一个车间和厂区北侧一个车间上空烟雾弥漫。市生态环境局执法人员立即对该企业进行现场调查并固定证据，查明该企业焙烧炉圆盘给料机发生故障断料，烟道内负压变正压，造成余热锅炉烟道连接处焊缝冲开。该企业未向生态环境部门报告设备故障及维修情况，也未及时采取降低负荷、抢修烟道泄漏处等措施减少污染物排放，导致部分烟气从焊缝逸散至外环境。

该行为违反了《中华人民共和国大气污染防治法》第四十八条的规定，市生态环境局依据《中华人民共和国大气污染防治法》第一百零八条第五项的规定，责令该企业立即改正违法行为，通过使用甘肃环境行政处罚裁量辅助决策系统计算，处以 12.2 万元罚款。

5.2.2　案例二：不正常运行污染防治设施，私设暗管排放水污染物案

2021 年 6 月，某市生态环境局执法人员在河道断面检查时，发现该断面水质感官异常。执法人员随即对该河道沿岸涉水企业开展排查，发现某淀粉企业污水站未进行除磷剂添加作业，两组膜生物反应器故障未运行，致使污水站出水 COD、氨氮、总磷和总氮排放浓度分别超标 0.16 倍、1.09 倍、17.3 倍和 7.67 倍。同时，发现该公司在河道内私设一暗管排水口，经进一步溯源，确认该公司在地下埋设有长约 50m 的水泥暗管，部分生产废水通过暗管偷排至河道。此外，执法人员现场检查时发现该公司还存在水污染物排放自动监测设备不正常运行，污水站出水五日生化需氧量、悬浮物、总氮指标未按照排污许可证规定的频次进行自行监测等环境违法行为。

该公司的上述行为违反了《中华人民共和国水污染防治法》第三十九条和第二十三条第一款的规定。市生态环境局依据《中华人民共和国水污染防治法》第八十三条第三项的规定，对该公司通过私设暗管和不正常运行水污染防治设施的逃避监管方式超标排

放水污染物行为处以 80 万元罚款；依据《中华人民共和国水污染防治法》第八十二条第一项规定，对未按规定对所排放水污染物进行自行监测的行为处以 10 万元罚款；依据《中华人民共和国水污染防治法》第八十二条第二项，对未保证水污染物自动监测设备正常运行的行为处以 5 万元罚款；依据当地环境行政处罚自由裁量权基准，市生态环境局对该公司的 3 种环境违法行为共计罚款 95 万元，并责令其立即停产整治，将该公司直接负责的主管人员移送公安机关行政拘留。

5.3　超标超总量排污

5.3.1　案例一：废水超标排放被按日连续处罚案

2020 年 4 月，某市生态环境局执法人员对某企业进行现场检查。检查时该公司污水处理站正在运行，但牧草地灌溉管网覆盖率低，场内管网较为混乱，遂展开全面排查。经查，该公司养殖废水经处理后排入一座三级收集池，在该三级收集池的最后一级朝向牧草地方向设置有一个溢流口，池内污水通过该溢流口流往牧草地内一道水渠，该水渠通往养殖场内配电房旁雨水沟，与雨水沟内山涧水混合后，通过场区内雨水排口排往场外牧草地旁的沟渠，从该沟渠直接流入溪水。执法人员于该公司污水处理站排放口处、三级收集池进口处、三级收集池溢流口处、场区雨水排口前、场区围墙外沟渠处、牧草地旁沟渠末端（流入徐宸溪前）等处分别采集水样。经检测，该公司通过雨水沟外排的废水超过《畜禽养殖业污染物排放标准》（GB 18596—2001）规定，违反了该公司项目竣工环保验收时废水做到全部用于浇灌的要求。

依据《中华人民共和国水污染防治法》第八十三条规定，市生态环境局对该公司罚款 15 万元。一周后，市生态环境局向该公司送达《责令停止违法行为决定书》，要求立即停止违法排污。随后几日，市生态环境局执法人员对该公司排污情况进行暗查，发现该公司仍然将处理后的养殖废水通过上述沟渠直接排入溪水。经采样检测，该公司通过雨水沟外排废水中污染物浓度仍超《畜禽养殖业污染物排放标准》（GB 18596—2001）规定。市生态环境局决定对该公司实施按日连续处罚，处罚款 60 万元，以上两项合计处罚 75 万元。

5.3.2　案例二：篡改伪造数据及超总量排放案

2021 年 5 月，某市生态环境综合行政执法局对某企业现场检查发现，该公司 RTO 排口 CEMS 在线监测设备中氮氧化物转换系数被人为从 1.533 篡改为 1.0，涉嫌篡改伪造监测数据。同时，执法人员通过市污染源自动监控数据应用监管平台核查发现，该公司 RTO 排口 CEMS 监测设备于 2020 年 6 月底完成验收备案，自 2020 年 6 月底至 2020 年底，氮氧化物排放量累计 1.706t，超排污许可年排放量限值（1.08t）0.57 倍；颗粒物排放量累计 0.66t，超排污许可年排放量限值（0.06t）10 倍。

根据《中华人民共和国刑法》第三百三十八条和《最高人民法院、最高人民检察院关于办理环境污染刑事案件适用法律若干问题的解释》第一条的规定，该公司篡改伪造自动监测数据的行为涉嫌污染环境罪。市生态环境局依法对该公司废气排口在线监控设施进行查封扣押，并将该案件移交公安机关立案侦查。

该公司超过重点大气污染物排放总量控制指标排放大气污染物的行为违反了《中华人民共和国大气污染防治法》第十八条的规定。市生态环境局依据《中华人民共和国大气污染防治法》第九十九条第二项及当地生态环境行政处罚裁量基准的规定，对该公司处以 12 万元罚款，并责令其立即改正违法行为。

5.4　自行监测弄虚作假或不正常运行

5.4.1　案例一：修改颗粒物量程上限，逃避监管排放大气污染物案

2021 年 12 月，根据某市污染源自动监控平台发现的异常数据线索，市生态环境保护综合行政执法总队同辖区生态环境保护综合行政执法支队对某公司进行现场检查。现场检查时，该公司两台燃煤锅炉及配套的污染防治设施正在运行。执法人员现场调取该公司废气自动监测设备相关参数，发现在 2021 年 12 月某日起至后 14 天期间颗粒物量程上限有修改痕迹。经调查，该公司负责运行脱硫设施和记录自动监测数据的两名工作人员对颗粒物量程上限累计修改 13 次，使颗粒物分钟数值由超标数据变为达标数据。

该公司上述行为违反了《中华人民共和国大气污染防治法》第二十条第二款"禁止通过偷排、篡改或者伪造监测数据、以逃避现场检查为目的的临时停产、非紧急情况下开启应急排放通道、不正常运行大气污染防治设施等逃避监管的方式排放大气污染物"的规定。2022 年 3 月，区生态环境局依据《中华人民共和国大气污染防治法》第九十九条第（三）项的规定，对该公司处罚款 52 万元，并依据《中华人民共和国环境保护法》第六十三条第（三）项、《行政主管部门移送适用行政拘留环境违法案件暂行办法》第六条第（一）项的规定，将案件移送公安机关。

5.4.2　案例二：篡改、伪造自动监测数据案

2020 年 7 月，某市生态环境局对某企业开展专项检查，该公司正在生产，污水处理站正在运行，废水总排口和雨水排放口正在排水。执法人员检查时发现，该公司化学需氧量和总氮自动监测设备分析仪采样管与采样泵后取样管路断开，被分别插入玻璃烧杯和塑料量杯内液体液面以下，采集经清水稀释后的废水固定样进行数据分析并上传至国发平台。经第三方监测单位现场取样监测，该公司污水处理总排口出水化学需氧量浓度为 320mg/L，超过其排污许可证规定的许可排放浓度限值（化学需氧量 300mg/L）；雨水排放口出水化学需氧量、悬浮物、总氮均超过《制浆造纸工业水污染物排放标准》

（GB 3544—2008）规定的限值。经调查核实，该公司制浆主管为使化学需氧量、总氮的自动监测数据达标，多次伙同该公司污水处理设施维护人员实施了以上造假行为。

该公司上述行为违反了《中华人民共和国水污染防治法》第十条、第二十三条第一款和第三十九条的规定，该市生态环境局根据《中华人民共和国水污染防治法》第八十二条第（二）项、第八十三条第（二）项和第（三）项及当地环境保护厅行政处罚自由裁量基准，责令该公司立即改正违法行为，并处罚款 87 万元。鉴于该公司行为涉嫌环境污染犯罪，生态环境部门根据《关于办理环境污染刑事案件适用法律若干问题的解释》《行政执法机关移送涉嫌犯罪案件的规定》等将该案件移送公安机关。

5.5　固体废物未按要求管理

5.5.1　案例一：非法处置废矿物油污染环境案

2021 年 3 月，某市生态环境局在对某公司开展"双随机"执法检查时发现，该企业近三年的危险废物转移联单中废矿物油转移量为零，进一步调查发现该企业的废矿物油最终去向为某钢管租赁公司。根据省生态环境厅与省公安厅违法线索互通共享协作机制，市生态环境局立即将这一涉嫌违法行为线索通报市公安局。

经查，市钢管租赁行业存在非法使用废矿物油涂刷卡扣、螺钉等部件以防锈翻新的行业潜规则，机械厂的废矿物油由专人收购后运往收集暂存处理窝点，某钢管租赁公司从窝点处长期购买废矿物油。经溯源排查，线索共涉及 9 个区、县（市），包括某钢管租赁服务部、某钢管租赁站等 26 处非法处置废矿物油窝点。各窝点涂刷作业区场地未采取硬化和防渗措施，经采样检测，土壤样品中的石油烃等指标超过《土壤环境质量建设用地土壤污染风险管控标准（试行）》（GB 36600—2018）对应限值，该非法处置行为造成环境污染。

根据《中华人民共和国刑法》第三百三十八条、《最高人民法院、最高人民检察院关于办理环境污染刑事案件适用法律若干问题的解释》第一条第二项的规定，相关单位非法处置废矿物油的行为涉嫌污染环境罪。

2021 年 6 月，市生态环境局依法将案件移送属地公安机关。该市 9 个区、县（市）公安局分局于当日正式立案侦查。

5.5.2　案例二：固废违法案

2021 年 6 月底，某市生态环境保护综合行政执法队在某钢材现场检查时发现，该公司炼铁、炼钢工序产生的水渣、尾渣等工业固废在厂区内露天堆存，由于堆存总量多、面积广，执法人员利用无人机对该公司堆场进行拍照取证，经过图像分析、面积测绘和信息标定，确定厂区内共存在 22 处工业固废堆场。执法人员随即逐一开展地面查证，发现位于该公司厂区南部的 3 处炼钢尾渣堆场均未设置导流渠与渗滤液集排水等设施，不符合《一般工业固体废物贮存、处置场污染控制标准》（GB 18599—2001）的规定。执法人员利用无人机测绘得出 3 处堆场的占地面积分别为 6883m^2、2586m^2 和 6795m^2。面对证据，该公司相关负责人承认在此处堆放了约 10 万吨工业固废。

该公司的行为违反了《中华人民共和国固体废物污染环境防治法》第四十条第一款的规定。市生态环境局依据《中华人民共和国固体废物污染环境防治法》第一百零二条第一款第十项和当地生态环境行政处罚裁量权基准制度的规定，对该公司处以 100 万元罚款，并责令其立即改正违法行为。

5.6　未落实排污许可制度

5.6.1　案例一：未取得排污许可证排放污染物案

某市某企业因企业废水外排，废水排放口未安装在线监测设施，2020 年 6 月，市生态环境局对该公司下达了《排污限期整改通知书》，要求其在 2020 年 12 月前在废水总排口安装自动监测设备。2021 年 6 月，市生态环境局执法人员对该公司进行现场检查时，发现该公司正在生产，废水总排口仍未安装自动监测设施，且未依法申请取得排污许可证。

该公司上述行为违反了《排污许可管理条例》第二条第一款"依照法律规定实行排污许可管理的企业事业单位和其他生产经营者，应当依照本条例规定申请取得排污许可证；未取得排污许可证的，不得排放污染物"的规定。2021 年 8 月，市生态环境局依据《排污许可管理条例》第三十三条第（一）项的规定，责令该公司改正违法行为，并处罚款 30 万元。

5.6.2　案例二：未如实记录环境管理台账案

某市某公司于 2017 年 12 月底取得排污许可证。在 2021 年 4 月，市生态环境局执法人员对该公司开展"双随机"检查时，对大气污染物自动监测设施运维记录、运行台账进行核查发现，该公司 3 月中有 2 天未记录设施运行状态，存在记录不全的问题，并且，存在记录的设施校验时间与实际发生时间有冲突的情况，实际操作时间与记录情况出入较大，存在未如实记录设施运行、校验情况的问题。

该公司上述行为违反了《排污许可管理条例》第二十一条第一款"排污单位应当建立环境管理台账记录制度，按照排污许可证规定的格式、内容和频次，如实记录主要生产设施、污染防治设施运行情况以及污染物排放浓度、排放量"的规定，市生态环境局依据《排污许可管理条例》第三十七条第（一）项的规定，责令该公司改正违法行为，规范生态环境管理台账记录制度，如实填写、填报台账记录，并处罚款 0.5 万元。

5.7 环保审批文件

5.7.1 案例一：环评文件弄虚作假案一

2021年7月，某市生态环境局执法人员对某公司（以下简称建设单位）现场检查时发现，该公司补办的《某项目环境影响报告表》未如实反映污水处理站废气治理设施实际建设内容，引用的监测数据与原始监测报告中的数据不一致。

经查，建设单位废水生化污水处理站及其废气治理设施实际于2019年5月建成投用。2021年4月，该公司以4000元价格委托某设计公司（以下简称环评编制单位）编制《某项目环境影响报告表》（补办环评手续），并于2021年5月底取得环评批复。2020年8月至2021年1月期间，该建设单位陆续将综合治理车间8个百草枯工艺废水储罐含有氨和非甲烷总烃的呼吸尾气接入污水处理站废气处理装置内处理，补办环评手续编制的环评文件中未能如实反映工艺改造过程，仍按照原有工艺编写。同时，环评文件编制过程中，该建设单位委托某公司进行现状监测，原始监测报告显示废气处理装置出口非甲烷总烃第一次监测结果和均值监测结果分别为39.1mg/m³和13.5mg/m³，而环评编制单位出具的环评文件引用的监测数据与原始监测结果不一致。

该建设单位和环评文件编制单位的上述行为违反了《中华人民共和国环境影响评价法》第十九条第二款的规定。根据《中华人民共和国环境影响评价法》第三十二条第一款规定，市生态环境局对该建设单位处以50万元罚款，并责令改正违法行为；对建设单位法定代表人和项目主要负责人各处5.2万元罚款。

5.7.2 案例二：环评文件弄虚作假案二

2020年2月，某建设单位委托某环评编制单位编制《某项目环境影响报告表》。同年4月，该地生态环境局在受理建设单位上报的环评文件并公示后，接到群众举报，反映环评文件中的房屋租赁合同系伪造资料。该市生态环境综合行政执法支队执法人员随即对建设单位开展现场调查。经查，建设单位拟建项目有关防护距离内有13户村民房屋不符合相关标准，建设单位拟通过租用村民房屋作为建设项目附属用房的方式解决这一问题，并将租房工作交由环评编制单位办理。环评编制单位负责人收集房主姓名后伪造了房屋租赁合同，环评报告编制主持人未实地核实资料的真实性，便将房屋租赁合同作为环境影响报告表的附件送审。

该建设单位和环评编制单位的行为违反了《中华人民共和国环境影响评价法》第二十条第一款的规定。根据《中华人民共和国环境影响评价法》第三十二条第一款的规定，该市生态环境局决定对建设单位处50万元罚款，对其法定代表人处5万元罚款。对环评编制单位处10万元罚款。同时，根据失信记分办法对环评编制单位和编制主持人分别予以处理。

参考文献

[1] 孙启宏.固定源大气污染物排放执法监管体系研究 [M].北京：中国环境出版社，2020.

[2] 敬红.排污许可证实施的监督管理体系研究 [M].北京：中国环境出版社，2020.

[3] 生态环境部生态环境监测司.排污单位自行监测技术指南教程　农药制造 [M].北京：中国环境出版社，2021.

[4] 生态环境部生态环境监测司.排污单位自行监测技术指南教程　平板玻璃工业 [M].北京：中国环境出版社，2021.

[5] 江苏省环境监测中心.排污单位自行监测技术指南教程　电镀工业 [M].北京：中国环境出版社，2021.

[6] 朱圣洁.排污许可管理技术 [M].北京：机械工业出版社，2020.

[7] 林帼秀.企业环境管理 [M].2版.北京：中国环境科学出版社，2020.

[8] 曹晓凡.生态环境综合执法实用手册 [M].北京：中国环境出版集团，2018.

[9] 中国环境监测总站.建设项目竣工环境保护验收工作技术指南 [M].北京：中国环境出版集团，2019.

[10] 环境保护环境监察局.环境行政处罚 [M].北京：中国环境科学出版社，2012.

[11] 曹晓凡.中华人民共和国最新生态环境保护法律法规汇编大全 [M].北京：中国环境出版集团，2020.

[12] 生态环境部生态环境执法局，生态环境部环境工程评估中心.重点行业企业挥发性有机物现场检查要点及法律标准适用指南 [M].北京：中国环境出版集团，2021.

[13] 柴西龙.水泥工业排污许可管理：申请、审核、监督管理 [M].北京：中国环境出版集团，2019.

[14] 赵春丽.重钢铁工业排污许可管理：申请、审核、监督管理 [M].北京：中国环境出版集团，2019.

[15] 生态环境部宣传教育中心.生态环境监管执法 300 问 [M].北京：中国环境出版集团，2022.

[16] 侯正伟.《工业企业环境保护合规管理指南》工作手册 [M].北京：化学工业出版社，2022.